民族教育研究新视野系列丛书

★ ★ ★ ★ ★ Ethnic Education New Horizon

教育部人文社会科学研究规划基金项目"可持续发展与西部民族地区环境教育"（课题号 02JA88003）及新丝路西南沿线民族地区教育发展研究（课题号 15YJA880077）项目

EE New Horizon **民族教育研究新视野系列丛书**

新疆维吾尔自治区普通高等学校人文社会科学重点研究基地重大项目课题"'一带一路'与喀什基础教育发展战略选择"（课题号 XJEDU070115A01）

可持续发展与
民族地区环境教育

KECHIXVFAZHAN YU MINZUDIQU HUANJING JIAOYU

吴明海 / 主 编

张琪仁 张秀琴 谷成杰 / 副主编

中央民族大学出版社
China Minzu University Press

图书在版编目（ＣＩＰ）数据

可持续发展与民族地区环境教育/吴明海主编. —北京：
中央民族大学出版社，2018.5 重印
ISBN 978 - 7 - 5660 - 1256 - 2

Ⅰ. ①可… Ⅱ. ①吴… Ⅲ. ①民族地区—环境
教育—研究—中国 Ⅳ. ①X - 4

中国版本图书馆 CIP 数据核字（2016）第 260256 号

可持续发展与民族地区环境教育

主　　编　吴明海
责任编辑　戴佩丽
封面设计　布拉格
出 版 者　中央民族大学出版社
　　　　　北京市海淀区中关村南大街 27 号　邮编:100081
　　　　　电话:68472815(发行部)　传真:68932751(发行部)
　　　　　　　68932218(总编室)　　　　68932447(办公室)
发 行 者　全国各地新华书店
印 刷 厂　北京建宏印刷有限公司
开　　本　787×1092(毫米)　1/16　印张:25.75
字　　数　430 千字
版　　次　2018 年 5 月第 2 次印刷
书　　号　ISBN 978 - 7 - 5660 - 1256 - 2
定　　价　96.00 元

"民族教育研究新视野系列丛书"总序

我国是一个统一的多民族国家，民族教育是我国教育事业的重要组成部分。民族教育的发展是促进各民族共同团结进步、共同繁荣发展的重要基础。《国家中长期教育改革和发展规划纲要（2010—2020 年）》（以下简称《规划纲要》）中专门对民族教育作出了全面的规划和部署，这无论对民族教育事业的发展，还是民族教育学科的建设，都是大好机遇，有利于加快民族教育改革、实现民族教育的跨越式发展。

中央民族大学作为党和国家为解决民族问题、培养少数民族干部和高级专门人才而创建的高等学校，在我国民族事务与民族教育事业中具有举足轻重的地位。该校是一所汇聚了 56 个民族师生的国家"985 工程"和"211 工程"重点建设大学。中央民族大学教育学院是一个院、所合一的教学科研单位，是中央民族大学"211 工程""985 工程"项目重点建设单位。

历经 50 余年的发展变化，特别是改革开放 30 年来的快速发展，通过"211 工程""985 工程"二期建设及其他项目的积累和历练，教育学院形成了以少数民族教育为特色和优势的教育学科，凝聚了一支在国内外有影响、团结协作并有奉献精神的少数民族教育学术创新研究团队。在民族教育学的学科建设方面取得了许多重要成果，尤其是出版了一系列学术精品著作，如《中国少数民族教育学概论》（孙若穷、滕星主编）、《中国边境民族教育》（王锡宏主编）、《中国少数民族教育本体理论研究》（王锡宏著）、《中国少数民族双语教育概论》（戴庆厦、滕星等著）、《民族教育学通论》（哈经雄、滕星主编）、《文化变迁与双语教育：凉山彝族社区教育人类学的田野工作与文本阐述》（滕星著）、《中国少数民族教育史·达斡尔族教育史》（苏德等主编）、《中国少数民族高等教育学》（哈经雄著）、《蒙古族儿童传统游戏研究》（苏德著）、《教育人类学研究丛书》（滕星主编）、《族群·文化与教育》（滕星著）、《文化选择与教育》（王军著）、《文化环境与双语教育》（董艳著）、《蒙古学百科全书·教育卷》（扎巴主编、苏德等副主编）、《少数民族传统教育学》（曲木铁西著）、《文化变迁与民族地区农村教育革新》《文化多样性、心理适应与学生指导》（常永才著）、《新时期民族院校人才培养问题研究》（常永才、谭志松主编）等系列重要学术著作。在国内外核心期刊发表了上百篇学术论文，其中若干成果已获得国家、省（部）级科研成果一、二等奖及国家图书奖，并成为该学科发展的标志性成果。

在"九五"和"十五"期间，中央民族大学教育学院中国少数民族教育学的学科建设实现了跨越式发展，民族教育学先后被列为中央民族大学"211 工程"重点学科建设项目（1999 年）和"985 工程"重点建设单位（2005 年），并专门成立了"985 工程"中国少数民族语言文化与边疆史地研究哲学社会科学创新基地"中国少数民族地区基础教育研究中心"。2010 年学校成立了"985 工程""中国少数民族教育研究创新基地"，在科研条件、研究经费等方面得到明显改善。民族教育学"211 工程"学科建设的目标是：经过重点建设，使中国少数民族教育学科处于国内领先水平，成为少数民族教育高层次人才培养的重要基地，为少数民族和民族地区的教育事业发展服务。通过"211 工程"二期民族教育学学科建设，出版了《中外民族教育政策史纲》和《中国少数民族教育史教程》（吴明海主编）、《教育民族学》（王军主编）、《民族文化传承与教育》（王军、董艳主编）等"教育民族学丛书"，较好地推动了民族教育学学科的发展。

目前，教育学院承担着全国教育科学规划国家级重点课题、国家社会科学基金重点项目、教育部人文社会科学重点研究基地重大项目及多项省部级民族教育研究重点课题，主持开展了国家社科基金重点招标课题"民族教育质量保障与特色发展研究"（苏德主持）、国家社科基金课题"内蒙古地区蒙古族中小学双语教学问题、对策与理论研究"（苏德主持）、联合国教科文组织西班牙千年发展目标促进基金"中国文化与发展伙伴关系"项目"中国少数民族基础教育政策研究"（苏德主持）、美国福特基金会"中国西部少数民族地区经济文化类型与地方性校本课程开发研究"（滕星主持）、加拿大女王大学国际合作项目"多民族社会的族群关系"（常永才参与设计与实施）等多项国际合作项目，相关研究成果在国内外民族教育研究领域产生了较大影响。

为贯彻落实《规划纲要》精神，进一步提高民族教育科学研究的质量和水平，促进我国民族教育科学事业的繁荣和发展，教育学院坚持以科学发展观和构建社会主义和谐社会为指导思想，站在社会主义现代化建设的历史新起点上，围绕民族教育改革发展的重要理论和重大现实问题，坚持基础研究和应用研究并重，积极促进民族教育理论创新，增强民族教育研究的针对性和实效性，更好地服务于新时期国家民族教育决策和实践创新，促进民族教育学科的进一步发展。同时，教育学院在"211 工程"三期建设中成立了"民族教育研究新视野系列丛书"编委会，该编委会以本院民族教育科研师资队伍为主，并且邀请国内外民族教育研究领域的优秀专家学者，研究撰写和出版中国少数民族教育的系列专业教材和学术著作。该丛书是中央民族大学民族教育学学科建设的标志性成果之一，为中国少数民族教育学科与民族教育事业的发展做出了重要贡献。"民族教育研究新视野系列丛书"的选题范围包括：

（1）中国少数民族教育的相关专业课程教材；

（2）中国少数民族教育的理论与方法研究成果；

（3）中国少数民族教育的实地调查成果；

（4）中国少数民族教育的应用研究成果；

（5）中国少数民族教育的课程改革和教学研究成果；

（6）中国少数民族教育的专业参考资料（如国外民族教育学译著等）。

"民族教育研究新视野系列丛书"第一辑出版的著作包括《民族院校教育管理研究》（李东光著）、《守望·自觉·比较：少数民族及原住民教育研究》（陈·巴特尔、Peter Englert 编著）、《亚太地区原住民及少数民族高等教育研究》（陈·巴特尔、Peter Englert 主编）、《跨文化心理学研究》（高兵编著）、《少数民族美学概论》（邓佑玲主编）、《中国少数民族美学研究》（邓佑玲著）、《中国少数民族艺术史》（苏和平、田小军主编）、《中国少数民族艺术论》（苏和平主编）、《中国边境民族教育论》（苏德、陈中永主编）、《可持续发展与民族地区环境教育研究》（吴明海主编）、《教育审美与教育批判——解脱现代性断裂对民族教育发展的困扰》（李剑著）、《中国西部女童——西部三十名贫困女童学业成就提高的质性研究》（李剑著）、《美国儿童早期阅读教学研究——以康州大哈特福德地区为个案》（史大胜著）、《大学教师学术权利的制度设计研究》（夏仕武著）、《蒙古族传统体育传承的教育人类学研究》（钟志勇著）、《全球化与本土化：多元文化教育研究》（苏德主编）等。

民族教育研究应围绕《规划纲要》制定的目标，聚焦当前少数民族教育中的重大理论和现实问题，以项目研究为依托，加强队伍建设，凝炼学科方向，推进学科建设，加快科学研究的自主创新和社会服务能力建设，为中国少数民族教育改革和发展建言献策。

我相信，通过《民族教育研究新视野系列丛书》的出版，中央民族大学教育学院将秉承注重民族地区教育田野调查的优良传统，大力加强民族教育学的理论研究和应用研究，努力培养优秀的教学和科研人才，达到中国少数民族教育学科建设的一流水平，并为推动少数民族地区教育事业的又快又好地发展，促进边疆安全、民族团结、社会和谐和国家长治久安发挥积极作用。

苏　德

2013 年 6 月

前　言

——从战略高度重视民族地区环境教育

在我国西部的辽阔疆域上，蕴藏着丰富且珍贵的自然资源和人文资源，呈现出多元、多样的显著特征，两者相互依存、共荣相生，共同组成了和谐的西部自然与人文环境。21世纪之交，为保证国家的稳定、协调、可持续发展，党中央将国家发展建设的重点转移到我国中西部地区，这一重大的战略举措，给西部地区，尤其是西部民族地区带来了千载难逢的发展机遇，但同时，也催生了一系列西部发展的新命题，其中最受关注的，莫过于西部开发建设和西部环境保护的关系。改革开放以来，我国坚持以经济建设为中心，推动经济快速发展。虽然在这个过程中，国家强调可持续发展，重视节能减排、环境保护，但依然没有避免矛盾的出现与突出。以无节制消耗资源、破坏环境为代价换取经济发展导致的能源资源严重耗损、生态环境不堪重负，无疑导致国家社会发展空间压缩、发展后劲势弱，严重影响着国家下一轮的政治经济文化建设与发展。

继党的十二大到十五大强调建设社会主义物质文明和精神文明，党的十六大在此基础上提出了社会主义政治文明；党的十七大又提出社会主义生态文明建设。党的十八大强调必须更加自觉地把全面协调可持续作为深入贯彻科学发展观的基本要求，全面落实经济建设、政治建设、文化建设、社会建设、生态文明建设五位一体总体布局，促进现代化建设各方面相协调，促进生产关系与生产力、上层建筑与经济基础相协调，不断开拓生产发展、生活富裕、生态良好的文明发展道路。

党的十八大以来，习近平总书记从中国特色社会主义事业五位一体总布局的战略高度，对生态文明建设提出了一系列新论述。2013年5月，习近平总书记在中央政治局第六次集体学习时指出："要正确处理好经济发展同生态环境保护的关系，牢固树立保护生态环境就是保护生产力、改善生态环境就是发展生产力的理念，更加自觉地推动绿色发展、循环发展、低碳发展，决不以牺牲环境为代价去换取一时的经济增长。"这一重要论述，深刻阐明了生态环境与生产力之间的关系，是对生产力理论的重大发展，饱含尊重自然、谋求人与自然和谐发展的价值理念和发展理念。

2014 年 6 月 3 日，习近平在 2014 年国际工程科技大会上发表主旨演讲时强调："我们将继续实施可持续发展战略，优化国土空间开发格局，全面促进资源节约，加大自然生态系统和环境保护力度，着力解决雾霾等一系列问题，努力建设天蓝地绿水净的美丽中国。"这些重要论述为建设美丽中国规划了蓝图。美丽中国，教育先行，民族地区的环境教育尤其需要优先发展，我们应该从国家战略高度重视民族地区环境教育。

一、环境教育是西部生态文明建设系统工程的一个重要部分

在西部开发这个对立统一的进程中，统一、和谐应是主旋律。然而多年来，因片面追求经济增长，滥耕滥伐滥牧滥捕滥杀滥开工厂，造成西部70%生态恶化，不仅对当地而且对中下游、不仅对现在而且对未来已经造成生态灾难，如长江泛滥、黄河断流、沙漠南移、沙暴肆虐、青藏高原雪线上升及其上空臭氧层变得稀薄，如此等等，触目惊心。2000 年 3 月 1 日上午，中国科学院在北京公布了《2000 中国可持续发展战略报告》，指出："西部可持续发展总体能力偏低。"祖国大地西高东低，不仅黄河、长江、珠江、澜沧江、雅鲁藏布江等哺育中华儿女的大江大河多源于祖国西部，西部环境的污染与耗损影响的不只是一个地区，而是整个国家、整个民族，可谓牵一发而动全身。

从人类社会发展进入工业社会后，经济增长与生态环境保护就成了一对矛盾。今天许多工业发达国家都经历过"先污染后治理"的过程，传统工业化的迅猛发展在创造巨大物质财富的同时，也付出了十分昂贵的生态环境代价，教训极为深刻。改革开放以来，我国经济快速发展，但与此同时，许多地方、不少领域没有处理好经济发展同生态环境保护的关系，以无节制消耗资源、破坏环境为代价换取经济发展，导致能源资源、生态环境问题越来越突出。国家主席习近平同志就此指出："我们在生态环境方面欠账太多了，如果不从现在起就把这项工作紧紧抓起来，将来会付出更大的代价。"

20 世纪 50—70 年代，人们在经济增长、城市化、人口、资源等所形成的环境的压力下，对"增长等于发展"的模式产生怀疑并展开讨论，在80 年代提出"可持续发展"的概念。"可持续发展"亦称"可续发展""持续发展"。1987 年，挪威首相布伦特兰夫人在她任主席的联合国世界环境与发展委员会时发布报告《我们共同的未来》，把可持续发展定义为"既满足当代人的需要，又不对后代人满足其需要的能力构成危害的发

展。"这一定义得到普遍的接受，并且在 1992 年联合国环境与发展大会上获得广泛的共识。我国有学者对这一定义作了如下补充：可持续发展是"不断提高人群生活质量和环境承载能力的、满足当代人需求又不损害子孙后代满足其需求能力的、满足一个地区或一个国家人群需求又不损害别的地区或国家人群满足其需求能力的发展"①。有的学者还从三维结构复合系统出发，定义可持续发展：可持续发展是能动地调控自然—经济—社会复合系统，使人类在不超越资源和环境承载能力的条件下，促进经济发展、保持资源永续和提高生活质量②。可持续发展涉及人口、资源与环境，经济、社会与科技，全球、国家与地方，政府、企业与民众，是多目标、多主体、多要求的复杂的社会系统工程。怎样认识各个目标、各个主体、各个要求在这一系统工程的地位和作用，是可持续发展的重要组成部分。对此，我国主要观点有：天地人巨系统观，综合效益观，自然资源稀缺观，可持续发展的科技观、体制和法制观、公众观和全球观③。无论从上述哪一种定义、哪一种观点，我们均可知，可持续发展是以人为本，具有高度自觉的发展观。可持续发展不仅是对世界经济发展的历史经验与教训的总结，更是当代及今后发展的趋势；不仅是新的经济发展模式，而且蕴涵着深刻的哲学道理——"和谐"。就天与人关系乃至人与人关系的哲学历程而言，如果说古代讲"和谐"，近代讲"斗争"，那么现代在更高的层次上回归"和谐"，可持续发展是时代精神的具体而典型的体现。可见，可持续发展最终取决于人的自觉，取决于人的观念的更新、素质的提高，所以需要教育予以支持，因为教育的本质是人类自身的再生产和再创造，其功能就在于不断更新人的观念，提高人的素质，促进人类社会持续、健康地发展。

　　我国西部地区主要有内蒙古、宁夏、新疆、西藏、广西 5 个省一级的民族自治区和甘肃、青海、云南、贵州与四川等 5 个多民族省份，陕西省和重庆市也被划归其中，约占国土总面积 71% 左右。在祖国西部，除高山、畲、黎、赫哲等少数几个民族以外，我国其他 50 余个少数民族的主体或其相当部分的人口，都主要分布在广大的西部地区，占全国民族总数的

　　① 百度百科词条"可持续发展"：http：//baike. baidu. com/link？url = CJY8WD3cBc __ gPU0wvWmoV6kfyv21B1CE1fMiBR_ 4RtYlL17fyMKqJHZJpPKNeWSOWpIo17zug0ya2VIfwEJLK.
　　② 北京市科学技术委员会. 可持续发展词语释义 [M]. 北京：学苑出版社，1997：5 - 6.
　　③ 甘师俊. 可持续发展——跨世纪的抉择 [M]. 北京：中共中央党校出版社，广州：广东科技出版社 1997：47 - 51.

92.7%。西部地区少数民族人口的比重约占西部总人口的33%，占全国少数民族总人口的78%①。西部是我国多民族聚居区，多民族构成是西部文化生态的重要特点，这就决定了西部开发必须取得西部各族人民的支持。

西部开发应该走而且必须走可持续发展之路，这是西部乃至全国的、整体的长远的利益之所在。西部如何合理利用和有效保护环境资源，固然需要一整套经济的、行政的、法律的措施，从深层次考虑，更需要教育尤其是专门的环境教育予以支持。人是环境的主体，西部开发以人为本，人的素质决定西部开发的走向和质量。开展专门的环境教育可以唤醒人们的环境自觉意识，端正人们的环境态度，丰富人们的环境知识，培养人们解决环境问题的技能，提供人们在各个层次积极参与解决环境问题的机会，对西部可持续发展有促进作用。中国要实现工业化、信息化、城镇化、农业现代化，必须走出一条新的发展道路。党的十八大以来，党中央高度重视生态环境这一生产力的要素，更加尊重自然生态的发展规律，保护和利用好生态环境，以"保护生态环境就是保护生产力、改善生态环境就是发展生产力的理念"在更高层次上促进生态文明建设。国家主席习近平同志强调，在生态环境保护问题上，就是不能越雷池一步，否则就应该受到惩罚。"要按照系统工程的思路，抓好生态文明建设重点任务的落实"。为此，他要求，"要牢固树立生态红线的观念，优化国土空间开发格局，加大生态环境保护力度"。以此克服把保护生态与发展生产力对立起来的传统思维，下大决心、花大气力改变不合理的产业结构、资源利用方式、能源结构、空间布局、生活方式，绝不以牺牲环境、浪费资源为代价换取一时的经济增长，实现经济社会发展与生态环境保护的共赢。

习近平总书记很重视西部生态环境问题。2013年4月8日至10日，习近平在海南考察时指出："良好生态环境是最公平的公共产品，是最普惠的民生福祉。""希望海南处理好发展和保护的关系，着力在增绿""护蓝"上下功夫，为全国生态文明建设当个表率，为子孙后代留下可持续发展的"绿色银行"。

2014年3月7日"两会"期间，习近平在参加贵州团审议时指出："小康全面不全面生态环境质量是关键。要创新发展思路，发挥后发优势，因地制宜选择好发展产业，让绿水青山充分发挥经济社会效益，切实做到经济效益，社会效益生态效益同步提升，实现百姓富、生态美有机统一。"

---

① 国务院发展研究中心. 九十年代中国西部地区经济发展战略 [M]. 北京：华夏出版社，1991：377－384. 同时参考当前有关资料。

习近平同时强调："保护生态环境就是保护生产力。绿水青山和金山银山绝不是对立的，关键在人，关键在思路。""人"与"思路"是可以教育，也是需要教育的，由此可推论保护生态、搞好环境关键在环境教育，环境教育应该纳入生态文明建设中去。

二、西部民族地区环境教育要在汲取国际国内经验教训的基础上开拓创新

自工业化以来，环境问题越来越严重，已成为全球共同关心的问题。为解决环境问题，与可持续发展理念紧密联系的环境教育被提出来了。1949 年，国际自然资源保护联合会（IUCN）成立专门的教育委员会，意味着人类已经开始意识到教育对于环境保护所具有的作用。1965 年，在德国基尔大学召开的教育大会上就环境教育展开了专门讨论。1970 年美国通过《环境教育法》，根据此法美国许多州制定了环境教育总体规划。1971 年，美国成立了全国环境教育协会（The National Association for Environmental Education）。1972 年，联合国召开首届"人类环境会议"，正式通过了《人类环境宣言》，并成立联合国环境规划署（UNEP），提出"只有一个地球"的口号，"环境教育"（Environmental Education）"被肯定下来，强调进行环境教育及其国际合作的重要性，明确了环境教育的性质、对象和意义。1977 年 10 月，在前苏联格鲁吉亚共和国的第比利斯市召开了首届政府间环境教育会议，联合国的 66 个成员国参加了大会，会议发表了《第比利斯政府间环境教育会议宣言》。自第比利斯会议以来，联合国环境规划署和许多国家和地区为环境教育的发展做出了种种努力，取得很多成果，国际环境教育渐入高潮，具体说有如下几大特点：

其一，确立"学会关心"的价值观。1989 年 10—11 月间，联合国教科文组织在中国北京首次召开面向 21 世纪教育研讨会，会议报告的主题就是"学会关心"，要求人们不仅要关心自己，而且要关心他人；不仅关心本国本民族，而且要关心全球人类；不仅要关心人类，而且要关心其他物种，要关心整个地球的生态利益①。

其二，重视环境教育的连续性，环境教育也是终身教育。1992 年，联合国环境与发展大会通过《21 世纪议程》，建议从小学到成年都接受环境

---

① 国家教育委员会国家教育发展研究中心，中国教科文组织全委会秘书处. 未来教育面临的困惑与挑战——面向 21 世纪教育国际研讨会论文集［C］. 北京：人民教育出版社，1991：19 - 20.

与发展教育，以适应持续发展。

其三，各国环境教育政策优先考虑实际的环境问题，除了防止水和大气污染、自然资源保护等一般性问题，还有特殊性问题。如发展中国家应注重关心和改善人民健康和营养条件，发达国家则注重防止工业化和城市化的副作用。

其四，环境教育在各国教育体制的重心位置不尽相同。在学校系统，发达国家倾向于把环境教育结合到中等和高等教育中，发展中国家则更注重在初等教育中进行环境教育。在非正规教育系统，发展中国家更注重在农业、林业领域的各组群进行环境教育，而发达国家则更注重在工业领域各群体进行环境教育。

其五，各国公众宣传媒介有关环境教育的节目越来越多。

我国环境教育开展得较早。1973 年，第一次环境保护会议就提出环境保护教育的设想，这标志着我国环境教育的开端。1992 年 11 月，全国环境教育工作会议在苏州召开，会议明确提出环境教育的任务：为社会主义建设和环境保护事业服务，培养德、智、体、美、劳全面发展的环境保护所需要的各类专门人才；在全社会普及环境保护科学知识和法律知识，提高全民族的环境意识，为保护好人类赖以生存的环境打好基础。但是，我国环境教育由于属于初创阶段，存在不少问题，涉及诸如教材编写、师资评聘、高考制度、教育评估、社会承认等方面，值得探索和创新的地方非常之多[①]。

无论国际还是国内，环境教育理论研究都处于发展之中。国际上的环境教育理论多为一般性的理论探讨，国内则多是先进典型的具体经验的总结，两者都走极端缺乏理论与实践之间的整体互动与构建。环境教育地域色彩和文化色彩很浓。在国际社会，有的国家与地区的环境教育模式针对自己的实际情况已经相对成熟。我国是一个多民族、多文化的国家，环境教育却未形成针对国情与区情的本土化的环境教育的模式。如何在一般性理论推导和具体经验总结之间寻得突破是我们思考的重要问题，本书各研究案例采用文化人类学和教育人类学等方法，选择几个在环境方面都很有代表性的地区进行田野考察，理论联系实际，开创环境教育研究的新思路，是我们要走的道路。

环境包括自然环境和人文环境两个方面，而目前环境教育只是注重有

---

① 徐辉，祝怀新．国际环境教育的理论与实践［M］．北京：人民教育出版社，1996．

关自然资源的环境教育，不能不说有失偏颇。中国西部文化遗产很多，民族风情多姿多彩，人文资源丰厚，且与自然环境有血肉联系。所以，我们要将环境教育既有的理论和实践经验与西部的实际情况相结合，又要将自然和人文结合起来，多角度探讨西部民族地区环境教育问题，这样，西部民族地区环境教育的理论研究对西部民族地区环境教育的实践将有一定的指导意义，同时对中国乃至世界的环境教育与实践将作出自己特有的贡献。

此外，无论国外还是我国东部，环境教育及其研究总是落后于经济开发，在环境遭到相当程度破坏后才亡羊补牢，这是沉痛的教训，要吸取。教育先行是当代社会发展的一个普遍原则，教育研究与教育规划要走在教育发展的前面，同样是教育发展的一个普遍原则。所以，在西部开发战略实施的时候，我们一定要紧密联系环境教育的研究和环境教育的规划，使环境教育与经济开发同步进行，最好是能够适度超前，这样才能够使环境教育及其研究发挥其应有的积极作用。

目前，我国环境教育及其研究主要集中于东部大城市，如北京、上海、杭州、苏州，虽然内地已经有一些大学生到西部进行环境教育的考察和宣传活动，但是其深度和广度都很有限。切实就如何在西部开展环境教育的系统研究将具有首创性意义。由于西部环境在中国具有典型意义，我们所开展的西部民族地区环境教育研究在环境教育研究领域也就具有了典型意义，并且有重要的学术价值。

三、西部环境教育要立足西部实际，统筹规划、因地制宜

西部民族地区环境教育必须既要基于当今世界环境教育的先进理论，又要基于西部各族人民的文化传统、当地自然和人文环境资源、人们生活生产的现实状况及未来走向，既面向未来，又因地制宜；既弘扬良风美俗，又合理地移风易俗，明确目的，细化目标，建立制度体系。

西部民族地区环境教育既要依据可持续发展理论，又要扎根于当地的民族文化传统。西部是我国多民族聚居区，五十多个民族的主体中有相当部分的人口居住于西部。千百年来，各族人民生于斯长于斯，歌于斯，于西部的一山一水、一草一木、一村一镇结下了根深蒂固的感情，形成了有自己民族特点和地域特点的自然景观和生产生活的习俗。我们可以把传统文化中有关环境教育的积极因素挖掘出来，再将其和当代环境理论联系起来，予以合情合理的诠释，这对牢固树立人们的环境意识极有好处。例如，"劝君莫打三春鸟，子在巢中待母嗷"，"扫地恐伤蝼蚁命，爱惜飞蛾纱罩灯"，当代环境理论也尽可能地从传统文化中找到相互照应的地方，

这样更易为人民群众所理解、接受和掌握。

西部民族地区环境教育要因地制宜、因时制宜。大而言之，西部地域辽阔，西北和西南的气候条件迥然有异，地貌特征及生物多样性也有差异；小而言之，西部每一个地域每一个季节生态平衡的情况都有差异；总而言之，西部环境问题的地域性和时间性特别明显，所以环境教育不能仅仅依据一般性的理论和外地经验，而必须与当地的具体生态变化特点密切结合，解决当地所面临的具体的环境问题，这样环境教育才能产生具体可见的效果。

西部民族地区环境教育要与脱贫致富、经济开发密切结合。贫困问题是西部人民面临的需要迫切解决的现实问题，很多环境问题是由于当地群众迫于生计盲目开荒、采掘造成的，所以环境教育不仅要教育当地群众正确处理眼前和长远利益间的关系，还要与职业教育、生计教育密切结合，与政府脱贫致富的大政方针结合，切实为群众在脱贫与环境之间找到一条互不相悖的道路。随着大开发的实施，大大小小的工程项目将在西部如雨后春笋般地涌现，这既令人欢喜又令人忧。欢喜的原因不言而喻，忧的是西部环境的承受能力。何以解忧？一方面，每一个项目都必须经过严格的环境论证和审查、验收，超过环境承载能力的绝不能审批立项，更不能盲目上马；另一方面，要对开发者进行环境教育，使他们明白西部开发宗旨是为西部人民建造千秋基业，而不是来淘金，更不是要把西部掏空，同时使他们清楚当地的具体生态情况，做到胸中有数。根据上述原则，西部要建立健全环境教育组织体系。要以学校教育为核心在全社会建立环境保护的氛围和网络，加强环境教育宣传报道的力度。要建立健全西部民族地区环境教育电化教育系统，使环境教育通过高新技术得以生动、形象、广泛、有效地传播。

生态环境保护，全国一盘棋，各地有重点与特点。2016 年 8 月 22 日至 24 日，习近平来到青海考察，瞄准的就是这盘"棋"的关键一手。习近平特别强调："生态环境保护和生态文明建设，是我国持续发展最为重要的基础。"习近平说："青海生态地位重要而特殊"，"青海最大的价值在生态、最大的责任在生态、最大的潜力也在生态"。习近平要求青海保护好三江源、保护好"中华水塔，"最大意义就是筑牢国家生态安全屏障。

在生态环境保护和生态文明建设中，环境教育是其中关键，更是先行军，我们要将之纳入国家战略。尤其是西部民族地区的环境教育，中央政府与各级地方政府应该高度重视，这不仅仅是教育事业、生态事业，而是关乎民族地区乃至全国人民安居乐业的幸福事业，具有长治久安，造福千秋的深远的政治意义。一方水土养一方人。皮之不存，毛将焉附？如果水、土、空气遭到严重破坏，将造成空前的生态移民、生态难民，有可能酿成政治问题，甚至国家安全问题。《嘎达梅林》属引凄异，传唱至今，哀转久绝。这就是民国时期政治腐败造成生态问题，生态问题造成政治悲剧、民族悲剧、人生悲剧的典型案例。殷鉴不远、犹警后世。

新时期，党中央首倡并推动"一带一路"国家战略，"一带一路"都要经过民族地区，民族地区的环境保护与修复就是对"一带一路"的保驾护航。历史上，因乱砍滥伐，曾导致孔雀河改道，造成古丝绸之路明珠——楼兰古城断水而黯然失色终致废弃；还导致塔克拉玛干沙漠蔓延而阻断古丝绸之路之天山南路。正如恩格斯在《自然辩证法》一书中所指出的："美索不达米亚、希腊、小亚细亚以及其他各地的居民，为了得到耕地，毁灭了森林，但是他们做梦也想不到，这些地方今天竟因此而成为不毛之地"；因此，"我们不要过分陶醉于我们人类对自然界的胜利。对于每一次这样的胜利，自然界都对我们进行报复。"绿水青山就是金山银山，绿水青山就是边疆稳定、民族团结、国泰民安。我们一定要吸取古今中外历史教训，搞好民族地区环境教育与生态保护，促进可持续发展。可持续发展就是绿色发展，绿色发展是一切发展的底色。发展是硬道理，绿色发展更是硬道理，而促使绿色发展自觉发展的环境教育当然也属硬道理。

始生之物，其形必丑。拙著是学术界首次关于民族地区环境教育研究的著作，有许多缺点，敬请专家及广大读者批评指正。也希望拙著抛砖引玉，引起更多的人关心，研究民族地区环境及环境教育问题。

本课题由中央民族大学教育学院教授吴明海博士主持，主要研究者与撰稿者如下：吴明海、张秀琴（女，教授、博士）、谷成杰（副教授、博士）、张琪仁（女，博士，彝族）、陈育梅（女，硕士）、滕霄（苗族，硕士）、姚霖（博士，副研究员）、姚小烈博士、钟雨航（女，硕士）、赵潇（女，硕士）、王欢（女，蒙古族，硕士）、哈达（蒙古族，博士）、金清苗（女，回族，硕士）、陈林硕士（土家族）、周雅琦学士（女）、文慧硕士（女，苗族）、俞婷婕硕士（女）、高静学士（女，满族）、索迪（藏族，硕士）、黄静宜（女，黎族，硕士）、央啦（女，藏族，学士）、生特吾呷（女，彝族，硕士）、王玥（女，硕士）、李冉（女，硕士）、洪晓雪（女，硕士）、张翠霞（女，白族，博士）、关达（满族，硕士）。中央民族大学藏学研究中心副教授岗措博士（女，藏族，博士、副教授）、期刊社副编审葛小冲硕士以及博士生向瑞（女，土家族）也参加了研究。李抒阳、何林志、董欣、亓旭、陈萌、马姝也、嘎玛曲尼多杰（藏族）、魏舒欣、哈伦、董雅婷（蒙古族）等硕士生参与了研讨工作。

本课题立项申请得到庄孔韶先生（中央民族大学、中国人民大学、浙江大学教授）的指导。结题时得到我的导师北京师范大学吴式颖教授、中央民族大学原校长哈经雄先生的积极肯定和热情鼓励。联合国驻华代表处官员洪云博士、北京大学钱民辉教授、北京师大褚宏启教授与石中英教授曾关心此书。本书能够出版，得益于中央民族大学教育学院院长苏德毕力格教授与中央民族大学出版社戴佩丽编审等亲朋好友的热心帮助与鼎力支持，在此一并表示诚挚的谢意。

是为序。

吴明海　张琪仁　张秀琴　谷成杰

2016 年 10 月于中央民族大学教育学院

提　要

　　教育是打开新世界的钥匙。基于可持续发展理念，结合西部开发与"一带一路"建设，本书采用理论研究与田野工作相结合的人类学研究范式，首次对民族地区环境教育问题开展研究。第一、二章对国际国内环境教育发展状况进行综述，并对生态文明与民族地区环境教育的关系进行了理论研究。第三章至第十二章，对三江源地区、三江并流地区、西双版纳、云南丽江、贵州凯里、重庆酉阳、湘西、内蒙古鄂温克旗、河西走廊、拉萨市等边关要塞进行了以点带面的个案研究。第十三、十四章对民间环保组织在民族地区所进行的环境教育活动进行了追踪研究；研究了国外中小学环境教育的主要模式及其我国民族地区环境教育的启示。第十五、十六章从环境教育视野分别对人民教育出版社及北京师范大学出版社的小学语文教材的选文进行了生态文化分析，提出了具体的教学建议。本书认为：美丽中国，西部先行；美丽西部，教育先行；中央政府及各级地方政府应该从战略高度重视民族地区环境教育；中央政府及各级地方政府应该从战略高度重视民族地区环境教育；民族地区应该将国内外通行模式与乡土文化、学校文化结合起来开拓自己的环境教育之路，从而使环境教育、生态文化、文化生态三者良性互动、相得益彰，促进带西部地区并带动整个中华大地走上和谐发展、可持续发展之路。

　　关键词：中国，民族地区；可持续发展，环境教育；人类学研究

目　　录

第一章　环境教育发展历程

吴明海　金清苗　张琪仁

第一节　环境教育

一、环境教育的由来

环境教育（Environmental Education）在国际教育界是一个相对较新的概念，有的研究者经过考证，认为环境教育最早也只能追溯到1948年，由当时威尔士自然保护协会主席托马斯·普瑞查（Thomas Pritchard）最先正式提出①。但普遍接受的是，"环境教育"一词最早见于1970年《美国环境教育法》，1972年斯德哥尔摩人类环境会议第一次将"环境教育"的名称肯定下来，并为世界各国所接受②。

Environment，"环境"一词在牛津现代高级英汉双解词典第三版给出的解释是："surroundings，circumstances，influences"，可以译为"周边事物或情形"。在第四版增补本中又有所修改"conditions，circumstances，etc affecting people's lives"可以译为"影响人们生活的周边情况或条件"。《现代汉语词典修订本》中给出的释义是："1. 周围的地方；2. 周围的情况或条件"。③ 从中不难看出，环境是针对一个中心而说的，相对于不同的中心体，围绕着它和它相对的环境的范围，含义是不同的④。而"如果没有一个相对的中心体，也就无所谓环境"⑤。通常意义上的环境是以人为中心的环境，是指围绕人的空间以及"影响人类生存和发展的各种天然的和经过

① 王燕津. 基础教育中环境教育的发展——中、日、英三国中小学环境教育比较研究［D］. 北京：北京师范大学，2002：6.

② 阎守轩. 环境教育价值引论［D］. 沈阳：辽宁师范大学，2001：7.

③ 中国社会科学院语言研究所词典编辑室. 现代汉语词典［Z］. 北京：商务印书馆，2000：550.

④ 吴义生主. 环境科学概论［M］. 北京：当代世界出版社，2001：28.

⑤ 田青. 中小学环境教育概论［M］. 北京：华夏出版社，2001：1.

人工改造的自然因素的总体，包括大气、水、海洋、土地、矿藏、森林、野生动物、自然遗迹、人文遗迹、自然保护区、风景名胜区、城市和乡村等"。① 所谓的环境，不仅包括天然形成的自然环境，也包括人类后天经过改造后的人工环境；不仅包括人类生活其中的自然地理条件，更包含了人类在这种生态境地中所采取的适应文化及其生产生活活动，环境同人类的活动密切相关，人类的行为和活动既受周围环境的影响，同时，也能动地改变周围的环境，而这种关系的形成来自于人类的技术水平的提升打破了以往生态自我平衡的世界，② 环境同人类之间的关系逐渐密切起来，由环境带来的种种问题也开始逐渐浮现，出于对环境问题的反思，产生了环境教育。

"环境教育"（Environmental education）萌生于 20 世纪 60 年代发达国家的"生态复兴运动"，当时关注的是对生态系统地保护，尽可能地减少对生态系统的破坏。为了达到上述目标，西方各国政府，尤其是美国政府，在 20 世纪 70 年代，也就是尼克松时代就已顺应民意建立起环境保护署③，简称 EPA（Environmental Protection Agency），并逐渐建立起一整套的法律体系。在这场席卷整个西方社会的绿色运动中，如何加强教育提高全体社会成员对环境知识和技能的了解和理解开始逐渐成为各国教育界急需解决的问题。

对人类社会同周围环境的关系问题进行尝试性探讨的最早的理论先驱是德国的植物学家 E. 海克尔（1834—1919），其在 1886 年提出"生态学"的概念并将其定义为是"研究生物有机体与环境之间相互关系的科学"，"生态学可以理解为关于有机体与周围外部世界的关系的一般科学，外部世界是广义的生存条件"。其后一些生态学家又对这一概念予以进一步发展，认为生态学是"研究生物与其生存环境之间关系的科学"。这一定义反映了生态学的最基本的特点，即生物具有适应复杂变化的环境的能力，生物与其生存环境构成了一个整体的系统。④ 20 世纪 30 年代，生物界提出了"食物链"的概念极大地深化了生态系统的研究，人类活动与生态环境之间的关系引起了全世界的广泛关注，许多的生态学家纷纷转入研究人类

---

① 方修琦. 环境教育资源库 [M]. 北京：华夏出版社，2001：3.
② [美] 巴里·康芒纳. 与地球和平相处 [M]. 上海：上海译文出版社，2002：15.
③ [美] 彼得·休伯. 从环境主义者手中拯救环境·保守主义宣言 [M]. 上海：上海译文出版社，2002：5.
④ 李博. 生态学 [M]. 北京：高等教育出版社，2000：3~4.

活动对生态环境造成的巨大影响。① 人文社会科学也对此表现出极大的热情，1962 年美国海洋生物学家蕾切尔·卡逊出版了《寂静的春天》一书，标志了生态学研究从纯粹的自然科学研究向人文社会科学的转向，同时表明了人们对环境问题的关注开始不满足于传统的宏观生态圈，而逐渐转入对微观世界的环境问题的研究，蕾切尔·卡逊研究发现美国乡村滥用有机农药从而造成了对生物和人体的伤害。在文章的结尾，她猛烈地抨击了"控制自然"这个词，认为"控制自然"这个词是一个妄自尊大的想象物，人们设想中的"控制自然"就是要大自然为人们的方便有利而存在，她认为这是生物学和哲学还处于低级幼稚阶段时的产物。②

《寂静的春天》的出版引起了美国社会的一场大的辩论，美国政府也就此专门成立了一个特别调查委员会并证实卡逊的警告是正确的，此事件直接导致了美国环境保护署的成立。卡逊的著作唤醒了人们的环境意识和生存意识。美国副总统阿尔·戈尔在再版的《寂静的春天》中作序提到："《寂静的春天》的出版应该恰当地被看成是现代环境运动的开始。"③

教育界在这场绿色运动中扮演着重要的角色，持续不断的环境问题让一些有识之士认识到，只有通过教育，让人类正确认识人类活动同环境之间的关系，培养人们的环境保护意识，掌握与环境和谐相处的知识和技能，才能避免环境恶化问题。

1949 年，国际自然和自然资源保护联合会成立了专门的教育委员会，这是环境保护组织有意识地强调同教育的结合，希望通过教育来让人们关心和保护自己身边的环境，维护共同的人类生存的家园。1965 年，在德国基尔召开的一次教育大会上专门就环境教育问题进行了专题讨论，并提出了一些环境教育理论的探索④。

然而，对环境教育的概念理解一直存在分歧，时至今日，虽已广泛开展，但是人们对环境教育的定义仍然没有形成共识，至今还存有争议。

1. 最早的环境教育定义

1970 年，国际自然和自然资源保护协会与联合国教科文组织（UNESCO）在美国的内华达州卡森市（Carson City）佛罗里达学院召开了"学校课程中的

---

①　廖国强，何明，袁国有. 中国少数民族生态文化研究［M］. 昆明：云南人民出版社，2006：5.

②　［美］蕾切尔·卡逊. 寂静的春天［M］. 长春：吉林人民出版社，1997.

③　江帆. 生态民俗学［M］. 哈尔滨：黑龙江人民出版社，2003：10.

④　范恩源，马东元. 环境教育与可持续发展［M］. 北京：北京理工大学出版社，2005：4.

环境教育国际会议"。该会议提出了一个最早的、现今还常被人们引用的环境教育定义，即"环境教育是一项认识价值和弄清概念的过程，旨在发展技能和态度，以帮助人们了解和欣赏人与其文化和自然环境的相互关系，并促使人们对环境问题作出决策、对自身涉及环境的行为准则作出限定"①。这一定义虽然尚未揭示出环境教育的学科基本性质，但它已经开始考虑环境教育的发展目标，为环境教育的理论研究和深入发展规定了初步的框架。这一定义考虑了环境教育的发展目标，但是尚未揭示出环境教育这一学科的基本性质。

1972 年的斯得哥尔摩人类环境会议以后，联合国教科文组织与联合国环境规划署在其后的贝尔格莱德会议上通过的《贝尔格莱德宪章》中，指出环境教育是："进一步认识和关心经济、社会、政治的生态在城乡地区的相互依赖性；为每一个人提供机会和获取保护和促进环境的知识和价值观、态度、责任感和技能，创造个人、群体和整个社会环境行为的新模式。"此定义明确了环境教育的跨学科特征，但还是限于描述层次上，没能确切指明这一学科的理论范畴。

1974 年，芬兰国家委员会受联合国教科文组织委托，在查米召开的环境教育研讨会上将环境教育定义为"环境教育是达到环境保护目的的一种途径"。

2. 第比利斯宣言

1977 年的第比利斯政府间环境教育大会对环境教育定义为："环境教育是一门属于教育范畴的跨学科课程，其目的直接指向问题的解决和当地环境现实，它涉及普通的和专业的、校内的和校外的所有形式的教育过程。"这次会议决定了环境教育的跨学科和终身性质。环境教育，应恰当地理解为，是一种全面的终身教育，一种能对瞬息万变的世界中的各种变化作出反应的教育。环境教育应使个人理解当代世界的主要问题并向他们提供在改善生活和保护环境方面发挥积极作用所必需的技能、态度和价值观，使每个人都能够为生活做好准备。环境教育采用一种以广泛的学科性为基础的整体性方法，培养人们以一种全面的观点来认识自然环境与人工环境之间的密切依赖性。环境教育有助于显示今天的行动与明天的结果之间存在的永久联系，并证明各国社会之间的相互依存性以及全人类团结的必要性。环境教育必须面向社会，应该促使个人在具体的现实情况下积极参与问题解决的过程，并应鼓励主动精神、责任感以及对建设更美好明天

---

① Department of Education & Science（DES）Environmental Education：A review London ：HM-SO. ［98］Palm J, Neal P. The handbook of Environmental Education, London：Routledge, 1994.

的投入。环境教育理所当然地能为教育过程的更新做出强有力的贡献。这一定义较之以往的定义就比较全面和成熟了。

二、环境教育的定义

目前，世界各国对环境教育的概念理解一直存在分歧，我国学者对环境教育的概念也存在着不同的解读和理解。吴承业教授认为："环境教育是使人们掌握现代环境的基础知识，获得解决环境问题、优化环境的基本技能，养成正确的认识环境、理解环境、保护环境以及处理环境问题的意识和能力，以推动人类社会可持续发展的教育。"① 而徐辉、祝怀新等认为："环境教育是以跨学科活动为特征，以唤起受教育者的环境意识，使他们理解人类与环境的相互关系，发展解决环境问题的技能，树立正确的环境价值观与态度的一门教育科学。"② 此定义对环境教育的理解具有一定的科学性和合理性，较准确地规定了环境教育的学科性质，并清晰地概括了环境教育的目标、内容，为我国教育工作者指出了十分明确的努力方向。但另一方面，该定义仍有不完备之处，它将环境教育的重心归之于对自然环境和对人类与自然环境关系的认识上，而对人类自身的发展问题却有所忽略，与国际环境发展的新动向结合不够，未能及时反映国际社会对环境教育的需求和期望。

时至今日，环境教育虽已广泛开展，但是人们对环境教育的定义仍然没有形成共识。有研究者认为当前的环境教育的定义主要从环境教育的过程、环境教育的手段以及环境教育自身的学科特征三个方面为着眼点进行界定③，比如从过程上进行界定的第比利斯政府间环境教育大会对环境教育定义，从手段上进行界定的 1974 年查米召开的环境教育研讨会上的环境教育定义"环境教育是达到环境保护目的的一种途径。"以及从学科活动为特征的 20 世纪 70 年代国际自然和自然资源保护协会与联合国教科文组织对环境教育的定义和祝怀新等人对环境教育的定义等。环境教育还有从教育目的角度进行阐述的，比如澳大利亚昆士兰教育部于 1993 年发布的《P—12 环境教育课程指南》中认为，环境教育就是："促进有效的学习和教学，帮助学生获得理解力、技能和价值观，从而使他们成为积极而明智的公民，参与到发展和维持一个生态上可持续的、社会上公正的民主的社

---

① 吴承业. 环境保护与可持续发展［M］. 北京：方志出版社，2006：35.
② 徐辉，祝怀新. 国际环境教育的理论与实践［M］. 北京：人民教育出版社，1996：35.
③ 阎守轩. 环境教育价值引论［D］. 沈阳：辽宁师范大学，2001：7.

会中去。"①

环境教育概念界定侧重点不同，也反映出各国对环境教育认识存在着不同的理解。西方国家在遭遇环境问题后，由于各自面临的环境问题的不同，所以，在进行环境教育的时候，其环境教育的着眼点和环境教育目标及其目的存在着一些差别。发展中国家重视通过环境教育解决近期面临的日益恶化的环境问题以及由此带来的人口健康与营养条件问题，而发达国家由于经过了工业化发展阶段，所以更重视工业化社会遗留下的环境问题。在针对环境人才的培养上，发达国家愿意在中、高等阶段的教育中强调对学生的环境知识、环境技能和环境意识的培养，而发展中国家由于缺乏资金及相关培训经验，更重视在初等教育阶段对学生进行环境教育。即使同是发达或发展中国家，由于各国所处的地理自然环境的不同，其所遇到的环境问题也不尽相同。发展中国家的印度，其环境面临的主要是由于在工业化过程中热带雨林的破坏以及干净的水源日益稀少的等问题，所以在印度的中小学环境教育中，不仅重视对学生环境知识和环境意识的培养，同时注意学生环境技能的培养。而澳大利亚，其环境所面临的主要是如何维持本地生态系统同外来物种之间相互调谐的问题，尽管澳大利亚资源丰富，吸引了大量的外来人口，但也有着全球独一无二的生态环境系统。在澳大利亚殖民时期，大量的外来物种涌入造成对本地的生态环境系统的破坏，所以澳大利亚非常重视在中小学教育中对学生环境意识的培养，同时注重学生环境知识和环境技能的系统学习。

各国对环境教育的认识侧重点不同，这是因为环境教育在一些国家不仅被看作是一门理论学科，更被看作是能解决实际环境问题的应用学科，希望能通过环境教育，增强人们的环境知识与技能的学习，使人们能够应对周围的环境变化问题。但是，我们也不难看出，目前对于环境教育的认识还是存在着一定的共识。

首先，重视环境教育的跨学科特征。环境问题让一些有识之士认识到，要解决环境问题，单靠某一学科领域的知识和技术是不行的。这一点清楚地反映在 1972 年的斯德哥尔摩人类环境会议及后来的贝尔格莱德会议上，会议中认为，环境教育不仅要重视环境知识和环境技能的掌握，同时也应注意价值观、责任感等方面的培养，1977 年第比利斯环境教育大会对环境教育的跨学科特征进行了进一步总结，认为环境教育"是一门属于教

① 祝怀新. 环境教育论 [M]. 北京：中国环境科学出版社，2002：81.

育范畴的跨学科课程"。

　　环境作为自然环境同人类社会环境的总称，囊括了现有几乎所有学科领域的研究范围，人类所生存的周边环境中，既有自然环境，也有着社会环境，既有独特的当地的自然生态系统，也有着适合当地的文化及生活模式。如果从一个大的范围来看，全球范围都可以是一个完整的自然生态系统，这个系统给生活在其中的人们提供了可以繁衍生息的自然环境，如果一个地区出现环境问题，势必影响到整个生态环境系统。这一点在最近几年的环境灾难中可以看出，臭氧层的稀少所引起的海平面的上升、巴西雨林毁灭性的减少导致地区性的灾难等都说明，要解决环境问题，必须综合人类社会所有的知识和技术，通过不同层面的努力，才有可能解决人类生存环境所面临的环境问题。

　　环境教育从发展过程来看，其以生态学知识为发端，而生态学也是人类从本质上认识环境问题和提高环境素质的理论基础[1]。生物学主要是强调生态系统中各个组成部分之间的相互联系和相互作用，研究系统内部的能量转化模式，这为人类进一步了解自然与人之间的关系以及人与人之间的关系提供了理论上的基础。同时，环境教育学还同地理学、化学、物理学、经济学、社会学、历史学等学科联系紧密。地理学同环境教育的主要作用在于把环境学习的"互不相关的事实"梳理好统一起来[2]，建立起学生对区域地理的整体生态观。正是因为这些学科同人类的社会生活以及生产劳动联系紧密，而环境教育也极其关注人类的生产生活同自然之间的关系，希望通过教育塑造一种新型的社会发展模式和人与自然关系，所以环境教育内容和上述学科知识相交集，可以说，环境教育内容之广泛决定了环境教育过程不可避免是一个整体的过程。如果环境教育仅仅通过诸如地理学或生物学等某一门学科来进行，是不可能实现预期的环境教育目的的[3]，例如，在使学生认识当前严峻的环境威胁时，鉴于环境问题的高度复杂性，完整的教学计划必须是跨学科的，并且也涉及超学科界限的判断。因此，环境教育不能限制于传统学科的某一门中。

　　其次，环境教育除了向学生传授自然学科的知识外，更侧重于学生一种价值观和情感的培养，让学生树立起保护自然、尊重自然的内在价值、与自然和谐友善一起发展的意识。这就决定了环境教育和环境伦理学、生

---

① 马桂新. 环境教育学［M］. 北京：科学出版社，2007：89.
② 艾沃·F·古德森. 环境教育的诞生［M］. 上海：华东师范大学出版社，2001：158.
③ 范恩源，马东元. 环境教育与可持续发展［M］. 北京：北京理工大学出版社，2004：9.

态哲学之间有着密不可分的联系。总之，环境教育是一门跨学科的教育活动，无论是理论研究还是具体实践，都必须认识到这一点。

所以，我们可以从中总结出环境教育的概念的几个核心，即具有跨学科特征、重在环境知识和技能的掌握、侧重环境意识和价值观。环境教育本身所具有的强调教育过程的整体性与知识技能的综合性特点，所以在给环境教育进行定义的时候，要尽力避免从单个视角进行界定，故对环境教育可以定义为："环境教育是以跨学科为特征，使人们认识环境和环境问题，并掌握人类与自然环境之间的辩证关系，形成正确的环境价值观与态度，从而提高全社会的环境意识、达到人与社会和谐发展的目标。"

第二节 国际组织环境教育发展历程及特点

随着人类社会工业化的进程和经济的发展，环境污染的危害日益为人们所认识和关注，许多国家都将环境保护列入重要日程。教育是环境保护最为重要的普及和宣传手段，环境教育也由此应运而生并为国际组织和各国政府所广泛采用。那么环境教育总体发展历程是怎样的？一些在全球或者区域发挥重要作用的大型国际组织为致力于环境教育做出了怎样的努力和贡献？在此期间，各国的环境教育模式又有何主要特点？

针对这一系列问题，本书力图归纳国外环境教育的萌芽、诞生到如今进入可持续发展教育这一新阶段的总体历程，并希望通过本书呈现出国际环境教育发展的壮阔史卷，且从国外环境教育的模式中发现值得借鉴和吸收的经验和模式，能给我国当今环境教育的发展以思考和启发。

从 1972 年瑞典斯德哥尔摩联合国人类环境会议召开至今，环境教育已经历经了三十余年的时间，环境教育的发展愈加形成气候，各国的环境教育的成果也愈加丰硕，中小学环境教育的发展尤为迅速。

本节以 1972 年瑞典斯德哥尔摩联合国人类环境会议、1975 年 10 月贝尔格莱德国际环境教育研讨会、1977 年前苏联格鲁吉亚共和国首都第比利斯政府间环境教育会议、1982 年内罗毕管理理事会特别会议、1987 年莫斯科会议、1992 年里约热内卢"联合国环境与发展大会"、1997 年希腊塞萨洛尼基环境与社会国际会议等一系列国际环境教育会议为主线，梳理这些在国际环境教育发展史上有着重要意义的会议的召开目的、内容、结果以及产生的意义等。同时，介绍在不同历史时期，具有代表性的国家发展环境教育的具体政策和模式。将我国环境教育的发展历程分为萌芽与诞生、国际环境教育理念的落实、可持续发展教育的提出和确立三大阶段，并探讨在每个大的发展阶段下的国外环境教育的具体发展进程。最后，力求通过对国外环境教育发展历程的总结来为我国当今的环境教育提供一些参考和借鉴，给我国的环境教育的规划和政策落实提供经验和帮助。

一、环境教育的萌芽与诞生（20 世纪 50 年代—1974 年）

（一）环境教育的萌芽

人类和环境的互动关系伴随着人类文明的发展和社会的变迁不断地发生着变化。古时，我们的先祖坚定地信奉着"人定胜天"，认为人的力量理所当然地胜过自然，环境只是人类作用下的客体，仅此而已。人类征服自然和改造自然的热情从来不曾减退，很少会有人对自然和环境存在着敬畏之情。然而，随着欧洲第一次科技革命的到来，一些环境问题开始进入人们的眼帘，在工业革命的发祥地英国，美丽的泰晤士河变成了臭水沟，首都伦敦终日大雾弥漫，使人们的健康和生活遭到威胁。第二次科技革命将人们带入电气化时代，环境污染的问题愈发严重。20 世纪中叶的第三次科技革命，使科学和技术成为第一生产力，科技转化为直接生产力的速度越来越快，人类史无前例地享受着科技带来的甜头，另一方面，人类赖以生存的环境也遭遇了前所未有的挑战。

事实上，在人类社会生产力发生巨大变革的同时，所暴露的严峻环境污染只是人类没有处理好与环境互动关系的外在表现。进入第三次科技革命之后，国际社会和一些发达国家日渐意识到环境问题的重要，开始着手整治环境污染。保护环境的方式和途径是多种多样的：直接投身治理一些污染状况，设置与环保有关的法律条文，发动媒体来唤起公众的环境意识，以及在学校开展有关环境保护方面的教育。在 20 世纪中叶，一些国家已经开始将环境教育引入学校。苏联于 1960 年制定了《自然保护法》，将自然保护的课程列入中学普通学校和中等专业学校的教学计划，并把自然保护和自然资源再生设为学校的必修课。1965 年，在德国基尔大学召开的教育大会上，一些关于环境教育的设想被提出，引发了许多人的广泛兴趣和支持。美国早在 1970 年就率先制定了《环境教育法》。而所有这一切，都可看成是环境教育的萌芽。到 20 世纪 60 年代末 70 年代初为止，一些国际组织和地区提出的对环境教育的设想，都为日后国际环境教育的发展奠定了广泛的基础。

（二）环境教育的诞生

如果说，20 世纪 60 年代末 70 年代初是环境教育萌芽阶段，那么，国际社会真正开始对环境教育付诸实际行动、国际环境教育得到大发展则是从 20 世纪 70 年代开始。1972 年 6 月 5 日至 6 月 16 日，联合国在瑞典首都斯德哥尔摩召开首届"人类环境会议"，这是人类历史上首次在全球范围内发起的研究保护人类环境的会议。113 个国家以及联合国机构和非官方组织的代表出席了这次会议。会议的目的是促使人们和各国政府注意人类的活动正在破坏自然环境，并正在给人类的生存和发展造成严重的威胁。会议全面讨论了各种环境问题，正式通过了《人类环境宣言》，并提出了"人类只有一个地球"（Only One Earth）的口号。其中，《人类环境宣言》指出："要培养这样的人，他们能够对于自己周围的环境在本身可能的范围内进行管理，并在每一步都要坚定地采取符合规范的行动。"[①] 会议最后建议联合国大会将这次大会的开幕日 6 月 5 日作为"世界环境日"，之后，在 1972 年 10 月召开的第 27 届联合国大会上通过了这一建议，确定每年的6 月 5 日为"世界环境日"。这次会议首次将"环境教育"（Environmental Education）的名称确定下来；成立了专门机构——联合国环境规划署（UNEP），总部设在肯尼亚首都内罗毕；并在 96 号建议中着重强调了进行环境教育的必要性，明确了环境教育的性质、对象和意义，提出了环境教育的国际合作框架。它指出："联合国体系里的组织，特别是联合国教科文组织，以及其他有关的国际组织应当采取必要的行动，建立一个国际性的环境教育规划署。环境教育是一门跨学科课程，涉及校内外各级教育，对象为全体大众，尤其是普通市民……以便使人们能根据所受的教育，采取简单的步骤来管理和控制自己的环境。"[②] 至此，环境教育的诞生，标志着真正意义上的国际组织间的环境教育也由此开始。

（三）环境教育的实施

作为最早开展环境教育的国家，美国在 1969 年通过《国家环境教育政策法案》的基础上，率先思考了教育在实现环境保护与改善环境质量中的作用。在对环境教育的必要性与重要性形成共识的基础上，美国在 1970年 10 月正式通过了世界上第一部《环境教育法》，以法律的手段促进并保障各级教育中环境教育的课程发展与实施。《环境教育法》涵盖了环境教育、技术援助、少量补助、管理等 6 部分内容，其目的是通过资助有关教

---

① 王嫣. 国际环境教育概述 ［EB/OL］. http：//www. pep. com. cn/200406/ca471827. htm. 2005 年 3 月 12 日.

② 祝怀新. 国际环境教育发展概况 ［J］. 比较教育研究，1994 （3）：33.

育机构，加深它们对政策的理解，加强对环境教育活动的支持。[①] 其规定："（1）要致力于环境教育课程的开发、实施、评价和普及；（2）开展环境教育的在职进修；（3）设置野外环境教育中心；（4）编制环境教育课程。"[②] 虽然该法一直未获得联邦参议院和众议院的批准，但它毕竟为推动美国环境教育的发展和进步奠定了一定的基础，"在该法中，联邦议会宣告，美国的国土环境恶化，生态平衡破坏，对国力和国民的活力构成了重大威胁。为此联邦政府应该援助那些向公众进行有关环境质量和生态平衡教育的事业。"[③] 根据该法令，联邦政府教育署设置了环境教育司。

值得一提的是，早在 1971 年，美国环境保护组织和白宫教育机构就设立了总统青年环境奖（President's Environmental Youth Award Program）。该奖项每年一度，专为鼓励个人、学校集体、夏令营、公益组织及青年人组织而设，旨在提高人们的环保意识及公众参与意识。"该奖设有地区证书及国家奖，每一个参与者都将得到由环境保护组织下设的地区办公室颁发的附有总统签名的地区证书。国家性个人比赛获奖者，或全国比赛获胜组织代表与这个比赛组织者得到一次免费去华盛顿旅行的机会，并且在那里，他们将荣幸地被邀请去参加颁奖仪式。"[④] 1990 年 11 月 16 日，美国国会颁布了《国家环境教育法》，该法案对环境教育的管理及资助方案做了更加详细的规定，其主要内容包括：①确定由环保署总体管理全国的环境教育，并在其内设立环境教育办公室专门负责有关事宜，它的具体职能有：拨款职能和管理职能。②制定各种专项奖项，由联邦政府拨出专款对环境教育和环境保护工作的人士颁发奖金，如罗斯福奖金，索罗奖金，总统环境青年奖金。国家环境教育法颁布之后，许多环境教育机构也纷纷建立，构成一个贯彻实施国家环境教育法的强大网络。[⑤]

日本自 20 世纪 50 年代以来，经济开始飞快地增长和发展，与此同时，环境污染也越来越严重。政府和社会开始采取措施来应对这一深刻的社会问题。例如"1949 年成立了由学者和登山家等组成的尾濑保存限制同盟；

---

① 刘大澈. 第一部《环境教育法》的诞生地——记美国环境教育 [J]. 环境教育，2007（10）：68.

② 白月桥. 课程变革概论 [M]. 石家庄：河北教育出版社，1996：372.

③ 范春梅，刘捷. 世界环境教育的发展史及其特点 [J]. 环境保护科学，1997（4）：39.

④ ［美］D. Gillispie. C. Japikse. 李晶译. The President's Environmental Youth Awards Program [M]. Spring EPA Journal，1995：23.

⑤ 刘大澈. 第一部《环境教育法》的诞生地——记美国环境教育 [J]. 环境教育，2007（10）：68.

1951 年，该同盟改称为日本自然保护协会；1960 年，该协会法人化，并致力于自然保护思想的启蒙和普及活动。1957 年，该协会曾向文化部大臣及参众两院议长提交了'关于自然保护教育的陈情书'；1960 年，又提交了更具体的'关于高中教育课程的自然保护教育的陈情书'；1972 年，该协会还提出过'关于自然保护学科的设置意见书'"①。在立法方面，1967 年，国会通过了公害对策基本法。1970 年第 64 次国会上，又重新修订了公害对策基本法，同时还改正并制定了 14 个环境相关法案。总之，在该阶段，公害教育成为日本环境教育的重心之所在。

二、国际环境教育理念的落实（1975 年—20 世纪 90 年代）

（一）国际环境教育理念与框架的提出

根据 1972 年瑞典斯德哥尔摩人类环境会议第 96 号建议，联合国教科文组织和联合国环境规划署通力合作，于 1975 年建立了国际环境教育规划署（IEEP），并且发起了全球范围的环境教育规划。该组织成立后，积极从事国际环境教育的资料收集、课程与教材的研究、环境教育方针和策略情报信息的讨论和交流、师资培训等活动。

在 1972 年斯德哥尔摩人类环境会议精神和建议的指引下，联合国教科文组织和联合国环境规划署（UNESCO 和 UNEP）于 1975 年在南斯拉夫首都贝尔格莱德召开了有史以来级别最高的一次国际性环境教育专题研讨会，来自 65 个国家的教育领导人和专家参加了此次会议。（该会议原本是预定于 1977 年前苏联第比利斯召开的"政府间环境教育会议"的准备会议。）会议讨论了国际环境教育规划署提出的报告，回顾和讨论了环境教育中出现的问题及其发展趋势。从总体上来说，与会代表对国际环境教育的作用表现出极大的乐观情绪。大会制定了《贝尔格莱德宪章》，宪章由环境的状况、环境的目的（2 项）、环境教育的目标（意识、知识、态度、技能、评价能力和参与 6 项）、环境教育的对象（正规学校教育和非正规教育）和环境教育的指导原理（8 项）六部分构成。"该宪章涉及环境教育的理论研究、发展规划、大众媒介的作用、人才培训、教材、资金、评价等"②。"在国际环境教育史上，该宪章首次提出了全球规模的环境教育基本理念和框

---

① 刘继和. 战后日本的环境教育［J］. 比较教育研究，2000（2）：41.
② 范春梅，刘捷. 世界环境教育的发展史及其特点［J］. 环境保护科学，1997（4）：38－39.

架（环境教育的目的、目标、对象及指导原理），并达成了共识。"① 该宪章是具有深远意义的经典性文献，国际社会对这一文献寄予了高度的评价，并把它作为环境教育的理论规范，称之为"环境教育的基准框架"。

在《贝尔格莱德宪章》精神的指引下，非洲、阿拉伯地区、亚洲、欧洲、北美洲及拉丁美洲召开了一系列地区性环境教育会议，根据不同地区环境现状和特点，探讨和社会经济文化等等方面相适应的环境教育类型。而这些都为之后召开的 1977 年第比利斯环境教育大会做了理论和实践上的准备，同时也为世界范围内环境教育事业发展高潮的到来掀开了序幕。

（二）国际环境教育基本体系的确立

1977 年 10 月 14—26 日，在前苏联格鲁吉亚共和国的第比利斯召开了首届政府间环境教育大会，联合国的 66 个成员国参加了这次大会，会议由联合国教科文组织和联合国环境规划署共同主持。这也是历史上第一次国际环境教育会议。会议对贝尔格莱德会议提出的环境教育的目的和目标都给予了肯定，而且进一步对环境教育的原理和实践做了系统的探讨。联合国教科文组织将会议成果总结为《最终报告》，此报告于 1978 年 4 月在巴黎发表。"《最终报告》由序言、一般报告（包括关于环境诸问题、教育的任务、以往环境教育工作中的努力和成就、地区及国际协作和联合国教科文组织事务总长的报告，共 40 项条文）、委员会的报告（为了发展国家水平的环境教育之战略，共 37 项条文）、会议宣言及建议和附录五大部分构成。"②

其中，会议发表的《第比利斯政府间环境教育大会宣言和建议》，吸引了世人的注意，并在之后成为各国开展环境教育的准则。会议宣言明确指出了环境教育的作用、性质和特征等。"会议建议由环境教育的任务、目标及指导原理（建议 1—5）、国家水平的环境教育发展战略（建议 6—21）、国际协作与地区协作（建议 22—41）三大部分构成。其中，建议 1（11 项）指出了环境教育的基本目的（2 项）及实现措施等。二号建议指出了环境教育的目的（3 项）、目标（意识、知识、态度、技能和参与 5 项）和指导原理（12 项）。"③ 与会代表一致同意且宣布环境教育在现有课程中是一门新的学科，认为要提供各种训练课程，通过各种正规和非正规的教育对所有

---

① 刘继和. 国际环境教育发展历程简顾——以重要国际环境教育会议为中心 [J]. 外国教育研究，1997（4）：27.

② 刘继和. 国际环境教育发展历程简顾——以重要国际环境教育会议为中心 [J]. 外国教育研究，1997（4）：27.

③ 刘继和. 国际环境教育发展历程简顾——以重要国际环境教育会议为中心 [J]. 外国教育研究，1997（4）：28.

年龄的人们实施环境教育。为更好更恰当地开展环境教育，其一号建议中提出："……环境教育应提供必要的知识，以解释形成环境的复杂现象，并鼓励形成在自我约束基础上的道德、经济和美学价值观。这些价值观将对保护和改善环境行为的培养起促进作用；同时，环境教育还应提供有效解决环境问题时的大量实用技术。为了完成这些工作，环境教育应使教育过程和实际生活更紧密相连，围绕特定社会所面临的环境问题开展活动。"① 正是因为该建议明确规定了环境教育的任务、目的、目标、指导原理以及国家水平的环境教育发展战略等，由此也确立了国际环境教育的基本理念和体系。国际社会也承认《第比利斯的会议宣言和建议》是国际环境教育基本理念和体系的基准。第比利斯会议被誉为环境教育新阶段的起源和环境教育史上重要的里程碑。

20 世纪 70 年代可以说是美国发展环境教育的十年。在这十年里，美国紧跟国际组织环境教育的宗旨和精神，将环境教育的目的设定为：重视和关心环境和环境问题，培养个人或集体为解决现实环境问题和防止发生新的环境问题，所需要的知识、技能、态度、意志和实践能力等，并使这样的公民在世界人口中尽可能多地得到培养（"贝尔格莱德宪章"，The Bdsrade Charter，1975）。环境教育的目标是：①关心。要深化对个人和社会总体环境问题的关心，并对其具有一定的感受性。②知识。对个人和社会总体环境及其存在的问题，要有基本的理解。③态度。要明确个人对社会的价值，具有保护和改变环境的坚强意志。④技能。要掌握解决环境问题所必需的技能。⑤评价。能测定个人和社会的环境情况，并能从生态、政治、经济、社会、美学和教育等方面来进行评价。⑥参与。能为解决个人和社会的环境问题而采取适当的行动，以此深化对环境问题的责任感和紧迫感。（这一段中的小括号需要跟前面保持一致吗？）

从 1977—1978 年，美国进行了"国家教育发展评价"（NAEP：The National Assessment to Educational Progress）。"诺里斯·哈姆（Norris. C. Harms）作为 NAEP 理科部分的主要成员，他在对 70 年代理科教育研究进展分析和对 NAEP 进行总结的同时，为探讨 21 世纪理科教育发展的方向，接受了美国国家科学基金会（NSF：National Science Foundation）的资助，于 1978 年开始了名为"项目综合"（Project Synthesis）的新的研究计划，并从全国选出了 23 名理科教育专家组成课题组。课题组成员分成 5 个分科会：生物

---

① 祝怀新. 国际环境教育发展概况［J］. 比较教育研究，1994（3）：35.

学、物理学、探究、初等理科、科学——技术——社会（STS）。"① 这个
STS 分会后来成为今天盛行的 STS 研究的起源。这项研究报告于 1981 年由
N. C. 哈姆斯和 R. E. 亚格尔整理完成。苏联教育科学院教学内容和教学方
法研究所也在 20 世纪 70 年代以后展开了对环境教育教材内容、教学方法
和师资培训问题的专题研究。

　　在亚洲，亚太地区的环境教育在 1979 年第比利斯环境教育会议之后才
真正开始起步。在 20 世纪 70 年代的亚洲，日本的环境教育处于较为领先
的水平。在一系列国家环境教育会议召开的大环境之下，日本于 1975 年创
立了全国中小学对策研究会（实为原来的全国中小学公害对策研究会）。
1975 年，以大学为中心，成立了环境教育研究会。文部省设立了特定科学
教育研究经费，组织各大学、国立研究所、教育中心等展开研究。此间，
日本的环境教育发展得如火如荼。在 1977 年的小学和初中、1978 年的高
中的教学大纲改订中，对保护人类生存的环境、资源和能源，尊重生命等
与环境相关的教育内容寄予了足够重视。

　　（三）环境教育实施氛围的营造与相关政策的落实

　　进入 20 世纪 80 年代之后，环境教育开始蓬勃发展，为纪念人类环境
会议召开 10 周年，联合国环境规划署于 1982 年 5 月 10 日—18 日在肯尼亚
首都内罗毕组织召开了由 105 个国家首脑、环境问题专家、联合国组织等
出席的联合国环境规划署"管理理事会特别会议"（又称内罗毕会议）。会
议发表了《内罗毕宣言》和"五项决议"，并对 1972 年斯德哥尔摩联合国
人类环境会议召开以来的 10 年间《人类环境宣言》和"人类环境行动计
划"的实施状况与结果进行了回顾和评价，还就今后 10 年环境动向和优
先实施的主要课题进行了研讨。同时，这次会议还呼吁世界各国及各地区
的政府及国民为保护和改善世界环境应进一步做出不懈努力，号召各国通
过教育与训练来提高公民对环境教育重要性的认识。

　　虽然这次会议不是一次纯粹意义上的环境教育会议，但是会议所发表
的宣言还是涉及了环境教育的相关内容，例如宣言 9 强调了"宣传、教育
及培训"在提高人们对环境重要性认识上的作用，并且指出了每个人负责
任的行动和参与在改善环境问题上的重要性。在会议上，与会代表还对第
比利斯会议以来国际环境教育发展中存在的缺陷作了总结，比如说大会认
为环境教育在培训上还存在着严重的缺陷。笔者认为内罗毕会议在国际环

---

① 常初芳. 世界各国的环境教育 [EB/OL]. http：//www. pep. com. cn/200406/ca471828.
htm. 2005. 2. 21.

境教育发展过程中起了一个承上启下的作用，即它将 20 世纪 70 年代的环境教育与 80 年代的环境教育连接起来，并为之后更好地开展国际环境教育起到一定的作用。

如果说内罗毕会议在国际环境教育发展过程中起到宣传主张的作用，那么 1987 年前苏联莫斯科国际环境教育和培训会议则是将国际环境教育的政策和策略真正落实的一次大会。1987 年 8 月 17—21 日，联合国教科文组织和联合国环境规划署在莫斯科共同组织召开了一个由 100 个国家 300 多位专家及国际自然保护组织等参加的，题为"第比利斯会议后十年"的"联合国教科文组织—联合国环境规划署关于国际环境教育和培训会议"（又称莫斯科会议）。这次会议在总结过去环境教育经验的基础上，提出了 90 年代环境教育的重点，提出、研讨并采纳了"90 年代国际环境教育和培训行动战略"。这一行动战略由"关于第比利斯会议后国际环境教育和培训的行动"和"90 年代国际环境教育和培训行动战略"两大部分组成。"其中第二部分又由'环境问题和本战略的目的'、'环境教育和培训的原则与基本性质'和'90 年代国际战略方针、目的及行动'（信息检索、研究与实验、教育计划和教材、人才培养、一般大众的教育和宣传、大学的一般教育、专家培训、国际与地区的协作，共计九个领域）三部分构成。"① 之前的内罗毕会议要求加强国与国之间环境信息的交流，开展环境教育研究与实验，强化环境教育师资培训，确立环境教育课程的地位，并通过成人教育、工作进修、广播电视等向人们广泛普及环境教育。所有这些都为 90 年代国际环境教育的发展奠定了基础，并与后来的可持续发展教育有着紧密的联系。

（四）20 世纪 80 年代国际环境教育的实施状况

英国作为较早开展环境教育的国家，特别重视在中小学开展环境教育。最早促使学校致力于环境教育的是 20 世纪 60 年代的"环保运动"，但是之后的环境教育多是凭借教育者对于环境教育的热情而展开的，很少有教师受过环境教育的专业培训，直到 70 年代末 80 年代初，这种自发的环境教育不但没有帮助教师达到教学目标，反而有所低落。而国际环境教育大趋势的发展，国际社会对于环境教育的科学性、实践性以及参与性等有了更深入的理解和认识，80 年代以来，英国的环境教育改革不断深入，环境教育纳入一个新的教育框架也成为可能。1988 年，英国议会通过了

---

① 刘继和. 国际环境教育发展历程简顾——以重要国际环境教育会议为中心 [J]. 外国教育研究, 1997 (4): 29.

《教育改革法案》，规定从 1989 年开始，公立小学执行统一的国家课程，而在这之前，英国没有统一的国家课程和课程大纲。国家课程包括英语、数学、科学三门核心课程；现代外语、技术、历史、地理、艺术、音乐、体育七门基础课程，另外还规定了五门跨学科的课程，环境教育是国家课程和统一课程中确认的几门跨学科课程之一。"英国国家课程委员会主席 D. G. 格雷汉姆指出：'环境教育是每个学生课程的基本部分，它有助于提高其环境意识，引导其关心并积极参与解决环境问题。环境教育中的许多要素，能够通过国际课程的各个科目讲授出来。'"① 环境教育由此便和国家跨学科的教学计划联系在一起。英国在重视中小学环境教育发展的同时，还对教师提出了更高的要求。环境教育作为跨学科的课程，理论上应成为教师学历教育的一部分，虽然目前仍然没有在法律上确定下来，但是很多大学事实上已经这么做了。1989 年，教育改革法案出台的国家教学大纲对教师的要求，确定了跨学科的范围、主题和技能要求。

在欧洲，还有一个国家的环境教育发展状况值得关注，那就是德国。到了 20 世纪 80 年代，德国的环境教育状况开始走上正轨，1980 年 10 月 17 日德国（原联邦德国）文化部长联席会决定宣布，环境教育是德国中小学的义务，认为人类与环境的关系是一个"生存攸关的问题"，使青年人具有环境意识是学校的任务之一。根据这一决定，"学校应当通过介绍对环境总体关系的看法，这种意识与珍惜和爱护同自然的关系的新观念是相适应的，需要进一步指出的是，环境教育涉及各个学科，即渗透到自然科学，也渗透到社会科学，因此，它不应被看成是一门孤立的学科。"② 德国还设定了环境教育的目的、内容等，并在之后的实践中得到完善和丰富。

20 世纪 70 年代的日本在学校教育中引进了环境教育的理念，也开展了积极的实践，日本开始了对于环境教育的探索。进入 80 年代以后，人们对于环境教育的关注程度反而降低了，由高知大学教育系环境教育研究会的研究人员调查显示，"分别有 19.2%、34.4% 和 49.7% 的小学、初中和高中表示重视并开展了环境教育；而没有特别考虑环境教育的小学、初中和高中分别是 59.7%，44.2% 和 36.5%"。③ 然而就是在这种形式之下，国际上开展环境教育的势头却很猛，日本政府不得不采取相应的行动。政府开始在民众中宣传有关"善待环境""可持续发展""采取生态学的生

① 谷秉忠. 英国中小学环境教育的特点浅析 [J]. 学科教育，1995（12）：44.
② 王民. 德国中小学环境教育的目的、内容与方法 [J]. 学科教育，1996（11）：40.
③ 刘继和. 战后日本的环境教育 [J]. 比较教育研究，2000（2）：41.

活方式"的口号，日本民众对于环境教育的热情又高涨起来了。1986 年，日本环境厅设置了"环境教育恳谈会"；1988 年，环境厅又发表了《环境教育恳谈会报告》，该报告的重要意义在于它提出了校外环境教育的想法和措施。各级地方行政机构也因地制宜地制定了符合本地区实际情况的环境教育策略。1989 年，环境厅创设了"地区环境保护基金"，支援地区环境教育事业的发展。

亚洲在 20 世纪 70 年代，即在贝尔格莱德会议之后就召开了第一次环境教育会议，会议讨论了地区性的环境教育计划、人员培训、非正规环境教育、教育资料等多方面的内容。但是真正意义上探讨落实国际环境教育理念还是在进入 80 年代之后。1980 年 9 月，来自亚洲 17 个国家的代表参加了在曼谷举行的一个地区性环境教育研讨班，就在亚洲实施国际环境教育计划（IEEP）提出了如下七点建议："（1）鼓励和加强信息交流，推动各国编制国家级的环境教育计划和组建相应机构；（2）加强环境教育信息和文件的收集和传播，建议出版环境教育通讯；（3）筹备和出版各种环境教育原始资料，加强国家级环境教育的课程建设和教师培训；（4）组织研究、访问、交流，尤其要加强青年领导者之间的交流；（5）为国家级的环境教育学习、研究和实验提供资助；（6）参加或为国家级的环境教育活动提供咨询；（7）建立一个环境教育专家库。"① 直至今日，这些建议仍对亚洲各国的环境教育发展具有现实的指导作用。

1986 年 11 月，联合国环境规划署为推进亚太地区环境教育和环境教育师资培训的行动计划，在曼谷组织了一次地区性专家会议。这次会议推荐了一系列在亚洲地区发展环境教育的方法，如环境教育应自儿童学龄前时，便于家庭中进行；在小学，对环境意识的教育应该结合到所有的课程中去，而且应最大限度地利用学校环境和其他具有环境教育意义的地方如公园、动物园进行环境教育；课程应着眼于人类基本需要的食物、居舍、健康与衣着，以培养孩子们对环境和自然资源的基本认识。

亚洲对于环境教育的认识也不断深化。在曼谷会议 3 年之后召开的东南亚国家联盟（ASEAN）环境教育培训班将环境教育的目的进一步概括为：环境教育要促使受教育者："（1）对环境的各个组成部分和因素之间的相互关系以及环境中发生的各种变化有一个基本了解；（2）培养合理的价值观和态度，特别是树立对环境的保护与改善的关心和责任感；（3）获

---

① 吴祖强，曹素芬. 亚洲地区环境教育回顾及其启示［EB/OL］. http：//www. pep. com. cn/200406/ca471845. htm. 2005.

得并加强在判别、评价、解决环境问题上的技能；（4）培养对环境问题和环境事务以及采取行动加以解决的紧迫感。"①

　　这一阶段可以说是国际环境教育发展得较为迅猛的一个时期。由于该阶段跨越时间较长，而期间诸如联合国教科文组织、联合国环境教育规划署等等的国际组织策划召开的国际环境教育会议又很多，所以关于环境教育的理念也不断被提出、明确和丰富。不过，这只是20世纪70年代时期国际环境教育的热点所在，进入80年代之后，一系列宣传口号和政策的落实成为重点，内罗毕会议和莫斯科会议的召开就是起到了这样的作用。尤其值得一提的是，在该阶段，一些发展中国家和地区的环境教育也开始以较快的速度开展起来，亚洲除了日本之外的地区在贝尔格莱德会议精神的指引下，根据本地区的实际情况制订了开展环境教育的计划，这些都影响至今。

三、可持续发展教育的提出和确立（1992年至今）

（一）可持续发展教育的酝酿和萌芽

　　可持续发展战略是当今各国政府颇为倡导的一种发展战略，所谓可持续发展就是既能满足当代人发展的需要又不损坏后代人满足其需要能力的发展。可持续发展和环境问题理所当然地存在着紧密联系的关系，资源、能源等都需要人类的可持续开采和利用。"可持续发展"概念的提出可以追溯到1980年，1980年由世界自然保护联盟、联合国环境规划署和国际自然保护基金组织合作发表了著名的报告书《世界自然保护大纲》（World Conservation Strategy，以下简称为WCS）。这一报告书强调并指出了环境和发展相互依存的关系，"保护自然环境是持续性发展的必要条件之一"。"可持续发展"的概念由此产生并逐渐传播开来。在1982年内罗毕会议上，日本政府代表建议联合国应设置一个由经验丰富和学识渊博的学者组成特别委员会，以探索和指导全球性环境问题的解决。于是，1983年第38届联合国大会根据此建议，决定设置"环境和发展世界委员会"（WCED）。1984年，由挪威首相布伦特兰女士任委员长，22位有识者组成的WCED正式诞生。1987年4月，该WCED会向联合国提交了报告书《我们共同的未来》（Our Common Future，以下简称为OCF）。该报告书最引人注目的观点是明确提出了关于环境和发展的新方法论："可持续发展"

---

① 吴祖强，曹素芬．亚洲地区环境教育回顾及其启示［EB/OL］．http：//www.pep.com.cn/200406/ca471845.htm.2005.

（Sustainable Development），后来的可持续发展教育就是以此为基础的。

1991 年 10 月 21 日，由世界自然保护联盟、联合国环境规划署和国际自然保护基金组织三者一起共同著写并且在世界范围内一起发行了《保护地球——可持续生活战略》（Caring for the Earth——A Strategy for Sustainable Living）。书中对 WCED 定义的"可持续发展"概念给予了重新具体性定义："在作为支持生活基础的各生态系统容纳能力限度范围内，持续生活并使人们生活质量得到改善。"在此基础上，作者主要对实现可持续生活方式的 9 项基本原则和 132 项行动规范进行了详细阐述。上述的会议的召开和著作的发表都为 1992 年联合国环发大会的召开做了必要的准备。

（二）可持续发展教育理念的正式提出

为了纪念联合国人类环境会议召开 20 周年，1992 年 6 月 3—14 日，180 个国家代表在巴西首都里约热内卢召开了"联合国环境与发展大会"（UNCED）（又称地球高峰会议，本书简称为联合国环发大会）。会议采纳了著名的"里约宣言"（27 项原则）及其行动计划《21 世纪议程——为了可持续发展的行动计划》，以及《气候变化框架公约》、《生物多样性公约》和"关于森林保护的原则声明"。其中，《21 世纪议程》是国际可持续发展教育的规范性文件，它建议，必须将教育重新定向，以适应可持续发展。"各国必须将可持续发展，现代工业文明、绿色标志产品、清洁工艺、生态工业等代表社会发展方向的新观念、新理论、新技术作为环境教育的重要内容。"① 议程认为这是时代发展对于环境教育的必然需求。《21 世纪议程》第 36 章还为教育（包括环境教育）提出了新目标、新课题和新任务——构筑和推进可持续发展教育。议程还指出环境教育就是要提高人们保护环境和决策参与的能力，提出倡导"参与"的闪亮口号。

总之，联合国环发会议之后，可持续发展成为国际社会的共识，一些国家也开始积极贯彻可持续发展的理念，这一理念不断渗透到社会政治、经济、文化、生活等各个领域中。

（三）"可持续性教育"理念的确立

1993 年联合国设置了可持续发展委员会（UNCSD）。1994 年，联合国教科文组织提出了"为了可持续性教育"（Education for Sustainability）的国际创意——"环境、人口和教育"（EPD）计划。1995 年，国际环境教育活动计划结束。此后，国际环境教育事业并没有终止，它是在联合国可

---

① 余建华. 国际环境教育的状况进展 [J]. 上海环境科学，1995（6）：39.

持续发展委员会的支持下，以"环境、人口和教育"计划的名义，由联合国教科文组织单独继续开展工作的。"1996 年召开的第四届联合国可持续发展委员会会议上，联合国可持续发展委员会提出了'关于促进教育、公众认识和培训的特别工作纲要'，其中指出了可持续发展教育的目标及特征。同时，它还向联合国教科文组织提出了如下要求：'联合国教科文组织要考虑环境教育所获得的经验，将人口、卫生、经济、社会及人类发展、和平与安全的审议意见统一起来，以明确面向可持续发展教育的概念及宗旨。'"① 以上一系列的活动都是在可持续发展教育的指导理念之下，围绕环境、人口和教育三者的关系而展开的。这些活动开展得很迅猛，也客观上推动了国际环境教育的发展。

1997 年 11 月，联合国教科文组织总结和发表了报告书《教育为可持续未来服务：一种促进协同行动的跨学科思想》。1997 年 12 月，联合国教科文组织和希腊政府在希腊塞萨洛尼基共同主持召开了"环境与社会国际会议：为了可持续性教育和公共意识"（又称为塞萨洛尼基）。可以说报告书《教育为可持续未来服务》既是联合文教科文组织为了召开这次会议所作的主要背景文献，同时也是为了明确"可持续性教育"概念及宗旨所做出的一种初步探索和尝试。

在这次会议上发表了重要的"塞萨洛尼基宣言"。在宣言中，提及可持续性是指尊重文化的多样性和传统知识的道德及伦理的范畴，这样就拓宽了可持续性的范畴，使其不再仅仅局限于环境的范围里，还涉及贫困、人口、健康、确保粮食、民主主义、人权、和平等众多方面。宣言对"可持续性"概念给予了明确定义，明确了"为了可持续性教育"之理念。"塞萨洛尼基宣言"也为国际环境教育事业的发展指明了新方向，环境教育已不仅仅再是对应环境问题的教育，它与和平、发展及人口等教育相融合，形成了总的教育发展方向——"为了可持续性教育"。就目前而言，可持续发展教育仍处在探索阶段，需要人们的进一步探索，可持续发展教育战略将会是今后一个阶段环境教育的重要课题之所在。

（四）20 世纪 90 年代国际环境教育的实施状况

格福格等人拟定的一份中学环境教育大纲，推荐给世界各国，作为中学环境教育课程模式。然而，美国国内对于是否单设环境保护课程仍然没有定论。目前，美国中小学将环境保护单独设为课程的还很少，绝大多数

---

① 刘继和. 国际环境教育发展历程简顾——以重要国际环境教育会议为中心［J］. 外国教育研究，1997（4）：27.

都是将环境保护方面的知识只是渗透到别的学科的教育中。除了采用传统课程中"渗透和结合"的环境教育外，美国还通过大众传播媒介，开展知识竞赛，收集废旧物品，野外露营等活动，提倡公众参与。需要特别指出的是，全美有 3000 个野外环境教育中心，美国有许多这样的环境保护社团、组织，它们都在学生的环境教育中起到很大的作用。

日本自 20 世纪 90 年代以来，很重视环境教育的立法。1993 年，日本制定了《环境基本法》。该法"一方面表明了环境教育的目的：加深事业者及国民对环保的理解，增进他们从事环保的意欲；另一方面也同时表明了实现目的的手段：振兴环保教育与学习，充实有关环保的宣传活动"。①日本的环境教育也由此获得了自己的法律地位和保障。1994 年 12 月，日本政府制定并公布了《环境基本计划》。这个计划正是基于《环境基本法》的规定而制定的，它也是环境教育的立法的具体化。1996 年 7 月，日本第 15 期中央教育审议会公布了《展望 21 世纪我国应有的教育》（第一次答申）。1997 年 8 月，文部省公布了新"教育改革计划"。以上的环境教育法案和文献都与面向 21 世纪的可持续发展的环境保护型社会发展建设相结合，体现了这一阶段环境教育发展的时代特征。

英国的环境教育向来走在世界前列，进入 20 世纪 90 年代以来，环境教育更是得到了蓬勃发展。1990 年颁布的《国家课程指南 7：环境教育》中，再次明确并强调学校环境教育必须从"关于环境的教育""为了环境的教育"和"在环境中的教育"这三个层面入手。值得一提的是，英国的中小学环境教育别具一格，自 20 世纪 90 年代以来，英国的教育与科学部（现为教育与就业部）又倡导因地制宜地利用学校校园这一教育教学资源来学习，其绿色学校建设的中小学逐步努力使学生在校时间中至少有 1/4 在室外活动，其指导思想是要使这种经历深刻地影响学生。

20 世纪 90 年代以来，国际组织提出可持续发展的概念以来，各国的环境教育也随着这个大趋势而作出相应的调整。在欧洲，向来环境质量处于世界领先地位的德国根据 1988 年世界环境与发展委员会在《我们共同的未来》（即著名的布伦特报告）调整了其环境教育观，认为环境是"'我们周围的一切事物'——包括人工环境、建筑物、道路以及群山和瀑布，环境教育在教育学生保护自然的同时也要保护人工资源，其核心是要使未来公民在职业生涯中能够做到在不牺牲自然环境和资源的前提下，为

---

① 刘继和. 战后日本的环境教育［J］. 比较教育研究，2000（2）：42.

社会谋取最大限度的发展。"① 由此，环境教育就被认为是在必要的知识技能基础上重在培养受教育者正确的环境价值观与态度、道德感与责任感，因而应当是一个教育过程，而不是一门单独的学科教学。德国教育和文化事务部长会议作出决定，不再单独开设一门环境教育新课程，而是把环境教育融入已有的每一门课程中去。德国中小学采取了环境教育的渗透课程组织模式，即环境教育被贯穿于课程体系，成为一个重要的课程领域，在现行的所有学科中渗透大量的环境教育内容，以日常学科教学为载体，以此来实现环境教育的目的，即培养具有综合环境素质的现代公民。

可持续发展战略如今已成为国际社会普遍认可的发展模式，可持续发展教育则是新时期下的环境教育的具体模式。有些人甚至认为环境教育就是可持续发展教育。联合国环发大会的召开使得可持续发展战略成为国际社会的共识，之后的一些会议又将这一理念确定。一些国家和地区也在可持续发展战略的倡导下，设定与本国国情相关的环境教育的内容。相信在未来，可持续发展教育仍会是环境教育发展的主流，可持续发展教育也需要进一步地研究和落实。

四、国际环境教育的特点及其对我国环境教育的启示

（一）国际环境教育的特点

综观 20 世纪 60 年代末至 70 年代初，尤其是 1972 年斯德哥尔摩人类环境会议以来的国际组织环境教育发展历程，我们可以发现：致力于环境教育的国际组织越来越多，联合国环境规划署、国际环境规划署等部门与组织相继成立；环境教育的内容越来越丰富，由最初针对各种环境污染现象而设计的环境教育体系到当今的可持续发展教育；环境教育的策略和方式也越来越完善，立法、指导文献的发布、实践尝试等。诞生于 20 世纪 70 年代的国际环境教育主要主要有以下一些特点：

第一，国际环境组织在国家和地区环境教育发展过程中发挥着巨大的作用。国际环境组织自诞生以来就背负着在世界范围内宣传和落实环境教育主张的艰巨任务。各国纷纷致力于环境教育，环境教育能得到迅速发展，毋庸置疑都有国际环境教育组织的功劳。国际级的环境教育活动主要由国际环境教育规划署开展。从 1977 年以来，国际环境教育规划署在国际环境教育方面做了大量的工作，总的来说，主要有：规划署发展了环境教

---

① 祝怀新，潘慧萍. 德国环境教育实政策与实践探索［J］. 全球教育展望，2003（6）：37.

育的内容、方法和材料等，规划署积极开展环境教育的师资培训，规划署还广泛地传播各国各地区地环境教育信息。据了解，到 1988 年为止，国际环境教育规划署的刊物《连结》（《Connect》）已经用英语、法语、西班牙语、俄语、汉语、阿拉伯语等 6 种文字在欧洲、北美洲、拉丁美洲、亚洲以及阿拉伯地区发行。随着现代信息技术的发展，规划署还建立了环境教育计算机资料中心，收集了有关环境教育的机构、组织、计划、活动和期刊等等资料，该中心还将这些资料整理编印为大量的文献，著名的有《环境教育机构指南》（"Directory of EE Institutions"）和《环境教育期刊指南》（"Directory of EE Periodicals"）。

第二，均关注关于价值观层面的引导。1975 年，贝尔格莱德环境会议就强调环境教育不仅仅是要向学生提供知识，而且要培养环境的态度和价值。后来的第比利斯会议上也提出环境教育的目标在于提供机会让每一个人去获得保护及改进环境所需要的知识、价值、态度、承诺及技术。因为地球是人类共同的家园，环境问题是超越国界的全球性问题。注重树立受教育者的环境审美观、养成正确的环境审美观、主动参与环境保护的愿望、尊重与热爱生命的品德等，目前已经成为世界各国现代环境教育改革和发展的重要方面。

第三，环境教育跨越学科壁垒，进行综合改革。单就环境而言，就包括自然环境和社会环境，环境教育就不得不考虑环境的综合性、也就是自然的和人造的、技术的、社会的、政治的、道德的、文化的、美学的等等。环境科学是一门跨学科的科学，那么环境教育必然要实施跨学科教育。特别是 1992 年联合国环发大会推出"可持续发展"概念，可持续发展教育在世界上盛行，跨学科综合的趋势更是当今环境教育总体势头。目前，在实施普通环境教育的教学中，各国采用的主要方法是"渗透法"，（即将环境教育并入各级学校的课程中，将环境知识注入各科教材中，在进行各科教学或者开展各种课外活动中，就环境问题实施随机教学），"单列法"（即采取跨学科联合方式，将环境的有关知识、技术和方法组合成一单列学科，独立出来进行教学）两种，这两种教学方法就明显体现出环境教育是跨学科教育、综合教育。

第四，环境教育的对象是全民。环境教育的对象总的来所可以分为两部分：一是正规的教育；二是非正规教育。环境教育的对象是全人类，也就是不同的人类群体和多重复杂关系的总和。也就是不同的国家政治体制和社会制度、不同的经济体制和生产发展水平、不同的生产和生活方式、不同的社会政治经济地位和职业阶层等等。因此，环境教育的内容和方式都应该因人而异、因地制宜，要表现出不同的层次水平和地域差异。

第五，环境教育手段与方式应多样。如前所述，因为地区和受教育群体的不同，环境教育应该因人而异、因地制宜。在这方面，德国是个很好的例子。德国根据不同时期出现的不同的环境问题，推动环境教育的发展。如60—70年代是水污染，70—80年代核废料处理问题，以及目前的臭氧层破坏问题等，这些不仅仅是不同时期公众、新闻媒体的关注焦点，也是环境教育的重点之所在。随着现在卫星传感技术的发展，使得许多全球问题核环境教育内容能更深刻、更直观、更迅速地展现并运用于人的知觉器官，从而加深了人类对环境核环境问题的意识体验和认识。

（二）国际环境教育对于我国的一些启示

国际组织环境教育的发展对于我国当前的环境教育也有意义深刻的启示。

首先，我国发展环境教育必须立足于本国的国情。就环境教育而言，就必须掌握受教育者的特点，包括年龄特征及社会地位、职业特征等，还要研究当地的环境特征。我国面积广大、物种丰富、自然风貌多种多样，而经济又高速发展、城市急剧膨胀、污染不断加剧、生态环境日趋恶化。在这样的国情下，我国的环境教育应考虑进一步发掘国情中的环境教育资源与信息，重点结合本国本地实际。

我国在发展环境教育的同时要紧跟国际环境教育发展的节拍，要重视引入国外环境教育理论。环境教育应当反映当今的时代内容，及时引入最新的环保知识和技术。要贯彻环境教育是全民教育的意识，改变只重视知识和政策宣传而忽视行为指导的现象，鼓励公众参与，让群众都参与到环境教育的事业中来，不断体现环境教育的参与性的特点。

由于环境教育是一个关于价值观的教育，我们在中小学的环境教育中，要重视对学生的环保情感、道德、行为的培养。在环境教育的立法方面，要加强信息交流和环保立法、执法的透明度。另外，可以学习美国等国那样广泛设立环境教育社团组织，并充分发挥社会团体在环境保护科研与管理、宣传教育和社会监督等方面的作用。在师资培训方面，可以在师范教育阶段，就对未来的教师进行环境教育方面的专业培训，努力提高环境教育师资及其培训的水平。

第三节　中国环境教育发展基本历程及其特征

中国自古以来就有"天人合一"的哲学思想，现代的环境保护思想和环境教育却起步较晚。20 世纪 70 年代以前，由于我国经济社会发展的特殊背景，环境问题的严重性还尚未如现今这般紧迫，随着"文化大革命"的结束，整个教育事业的发展也逐渐步入正轨，环境教育也随之进入起步阶段。按照时间序列和相关的重大事件，在此将我国环境教育发展划分为奠基、起步及发展三个阶段。

一、奠基阶段（1972—1982 年）

1972 年是国际环境保护和环境教育领域具有里程碑意义的一年，对中国环境保护和环境教育而言也具有同样的意义。在联合国人类环境会议的推动下，第一次全国环境保护会议于 1973 年在北京召开。这次会议与第一次人类环境会议一样，对我国的环境保护和环境教育事业产生了积极而深远的影响。会后，国务院批准的《关于保护和改善环境的若干决定》中明确提出："有关大专院校要设置环境保护的专业和课程，培养技术人才。"这一环境保护教育的设想，标志着中国环境教育事业的开端。自此，北京大学等高校相继开设环境保护类专业课程也是高等环境教育的开始，由此正式"拉开了中国环境教育事业的帷幕"。

1977 年，清华大学建立我国第一个环境工程专业，开始培养环境保护方面的专门人才。标志着我国环境专业教育的起步。1978 年，北京师范大学在刘培桐先生主持下，招收了我国第一批环境保护专业研究生，开始了环境保护高级专门人才的培养。1978 年，中共中央批转国务院环境保护领导小组《环境保护工作汇报要点》，明确提出了建立中国环境科学研究院、制定环境保护法律法规、普通中学和小学也要增强环境保护知识的教学内容等要求。新修订的《中华人民共和国宪法》第一次对环境保护作了法律上的规定："国家保护环境和自然资源，反对污染和其他公害。"

1979 年，全国人大通过的《中华人民共和国环境保护法（试行）》（该法 1989 年通过成为正式法案）中，对环境教育做出了明确的规定，指出："国家鼓励环境保护科学教育事业的发展，加强环境保护科学技术的研究与开发，提高环境保护科学技术水平，普及环境保护的科学知识。"[①]人民教育出版社组织编写出版了小学自然、中学地理和化学等教材，将环境保护方面的知识纳入其中，标志着中国在正规教育中开始渗透环境教育内容。同年，中国环境科学学会环境教育委员会第一次会议在河北保定召

---

① 国家环境保护局. 中国环境教育的理论与实践［M］. 北京：中国环境科学出版社，1991：10 - 26.

开。会议就环境教育的必要性和特点进行了充分的讨论，提出"环境教育具有综合性、全民性、全程性（生命的全过程）的特点"。会议建议：在甘肃、北京、上海、天津等地进行中小学环境教育试点工作，在高中增设环境地学课程，标志着中小学环境教育的正式起步和兴起。经过此后的试点，各地都取得了较好的成绩和经验，也为我国基础环境教育的开展培训了人才打下了基础。

1980 年，中国环境科学研究院正式成立，标志着我国国家级环境保护研究的正式启动。国务院环境保护领导小组与有关部门共同制定了《环境教育发展规划（草案）》，并将环境教育内容纳入国家教育计划之中，标志着环境教育成为国家教育的重要组成部分。原国家教委在修订的中小学教育计划和教学大纲中正式列入环境教育内容，为全面普及环境教育提供了保证。以后，通过与政府机关和群众团体的联合，广泛取得各界人士的关心与参与，对环境教育的社会化起到了促进作用。

1981 年，全国环境教育工作座谈会在天津召开。会议研究并部署了国民经济调整时期的环境教育宣传工作。1981 年，国务院在《关于国民经济调整时期加强环境保护工作的决定》中，要求"中小学要普及环境科学知识"，"要把培养环境保护人才纳入国家教育计划"。[1] 1981 年，全国职工教育工作会议召开，国务院环境保护领导小组办公室在《关于贯彻全国职工教育工作会议的通知》中，明确要求各地"认真制定（修订）环境教育规划，切实办好环境系统的各类培训班。在各级党校、各类职业学校、职工学校、训练班中安排一定学时的环保课"。说明国家已将环境教育纳入职工教育和培训体系。清华大学为了充分发挥多学科相互渗透的综合优势，由环境系、化工系等联合成立了我国第一个跨系、跨学科的环境工程研究所，1993 年发展为环境工程设计研究院。随着我国环境保护事业的发展，清华大学又建立了人居环境研究中心、21 世纪发展研究院等研究机构以及"环境模拟与污染控制国家重点联合实验室"等基础性研究基地，形成了理科与工科相结合、软科学与硬技术相结合的环境学科群，为国家培养了一大批环境保护专业人才。继保定会议之后，中国环境科学学会环境教育委员会在河北秦皇岛召开了第二次会议。[2] 会议要求将中小学环境教

① 国家环境保护局. 中国环境教育的理论与实践 [M]. 北京：中国环境科学出版社，1991：10 - 26.
② 国家环境保护局. 中国环境教育的理论与实践 [M]. 北京：中国环境科学出版社，1991：10 - 26.

育所取得的试点经验进一步推广，更好地推进我国的环境教育工作。

起步阶段的中国环境教育尽管受到了国际环境教育思潮的影响，但这种影响只是一种浅层次的影响，环境教育也只处于一种"试点"或"探索"状态。此后，随着我国整个经济社会和教育事业的快速发展，环境教育也逐渐步入了成长阶段。

二、起步阶段（1983—1991 年）

进入 20 世纪 80 年代以后，我国的经济发展和工业化进程不断加快，环境污染、生态破坏、资源大量消耗等问题也逐渐暴露出来，政府对环境保护工作日益重视。在 1983 年召开的第二次全国环境保护工作会议上，将"环境保护"列为我国的一项基本国策，提出了"经济建设、城乡建设和环境建设同步规划、同步实施、同步发展，实现经济效益、社会效益和环境效益统一"战略方针，强调环境教育是发展环境保护事业的一项基础工程，是落实环境保护这一基本国策的重要战略措施，这也奠定了环境保护与环境教育的法律基础。[①] 1983 年，中国环境科学学会环境教育委员会第三次会议在河南郑州召开，会议建议：有关部门要加强人才预测和计划，培训师资；努力发展环保专科学校；中小学应普及环境教育，加强中小学环境教育师资培训；要重视青少年的课外环境教育，组织环境科学夏令营；通过多种形式加强成年人的环境教育；加强环境教育教材建设，逐步统一各类院校的环境教育教材。[②] 这次会议进一步推动了我国基础环境教育的发展。

1984 年，《中国环境报》创刊，成为中国环境教育和环境科学知识普及的权威性报纸，对我国环境保护和环境教育一直起着一种舆论和导向作用。1984 年，根据第二次全国环境保护工作会议精神，国务院颁布实施《关于环境保护工作的决定》，成立国务院环境保护委员会、国家环保局，标志着国家级政府中有了负责环境保护的专门机构。

1985 年，全国中小学环境教育经验及学术讨论会在辽宁省昌图召开。会议建议：要提高对中小学开展环境教育工作重要性的认识，环境教育应当渗透于各学科教学之中，要加强师资培训，组织力量编写教学用书，环

---

① 国家环境保护局．中国环境教育的理论与实践［M］．北京：中国环境科学出版社，1991：41-43.

② 国家环境保护局．中国环境教育的理论与实践［M］．北京：中国环境科学出版社，1991：59-60.

境与教育两个部门要通力合作。标志着环境教育得到了环境与教育两个部门的共同重视，第一次提出了在中小学各学科教育中"渗透"环境教育的设想，也使环境教育得以在全国青少年中大规模地开展。

1987 年，原国家教委在制定的"九年义务教育全日制小学、初中教学计划（试行草案）"说明中，强调了能源、环保、生态等教学任务，要求将环境教育内容渗透在相关学科和课外活动中，并对教学大纲提出了相应要求，同时，要加强环境教育的师资培训工作。这是国家教育行政部门首次对基础教育中加强环境教育和渗透环境教育提出明确要求，以基础环境教育发端为标志的中国环境教育事业进入了正式发展阶段。这一阶段对应于国际环境教育发展的第二代环境教育时期的酝酿阶段。1987 年，中国环境科学学会环境教育委员会第四次会议在河北秦皇岛召开，会议着重讨论和研究了成人环境教育问题，建议国家环境保护局成立成人环境教育教材编审委员会，统筹规划、组织编审和安排出版教材，促进我国成人环境教育工作的开展。会议认为，"六五"期间，我国环境教育事业发展很快，已初步形成一个多门类、多层次、多学科、多种办学形式的环境教育体系。[①]

1989 年，国务院第 47 次常务会议审议通过了《中华人民共和国环境保护法（修改草案）》，提交全国人大常委会审议并获得通过，使我国的环境法制建设向前迈进了一步。1992 年，召开的第三次全国环境保护工作会议将第二次全国环境保护工作会议所确定的战略方针进行了具体化，提出在全国推行八项环境管理制度，努力建设具有中国特色的环境管理体制和机制。[②] 在广东省番禺召开的全国部分省市中小学环境教育座谈会，交流和总结了昌图会议以后全国中小学环境教育工作的经验，进一步明确了中小学环境教育的目的、作用和任务。

1990 年，原国家教委颁布《对现行普通高中教学计划的调整意见》，明确要求在普通高中开设环境保护等选修课，人民教育出版社开始组织编写高级中学选修课《环境保护》教材，并于 1994 年正式出版。同年，全国部分省市中小学环境教育座谈会在天津召开，会议认为，会议认为："我国环境教育经过十多年的艰苦创业，发展十分迅速，到目前为止已初

---

① 国家环境保护局．中国环境教育的理论与实践［M］．北京：中国环境科学出版社，1991：65 – 68.

② 国家环境保护局．中国环境教育的理论与实践［M］．北京：中国环境科学出版社，1991：69 – 71.

步形成了一个多层次、多形式、专业较齐全、具有中国特色的环境教育体系。这个体系包括专业教育、在职教育、基础教育和社会教育四部分。"①社会环境教育是我国环境教育的重要组成部分，在1990年召开的全国第一次环境社会教育工作会议上，回顾总结了十多年来我国环境宣传教育方面的成绩和不足，研讨新时期环境社会教育工作的新思路和新方法。1991年原国家教委公布《国情教育总体纲要（初稿）》，并借鉴亨格福德等人所拟定的环境教育课程大纲的某些内容要求，编辑并出版了《环境教育教师指导书》，将环境教育的大部分内容安排在高中阶段的选修课和课外活动中。

这一阶段的环境教育以第二次全国环境保护工作会议为起点，得到了环保和教育两个政府部门的重视，由起步阶段的"试点"发展到在全国范围内的"推广"，从学校环境教育到成人环境教育、社会环境教育，初步构建起我国的环境教育体系。但这一阶段大多借鉴、模仿国外环境教育的内容和方法，其发展的速度相对较快。

三、发展阶段（1992年至今）

1992年联合国环境与发展大会召开，我国政府派团参加了这次大会，并向世界作出了庄严承诺，标志着中国政府高度重视环境与发展问题，并积极实施可持续发展战略。② 中共中央、国务院批准《环境与发展十大对策》，指出："加强环境教育，不断提高全民族的环境意识"，要求各级党校、干校加强环境教育，以提高各级党政干部对环境与发展问题的综合决策能力。这一文件是我国继联合国环境与发展大会以后实施可持续发展战略的第一个专门性文件，也标志着对国家干部提出了明确的环境素质要求。1992年，国家教委和国家环保局在江苏苏州联合召开第一次全国环境教育工作会议，提出了"环境保护、教育为本"的方针，宣布"我国已形成了一个多层次、多规格、多形式的具有中国特色的环境教育体系"。原国家教委颁布《九年义务教育全日制小学、初级中学课程计划（试行）》，明确提出："要使学生懂得有关人口、资源、环境等方面的基本国情。小学自然、社会，初中物理、化学、生物、地理等学科应当重视进行环境教育。"③ 说明渗透式环境教育应该是我国现阶段中小学环境教育的主渠道，

---

① 祝怀新. 环境教育论 [M]. 北京：中国环境科学出版社，2002.
② 曲格平. 从斯德哥尔摩到约翰内斯堡的道路——人类环境保护史上的三个路标 [J]. 国家环保局环境保护杂志，2002（6）：11-15.
③ 祝怀新. 环境教育论 [M]. 北京：中国环境科学出版社，2002：18-20.

通过学科渗透，使学生获得相应的环境知识、技能和情感。这标志着环境教育在我国义务教育阶段的地位正式确立，也标志着我国的环境教育进入了快速发展阶段。

1993 年，由全国人大环境与资源保护委员会、中央宣传部和国务院有关部门联合开展的"中华环保世纪行"活动正式拉开帷幕，围绕"向环境污染宣战""保护生命之水"等主题开展了广泛的环境保护宣传教育活动，标志着公众环境教育的开始。为了加强成人环境教育工作，原国家教委制定"专升本（非师范类）《环境保护概论》复习考试大纲"，大纲除绪论外，分环境和环境保护、人口与环境、资源与环境、环境污染与生态破坏、发展与环境、环境保护对策 6 部分，这种体系符合当时国际上环境教育的发展状况，将人口教育、资源教育和发展教育紧密结合起来，这是成人环境教育或环境继续教育的一种有益尝试。

为了落实联合国环境与发展大会的《21 世纪议程》，中国政府于 1994 年颁布了世界上第一部国家级的"21 世纪议程"——《中国 21 世纪议程——中国 21 世纪人口、环境与发展白皮书》，强调指出："通过广泛的宣传、教育，提高全民族的、特别是各级领导人员的可持续发展意识和实施能力，促进广大民众积极参与可持续发展的建设。""广泛深入地开展环境保护的宣传教育活动，普及环境科学知识，提高全民族的环境意识。""将与可持续发展有关法律列入学校基础教育课程之一，使可持续发展理论落实到基础教育之中。""鼓励高等教育机构重新考虑其课程设置，加强关于可持续发展经济学的研究。""加强对受教育者的可持续发展思想的灌输。在小学《自然》课程、中学《地理》等课程中纳入资源、生态、环境和可持续发展内容；在高等学校普遍开设《发展与环境》课程，设立与可持续发展密切相关的研究生专业，如环境学习等，将可持续发展思想贯穿于从初等到高等的整个教育过程中。"① 同时，我国政府把实施科教兴国和可持续发展战略写进了《国民经济和社会发展"九五"计划和 2010 年远景目标纲要》，成为中国经济社会的两大"国家战略"。1994 年，时任中国政府总理李鹏复信当时的美国副总统阿·戈尔，表示中国愿意参加由阿·戈尔发起的"GLOBE 计划"这一有益于全球环境的国际环境教育项目。由世界银行资助的《中国高等环境教育发展战略研究》项目也正式启动，旨在对中国高等环境教育进行系统而全面的分析和研究，提出中国高

---

① 中国 21 世纪议程——中国 21 世纪议程人口、环境与发展白皮书 [M]. 北京：中国环境科学出版社，1994.

等环境教育的发展战略建议和行动方案。《中国 21 世纪议程》颁布、国家发展战略的确定以及参与国际环境教育项目,勾画出了具有中国特色的全民环境教育体系的基本框架,标志着学校环境教育体系的全面启动,开始了面向可持续发展的环境教育。

1995 年,《中国环境保护 21 世纪议程》指出:"环境宣传教育,就是要提高全民族对环境保护的认识,实现道德、文化、观念、知识、技能等方面的全面转变,树立可持续发展的新观念,自觉参与、共同承担保护环境、造福后代的责任与义务。""保护环境是中国的一项基本国策,加强环境教育是贯彻基本国策的基础工程。环境保护,教育为本。""通过高校的各个专业、中小学、幼儿园开展环境教育,来提高青少年和儿童的环境意识。"① 这也可以看成是我国环境教育与国际环境教育的正式接轨。

为了全面推动全面环境教育的开展,中央宣传部、原国家教委、原国家环保局联合颁布了《全国环境教育行动纲要(1996—2010 年)》(以下简称《纲要》)。《纲要》明确规定了环境教育、环境宣传、国际合作、能力建设 4 个领域的目标和行动,构建了具有中国特色的环境教育体系。《纲要》指出:"环境教育的内容包括:环境科学知识、环境法律法规知识和环境道德伦理知识。环境教育是面向全社会的教育,其对象和形式包括:以社会各阶层为对象的社会教育,以大、中、小学生和幼儿为对象的基础教育,以培养环保专门人才为目的的专业教育和以提高职工素质为目的的成人教育等四方面。"《纲要》提出"环境教育是提高全民族思想道德素质和科学文化素质(包括环境意识)的基本手段之一"。"到 2010 年,全国环境教育体系趋于完善,环境教育制度达到规范化和法制化。""要根据大、中、小学的不同特点开展环境教育,使环境教育成为素质教育的一部分。"《纲要》第二部分第 11 条提出:"到 2000 年,在全国逐步开展创建'绿色学校'活动。"② 这是我国政府正式文件中首次提出"绿色学校"的概念,也标志着我国将创建"绿色学校"活动作为环境教育的一种有效载体和重要形式。此后,在全国各地环境保护部门和教育行政部门的共同努力下,全国各地开始了大规模的创建"绿色学校"活动,涌现出一大批各有特色的"绿色学校",使"绿色学校"创建活动成为中国环境教育运动中的一件极其重要的事件。《纲要》的颁布实施,是 1972 年以来首次对环境教育的目标、任务、内容、对象和形式所进行的系统论述,也为快速

---

① 祝怀新 . 环境教育论 [M] . 北京:中国环境科学出版社,2002:18 - 20.
② 祝怀新 . 环境教育论 [M] . 北京:中国环境科学出版社,2002:23 - 25.

发展的我国环境教育确定了基本原则和发展方向，对建构具有中国特色的环境教育理论体系和实践模式无疑都具有重要意义。

随着国际环境教育进入可持续发展教育阶段，中国也在重新认识环境教育的定向问题[1]。1996 年，世界自然基金会 WWF（World Wide Fund for Nature）在北京设立办事处，正式设立中国教育项目办公室，专门负责中国可持续发展教育的协调和指导工作。由英国 BP 石油公司出资，原国家教委与世界自然基金会等国际组织合作，开始实施"中国中小学绿色教育行动"项目，这种由政府部门、国际性非政府环保组织及外国企业为实现环境教育的共同目标而进行的合作，在中国尚属首次。该项目的总体目标是"提高中国环境教育的质量及普及型"，重点将放在"为中国中小学环境教育工作者提供培训方面，以期开发出一个能与中国现有中小学校课程密切结合的环境教育体系"。[2] 随着英国—荷兰壳牌（中国）有限公司资助广州中学生"壳牌美境行动"的举办，这项活动在北京、上海、天津、广州的中小学中普遍开展起来。这是一种独特的环境教育形式，要求组织者各方齐心合作，将政府的指导作用、企业的资金优势、高校或研究机构的专业优势及环境保护非政府组织（NGO）的热情和号召力充分地发挥出来，从而提高青少年的环境意识、促进青少年参与实施可持续发展战略，推动"绿色学校"创建工作。

1997 年，由英—中文化组织的"环境教育高级研讨班"在北京举行，来自中国十几所大学和英国的环境教育工作者参加了研讨。同年，由世界自然基金会（WWF）支持，我国第一个高等环境教育机构——北京师范大学环境教育中心正式成立。此后，华东师范大学、西南师范大学、南京师范大学等 12 个环境教育中心也相继成立，负责指导、协调全国性或区域性环境教育项目。

1998 年，在国家教育部、国家环保总局和世界自然基金会的资助下，清华大学率先提出创建"绿色大学"的构想，并正式启动"绿色大学"的创建活动。清华大学所倡导的"绿色大学"有 3 个含义：一是"绿色教育"——培养具有环境保护意识和可持续发展思想的人才；二是"绿色科技"——用绿色科技意识开展科学研究，优先发展符合生态学原理的技术、工艺和设备；三是"绿色校园"——建立环境优美的生态清华园示范

---

① 田青. 我国可持续发展教育初探——中国人口、资源与环境［M］. 北京：中国环境出版社，2003：125 – 127.

② 祝怀新. 环境教育论［M］. 北京：中国环境科学出版社，2002：32 – 34.

区，为广大师生提供良好的工作、学习和生活环境。这一构想为我国创建"绿色大学"提供了先进的理念和成功的范例。①

1998 年，我国北京、上海、山东、浙江、广东、湖南、河北、内蒙等8 省（市、区）开始实施联合国教科文组织委托执行的"环境、人口与可持续发展教育项目"（EPD 项目），这是目前全国最大规模的可持续发展教育项目。② 依据我国实施素质教育的总体要求和可持续发展教育的实践特点，EPD 教育项目将"主体教育和可持续发展教育"确定为指导项目实施的基本理念，遵循"主体探究、综合渗透、关注社会、合作发展"的实验原则。

1999 年，来自国内外 20 多所知名大学以及世界自然基金会、教育部、国家环保总局专家、学者、官员等汇聚清华大学，参加"大学绿色教育国际学术研讨会"。会议的主题是"绿色大学——教育的挑战、经验和建设"，目的是"提高对大学开展绿色教育重要性的认识，掌握绿色大学教育的整体思路和方法，并在中国实施绿色大学教育"。会议决定：成立由清华大学、哈尔滨工业大学、北京师范大学、上海交通大学、华中农业大学以及华南理工大学有关专家组成的"全国大学绿色教育协会筹备委员会"，在《环境与社会》杂志开辟"大学绿色教育"栏目。会议所发表的《长城宣言：中国大学绿色教育计划行动纲要》成为我国大学实施绿色教育的纲领性文件。同年，"中国中小学绿色教育行动"项目中期总结研讨会在北京召开，以此进一步推动该项目的有效实施。

进入 21 世纪以后，我国的环境教育更是呈现出快速发展的趋势，对环境与发展关系的认识更趋理性化，并提出了国家经济社会的"科学发展观"，以确保我国未来的整个经济社会健康、和谐、持续发展。③

2000 年，在党的十五届五中全会通过的《中共中央关于制定国民经济和社会发展第十个五年计划的建议》中，生态建设和环境保护被列入了"十五"计划的主要奋斗目标，充分表明党和政府对社会发展必须依靠科技进步，保持经济、资源与环境协调发展的决心。当时的江泽民总书记和朱镕基总理在 3 月 13 日召开的全国人大环境保护与资源保护座谈会上强调指出："只要资源与环境保护工作出了问题，不管这位行政长官在那里工

① 项福. 浅议大学校园环境与教育的关系 [J]. 环境教育，2003（1）：18.
② 田青. 我国可持续发展教育初探——中国人口、资源与环境 [J]. 中国人口·资源与环境，2003（3）：145.
③ 胡锦涛. 在中央人口资源环境工作会议上的讲话 [N]. 中国环境报，2003 - 4 - 6（1）.

作，都要追究责任。"这表明各级领导干部对地方经济发展与资源环境保护具有不可推卸的双重责任。2000 年，由世界自然基金会资助，"第一届全国大学绿色教育研讨会"在哈尔滨工业大学召开。参加会议的有来自国家环保总局、中国社会科学院、北京大学等政府组织、科研机构与高校的官员、专家和学者。与会代表对大学绿色教育、创建"绿色大学"等问题进行来广泛的讨论和交流。① 国家环保总局和教育部也联合表彰了全国第一批"绿色学校"，时任教育部副部长王湛指出："为了实施科教兴国战略和可持续发展战略，适应 21 世纪社会发展的需要，环境教育将成为新世纪中小学课程的重要内容。"国家环保总局局长解振华指出："……环境教育是现代素质教育的基本内容之一。……现在我国的中小学环境教育又有了新的发展，它的显著标志就是开展创建'绿色学校'活动。"另一类具有特色的环境教育项目是由国家环保总局主办，世界资源研究所、世界银行学院、香港理工大学及地球之友协办的"贝迩工商管理与环境教育国际研讨会"，标志着贝迩项目在中国的正式启动。到 2000 年，我国正式参加贝迩项目的大学有清华大学、北京大学等六所著名大学。

2001 年，《2001 年——2005 年全国环境教育宣传教育工作纲要》印发，再次强调要"建立和完善有中国特色的环境教育体系"，"要采取多种方式，把环境教育渗透到学校教育的各个环节之中，努力提高环境教育的质量和效果"，"继续开展中小学'绿色学校'创建活动，要在巩固成果的基础上，使'绿色学校'创建活动向师范学校和中等专业学校拓展。制定并逐步完善符合我国国情的绿色学校指标体系和评估管理办法"。② 由此掀起了全国范围内创建"绿色学校"活动的高潮。2001 年，教育部正式颁布《全日制义务教育各学科课程标准（实验稿）》，各学科课程标准中蕴含着丰富的环境教育理念，渗透了大量环境教育内容，为进行渗透式环境教育创设了较充分的时间和空间。

2002 年，联合国环境规划署与同济大学联合建立"环境与可持续发展学院"，这是联合国首次与中国高校合作建立学院。该院将主要面向全世界尤其是亚太地区进行环境保护人才的培训和科研，成为全球性的环保人才培养基地。

2003 年，国务院印发《中国 21 世纪初可持续发展行动纲要》。《纲要》提出的 21 世纪初实施可持续发展战略的指导思想是："坚持以人为

① 祝怀新. 环境教育论［M］. 北京：中国环境科学出版社，2002：67.
② 祝怀新. 环境教育论［M］. 北京：中国环境科学出版社，2002：70-71.

本，以人与自然和谐为主线，以经济发展为核心，以提高人民群众生活质量为根本出发点，以科技和体制创新为突破口，坚持不懈地全面推进经济社会与人口、资源和生态环境的协调，不断提高我国的综合国力和竞争力，为实现第三步战略目标奠定坚实的基础。"总体目标是："……积极发展各级各类教育，提高全民可持续发展意识。强化人力资源开发，提高公众参与可持续发展的科学文化素质。在基础教育以及高等教育教材中增加关于可持续发展的内容，在中小学开设"科学"课程，在部分高等学校建立一批可持续发展的示范园（区）。……"① 这是继《中国 21 世纪议程》之后，我国政府对 21 世纪初实施可持续发展这一"国家战略"的总动员和总部署。

2003 年，"中小学零排废环境教育"培训班在北京举行，来自全国 12 个环境教育中心的指导老师、"中国中小学绿色教育行动"项目试点学校的教师参加了培训。培训内容主要为"ZERI – Link"（即 Zero Emission Research and Initiatives – Link）的国际性环境教育项目的方法和案例。通过培训，对"中国中小学绿色教育行动"项目的实施和环境教育的开展无疑将起到很大的促进作用。2003 年，第三届贝迩工商管理与环境教育国际研讨会在上海复旦大学举办。

对于基础环境教育而言，2003 年也是特别重要的一年。教育部正式印发《中小学环境教育专题教育大纲》，明确要求环境教育从小学一年级到高中二年级进行，按平均每学年 4 课时安排教学内容。为保证《中小学环境教育专题教育大纲》的有效实施，教育部又正式印发了《中小学环境教育实施指南》，对我国中小学环境教育的性质、任务、目标、内容、评估等都作了具体而明确的规定。这是关于我国中小学环境教育的一份纲领性文件，对中小学环境教育的有效实施必将起到极大的推动和促进作用。

2004 年，中国政府和国家领导人针对我国经济社会发展的关键时期所面临的资源、环境、生态、人口等问题，第一次提出了"科学发展观"的概念②，并系统阐明了这一发展观的背景、目标和任务。可以这样说，"科学发展观"的提出将进一步推动我国环境教育进入可持续发展教育阶段，我国的环境教育也必将进入新的发展时期。

---

① 宣兆凯. 可持续发展社会的生活理念与模式建立的探索 [J]. 中国人口·资源与环境，2003（4）：13 – 17.

② 胡锦涛. 在中央人口资源环境工作会议上的讲话 [N]. 中国环境报，2003 – 4 – 6（1）.

四、对中国环境教育发展历程的认识

中国的环境教育起步于 1972 年"联合国人类环境会议"以后，中国第一次环境保护会议"拉开中国环境教育事业的帷幕"，环境教育正式进入了起步阶段。与国际环境教育相比较，具有以下几个特点：

一是中国环境教育的起步较晚，经过 30 多年的发展，取得了显著的成效。从 1972 年"联合国人类环境会议"，到 1975 年贝尔格莱德"国际环境教育研讨会"，1977 年第比利斯"政府间环境教育会议"和 1992 年"联合国环境与发展大会"，国际环境教育的理论和实践对我国环境教育的发展都产生了巨大的影响，促进了我国环境教育的跨越式发展。而这种跨越式发展也伴随着中国经济建设和社会发展的进程，可以说是中国经济社会快速发展催生的产物。

二是由于中国环境教育为了追寻国际环境教育发展的轨迹和步法，长期处于"引进、借鉴、模仿"状态，虽然说已经"初步形成了一个多层次、多形式、专业较齐全、具有中国特色的环境教育体系"，但这只是初步和浅层的"环境教育体系"，如关于环境教育的定义、性质、任务、目标、内容、方法等，还没有形成整体的认识和理解，更没有形成完备的理论体系和实践模式。正是由于"引进、借鉴、模仿"较多，环境教育理论研究相对滞后，对环境教育实践指导相对乏力。我国现阶段的环境教育主要包括环境宣传教育和学校环境教育两个部分。环境宣传教育的载体主要是各种"环境节日"和媒体，学校环境教育的载体主要是创建"绿色学校"和各学科的渗透式环境教育，虽然也取得了较好的成果，但既符合国际环境教育发展潮流，又符合中国国情、具有中国特色的现代环境教育体系和模式尚未完全形成，有待继续探索。

三是"环境与发展""环境保护，教育为本"等尚未成为民众的普通共识，国民环境意识和环境素质参差不齐、落差较大。同时，现有国民教育体系中的各级"升学教育"以及环境教育师资匮乏、技术支持落后、地域差异很大等都严重阻碍了环境教育的有效实施，导致环境教育的发展很不平衡，学校环境教育发展相对较快，而社区环境教育、家庭环境教育等发展相对缓慢；我个人认为，环境教育的地域差异、个体差异及群体差异突出，呈现出沿海好于内地、城市好于乡村、儿童及青少年好于成人、高文化素质群体好于低文化素质群体的显著特征。

四是中国的可持续发展教育还处于起步阶段。可持续发展理论的提出以及被世人所广泛接受，有力地推动和促进了环境教育的迅速发展，并使

环境教育进入了崭新的发展阶段——可持续发展教育阶段。这是一种全新的教育理念和实践范例，具有独特的人文价值、社会价值和文化价值，但由于全球范围内的区域差异很大，要真正使可持续发展教育得以在全球普遍开展，则是一个漫长而艰巨的历程。中国是发展中大国，面临着经济社会发展过程中出现的多重矛盾和压力，为了中华民族的持续健康发展，当前应该用"科学发展观"选择符合中国国情的可持续发展模式。中国环境教育目前尚未真正进入可持续发展教育阶段。因此，中国环境教育的终极目标必须定向于可持续发展教育，并尽快转向可持续发展教育。

中国环境教育的发展历程与中国当代经济社会的发展历程基本一致，落后于国际环境教育的发展潮流。对于中国环境教育阶段的划分问题，环境教育界存有不同的看法。但无论是哪一种分法，都将 1973 年作为中国环境教育发展的起始年分，其理由主要是因为 1973 年召开了第一次全国环境保护工作会议。本书认为，从国际环境教育的发展轨迹考察，环境教育的兴起和发展一直伴随着环境保护运动和其他重大环境事件的发生。我国派团参加 1972 年联合国第一次人类环境会议就明显标志着中国政府对环境问题的关注，也应该看成是中国环境教育的"萌芽"或"起步"，也就是说中国环境教育应该起步于 1972 年。中国环境教育的发展历程表明，具有中国特色的"本土化环境教育"的理论体系和实践模式尚未形成，现正处于面向可持续发展的环境教育阶段，尚未真正进入可持续发展教育阶段。随着"科学发展观"的提出，中国环境教育必将进入新的发展时期。

第二章　生态文化与环境教育

姚　霖* 吴明海

第一节　自然生态空间保护视域下的生态
环境及其教育问题思考

生态环境是"物属"与"人属"的结合，生态环境问题的本质是人与自然资源之间关系调适的紊乱。其紊乱的产生，归因于人类工具理性的张扬、经济活动的失位、自然资源的公共物品属性，以及政府环境管制的失真。解决生态环境问题，可从消解工具理性、创新政府管制与开展环境教育三个方面予以展开。

"地球日"是传播环保理念，唤醒公众环保意识，激发公民环保行为的重要路径。本年"地球日"以"珍惜地球资源——节约集约利用国土资源，共同保护自然生态空间"为主题，其理念实质是通过建构"自然生态空间"与"国土资源利用"之间的关联，倡导转变资源利用的非可持续性方式，以实现"美丽中国"的旨愿。当前，从方法论与技术层面讨论资源节约集约利用的研究，已然获得了丰硕成果。但知识积累与技术更新并不一定能扭转现实的困境。究其原因，皆在于理念的滞后。观念先行于实践，思想虽无形，但其影响却最为深邃。人类在遭遇生存环境每况愈下的形势前，不仅需要思考解决燃眉之急的有效路径，还需展开积极反思，为国家与社会的和谐发展提供思想参照。基于此，笔者尝试提出一隅之见，以期方家指正。

---

* 作者简介：姚霖（1984—），男，汉族，安徽铜陵县人，博士，北京大学与中国国土资源经济研究院联合培养博士后，现在中国国土资源经济研究院工作，副研究员，硕士生导师，主要从事环境社会学研究。

一、生态环境问题的内涵

近 30 年的发展，中国已成为世界外汇储备第一，制造业产值第一，经济总量第二的国家。因国情使然，国家实现经济高速增长的同时，也造成了森林破坏、植被沙化、湿地减缩、水土流失、地质灾害、大气污染、地下水污染、生物种类锐减等诸多生态环境问题，并已然影响到了国民的健康与生活。"问题"是内在矛盾的外在表征。欲了解生态环境究竟如何是一个问题，还需着眼其内涵。

"生态"是"生态学"的核心概念，即海克尔（E. Haeckel）为克服启蒙运动天人两分的弊端，在 1866 年根据造词法造出来的 ecology。其词根"eco"，指"house"，词缀 logy 意指在打破"混乱"后步入了"逻辑"的"秩序"。"house"作为人的居所（区域），需具备满足人类生存与生活的功能——它能够遵循秩序（logos）来调适包含水、土、气候、生物等外部自然环境与人类之间关系的系统（ecosystem）。"生态学就是通过研究这个系统来理解家乡的家园学。"[1]在以人为利益中轴的家园中，自然环境被赋予了价值的意义。与此同时，自然环境还禀赋了自然的"物属"。自然资源作为生态环境的重要内容，是生态系统调适的参与主体。一方面，自然资源在生态承载力内充当生境的角色，滋养着万物的生息与繁衍。另一方面，当生物对资源的需求越过生态承载极限，将会导致生物无法获得能量输入而致使生命数量与结构发生变化，以实现新的资源供需平衡。可见，仅就自然生态而言，生态系统在满足"尊重自然生态承载力"与"生态系统调适自在发挥"的条件时，就会呈现良性状态。然而，在石圈、土圈、水圈、大气圈及生物圈组成的生态系统中，因人的"不当干预"导致生态系统调适条件的改变，进而造成了不利人类生存与发展的生态环境问题。

二、生态环境问题的成因

探寻问题的肇始，对深入了解问题是大有裨益的。生态环境问题①的成因甚为复杂，表现形式也多样，但人为因素却始终无可遁形于生态环境问题的存在。

---

① 造成环境问题的原因甚为复杂，对环境问题的分类也因视角与标准不同而各异。目前，主要有按社会活动分类、经济结构分类、致害物质分类、现象事实分类为维度，予以分类。参见：陈泉生. 论环境问题的分类 [J]. 亚太经济，1997（6）：56 – 57.

（一）"工具理性"① 的张扬

人类最直接最有效地干预自然界便是使用工具，因而对存在于"工具"背后的思想进行探讨也显得尤其重要。工具理性的偏颇，实质源于高效率地追求短浅利益而致人文理性丧失，使得人们无法正确看待"人与自然、人与人、个体自我"之间的关系，进而衍生出诸多环境问题、社会问题及个体心理问题。纵观人类与自然交互的历程，人类在经历"'自然中心主义'的原始文明，'亚人类中心主义'的农业文明，'人类中心主义'的工业文明"[2]期间，其知识与技术不断获得更新，"驾驭自然"的能力也日渐增强。这种在原始文明与农业文明时代因"工具"的功能有限，暂未表现出严重破坏力的能力于工业革命后冲破了以往技术的桎梏而愈加强大。在效率的刺激下，人类贪婪地向大自然摄取资源，无限制地接近或超过自然生态承载阈值。在人类短暂盈利不断得到实现时，"工具理性"也由此获得了前所未有的合法席位。更为担忧的是，工具理性还搭乘了"现代化"的话语体系，获得了"普世文明"的支撑。随之，标榜"科学""中立""价值无涉"的"科学技术"（工具），在全球范围内打破了地域的限制，嵌入各地人民的日常经济文化生活之中，促使他们用"工具理性"的思维方式，去改变着他们熟悉生活方式。"技术的可能性和后果是如此无所不及，一切事物如今是如此地打上了技术的烙印，而技术的发展速度又是如此令人咂舌，以至于使人感到，在技术许诺的本身也同时出现了对人类及其未来的可怕的威胁。技术正在变成全球性的力量。它开始染指人类历史的根基，而且正在向人类历史注入极不稳定的因素"。[3]其结果是，人们为"眼前利益"而放弃了人民在长时段内形成的人与自然和谐相处的位育②智慧，在"工具理性"的模式下，肆意破坏着自然生态空间，致使生态环境岌岌可危。

（二）经济活动的失位

联接自然与社会的经济活动，因创造人类福利而促进人类与自然和谐共生，也因其运行失位而致生态环境遭受破坏。"经济学英文名 economics，词源为经济 economy，源自古希腊语 οικονομία（家政术）。Οικος意为家

---

① "工具理性"是法兰克福学派批判理论中的一个重要概念，其渊源于德国社会学家马克斯·韦伯（Max Weber）所提出的"合理性"（rationality）概念。工具理性强调通过工具的确认，达到对效率最大化的追求。这种工具崇拜和技术主义的价值观背离了对生态环境运行规律的尊重与理解。

② "位育"源于《中庸》："致中和，天下位焉，万物育焉。"该词作为一个概念，最早由社会学家潘光旦先生提出，主要是指生物个体或群体如何在历史时空中与环境取得和谐关系。

庭，voµoϛ为方法或习惯"。[4]最早使用经济概念的色诺芬（Xenophon）在他的《经济论》中将经济理解为"家庭"与"管理"。在中国，"经济"取自商朝《礼记》中的"经世济民"，至东晋时代"经济"才得以正式使用。清末，严复将economy翻译成"生计"，后随孙中山从日本引进"经济"一词后，"经济"正式成为economy的翻译用语。依词源可见，不论是满足个人利益最大化的西方经济学初衷，还是以先国家而后侧重生计的中国经济思维，皆关怀个人与社会的福利。从理论上来看，经济活动以"改善人民的日常生活条件"[5]为宗旨，遵循通过"生产、交换、消费与分配"的过程，最大效率地调配有限或者稀缺资源的轨道。然而，不论是在市场经济、指令经济或混合经济模式下，因经济活动参与主体的多样，利益需求的各异，导致了经济主体会以"利润最大化"的目标，使用"净化污染的私人边际收益等于净化污染的私人边际成本的方法，来决定利润最大化条件下的污染水平"的思维，去权衡是否减少生产的负外部性，其结果必然会出现经济的无效率。经济无效率与负外部效益，又势必会损害社会其他成员的利益。在缺乏政府有效监管的情况下，经济失位带来的结果则表现得更为严重。允许出现且事实存在的经济活动失位，使得在"经济人"①（Economic man）得以能够在自然资源的"公共经济属性"上大做文章，从而为自然资源非可持续性开采与利用埋下了隐患。

（三）公共物品属性作祟

市场经济时代，作为稀缺性公共物品的自然资源，无可规避地要参与至经济活动之中。按保罗·萨缪尔森（Paul Anthony Samuelson）的界定，"公共物品（public goods）是不论个人是否愿意消费，都能使整个社会每一个成员获益的物品"。[6]其特征之一是公共物品不属于私人所有，虚化的所有权导致难以计量公共物品利用的成本与收益，其效用最大化也很难通过市场来实现。其特征二是社会效益的整体性，公共物品的使用与消费都会产生外部性效应。自然资源作为稀缺性公共物品，不仅具有经济学意义上的特征，还具有环境意义：其一，自然资源作为环境的有机部分，服从自然生态规律，并参与生态环境的调适。自然资源的开采与破坏并非简单

---

① "经济人"最早出自亚当·斯密（Adam Smith）所著《国民财富的性质和原因的研究》。根据《新帕尔格雷夫经济学大辞典》的定义，经济人主要指给那些在工具主义意义上是理性的人。（他们）具有完全充分有序的偏好、完备的信息和无懈可击的计算能力。在经过深思熟虑之后，他会选择那些能够比其他行为更好满足自己的偏好的行为。参考：[美]约翰·伊特韦尔，默里·米尔盖特，彼得·纽曼. 新帕尔格雷夫经济学大辞典（第2卷）[Z]. 北京：经济科学出版社，1996：57-58.

地物理切割。自然资源从"地下"转至"人手"的结果，必会导致整体环境功能的受损与丧失；其二，自然资源的公共产权属性，为满足"经济人"（Economic man）追求自身利益最大化创造了条件。赋理性思维的"经济人"（Economic man）会因自然资源的公共产权性质，而不顾资源开采与利用可能产生的负外部性与公众福利。偏离追求公众与个人福利的经济活动，产生了经济无效率。经济活动的失位，衍生了稀缺性自然资源的浪费，违背了经济活动原有的初衷。如此为"经济人"（Economic man）利用自然资源的公共物品属性谋取私人利润最大化提供了机会，由此在非可持续性的资源利用中造成了很强的自然环境负外部性。其结果是，有限的国土资源日渐枯竭，其原本依附与参与的生态环境被破坏，公地悲剧与资源魔咒的不断上演，生态环境危机频频出现。

（四）政府环境管制有待完善

矫正生态环境的外部性问题，需政府实施有效的环境管制。正如亚伯拉罕·林肯（Abraham Lincoln）所说："政府应当为人民做那些他们想做，但仅凭个人力量无法做到或做好的事情。"就中国自然资源的市场配置情况来看，当前已运用市场机制配置自然资源开发与利用的权益，建立了诸如配置矿业权、农地承包经营权、城市用地权、海域使用的出让与转让制度，在一定程度上提高了资源的有效利用。另外，各级政府已开始探索运用行政工具与市场办法（如排污费与可交易的排放许可证），来杜绝企业发生污染行为。现行环保政策在取得丰硕成绩的同时，仍存有待完善之处。

从目前还未建立配套的环境市场与环境权益保障体系来看，我国的自然资源开发利用制度设计仍以保障自然资源的高效开发与利用为重心，而未给予生态环境保护以重视。故而，我们看到具体涉及自然资源开采与使用权的出让与转让的法律法规中，没有清晰与翔实的环保责任与追究制度。环境保护权益体系和政府监管体系的建设滞后，为生态环境遭受经济性破坏提供了制度性漏洞。于是，自然资源的开发与利用权的拥有人，在开采与利用自然资源时会忽视其环保责任与义务，而不顾其开采行为可能引发的地貌破坏、生态系统失衡、诱发地质灾害、发生污染等生态环境问题。

三、生态环境问题的解题路径

如何破解生态环境问题是必须思量的问题。一般来说，研究者多聚焦于具体的实施办法。例如，地质灾害防治、土地复垦、三废治理、封山育林，关停并转污染企业等等。事实上，生态环境的保护与治理是一个复杂的系统工程，涉及同人类发生能量交换的多生态系统。因此，环境工程的具体操作技术也决非一言能够概括，但其建设最为核心的"路径"却是能够探讨的。基于上文讨论，本文试从"消解工具理性、政府环境有效管制与环境教育"三个方面来展开。

（一）以位育智慧消解工具理性

"工业文明以降，'技术'已成为维系现代社会生活的重要因素。但人类作为大自然的有机部分能够存活并繁衍至今，最为关键的原因是依靠人民在长时段历史空间中凝练而成的'智慧'"[7]这笔财富蕴含于不同自然环境的经济文化类型、维系社会和谐的道德要求与保护自然环境的信仰之中。不论其智慧载体如何多样，其本质是强调人如若要在长时段的空间中获得生存与发展，则需"尊重自然、顺应自然、与自然和谐共处"，去实现"致中和，安其所也，遂其生"[8]的"和境"。正如《国语·郑语》载："夫和实生物，同则不继。以他平他谓之和，故能丰长而物归之；若以同禅同，尽乃弃矣。"[9]"多种因素通过相互配合、协调来组成新的事物或达到理想的效果，相反则损。"[10]"和"的解释魅力涵盖了人与物、人与人以及人与己的范畴。"'和'是旨在促进参与体优化组合而达成和谐共处"。[11]承上意，"和境"是对"人与自然"和谐状况的一种描述，其中"共生"的内容与自然环境保护理念相切合。这恰为解决因"工具理性张扬"而不断出现的"资源诅咒""发展悖论"等生态环境问题提供了思路。思想的历史资源并非因已发生而失去现时的意义。相反地，开展生态文明建设需采撷历史智慧。保护地球资源，建设人地和谐的生态文明要回归于人的本身，消解导致自然资源过度无序开采利用的工具理性，需要从中华民族传统智慧中摄取营养，并将其付诸实践。

（二）衔接政府管制与市场办法

自然资源配置的市场失灵与政府管制的局限是生态环境问题的关键原因。如何在现有市场与政府管制的下，探索保护生态环境的路径亟待解决。萨缪尔森认为，"对付由外部性造成的无效率的武器是什么呢？最常见的方法是政府的反污染计划，即通过直接控制或经济激励来引导企业矫正外部性。更细致的办法是明确并加强管理，以促成私人部门之间通过协商达成更加有效的解决办法"。[12]如"制定环境标准、发放许可证、公布禁令、进行配额管制、收费、保证金制度、负外部性权利交易"等政策，皆为政府应对不完全竞争、外部性和信息失灵等市场形势，凭借行政权力直接或间接干预市场配置的努力。然而，如若完全倚重于政府管制去解决生态环境问题却又很难成功。因为，政府管制虽然能够消除"部分"的市场失灵，但却不能干涉其市场配置的全部过程，有时甚至会因政策失真而导致市场的"不效率"，进而影响社会的整体福利。故而，我们认识到要解决自然资源的外部性问题，政府管制不可或缺，但又不能完全倚重。

自然资源的集约节约利用，离不开市场发挥自身的调节功能。所以，除需要建立健全政府管制外，还应尊重市场自身的机制。例如，实施自然资源确权便是积极尝试市场办法之一。自然资源确权是现行规避公共物品属性所导致负外部效应的主要办法，它通过明确自然资源使用人的权利与义务，使其在经历市场"讨价还价"后，实现高效配置，进而将自然资源外部性内化。自然资源确权不仅促进了自然资源的集约节约利用，而且为环境治理提供了明确的法律主体，保护了公共利益。不可忽视的是，资源权益要发挥良好的作用离不开健全的市场机制和有效的政府管制。这其中，政府实现了市场无法涉及的社会尺度，市场满足了政府管制无法触及的高效配置。因而，在现行市场经济条件下，生态环境问题的解决需市场机制与政府管制间实现衔接并用。

（三）环境教育

生态危机不仅是技术问题和经济问题，从深层次考察，它还个文化问题。人生存于特定的文化模式之下，受其所处文化的濡化（enculturation），完成着代际间的涵化（acculturation）。生态意识与生态行为也随着文化的横向与纵向流动参与了人的塑造，因此，承当文化传承之责的教育自然不能缺位于生态文明时代的历史呼唤，开展环境教育，培育公民环境意识，规范公民环境行为，对于美丽中国的建设有着重要意义。

开展环境教育绝非为"喊口号"式的"大肆宣传"。笔者认为，教育是影响人身心健康向上的社会活动，受制于社会大环境、学校中环境及家庭小环境。如要实现教育目的，需把握"一个尊重，二个层面，三个落脚点"。"一个尊重"，即教育活动要尊重人的身心发展规律。例如，在环境行为培育上，就应当考虑到教育对象的性别、年龄、民族等因素，制定合乎个体与群体特征的教育方案；"二个层面"是环境教育的开展需从环境意识与环境行为两个方面入手，在培育个体环境意识的同时，要鼓励开展环境保护实践，并帮助他们在实践中提升环境意识；"三个落脚点"，则要求教育着眼于受教育者的生存空间。其一，在学校教育中可通过环境课程，积极开展环境户外活动，培育个体积极的环境态度与环保能力。其二，在家庭教育场域中，鼓励家长以言传身教促进儿童环境素养的提高。其三，开展多样的以环境保护为主题的社区活动，以增进社区居民的环保意识，承接家庭与学校的环境教育。总之，良好环境意识与环境行为的培育，虽不可一蹴而就，但其意义却是久远的，也是值得为之付出的。

第二节　传统生态文化与中国
西部民族地区环境教育

环境教育是当代以可持续发展为理念的世界性的教育潮流，具有世界通行的一些教育原则、知识、技术，然而它具有很强的民族性和地域性特色，必须植根于一个民族、一个地区的文化土壤里，才有生命力。环境教育的根本目的是教育人类能够自觉协调人与自然的关系，而人是文化的产物，所以环境教育的直接功能是要重建人与自然和谐共处的生态文化。知识是文化的结晶和载体，是教育的核心要素，所以环境教育欲发挥其文化功能，首先必须慎重知识选择。环境问题实质是文化问题。欲重建生态文化必须善待其根本——传统生态文化，为此必须珍视蕴含传统生态文化的乡土知识。

中国西部是多民族聚居区，幅员辽阔，山川形势险要，地质地貌复杂、天气气候多变，自然条件具有多样性；鹰击长空，鱼翔浅底，生物具有多样性；地处中国版图第一、第二地理阶梯上，环境意义对全国而言牵一发而动全身，然而生态依附条件又极其脆弱。皮之不存，毛将焉附？千百年来，各族人民生于斯长于斯，为了守住这笔大自然赋予的丰厚又极易丧失的"家产"，与自然唇齿相依、和谐共处、协调发展，创造了底蕴极其深刻的生态文化，对西部环境和发展的可持续性起了极其重要的保障性作用。这些优秀的传统生态文化积淀在多种多样的乡土知识之中，如民歌民谣、地方风物传说、人类起源神话、民间信仰、生活生产习俗和历史故事等。在基础教育新课程改革的背景下，以科学发展观为指导，对西部各民族地区的蕴含着生态文化的乡土知识进行"去粗取精、去伪存真"的挖掘整理，并进行全新的生态文化学阐释，可以为环境教育提供十分优良的本土资源，对确保环境教育在西部广阔天地生根、发芽、开花、结果有积极意义。

一、西部民歌民谣与学生的环境情怀

学习西部民歌民谣可以陶冶学生的环境情操。祖国西部是各族人民歌库之地。各族人民世代流传着大量歌谣，凝聚着对家乡、对大自然的深厚真挚的情感。学习西部民歌民谣，可以培养学生对家乡的热爱，陶冶学生对大自然的美好感情。蕴含人与自然亲密关系的民歌可以分以下三类。

有的民歌直接歌颂家乡大自然的美好风光。歌颂北国草原风光的著名民歌，如北朝敕勒族民歌《敕勒歌》："敕勒川，阴山下，天似穹庐，笼盖四野。天苍苍，野茫茫，风吹草低见牛羊。"歌颂青藏高原牧业生活的民歌，如门巴族《牧人歌》："我们牧场的奶牦牛，牛奶如同天上降下的雨，白雪和玉浆向我馈赠。我们新市上的骏马，驰骋如同春天的风，金鹿和牝鹿任我驾驭……"歌颂西南农耕生活的民歌，如景颇族《布谷鸟叫了》："啊哟！快飞呀，小布谷，快飞去告诉村村寨寨的老表啊，春天到了，快准备生产了……"

大量的民间情歌采用比兴和比喻的手法，将自己美好的感情寄托于家乡的美好景物，表现出人与大自然的亲密和信任的朋友关系。如门巴族情歌："你是洁白雪峰，矗立高山之顶；我是洁白狮子，绕着雪山转行。又如维吾尔族情歌：你那头上的黑发，像戈壁上树林的绿荫，我能见到自己的情人，犹如饥饿时进了早餐。"藏族情歌："蜜蜂和野花相爱，春风就是媒人；小伙和姑娘相爱，山歌就是媒人。"土族《花儿》："大豆开花一点青，小豆花开似蝴蝶，人家的尕妹眼黑（方言即羡慕），草上的露水颗颗。"

有的民族民间歌谣很美妙地歌颂了生物多样性，很巧妙地说明生态平衡的道理。如蒙古童谣："蓝百灵唱了，春天来了。獭子来了，兰花开了。灰鹤叫了，雨就到了。小狼嗥了，月亮升了……"又如侗族民间歌谣："一棵树上一窝雀，多了一窝就挨饿。家多崽多贫苦多，树结果多树翻根。养得女多无银戴，养得崽多无田耕。女争金银男争地，兄弟姊妹闹不停。盗贼来自贫穷起，多生儿女多祸根。"唐朝西部诗人李白诗云："此夜曲中闻折柳，何人不起故园情？"西部民族民间歌谣融自然之美之情之理于一体，学生学习这些自己家乡祖祖辈辈传唱的歌谣，怎能不油然升起珍惜大自然的亲爱友情？

二、地方风物传说与学生的故乡之爱

地方风物传说可以启发学生热爱家乡。地方风物传说是指那些地方特色的山川古迹、土特产品、花鸟虫鱼及有关这些事物由来的解释故事。我国各少数民族地区山水古迹众多，皆有美丽传说，如：满族的"牡丹江"、"天池"；镜泊湖的"珍珠门"；黑龙江黄河口的"尼雅岛"；朝鲜族有"镜泊湖的由来""海兰江""天池"；鄂伦春族的长白山"卡仙洞与奇奇岭"；达斡尔族的五大连池西南"药泉"；蒙古族的"兴安岭的林海""公主岭"；赫哲族的松花江南岸"七女峰"；白族的"风花雪月"（下关风、上关花、苍山雪、洱海月）、"望夫云""蝴蝶泉""大理石与玉带云""美人石""洗马潭""银箔泉""天池""鸡足山""鸟吊山和彩凤桥"；傣族的"三江的传说"（金沙江、怒江和澜沧江）、"景宏——黎明之城""南天湖"；回族"循化城""凤凰城""西塔"；东乡族"葡萄山和高陵峙"；哈萨克族"天山绿林"；藏族"羊卓雍湖""九龙山"；高山族"日月潭""阿里山姊妹潭""火烧岛"；布依族"黄果树瀑布""花溪""龙潭口"；侗族"鼓楼""风雨桥"；羌族有"干海子"；彝族"石林""奢香林·绣花崖·玉龙坡"；傈僳族有"怒江和澜沧江"；柯尔克孜族"苏莱卡乌奇坎"；塔吉克族"帕尔哈德渠"；佤族有"姑娘河"；纳西族"金沙江和玉龙山""文笔峰""七星披肩的来历"；苗族有"月亮山和太阳山""姊妹石"；水族"月亮山"；仡佬族"将军石"；壮族"花山壁画""红水河""对歌山"；瑶族"大藤峡""红滩瀑布"；仫佬族"望郎石"；土家族"撒珠湖""鸳鸯石"；黎族"五指山""落笔洞"；畲族"兄弟山"。西部民族地区生物多样性举世闻名，其传说也多，如：蒙古族的"白桦树"、朝鲜族"白日红"和"金达莱"，满族的"扇子参"和"大马哈鱼救金兀术"。

　　虽不胜枚举，但仍挂一漏万。可以说，我国西部民族地区无论山川古迹，还是花草虫鱼、飞禽走兽都有传说，这些传说赋予这些山川风物以人性、个性、灵性和故事性，如果各地学校结合这些美丽、动人的传说故事，带领学生去参观、游览、观察当地的山川风物，无疑是热爱家乡的生动课程，也是环境教育的生动课程，因为环境教育首先必须使学生能够理解家乡、爱家乡一山一水一草一木。唯有爱，才有珍惜。

三、远古起源神话与学生的自然崇敬

　　学习远古起源神话，可以使学生感悟自然之恩。我国民族地区传承着许多古老的人类起源传说，这些起源传说告诉一代又一代人：自然是人类之母，而人类是自然之子。关于人类起源，我国不同地区的少数民族有着不同的传说。苗族古歌中说，枫树生蝴蝶妈妈，蝴蝶妈妈下蛋孵化出人类。崩龙族神话说，在很古的时代，纷纷飘落的树叶变成人，互为夫妻，从此有了人类。独龙族神话《坛嘎朋》说人是由树杈爆裂而出。德昂族有茶叶是阿祖的传说。侗族的"龟婆孵蛋"传说讲，龟婆下了两枚好蛋，孵化出人类始祖松恩和松桑。台湾高山族雅美部落《人类起源的传说》讲人是岩石和竹子爆裂而生成的。佤族神话《西冈里》和德昂族神话有葫芦生人传说。还有动物变人及人兽是兄弟的传说，如藏族、珞巴族、纳西族、

傈僳族有猕猴变人的神话，鄂伦春族有飞禽造人的传说，苗族、水族、彝族等有人兽兄弟的传说。汉族有"女娲抟黄土造人"的传说，许多少数民族也有类似的泥土造人的传说，如独龙族的《创世纪》神话人类是天神嘎美和嘎莎用泥土造的；彝族神话《天地的来源》说人类是天神托罗神和沙罗神用黄土造的；拉祜族神话《扎努扎别》、瑶族神话《密洛陀》也有泥土造人的传说。还有的民族传说人是由由云、风、光、水等变化而成，如瑶族、傣族、阿昌族等。无论植物生人，卵生人，动物变人，还是泥土、岩石、风月光水等非生物造人，上述人类起源的远古传说都含有一定的进化论因素，而且说明，这些起源神话说明我国少数民族视大自然为自己的母亲，人类是自然之子。将这些题材的传说有选择地传承给当代学生，可以使学生感悟自然之恩。

四、民间信仰与学生的环境信仰

批判地学习民间信仰，可以帮助学生树立科学的环境保护的信仰。民间信仰无时无处不在。在华南农业文化圈，壮族人民视蛙为图腾。壮族先民把蛙的形象画在山崖上，铸在铜鼓上，还有专门的节日敬奉。平日不仅禁杀，甚至在田埂上遇到也要绕过去。青年人出田，老年人总不忘记交代："蛙你莫踢它，要不它爸爸雷王要劈人的。"

和壮族类似，我国少数民族民间信仰中，许多动物、植物等自然物成为人们所崇拜的图腾。有的民族以动物为自己部落的图腾：维吾尔族、哈萨克族、蒙古族崇拜狼，鄂温克族崇拜熊，白族勒墨人和彝族崇拜虎，侗族崇拜龟，高山族布侬人崇拜科科特拉虫，苗族崇拜蝴蝶，满族崇拜鹰，彝族图腾有蜂、蛙、鸟、鸡、马、虎、獐、猴、牛、鼠、鸭、蛇。藏族崇敬虎、熊、雪豹、鹰等。一些植物成为民族图腾。如布依族的竹、苗族的枫树，高山族的神树、壮族的榕树和木棉。在蒙古族传统文化里，树木是天父地母的结晶，受到崇拜。其萨满祭祷词写到："悠悠荒漠处，中有参天树，本自地脐生，大树独支撑；额色尔瓦的原野上，生长着嘎拉卫尔紫檀树，树干虽然细弱，但凭借太阳之力，长出了绿叶。依靠水源之力，入地生根。"总之，我国少数民族民间信仰万物有灵，如哈萨克族不仅认为水、树木、草地、牲畜、狼、蛇等是有神灵的，而且认为自己所生活地区的山峰也是有神灵的，对其予以美称，如天山等。

西部民族地区民间信仰既有原始宗教，也有古代宗教，如道教、佛教和伊斯兰教等，其信仰经典中也蕴含环境保护的合理内核。例如，道教经典《道德经》讲"道法自然"，告诫人类："不知常，妄作，凶。"佛教惜生、戒贪，认为万物皆具佛性，狩猎、砍树动土皆严格控制。伊斯兰教认为：做事"不要过分"，要求人们节制，不滥用自然，要与自然相依为命，共存共荣；禁止滥伐树木滥杀动物；鼓励植树造林，因为"任何人植一棵树，精心培育，使其成长、结果，必将在后世界受到真主的恩惠"。

自然崇拜、图腾崇拜虽有些童话色彩，但作为崇拜对象的多种生物和自然物却被神圣化了，轻易不得损害，这实际上起到了保护生物多样性、维护大自然生态平衡的作用。古代宗教虽然有神学性质，但是透过其神秘的面纱，我们仍然可以用历史唯物主义的世界观和方法论沙里淘金，挖掘出其中有利于生态保护的有价值的知识点，正确向学生解释，作为环境教育的本土资源，这样将化腐朽为神奇，对于培养学生的环境保护的科学价值观无疑是有帮助的。

五、环境保护习俗与学生的环境习惯

学习生产、生活过程中环境保护习俗，形成良好的环保习惯。西部各族劳动人民在长期的生产、生活过程中，形成了一系列保护当地自然环境的良风美俗，有的是不约而同的行为习惯，有的是约定俗成的民间禁忌和习惯法，都有力地保证了西部极为脆弱的生态系统。

牧区有保护草地的习俗。为了使草地有休养生息的时间，传统的牧业主要是游牧。在青藏高原的牧场，牧民严守不动土的原则，严禁在草地挖掘，以免草原土地肌肤受伤；禁忌夏季举家搬迁，另觅草场，以避免对秋冬季节草地的破坏。草原盛产发菜、蘑菇等，牧民一般不采食，以避免破坏草场。哈萨克族禁忌拔青草，因为青草是草原生命的象征，其民谚曰："牲畜是孩子，草原是母亲。"牧民生活时十分注意草地保护。牧民在烧火做饭时，尽量找不长草的地方；如果找不到，就把搭炉灶的那块草地的草皮挖开放在一边，等搬回时再放回原处。青藏牧区和蒙古牧区群众信奉藏传佛教，寺庙周围的天然植被受到僧俗信众的保护。实际上形成以敖包或者玛尼堆、寺庙为中心的一个个小型自然保护区。牧民在从事宗教活动时注意环境整洁，从事世俗性节日庆祝时也是如此，如蒙古族"那达慕"结束时，所有废弃物必须清扫干净，予以深埋。历史上，草原民族还形成了保护草场、水源等生态要素的习惯法。如成吉思汗建国之后，颁布"大札撒"，其中包括生态保护的具体条款，如："其禁草生而创地者，遗火而焚草者，诛其家"，不得损坏土壤，严禁破坏草场；不得在草甸洗晒衣服；狩猎活动只能在从冬季首场雪至第二年春季草木发芽的期间进行等。物换星移，"大札撒"中有关草场保护的思想积淀成一种民间道德，世代流传，

有力地规范着人们的环境行为。

农业区有保护耕地的习俗。在青藏高原农耕区，当地藏族农民禁忌随意挖掘土地，动土前要乞求土地神。在滇西北"三江并流"地区，独龙族、怒族、傈僳族、白族等民族有植树保土的传统，使独龙江等流域至今仍然保持较高的森林覆盖率。少数民族丧葬十分俭约，少数民族群众认为，人来自自然，应该回归自然，不提倡厚葬，在一定程度上是对土地资源的珍惜。

"羊要放生，狼也可怜"。藏民惜生的态度对西部少数民族而言是具有代表性的。少数民族渔猎采集很谨慎。他们认为，取物有度，贪图太多必遭报应。无论是因为自然崇拜和图腾崇拜而赋予神性的动植物，还是一般的野生动植物，少数民族都是取之有度，十分克制；他们还认为动物是带给人类以吉祥的朋友，人类应该善待朋友。如普米族认为每种动物都有各自的优点，都值得学习，他们常用动物名称给初生婴儿取乳名，如"查尼祖"（野猪）、"翁祖"（老熊）等，轻易不捕猎。侗族爱鸟，家家在房前屋后都栽果树和风景树，为鸟营造安乐窝。春天燕子归来，大人不准孩子乱掏燕窝。

水是一切生命之源。西部是我国主要江河的发源地，有着丰沛的水资源；那里又是高原、草原、沙漠、高山纵横交错的地带，水资源又十分稀缺、容易流失。无论丰沛还是稀缺，少数民族群众历来是十分珍惜水的，以民间禁忌和习惯法为约束，形成了十分良好的水源保护的习俗。大草原上牧民十分珍惜来之不易的水源。蒙古族严禁在河流的源头搭建居民点；生活中特别注意节约用水和防治水体污染。哈萨克族禁止在泉水、河流和涝坝里大小便；不得在水源附近修建厕所、畜圈等有碍卫生的各种设施；也不准在水源内洗衣服，在涝坝内游泳、洗澡及把脏水倒入水渠和涝坝区，否则将遭神谴。"雪山犹如水晶之宝塔，低湖犹如碧玉之曼遮。"青藏高原是世界屋脊，是我国乃至亚洲主要水系发源地，水资源丰沛，但藏族同胞仍是珍爱水源，形成"神山圣湖"文化。藏族同胞认为山水相连，"神山"和"圣湖"是不可分离的有情姻缘，不仅赋予山水神圣化，而且赋予其人性，可敬又可亲。为了表达崇敬之意，重要的民俗活动就是"转山拜湖"，"神山圣湖"文化为人类保护了珍贵的固体水源。对水源的珍爱，各民族皆同。彝族民间习惯法保护水源，禁止在泉源、水井里面洗涤，严禁向小溪和江河抛脏物。侗人爱井，上面建有凉亭，井中往往放有几尾小鲤鱼活跃其中，灵动可爱。

为了涵养水源，西部各民族都有重视林木保护的习俗。为保护雪域神山的山体和水体，藏族禁忌在神山挖掘；禁忌砍伐神山上的草木；禁忌将神山上的任何物种带回家。蒙古族认为，河水是上天赐予的珍贵礼物，流域内的树木不得砍伐；生产、生活中必须砍伐树木时，须将树根用土埋好以利于重新抽芽。维吾尔族等绿洲民族自古就有爱树植树的风俗。据《河海昆仑录》卷四载："缠民"好洁，勤洗濯，喜种树。哈萨克族认为树、大地和水具有母性之德，禁止毁坏森林树木，对泉水边、河边的独立的树和年老的白杨树和桦树尤其崇拜，认为是神树，不得砍伐；对野蔷薇也保护，认为具有镇邪功能。在雨水丰沛的西南地区，也有保护树木以涵养水源的习俗。水是哈尼族梯田文化的命脉。居住于哀牢山和无量山的哈尼族构造了从信仰到实践一个完整的山林保护的山神体系，对保住林海以涵养水源，为"山有多高，水有多高"梯田文化永续发展提供了有力的保证。西双版纳哈尼族虽种旱地作物，其选地对涵养水源极好的榕树一律给予保护。云南澄江彝族以松树为始祖，松树及其附近的栗树严禁砍伐。凉山彝族社区有用"醒"的一种法事封山育林的习俗。各地彝族都有祖先崇拜，禁止在放置祖筒的祖灵箐洞附近鸣枪打猎，禁止在墓地打猪草、放牧。树象征吉祥、幸福、美好。普米族以"森林之友"著称，该族孩子初生不久，被抱到林中祭拜一棵树，并用这棵树的名称作为孩子的乳名，如"夸信祖"（栗树）、"新信祖"（青松）等，孩子拜过的树受到全村人的保护。许多侗族村寨都有营造儿孙林的习俗。每当有人家生了孩子，长辈亲人都要上山为孩子栽植数十数百棵杉树，到孩子长大成人，杉树也长大成材，称为"十八杉"或"女儿杉"。侗族世代流传一首歌谣："十八杉，十八杉，姑娘生下就栽它，跟随姑娘到婆家。"贵州黎平县茅贡县蜡洞村《永记碑》记载侗族吴传冷一家培育杉树秧苗、植树造林业绩，留下古训："无树则无以做栋梁，无材则无以兴家，欲求兴家，首树树也。"学有榜样，行有习俗，侗族乡间植树造林自古就蔚然成风。各地学校对当地这些习俗加以整理，予以科学解释，对培养学生正确的环境保护的日常行为习惯无疑有极高的价值。

六、植树典故与学生的环境建设意识

"柳州柳刺史，种柳柳江边。谈笑为故事，推移成昔年。垂阴当覆地，耸干会参天。好作思人树，惭无惠化传。"这是唐代文学家柳宗元（773—819）的诗《种柳戏题》。柳宗元因为参加了主张革新的王叔文政治集团，遭到贬谪。元和十年（815）外放为柳州（今属广西）刺史。他在柳州兴利除弊，发展生产，释放奴婢，兴办学校，政绩卓著。他修整州容时重视植树造林，绿化、美化生活环境；不仅严令辖区治下的城郭巷道、高坡矮堤等处都要广植花木，还亲自到柳江边植柳。因而被人们誉为"柳柳州"。柳宗元不仅亲种柳树，也种过其他树，有他的一首《柳州城西北隅种柑树》为证："手种黄柑二百株，春来新叶遍城隅。方同楚客怜皇树，不学荆州利木奴。几岁开花闻喷雪，何人摘实见垂珠。若教坐待成林日，滋味还堪养老夫。"为缅怀其功德，当地居民建柳侯祠、柳宗元衣冠墓、辟有柳侯公园，永资纪念。

"大将筹边未肯还，湖湘子弟满天山。新栽杨柳三千里，引得春风度玉关。"这是清代诗人杨昌浚在去新疆的途中写的一首七绝，诗中所写"大将"是指晚清重臣左宗棠（1812—1885），诗中所讲的是左宗棠督办新疆军务时植树的故事。清同治年间，左宗棠在平息叛乱、收复新疆期间，命令全军将士在东起潼关西到新疆数千里路上，沿途大量植树，并且制定出严格的法令，以确保树木的成活。种植的树木有柳、杨、榆等多种，连绵数千里，绿如帷幄，取得了极大的成功。左宗棠所植柳树被誉为"左公柳"，至今在平凉、阿克苏、嘉峪关关城闸门附近等地还能看到，其根深叶茂、浓荫遮地。左宗棠植树之所以成功，不仅仅慰藉了来自山清水秀之地的湖湘子弟的思乡之情，更主要的是利于根治沙患，且符合西北民族喜爱植树的习俗，将入乡随俗和造福于民很好地结合起来，故能得到当地群众的拥护。

柳宗元和左宗棠植树的故事至今流传，柳侯祠、左公柳至今尤在，这说明树不仅要种植在土地上，而且要种植在文化中，还说明西部民族地区各族群众不仅有保护既有自然环境的传统，而且有积极建设自然环境的传统。诸如此类的习俗、故事、遗迹都是进行环境教育的极好资源，当地学校应该充分发掘这些地方性知识，带领学生去参观、学习、体验，这对于同学们积极而合理地建设家乡生态环境有启示性意义。

一方水土养一方人。美国人类学家露丝·本尼迪克特说："个体生活的历史首先要适应由他的社区代代相传下来的生活模式和标准，从他出生之时起，他生于其中的风俗就在塑造着他的经验和行为，到他能说话时起，他就成了自己文化的小小的创造物，而当他长大成人并能参与这种文化时，其文化的习惯就是他的习惯，其文化的信仰就是他的信仰，其文化的不可能就是他的不可能。"通过以上对民歌、民间传说、民间信仰、生活生产习俗以及历史故事等的梳理，我们不难看出我国西部民族地区的先人们用自己的思维方式创造出非常优秀的传统生态文化，尽管其表达方式含神秘色彩，但是其中价值是宝贵的，道理是深刻的，境界是高尚的，用心更是良苦的。"数千年形成的本土知识传统中包含着真正的生存智慧","本土知识对于解决本土问题来说,是一种真正有效的知识"。少数民族生态保护的乡土知识世代传承,有力地保护了西部环境,可是现在伴随着水土流失而流失。为了遏止这种趋势,西部民族地区学校应该有所作为,担当起继承、弘扬各民族优秀生态文化传统的职责,作为落实,利用校本课程开发本土知识是我们需要脚踏实地做的一项重要工作。

参考文献

[1] 张海洋,包智明. 生态文明建设与民族关系和谐:兼论中华民族到了培元固本的时候 [J]. 内蒙古社会科学,2013 (7):3.

[2] 姚霖. 城市生态文明建设管窥 [J]. 青海民族研究,2014 (1):57.

[3] 苏尔曼. 科技文明与人类未来 [M]. 李小兵,谢金升,张峰,译. 北京:东方出版社,1995.

[4] 陆谷孙. 英文大字典(第二版)[Z]. 上海:上海译文出版社,2007:587.

[5] [美] 保罗·萨缪尔森,威廉·诺德豪斯. 经济学(第19版)[M]. 萧琛,译. 北京:商务印书馆,2013:6.

[6] [美] 保罗·萨缪尔森,威廉·诺德豪斯. 经济学(第19版)[M]. 萧琛,译. 北京:商务印书馆,2013:249.

[7] 姚霖. 城市生态文明建设管窥 [J]. 青海民族研究,2014 (1):59.

[8] 汉语大字典(第一卷)[Z]. 成都:四川辞书出版社,武汉:湖北辞书出版社,成都:四川省新华书店,1987:183.

[9] 左丘明. 国语 [M]. 北京:商务印书馆,2005:250.

[10] 姚霖. 全球化背景下民族教育的现实境遇与价值选择 [J]. 当代教育与文化,2011 (6):66.

[11] [美] 保罗·萨缪尔森,威廉·诺德豪斯. 经济学(第19版)[M]. 萧琛,译,北京:商务印书馆,2013:252.

【作者简介】 姚霖(1984—),安徽铜陵人,中央民族大学法学博士,北京大学社会学博士后,中国国土资源经济研究院副研究员。该文转于《中国国土资源经济》2014年第4期。

第三章　三江源地区环境教育的调查研究

张秀琴

第一节　青海省三江源地区环境教育背景

一、青海省三江源地区自然地理环境

青海省地处我国西北部，是长江、黄河、澜沧江的发源地，是祖国一个十分神奇而美丽的地方，有着"江河源"和"中华水塔"之称。青海三江源地区绝大多数人口为少数民族，其中藏族占90%，自然环境独特，生态系统脆弱，资源丰富，但开发利用程度低，经济发展极为落后。近年来，随着人口增加较快，青藏铁路的开通，资源开发利用进程加快，三江源地区环境面临着严重的威胁，因此，探讨这一地区在环境保护与经济相互协调可持续发展背景下的环境教育具有十分重要的社会意义和生态意义。

（一）青海省概貌

青海省位于中国西部的青藏高原东北部，据全国第二次土地调查公报显示，青海全省面积69.67万平方公里，居全国各省（区）第四位。青海处在我国地形三级阶梯的第一级上，绝大部分属于"世界屋脊"——青藏高原。境内呈现出高山、峡谷、盆地、高原、台地等复杂多样的地形地貌。全省平均海拔4000米，最低点1650米，最高点6860米。由于受海拔、地形、纬度、大气环流等自然因素的影响，青海形成了独具特色的高原大陆性气候。

青海天然草原辽阔，是我国五大牧区之一，草场面积达4034万公顷，占全国可利用草原面积的15%。青海是个多民族聚居的省份，全省共有43个民族成份，2012年年末全省总人口577.79万人，其中少数民族人口共

235.06万多人，约占全省总人口的45.5%。在青海世居的少数民族有藏族、回族、土族、撒拉族、蒙古族等。其中土族、撒拉族是青海特有的少数民族。

（二）三江并流地区概貌

1. 地理环境概述

青海三江源地区位于我国的西部、青藏高原的腹地、青海省南部，为长江、黄河和澜沧江的源头汇水区。其东部、东南部与甘肃省、四川省相邻，南部、西部与西藏自治区相接，北部分别与治多县的可可西里国家级自然保护区、海西藏族蒙古族自治州的格尔木市和都兰县交界，东北部与海南藏族自治州的共和县、贵南县、贵德县和黄南藏族自治州的同仁县接壤。地理位置为北纬31°39′～36°12′，东经89°45′～102°23′。

三江源地区是青藏高原的腹地和主体，以山地地貌为主，山脉绵延、地势高耸、地形复杂，平均海拔在4000米以上，绝大部分地区空气稀薄，植物生长期短，无绝对无霜期，属于典型的高原大陆性气候。同时，三江源区河流密布，湖泊沼泽众多，雪山冰川广布，是世界上海拔最高、面积最大、分布最集中的地区。三江源地区地貌类型丰富，区域跨越暖温带和温带，加之海拔高度的变化，从而具有气候的多样性和生态环境变化的复杂性，形成了丰富而独特的多样性生态系统。

2. 三江源自然生态资源

青藏高原被称为"世界屋脊"、地球的"第三极"，青藏高原的隆起打乱了行星风系的临界尺度，迫使大气环流改变行径，成为一个独立的气候区域，孕育了黄河、长江、澜沧江、恒河、印度河等国内外许多著名的河流，是欧亚大陆上大江大河发育最多的区域。三江源地处青藏高原腹地，起着各江河水文循环的初始作用。

三江源区域孕育的大江大河，是中国和亚洲几十亿人民的生命之源，曾孕育了人类光辉灿烂的古代文明，也是现代文明得以为继和可持续发展的根本保障。三江源地区有河流、湖泊、沼泽、雪山、冰川等多种湿地类型，面积达69.67万平方公里。区内许多湿地为世界和中国所知名，湿地与森林、海洋并称为全球三大生态系统。湿地生态系统具有水陆过渡性、系统脆弱性、功能多样性和结构复杂性的基本特征，在水源涵养、减缓径流、蓄洪防旱、防灾抗灾、降解污染、维持生物多样性，为人类生产、生活提供多种资源、调节气候等方面有着其他生态系统不可替代的作用，具有巨大的生态功能，在生态安全体系中独具特色。湿地也是珍稀水禽的繁殖地、临时栖息地和越冬地。因此，湿地被誉为"地球之肾""生命的摇篮"。

多样的生态系统自然蕴含了丰富的动植物资源，三江源地区是世界上高海拔地区生物多样性最集中的地区，由于青藏高原独特的地理环境和特殊气候条件，孕育了三江源区独特的生物区系，被誉为高寒生物自然种质资源库。三江源区所处的地理位置和独特的地貌特征决定了其生态体系具有生物多样性、物种多样性、基因多样性、遗传多样性和自然景观多样性，该地区是世界上高海拔地区生物多样性最集中的地区。

据不完全统计，三江源地区有野生维管束植物 113 科 564 属 2100 种，约占全国植物种数的 8%；在野生经济植物中，仅中药材就达 680 多种，著名的红景天、雪莲、冬虫夏草、贝母、大黄、藏茵陈、黄芪、羌活等，遍地皆是。国家重点保护植物有 3 种，其中有著名的虫草（冬虫夏草），另有列入国际贸易公约附录Ⅱ的兰科植物 31 种。

三江源的野生动物和珍奇动物也很多，国家一、二级重点保护动物有 69 种，其中国家一级重点保护动物 16 种，国家二级重点保护动物 53 种。一级保护动物有藏羚羊、野牦牛、藏野驴、雪豹、金钱豹、白唇鹿、黑颈鹤、金雕、玉带海雕、胡兀鹫等。区内独特的地貌类型、丰富的野生动物类型、多姿多彩的森林与草原植被类型和秀美的水体类型，构成了一道亮丽的自然风景。随气象条件的变化而产生的各种天象景观、随季节变化而产生的林相及水体大小、形状的变化，更增添了自然景观的多样性。①

二、青海省三江源地区社会经济特征

三江源地区是典型的高原游牧经济文化类型，行政区域内以藏族为人口较多民族，主要以畜牧业为主要经济生产方式。三江源地区行政区域涉及包括玉树、果洛、海南、黄南四个藏族自治州的 14 个县和格尔木市的唐古拉乡，计 16 个县，127 个乡镇。总面积为 30.25 万 km²，约占青海省总面积的 43%，人口密度不到 2 人/km²，主要集中分布在州县城镇和河谷地带。据 2015 年统计资料，区内总人口为 55.6 万人，其中牧业人口 40.89 万，占总人口的 69.3%，民族构成以藏族为主，占 90% 左右，其他民族为汉、回、撒拉、蒙古族等。人口总量较少，宗教氛围浓厚，贫困人口占牧业人口的 75%，贫困群众呈现整体性、民族性的特点，牧民群众的生活质量很低。源区以草地畜牧业为主，目前牲畜超载 60% 左右，2002 年全区国

---

① 南文渊. 高原藏族生态文化［M］. 兰州：甘肃民族出版社，2002.

民生产总值 23.04 亿元，牧民人均可支配收入 1549.96 元。源区现有中小学 403 所，适龄儿童入学率 32.6%，有医院卫生所 202 座，每千人占有病床 3.41 张。三江源地区经济发展水平十分滞后，主体经济以天然畜牧业为主，牧业生产方式以自然放牧为主，经济结构单一。2002 年全区 GDP 共计 23 亿元，人均 3800 元，农牧业产值占 60% 左右。牧民的科学文化素质、生产技能较全国而言最低。

三、三江源地区自然环境现状及环境教育实施的必要性

(一) 自然地理环境现状

据 2000 年 6 月 20 日至 7 月 15 日三江源区科考情况分析，由于长期以来，受追求以经济效益为核心的传统发展目标的影响，而忽视环境保护与生态建设，致使青海三江源区的生态环境呈恶化的态势。表现为以下几点：

1. 草场退化与沙化加剧

据调查，三江源 90% 的草地出现不同程度的退化。三江源区土地荒漠化进程明显加快，中度以上退化的草场面积达 1032.3 万公顷，占该区域草地总面积的 35%；其中"黑土滩"面积约 200 万公顷。与 50 年代相比，单位面积产草量下降了 30% ~ 70%，牧草群落、种类组成发生了变化，优良牧草和一些珍稀植物减少或在局部消失。

2. 水土流失日趋严重

三江源地区自然条件恶劣，生态环境脆弱，是最严重的土壤风蚀、水蚀、冰融地区之一，据统计资料表明，三江源区水土流失面积逐年增加，其中黄河流域侵蚀土壤程度最为严重，每年注入河中的泥沙量约 1000 万吨，面积达 750 万公顷，占青海省水土流失总面积的 22.5%；长江上游受侵蚀的面积为 1060 万公顷，每年输入的泥沙量为 950 多万吨，占水土流失总面积的 31.7%；输入澜沧江泥沙为 175 万吨。目前，水土流失、侵蚀程度和危害日益加剧。

3. 草原鼠害猖獗

三江源区鼠害发生面积占三江源区总面积的 17%，占可利用草场面积的 33%，草原鼠兔、鼢鼠、田鼠数量急剧增多，黄河源区有 50% 以上的黑土型退化草场是因鼠害所致。严重地区有效鼠洞密度高达每亩 89 个。

4. 源头产水量逐年减少

近年来源区产水量逐年减少，黄河流域的形势更为严重。水文观测资料表明：黄河上游连续 7 年出现枯水期，年平均径流量减少 22.7%，1997 年第一季度降到历史最低点，源头首次出现断流，源头的鄂陵湖和扎陵湖

水位下降了近 2 米，两湖间发生断流。源头产水量减少不仅制约了源区社会经济发展和农牧民的生产生活水平，还由于黄河青海出境水量占到黄河总流量的 49%，源头水量的持续减少又使下游断流频率不断增加，断流历时和河段不断延长，影响到下游地区 25 万平方公里、1 亿多人口的生产和生活质量。

5. 生物多样性急剧萎缩

由于青海地域辽阔，地形地貌复杂、生态环境多样，加之气候、植物的垂直变化，境内分布的生物种类丰富，有许多生物物种为青藏高原所特有。据统计，三江源区有高等植物近 1000 种，其中优良牧草 70 余种，乔灌木 80 余种；鸟类 147 种，兽类 76 种；两栖爬行及鱼类 48 种。此外还有近万种的昆虫和菌类。丰富的生物物种和适应高寒生存的遗传基因资源以及生态系统为研究生物多样性提供了良好的场所。但是，自 1992 年以来，青海省西部地区的野生动植物资源破坏触目惊心，成百上千的国家一、二级保护动物被猎杀，尤其是三江源区的藏羚、野牦牛、雪豹等动物遭受破坏的现象较为突出和严重。有的物种濒临灭绝，如普氏原羚，全省已不足 300 只。沙生植被破坏也非常严重，大面积的植被被盗伐用做烧柴。由于受各方面因素的威胁和破坏，这一地区遭到破坏的生物物种占其总数的 15% ~20%，高于世界 10% ~15% 的平均水平。

6. 森林和植被水源涵养功能下降

森林和植物是陆地生态系统的主体，而青海省森林资源贫乏，覆盖率只有 3.1%。由于林木的匮乏，草原植被的破坏与退化，加之气候的影响，黄河上游地区的水量 1988—1996 年 9 年间比正常年份减少了 23.3%。黄河自 1972 年发生首次断流以来，到 1997 年其断流的频率、断流的时间、断流的河段均逐年增加，给中下游人民的生产生活带来严重威胁。造成上述问题的根本原因应是 20 世纪 80 年代初期，受追求经济指标发展的影响，只注重牲畜总量的发展，而忽视了当地草场存在着受高原自然条件的制约，生长期短、脆弱等特点，以及对草场所能承受的能力，没有科学地实行以草定畜等措施，年复一年的发展，因此埋下了草场退化的隐患。[①] 进入 90 年代后，又因牲畜归户自主经营发展，放松了管理与指导，科技含量低下，生态保护与建设的投入严重不足，牲畜超载的现象较为严重，加之全球性气候的变暖，使三江源地区出现了草场退化加剧，荒漠沙化进程加

---

① 郑杰. 三江源自然保护区与西部大开发 [EB/OL]. http：//www. cern. ac. cn/8ryxx/detail. asp? channelid1 = 160110&id = 2791.

快，水土流失面积逐年增加，黄河断流，长江水资源减少等上述恶化的生态现状，如黄河上游第一县玛多县的现状就是一个典型的实例。该县在1980年有各类牲畜67.6万头只，而今由于多年的超载生产，草场退化导致各类牲畜下降到26万余头只，并伴随着鼠害和"生态难民"的发生与出现。①

（二）三江源区环境保护的重要性及环境教育的意义

1. 对地区经济发展和社会稳定的影响

青海，特别是"三江源"区，是我国最大的产水区和世界上影响力最大的生态调节区，也是全国生态系统最脆弱的地区和世界上高海拔地区生物多样性最集中的区域，生态地位在全国乃至世界上举足轻重。三江源区所处的青藏高原由于特殊的地理位置，其地质历史原始而又年轻，自然条件多样而又严酷，生态系统复杂而又脆弱，生物物种资源丰富且易遭到破坏。由于青藏高原隆起的时间不长，下垫面的物理属性较差，多数土壤、植被尚处于年轻的发育阶段，在寒旱生境中，系统的结构和功能简单，受到外界干扰时，其自身的调节机制不够健全，恢复能力较弱，一旦破坏，即发生退化和逆向演替现象。无论是其中西部和北部的滩地、沼泽，还是东南部的高山峡谷，由于地质发育年代轻，地质不稳定，山高、坡陡、峡谷深，风化壳浅薄，土壤厚度薄、质地粗，生态环境极为脆弱。特别是一旦地表植被破坏，很容易造成水土流失，并极难自然恢复，而人工恢复则要付出几倍甚至几十倍的代价。大量的黑土滩和沙化土地即是最好的例证。目前，受自然因素和人类不合理经济活动的综合影响，三江源区生态环境恶化的趋势不断加剧，人口、资源、环境与发展之间的矛盾日益突出，保护生态环境和生物资源的形势严峻，然而人为活动对生态环境所造成的负面影响依然在持续上升。

青海省属于经济社会发展比较滞后的地区，也是生态保护任务艰巨的地区。据统计，青海省在全国各省、自治区、直辖市可持续发展的指标体系排名中，由生态脆弱、气候变异、土壤侵蚀指数构成的区域生态水平排名位居第28位。这表明，青海省总体上的生态水平已经处于各省区的末端。在全国65个生态评价省区（市）中，青海省排第63位，全省没有优和良好类型，一般、较差和差的类型分别占该省面积的41.15%、45.85%和12.99%。然而，近年来青海省在加快发展中却出现了工业排放迅速增长的势

① 三江源生态环境保护监督机制和相关立法问题研究报告［EB/OL］. http：//www. qhei. gov. cn/xbkf/kflt/t20080714_ 277140. shtml.

头。2005年上半年，青海省工业主要污染物排放总量与上年同期相比仍呈
较大幅度增长。这种现象一方面体现了该地区经济社会发展的速度和规
模，另一方面也意味着对生态环境的影响与危害。在上述同一指标体系的
排名中，由环境治理和生态保护指数构成的区域环境抗逆水平排名，青海
省位居全国各省区的第17位，其生态环境的脆弱性和不可逆转性显而易
见。在这种条件下，人为活动加剧对生态环境的消极影响正在抵消生态环
境保护的投入和成效。

　　2. 三江源区环境保护和治理的紧迫性

　　三江源地区的严峻形势引起了党和政府及国际社会的广泛关注。1999
年，中国探险协会组织了水资源专家与其他科学家对澜沧江进行综合考
察，通过考察提出了"开发大西北，保护三江源"的建议。这一建议得到
国家林业局、青海省政府、中国科协及中国科学院和有关部门的重视与支
持。2000年2月2日，国家林业局以林护自字〔2000〕31号文《关于请
尽快考虑建立青海三江源自然保护区的函》下发青海省。青海省人民政府
立即组织有关部门编写了青海三江源省级自然保护区规划初步意见，并在
2000年3月21日，由国家林业局、中国科学院和青海省人民政府联合召
开了"青海三江源自然保护区可行性研讨会"，会议认为："中华水塔"面
临着严重威胁，建立三江源自然保护区是西部大开发中生态环境建设的一
大战略任务，不仅将为西部地区的开发创造良好的自然环境，也为我国及
东南亚各国的经济发展及生态安全提供重要保证。加强三江源区的生态保
护是历史赋予中国人民的重要使命，不仅意义重大，而且刻不容缓。目
前，建立保护区的时机和条件基本成熟，要不失时机地推进三江源自然保
护区的建设。会后，青海省人民政府经过认真调研，于2000年5月批准建
立三江源省级自然保护区，并于2001年9月批准成立了青海三江源自然保
护区管理局。

　　三江源自然保护区的建立受到了党和国家领导人的高度重视，江泽民
同志亲笔题写了"三江源自然保护区"碑名，人大常委会副委员长布赫题
写了碑文，表达了中国政府对生态环境保护的决心。为具体落实江泽民同
志"再造一个山川秀美的西北地区"的重要指示，为西部大开发创造一个
良好的生态环境，国家林业局将三江源自然保护区建设作为全国重点林业
生态建设工程的"旗舰工程"，已先期于2001年投资启动实施。

　　2001年8月，国家级自然保护区评审委员会办公室派出专家组赴三江
源地区进行了实地考察，国家环境保护总局、国家林业局、农业部、水利
部也派员参与了考察。依据这次考察的成果，国家林业局规划院和三江源

保护区管理局依制定三江源保护区 2001—2010 年的 10 年建设总体规划。2003 年 1 月，国务院正式批准三江源自然保护区晋升为国家级自然保护区。《青海三江源国家级自然保护区总体规划》就是在原有规划的基础上，按照国家级保护区总体规划编制要求、结合三江源保护区及主管部门提出的修改意见进一步修改而成。该规划将作为青海三江源自然保护区中长期建设的纲领性文件。2005 年 8 月，投资 75 亿元的青海省三江源区生态保护和建设项目已开始实施。

资料一　三江源区环境保护大事记①

◆2000 年 5 月青海省人民政府批准建立三江源省级自然保护区。
◆2000 年 8 月江泽民同志为保护区亲笔题写碑名，国家林业局和青海省政府共同主持，举行了隆重的揭碑仪式。
◆2003 年 1 月经国务院批准，三江源自然保护区晋升为国家级自然保护区。
◆2003 年 7 月韩启德副委员长率九三学社中央考察团赴青海对三江源地区生态环境的保护和治理进行了考察和调研，提出"关于加大'三江源'地区生态保护和建设力度的建议"，得到党中央、国务院的高度关注。胡锦涛总书记、温家宝总理、曾培炎副总理等均作了重要批示。
◆2003 年 9 月《青海三江源地区生态保护和建设总体规划》通过国家发改委主持，国家有关部委参加的初步审查会。
◆2003 年 11 月国家发改委托中国国际工程咨询公司，组织国内知名专家赴青进行现场考察，对《规划》进行了咨询评估。
◆2004 年 2 月修改完善的《规划》上报国家发改委。
◆2004 年 9 月《规划》正式上报国务院。
◆2005 年 1 月 26 日《青海省三江源自然保护区生态保护和建设总体规划》经国务院常务会议正式批准，开始全面启动实施。

资料二　目前三江源区已建、在建或规划建设的主要国家级生态工程②

长江、黄河中上游天然林资源保护工程：以 1998 年由青海省政府发布禁止天然林资源采伐的公告为标志，正式启动青海省天然林资源保护工程，天然林全面停止采伐，工程主要涉及保护区内的所有国有林场和玛可河林业局。

退耕还林还草工程：已规划将区内的那些水土流失严重、产出水平低的 25 度以上陡坡耕地，干旱缺水、广种薄收、农作物保收率低的 25 度以下的山旱地，不利于农作物生长的高寒耕地和 20 世纪 80 年代以来毁林毁草新垦耕地共计 95.32 万公顷，全部退耕还林还草，包括玉树藏族自治州的玉树、囊谦、称多、治多、杂多、曲麻莱等六县和果洛藏族自治州的班玛县，2000 年开始了试点示范工作，2003 年年初正式启动。

① 三江源自然保护区 [EB/OL] . http：//baike. baidu. com/link? url = 7uKDJprEizuQsW4rNCPod Pop－xpi0MCwghJmjPB－7JdYrouz2ZlYQolc6OWuraWgyb－h8IELX9vVPcQixZWssa.
② 青海省工程咨询中心. 青海三江源自然保护区生态保护和建设总体规划. 2004 年.

长江中上游防护林工程：一期工程列入玉树、果洛两州的玉树、称多、班玛 3 县和玛可河林业局，建设期从 1990 年——2000 年，共完成人工造林 4833 公顷设置网围栏 20 万米，公路绿化近 40 公里等。
"三北"防护林体系建设工程：1978 年启动的"三北"防护林体系建设工程包括保护区黄河流域的县，经过三期工程建设，主要进行人工造林、封山育林和农田林网、四旁植树，使民用木材和薪炭材的供需矛盾得到了缓解。
治沙工程：1991 年启动治沙工程，主要涉及治多、曲麻莱等沙化严重的县，进行人工造林、封沙育林育草、人工种草及改良草场、设置网围栏，目前已经结束。
保护母亲河绿化工程：1999 年开始，沿黄河流域植树造林、绿化荒山，完成造林 200 公顷，整地 667 公顷。
野生动植物保护与自然保护区建设工程：2000 年，国家林业局开始对三江源自然保护进行投资建设，包括保护区碑址处造林绿化、4 个管理站建设和鄂陵湖—扎陵湖核心区保护示范建设工程。
休牧育草工程：从 2001 年开始，三江源地区 10 年规划休牧育草 11354 万亩，草地建设内容包括草地改良、围栏封育、人工种草、"黑土滩"治理、鼠虫害治理。

3. 三江源环境教育的意义

环境恶化和资源保护所面临的危机已经对青海乃至全国经济的可持续发展构成威胁。长此以往，后果不堪设想。生态环境是人类赖以生存和社会经济发展的基础。而生物多样性是地球生命发展的产物，不仅提供了人类生存不可缺少的生物资源，同时也构成了人类生存的生物圈环境。因此，通过大规模、针对性地开展环境教育，对保护三江源区日趋恶化的生态环境，拯救濒临灭绝和遭受破坏的生物物种已刻不容缓。

三江源区平均海拔 4000 多米，河流密布，湖泊沼泽众多，雪山冰川广布，长江总水量的 25%、黄河总水量的 49% 和澜沧江总水量的 15% 都来自于该地区，对下游水量和气候起着重要的调节作用，是世界高海拔地区生物多样性特点最显著的地区，在全国的生态安全中具有十分重要的地位。由于青藏高原自然条件与自然环境资源的特殊性，以及全球气候变暖，再加上人类活动的影响，长江、黄河源头区及上游流域的 4 个藏族自治州生态环境尤为脆弱，生态恶化尤为严重。近 20 年来，三江源地区冰川、雪山逐年萎缩，众多的湖泊、湿地面积缩小甚至干涸，沼泽地消失，泥炭地干燥并裸露，沼泽湿地草甸植被向中旱生高原植被演变，生态环境处于极度脆弱之中。随着源区植被与湿地生态系统的破坏，水源涵养能力急剧减退，已直接威胁到我国长江、黄河流域乃至东南亚的生态安全。

基于此，在青海省"三江源"地区开展环境教育工作具有极其重要的价值和意义。在三江源区广大群众特别是在江河源头区的藏族群众中，进行生态保护宣传教育和环保知识普及，帮助他们努力提高环境保护和可持续发展意识，牢固树立科学的发展观，对改善江河源头的生态环境意义十分重大。特别是随着《青海三江源自然保护区生态保护和建设总体规划》的实施，发展源区环境教育已势在必行。

第二节　三江源地区中学生环境意识调查

本次调查选取的地区为青海省玉树州移多县，玉树藏族自治州（简称玉树州）位于青海省的西南部，土地总面积为 26.7 万平方公里，占全省土地总面积的 37.2%，为藏区的康巴地区，平均海拔 4000 米以上，高寒是该州气候的基本特点。玉树古为西羌地；隋朝前后为苏毗和多弥二国辖区，唐时为吐蕃的孙波如，宋时为黎州属下的囊谦小邦之地，元朝归吐蕃等路宣慰司管辖，明朝囊谦五室的贵族僧侣屡被赐号为功德自在宣抚国师；明末清初玉树各部头人为青海蒙古和硕特部赠爵为诸台吉；清朝受青海办事大臣直接管辖，为囊谦千户领地，下有百户独立长等部落，民国时期设置玉树、囊谦、称多 3 县，统由玉树行政督督察专员公署管辖，县之下千百户制度因袭如故。1951 年 12 月 25 日，玉树藏族自治区成立，1955年改为自治州。1999 年辖玉树、称多、囊谦、杂多、治多、曲麻莱 6 县，自治州首府驻玉树县结古镇，是全州政治、经济、文化、交通的中心。全州总人口为 25.27 万人，其中藏族占 97%，为全国少数民族人口比例最高的自治州。在总人口中农牧业人口 21.7 万人。玉树州是青海省主要畜产品生产基地，畜产品产量约占全省总产量的 1/4。青康公路过玉树州境，昔为唐蕃古道要驿。有文成公主庙、结古寺、竹节寺、岭国寺、麻尼石墙等古迹。藏族人民十分喜好歌舞，以"歌舞之乡"闻名。称多县地处玉树藏族自治州东北部，平均海拔 4500 米，幅员面积 1.53 万平方公里，全县总人口 4.2 万余人，藏族人口占全县总人口的 98%。称多县是以草原畜牧业为主、兼有小块种植业的县。全县共有各类学校 56 所，在校学生 5041 人，拥有卫生医疗机构 11 个。相传这里是元朝帝师八思巴讲经灌顶的地方。时聚信徒僧俗一万余众，"称多"由此得名，（"称多"一词为藏语音译，藏语意为万人聚集的地方）。这里是江河的源头，悠久的历史，孕育了光辉灿烂的藏民族文化，独特的人文景观，向人们展现出一幅幅绚丽多姿的画卷。这里是远近闻名的歌舞之乡，素有"会走路就会跳舞、会说话就会唱歌"的美称。

一、调查概况

（一）问卷设计与发放

1. 问卷内容

本次调查设计了一份问卷和一份访谈提纲，包括：《三江源地区中学生环境意识调查问卷》和《青海省环境保护与教育访谈提纲》；问卷的内容主要是对学校开展环境教育情况的进行调查（详见附件一），多以选择题的方式呈现，共包含 19 道题目；访谈提纲主要从青海省环境保护的大背景下了解目前三江源地区环境教育的状况（详见附件二）。

2. 问卷发放

本次调查依据的是玉树州称多县中小学分布的情况及研究条件的便利采用随机抽样方法，抽取了称多县中学作为样本学校。在抽样调查时，选取了初一、初二和高一、高二的学生。选取这些年级作为调查对象是基于如下考虑：选取中学不同期间的较高年级，同时避开面临中考、高考的毕业年级，以免受到各种考试的影响。其中，共发放问卷 200 份，回收问卷 176 份，回收率为 88%。

表 3—1　青海省三江并流地区可持续发展与环境教育研究问卷发放统计表

问卷类型	发放问卷		回收问卷	
	数量（份）	占发放问卷的百分比（%）	数量（份）	回收率（%）
中学生调查问卷	150	75	131	87
学校教师调查问卷	50	25	45	90
合计	200	100.00	176	88

从总体来讲，本次问卷调查选取的对象作为个案研究样本符合当地教育发展的实际情况及研究需求，特征与三江源地区中学生的总体特征基本吻合，调查结果具有较强的代表性和可信度，被调查者的基本情况具体如下文所述。

（二）样本的个人资料情况

被调查的中学生的个人资料具体如下：

1. 性别结构

这些中学生的性别比例为：男生为 70%，女生为 30%。

表 3—2 受访对象性别比例

		Frequency	Percent	Valid Percent
Valid	男	92	70	70
	女	39	30	30
	Total	131	100. 0	100. 0

2. 年龄结构

被调查中学生的年龄构成情况如表 3—3 所示。

表 3—3 受访对象年龄结构比例

		Frequency	Percent	Valid Percent
Valid	10 ~ 12 岁	38	29	29
	12 ~ 14 岁	35	27	27
	14 ~ 16 岁	32	24	24
	16 ~ 18 岁	21	16	16
	18 ~ 20 岁	5	4	4
	Total	131	100. 0	100. 0

3. 年级

所调查学生的年级分布及其男女生比例如表 3—4 所示。

表 3—4 受访对象所在年级比例

		Frequency	Percent	Valid Percent
Valid	初一	35	27	27
	初二	49	37	37
	高一	32	24. 5	24. 5
	高二	15	11. 5	11. 5
	Total	131	100. 0	100. 0

4. 民族

玉树藏族自治州是个多民族聚居区，其中藏族占97%，汉族、回族、土族、蒙古族、撒拉族、苗族、布依族、壮族、满族、朝鲜族等民族占全州总人口的3%，为全国少数民族人口比例最高的自治州。被调查的中学生当中，藏族学生占了相当大的比例，据统计有57%，其他还有21.4%的汉族，12%的蒙古族，回族和其他民族仅占9.6%。具体构成情况见表3—5。

表3—5　受访中学生的民族构成

民族	汉族	藏族	蒙古族	回族	其他民族	合计
人数	28	74	16	7	6	131
比例	21.4	57	12	5	4.6	100.0

5. 受访对象父母职业

被调查学生父母的职业构成情况见表3—6、表3—7。

表3—6　父亲的职业

职业	干部	农牧民	教师	商人	军人	其他职业	合计
人数	29	74	8	12	4	4	131
比例	22	56.5	6	9	3	3	100.0

表3—7　母亲的职业

职业	干部	农牧民	教师	商人	军人	其他职业	合计
人数	15	91	10	8	0	7	131
比例	11.5	69.5	7.6	6	0	5.4	100.0

二、玉树州称多县中学生环保素养的现状分析

（一）中学生环境保护知识

在中学生调查问卷中，一共设计了3道（4、8、15）考查环境保护知识的题目（详见附录二和附录三）。被调查者中选择阅读过或者知道《中华人民共和国环境保护法》的学生占79%，知道"世界环境日"具体时间的学生占41%，知道去哪里报告污染现象的中学生占38%。上述调查结果表明，称多县中学生对环境保护知识的掌握还是比较好的。

值得一提的是，青海省环境保护宣传教育中心在三江源地区的工作对环保知识的宣传起到了非常重要的作用。2006年初，省环保局下发了《关于做好全省"6·5"世界环境日环保宣传活动的通知》，对"6·5"环保宣传工作进行部署落实。按要求制作了青海省回顾"十五"辉煌成就、展望"十一五"美好前景巡回展活动环保宣传展板，通过组织制作"中国青年丰田环境保护奖"电视短片、现场答辩取得团中央支持，申报的青海省

"三江源"地区藏族群众生态环境保护知识普及项目获得2005"中国青年丰田环境保护奖"项目资助三等奖,与全国青年国际项目合作中心就省环保宣教中心获2005年度"中国青年丰田环境保护奖"实施项目签订协议书,同时在全省环保工作会议召开之际启动了环保科普和"丰田环境保护奖"项目并安排部署了有关具体实施内容。修改并向全国青联上报了《三江源生态环境保护知识普及项目实施方案》,对"三江源生态环境保护科普知识挂图"进行补充修改,起草了汉、藏两种文字的"三江源环保50问"环保宣传资料,在青海人民广播电台藏语台"空中科普"栏目开播"三江源"环保知识普及专题节目。这些活动在三江源地区普及环保知识、宣传环保理念方面搭建了多种平台(表7—8)。

表3—8 环境保护知识调查结果统计

题号	题目	A	B	C	D
4	你是否知道我国有一部《中华人民共和国环境保护法》?	阅读过	知道	不清楚	不知道
		3%	79%	12%	4%
8	世界环境日是哪天	3月5日	4月5日	5月5日	6月5日
		7%	24%	28%	41%
15	如果看到某处发生污染现象,你知道去哪里反映、报告吗?	知道	不知道		
		38%	62%		

(二)中学生对环境保护的理解水平

在中学生调查问卷中,都设计了3道(第1、3、6题)考查对环境保护理解水平的题目(详见附录一)。其中,不同意"地球上的资源是取之不尽的"中学生占87%,认为目前我国的环境问题严重或者比较严重的中学生占70.3%,不同意"随着科学技术的发展,环境问题自然能得到解决"的中学生占44%。调查结果表明:大部分中学生形成了比较正确的价值观念,对环境保护的理解水平比较高。这说明中学生具有较高的环保意识(表3—9)。

表3—9 对环境保护理解水平的调查结果统计

题号	题目	A	B	C	D
1	地球上的资源是取之不尽的:	同意	不同意	不知道	
		9%	87%	4%	

续表

题号	题目	A	B	C	D
3	据你所知，目前我国的环境问题是：	严重	比较严重	一般	很轻
		22.5%	70.3%	7.2%	0.0%
6	随着科学技术的发展，环境问题自然能得到解决：	同意	不同意	不知道	
		25%	44%	31%	

（三）中学生的环境保护态度

在调查问卷中，设计了1道（第18题）考查中学生的环境保护态度的题目（详见附录一）。从总体上讲，大多数中学生有正确的环境保护态度。其中，非常或者比较愿意"参加学校组织的有关环境保护的宣传活动"的中学生占95%。调查结果发现，三江源地区中学生参加学校组织的环保宣传活动的态度是非常积极的，探其原因，可能有两个方面。

第一，受藏族传统文化影响。藏族传统文化中有非常优秀的环境保护观念，这种观念体现在藏族文化中浓郁的自然崇拜思想上。藏族传统文化中万物一体的思想认为任何有生命的物体都是平等的，人、动物、植物是属于同一天地的生命，人与自然相互依存，互为一体，人的身心与大自然相融相通，对有生命的物体都应尊重并加以爱护，这种观念渗透在藏族人生活的方方面面，在藏族的诗歌、音乐、民间故事、寓言中，每一种动植物都被赋予了不同的品性，与自然界中的天地万物平等相处。自然地理环境和社会环境对民族的心理、文化有重大影响，自然地理环境不仅通过社会生活、物质生活影响教育，而且还通过民族的心理和文化给民族教育以重大影响。自古以来生活在青藏高原上的藏族民众，对高原生态环境的脆弱与自然资源的珍贵有就着深切的感受，如何在脆弱而有限的自然环境中生存，是藏族自古以来一直面临的重大问题。对这个问题的思考与解决，形成了藏族关于宇宙、自然、人生的基本观念和生活方式。藏族传统文化中认为万物一体，大自然不仅具有生物生命特性，而且具有精神生命特性，作为人类就应该尊重自然生命权，顺从自然生存的规律。出于对自然的崇敬，于是出现了对自然的禁忌，走遍藏区到处都有神山、神湖、神泉、神河，自然也有神圣的动物、植物。凡神圣的都带有禁忌特性。因此，有神山、神水的地方以及寺院所处的区域，都成为神圣的自然保护区，任何人都不能触犯神地及其范围内的生物。这种自然崇拜的思想表现在中学生参加环保活动时的积极态度上。

第二，受汉文化模式影响的学校教育在藏区无论在教学内容、方法还是组织形式及评价方式上都与藏区的需求有很大差距，也与民族性格有一定冲突，因此此类活动与中学生的年龄特征及地域特色、民族性格相吻合，这也是学生参与积极性高的原因之一（表3—10）。

表3—10 中学生环境保护态度的调查结果统计

题号	题目	A	B	C	D
18	你是否愿意参加学校组织的有关环境保护的宣传活动？	非常愿意	其他同学参加，我也参加	没想好	不愿意
		89%	6%	3%	1%

（四）中学生的环境保护预期行为水平（表3—11）

在中学生的调查问卷中，还设计了1道（第14题）题目考查中学生的环境保护预期行为水平（详见附录一）。题目是"当你看到草原上有人乱丢食品袋、空易拉罐、废纸、倒污水时，你会怎样想、怎样做？"，回答"当场站出来劝阻"的中学生占14%，回答"虽然觉得很不好，但也不好意思出来劝阻"的中学生有65%，回答"只要自己不乱丢就行了"的中学生占18%，而回答"因为自己也常这样做，所以觉得很正常"的中学生只有3%。从调查中可以发现，大部分中学生对影响和破坏环境的行为持反对态度，但不会采取阻止行动，这与藏区经济发展及教育水平的低下有关系。在访谈中笔者问到学生为什么不当场站出来阻止时，学生们告诉笔者扔垃圾的绝大多数是外来人口，而这些人在他们眼里是"有钱人"，中学生认为这些人属于一个比较高或宗教信仰不同的阶层，担心出面阻止会给自己带来麻烦。

表3—11 中学生环境保护预期行为的调查结果统计

题号	题目	A	B	C	D
14	当你看到草原上有人乱丢食品袋、空易拉罐、废纸、倒污水时，你会怎样想、怎样做？	当场站出来劝阻	虽然觉得很不好，但也不好意思出来劝阻	只要自己不乱丢就行了	因为自己也常这样做，所以觉得很正常
		14%	65%	18%	3%

三、三江源地区中学环境教育的现状与问题分析

（一）三江源地区中学环境教育的现状

三江源地区由于自然和历史的原因而表现出的经济、教育落后使环境

教育这样前沿而重要的课题在这一地区呈现出极端弱势，在环境教育的管理体系、教育教学方式、课程设置、环境教育的师资培训、环境教育的评价体、校内外的环境教育等方面都处于一种自发或无意识的状态中。

在对中学教师的访谈中，问到学校进行环境教育的原因时，其中回答"教学的需要"的占45%，回答"本地环境问题严重"的占37%，而回答"上级和学校领导的安排"的占15%。由此不难看出，中小学进行环境教育主要是配合教学的需要，例如，自然、地理、生物等学科的教学，值得注意的是，有37%的人选择"环境问题严重"，这间接说明三江源地区存在比较严重的环境污染和生态破坏问题，比如外地民工采金、挖虫草、盗猎等活动让学校一些环境意识比较强的教师意识到环境教育的重要性，并且直接或者间接作用于学校的环境教育。

从教师和学生对环境教育活动的态度的调查发现，95%的教师很支持或者支持环境教育活动，95%的学生对环境教育活动很感兴趣或者比较感兴趣。这就表明，中小学师生绝大部分都是乐于参加环境教育及其活动的，这样就为促进中小学的环境教育提供了良好的基础。从他们的态度可以分析出，教师和学生都了解环境教育的重要性和必要性，并且愿意参与相关的环保活动，提高自身和公众的环境意识。

没有专门的环境教育的课程设置，少部分学校开设了"环保教育"之类的选修课，采用的教材或者是省级编写教材或者是省环保局发放的免费宣传材料和简易读本，但一般在学期总课时中所占比例甚小，有时仅作为课外读物学习。可见，环境教育在中学还未引起充分的重视，应该强调它在基础教育阶段的重要性，采取一系列措施让师生们了解环境教育，提高环境意识。

从调查结果发现，称多县中学的教师几乎没有人参加过环境教育培训，可见，师资培训是影响三江源地区环境教育的一个重要问题，大部分学校都没有环境教育方面的培训。访谈提纲中设计了"三江源区开展环境教育的意义"的问题，调查结果表明，三江源区中学教师对环境教育意义的了解还是较深刻并全面的，这与近年来党和国家对三江源地区的重视及三江源自然保护区的设立有直接关系，也与当地的民族文化及人们的生存方式有密切关系。青藏高原宗教历史久远，积淀深厚，是游牧文化能够延续发展至今的原因之一，无论民间苯教还是后来居上的藏传佛教，在藏民族传统社会精神文化中一直处于中心位置，在藏族人文——自然生态关系中，通过宗教、神话、禁忌、象征符号等调整方式，证明自然与人类社会是统一体，两者相互作用、相互感应、互为因果。在青藏高原，高山成为神山，湖泊成为神湖，地下成为龙神领域，蓝天则由天神主宰，整个高原自然面貌与人文精神和谐的组合为一体，成为相互依存的完美整体，珍惜世间一切有生命的事物成为广大藏区牧民所依赖的共同目的和价值观，这种生态保护深刻蕴含在当地人的生存文化中，客观上起到了保护高原牧区脆弱生态环境的作用，而"环境教育"作为以经济发达地区的需求为背景提出的学科概念与当地的文化优势发生结合还需时日，因此本文目前就环境教育在三江源地区的发展问题只作初步分析。

（二）三江源地区中学环境教育中存在的问题

20世纪50~60年代，在发达国家高速工业化的进程中出现了一系列环境问题，导致了全球性的资源短缺、环境污染和生态破坏。因而，人们日益意识到保护环境的紧迫性和必要性。为了提高人们的环境意识，有效地保护和改善环境质量，一门崭新的学科——环境教育在世界范围内产生了，并越来越受到国际社会及各地区、各国的重视和发展。

我国担负着沉重的人口压力，为了满足十几亿人当前生存和发展的实际需要，环境治理的速度远远赶不上环境遭到破坏的速度。因此，要从根本上解决环境问题，提高人们的环境意识，发展人们相应的环境知识和技能，环境教育是一条必由之路。在我国，环境教育是在国际大背景影响下，随着环保事业的开创而起步，又随着环保事业的发展而成长的。

青海省三江源地区在我国乃至国际上极其特殊而又重要的生态位置凸现了环境教育在这一地区的深远意义。三江源地区面临极其严峻的环境保护问题，而如前文所述，由于地域、历史等原因所导致的经济落后已成为该地区发展环境教育的最大制约因素。具体表现为：

1. 没有专门环境教育的负责机构

青海省目前没有专门的环境教育领导管理机构，环境教育工作仅作为青海省环保局环境保护宣传教育中心的工作内容之一，而据对该部门的了解，目前他们的工作也只在宣传层面，而没有系统的环境教育构想。青海省州地级单位设有环保局，到县一级没有环保局，环保工作是县农牧局或农林局的一个附属职能。

省环保局环境保护宣传教育中心现有人员6人，其中少数民族干部1人，妇女3人，年龄最大的42岁、最小的28岁，平均年龄37岁，是青海环保工作中的青年团队。中心负责人安世远是中国环境文化促进会理事、中国环境记协理事。作为一个本土成长起来的知识分子，他对青藏高原的环保工作，尤其对三江源地区的环境保护工作有着深刻的认识，由于他在环境宣传教育方面的出色工作而获得中国2006年度"地球奖"。

2. 环境教育经费极度缺乏

国家没有环境教育专项经费，青海省也没有此项经费，而省环保局每年只有 5～10 万元的经费支持。青海省总面积 72 万多平方公里，东西长1200 多公里，南北宽 800 多公里，在生态地位极其重要、环境保护形式如此严峻、地域如此辽阔的省份，这样的投入无异于零，环境教育工作的举步维艰可想而知。由于经费的限制，青海省的环境教育只能开展一些常规性的宣传工作，进一步的环境教育工作无法推进。

3. 环境教育专业人员缺乏

环境教育涉及多种学科领域、实施者不仅要有丰富的环境专业知识，而且在教育内容、策略、方法、手段上必须考虑地域性、民族文化等因素，才能使这项工作有针对性且有效，但青海省目前此类人才极度缺乏，具体到三江源地区更难找到合适的师资。

4. 环境教育缺乏资料

针对三江源地区环保的需要，省环保局宣传与教育中心编印了汉藏两种文字的《江河源生态环境保护知识读本》《江河源生物多样性环保知识读本》《农村牧区环保知识读本》，制作了《三江源地区的生态地位》《三江源地区退牧还草及生态移民搬迁的重要意义》《三江源地区退牧还草及生态移民搬迁的具体措施》《生态移民进入城镇应当注意的环保问题》4种挂图和有关科普资料，以上资料是三江源地区目前仅有的环境教育资料。

第三节　三江源地区环境教育发展的对策

通过对青海省大背景下三江源地区的环境教育分析，本文提出如下建议：

一、建立专门的环境教育领导管理机构

保护生态环境，实施可持续发展战略，是我国的一项基本国策。青藏高原是长江、黄河、澜沧江等主要河流的发源地，素有"生命源"和"中华水塔"之称，是国家生态环境建设的战略要地。当前，国家号召西部大开发，这意味着青藏高原将面临有史以来最大的工业开发和外来文化的冲击，正确处理高原环境与发展问题显得尤为突出和紧迫。由于青藏高原民众环境意识欠缺，政府决策机制不健全，受全球气候变暖的影响，以及生态建设保护投入严重不足和青藏高原自然条件与自然资源的特殊性等原

因，高原生态建设总体呈恶化趋势。

青藏高原环境保护的主体是当地民众，当地民众的环境意识决定当地民众的保护行为。21世纪青藏高原的环境保护与经济发展，必然要依靠21世纪青藏高原的主人。因此，致力于青藏高原民众的环境教育是保护大部分当地环境的明智且最佳的选择。学校的环境教育对于提高青少年的环境素质，进而影响整个全民的环境意识水平承担着非常重要的角色。学校除了有责任在教育中使学生获得环境意识，也有责任关心自身的环境影响。要形成这样的转变，就有必要建立相应的机构并落实有关职责。

2005年8月，投资75亿元的青海省三江源区生态保护和建设项目已开始实施，主管部门为"青海三江源自然保护区生态保护和建设总体规划实施工作领导小组办公室"（简称"三江源办"），建议在这一项目实施的过程中，三江源地区的环境教育管理与领导机构可设在三江源办，并联合教育、农牧、林业、环保等部门齐抓共管，负责这一工作的具体实施与督导，县一级部门可由教育部门负责开展此项工作，地处三江源地区的每一个县应设立环保局，协助教育部门做好此项工作，学校也建立相应的领导机构负责环境教育工作，并明确机构的主要职责：①确立三江源地区环境教育的指导思想和主要目的；②制定三江源区环境教育措施以及评价标准；③筹措三江源地区环境教育的资金；④整合三江源区各种环境教育资源（基金项目、环保志愿者、民间组织等）；⑤指导编写三江源区环境教育课本及宣传材料；⑥研究并制定环境师资培训方案；⑦组织相关人员研究三江源区环境教育模式；⑧负责环保知识宣传。

二、积极主动开展环保宣传工作，营造环境教育氛围

青藏高原是我国西部地区的特殊地理区域，高原人口、资源、环境与经济是否相互协调，关系到我国、西部及整个高原的经济社会的持续与健康发展。从高原人口、资源、环境、经济等方面全面分析，选择可持续发展模式是青藏高原现实与未来的必然选择。而目前青藏高原人口增长较快、素质不高是这一地区可持续发展所面临的基础性障碍；人口与资源、经济匹配不当、承载力相对不足，构成高原持续发展的巨大负担；不合理开发利用资源，严重威胁着脆弱的环境和生态系统，是高原持续发展的潜伏危机，因此，保护生态环境，合理开发利用资源，优化经济结构，是实现高原可持续发展的根本措施。实现这一根本措施的重要举措之一就是加强环保宣传，进而建立系统的规范的青藏高原尤其是三江源地区的环境教育体系，为实现青藏高原的可持续发展提供保障。

（一）由各级环境教育领导管理机构制定具有地域特色的环保宣传规划，并确定评价标准及监督体系

国家环保总局于 2006 年初颁发了《全国环保系统环境宣传教育机构规范化建设标准》，青海省环保局目前正据此标准着手制定相关政策，这项工作的完成将对三江源地区的环境教育工作产生积极影响。

青海正面临着加快发展与生态保护的双重责任，要一手抓生态保护建设，一手抓循环经济发展，努力实现"双赢"。青海省政府目前认为，必须承担生态环境保护和建设的重任，宁可牺牲自己，也要服从大局；宁可牺牲眼前利益，也要服务全国的可持续发展。既要保护生态，又不能"躺"在生态上要支持。在生态保护与建设上，通过实施《三江源自然保护区生态保护与建设规划》，实施退牧还草工程，停止在重要生态保护区开采矿产资源，实施禁牧搬迁等措施，逐步恢复天然林草植被、水源涵养功能和生物多样性。对三江源生态环境保护区，不再对当地政府考核 GDP 指标，而是实施生态考核责任制。这一政府行为将对三江源地区环境教育带来前所未有的良好契机，因此建议在制定有关环境保护与教育政策时利用这种契机，建立长效工作机制，为了保护中华水塔和全国的生态安全提供长远的政策保障。

（二）加强"绿色学校"及"绿色社区"创建

"中国绿色学校"的明确定义来源于 2003 年国家环保总局宣教中心编写的《中国绿色学校指南》。"绿色学校"是在其基本教育的功能基础上，以可持续发展思想为指导，在学校全面的日常管理工作中纳入有益于环境的管理措施，并持续不断地改进，充分利用学校内外的一切资源和机会全面提高师生环境素养的学校。

青海省现已有 100 余所学校开展了"绿色学校"创建工作，已创建国家级"绿色学校"4 所、省级"绿色学校"16 所地、市级"绿色学校"88 所。青海省在开展"绿色学校"创建工作中，成立了专门工作机构，动员各地严格按《青海省"绿色学校"评审办法》，从环境教育组织管理、教育过程、环保社会实践、环境建议、教育效果等方面落实具体创建措施，使创建学校把环境教育水平提高到了一定的层次。通过"绿色学校"创建将环境意识和行动贯穿到了学校的管理、教育、教学和建设的整体性活动中，使教师、学生掌握了基本的环境科学知识，并从关心学校环境转为关心周围、关心社会、关心国家、关心世界的环境问题，从而积极参与保护环境的实践，使青少年从身边的小事做起，在受教育、学知识、长身体的同时，树立热爱自然、保护环境的高尚情操和对环境负责的精神。

"绿色社区"创建作为城市社区建设环境保护中一项新的工作内容，符合我国"完善城市居民自治，建设管理有序、文明祥和的新型社区"的要求，体现着人与自然和谐发展的生态文明内涵，寄托着人们对优美舒适的良好人居生活环境的憧憬，对推动社区两个文明建设具有十分重要的作用。青海省于2005年6月5日由省环保局、省民政厅、省文明办启动了全省"绿色社区"创建工作。按照《青海省绿色社区建设环境保护考核评价标准（试行）》要求，经过近一年的努力，成立了环境管理机构，建立了环境管理制度，组建了环保志愿者队伍，组织开展了周边环境状况的调查和环保科普知识宣讲，积极主动地开展了一系列环保宣传活动，在环境建设和公众参与上很下功夫，强化了社区环境管理，改善了社区生态环境，提高了社区居民环保意识，取得了创建工作的积极成效。

建议三江源地区在绿色学校与绿色社区的创建中以青海省已取得的工作经验为参照，结合源区特色有创造性地开展此项工作，为保护源区环境创造良好氛围。

（三）开辟多种环境保护宣传途径

基于青藏高原在全国乃至世界上重要的生态地位，通过多种途径加大环境保护宣传力度是一种非常有效的手段。

1. 通过媒体宣传青藏高原环保意义及知识，唤醒更多的人自觉保护这一地区的环境，认识到在这一地区进行环境教育的重要性

如青海省环保局宣教中心协调省委宣传部建立了环境新闻联系会和新闻记者通气会制度，恢复了中国环境报驻青海记者站工作，建立健全了环境新闻宣传通信员网络。并先后在青海日报、青海人民广播电台、青海电视台分别开辟"让地球充满生机""共有的天地、共有的家"等环保征文及"青海环境警示录"栏目。撰稿拍摄《江河源生物多样性保护刻不容缓》《关注水环境》等8期电视环保专题节目，协助央视记者深入环保一线和贫困山区，摄制了《为了河水清清》《为大西北添绿》2部环保专题片并在央视经济频道播放。这些工作对促进三江源地区的环境保护工作产生了积极的影响。建议由三江源环保领导机构在此基础上深入这一工作，在更大范围内、更广层面上、更深程度上加强三江源地区环境保护宣传与教育工作。

2. 利用青藏铁路开通这一历史性事件进行宣传

我国投资56亿元修建的青藏铁路于2006年7月通车，从此西藏自治区是我国唯一不通铁路的省级行政区的状况将画上句号。建设青藏铁路，将对青海、西藏两省区的经济发展提供更广阔的空间，使其优势资源得以

更充分的发展，将直接拉动青海、西藏两省区的经济发展，并促进其产业结构的合理调整，加快城镇化和工业化、现代化的进程。建设青藏铁路，也是加强国内其他广大地区与西藏联系，促进藏族与其他各民族的文化交流，增强民族团结的需要。

建设青藏铁路，还是开发青海、西藏两省区丰富的旅游资源，促进两省区经济可持续发展的需要。青藏铁路沿线的旅游资源是世界独一无二的，1991—1998 年，进藏旅游的客运量增长率平均高达 18.7%，而且仍在高速增长之中，但目前落后的交通状况已严重制约了旅游的进一步发展。铁路的修建，必将吸引越来越多的海内外游客，促进青海、西藏两省区的旅游事业飞速发展，使之成长为新的经济增长点，并有可能成为两省区国民经济的支柱产业之一。但是旅游业的发展也给这一地区的环境保护带来了更严峻的挑战，因此，党中央、国务院在铁路建设之初就明确提出，青藏铁路建设要珍爱高原一草一木。青藏铁路建设部门与青海省和西藏自治区政府签订了中国铁路建设史上首份环保责任书。青藏铁路仅环保投入超过 11 亿元，接近工程总投入的 5%，是目前我国环保投入最多的铁路工程项目之一，并在全国重点工程建设中首次引进了环保监理。面临即将通车带来的环境保护压力，建议通过以下具体措施加强环保宣传及教育工作，使潜在的环保危险防患于未然：编写图文并茂的环保宣传资料和要求具体、明确的环保手册在火车上免费发放；拍摄青藏铁路沿线尤其是三江源地区的环保宣传片在火车上定时播放；在旅客中开展青藏高原环保知识竞赛；多种方式收集来自国内外、省内外游客对青藏铁路沿线环保的建议和意见，并建立积极反馈程序。

三、建立健全三江源地区中小学环境教育体系

做好这一工作，首先需要确立环境教育主管部门，将任务落到实处。在三江源地区可由教育局牵头，联合农林、畜牧、宣传部门共同做好这一工作，将环境教育工作的成果纳入当地的生态考核指标体系。其次，需要多方筹措环境教育经费，保证环境教育工作的基本条件。比如政府拨付专项环境教育经费，利用各种团体、基金会、民间组织对三江源地区环境问题的关注吸纳环境教育经费；整合政府、集体、社区、个人资源，建立"三江源地区环境教育基金"，鼓励更多的人投身这一地区的环境教育等多种渠道与方式。

三江源地区各中小学还未设环境教育课程，政府虽然重环境问题，但对开展环境教育的认识还不够，亦缺乏实践层面的行动力，因而目前师资

极度缺乏，培训师资是这一地区开展环境教育的首要工作。在师资培养方面，需将政府相关部门的负责人、中小学负责环境教育的领导、中小学确定的环境教育教师都纳入培训对象之中；以国际国内环境政策和全球环境问题、青藏高原生态环境的演变、环境教育的意义、方法、原则为主要内容；通过在内地或青海高校举办短期培训班、在师范类或民族院校结合专业教育开设环境教育课程或独立的环境选修课、聘请环境教育专家和有专业背景的环保志愿者到三江源地区为中小学教师做培训、建立校本培训体制的方式来开展。

编写具有地方特色、结合地区环境特点是开展具有实践意义与价值的环境教育课程的基础与保障。做好这项工作，需要组织相关环保、教育、文化等方面的学者编写试用教材，并通过试用确定基本编写依据；在编写内容上要充分考虑当地绝大多数人口为藏族这一特点，尊重民族文化，注重环境教育内容与民族传统文化的结合；编写形式上针对青少年儿童的心理特点，采取图文并茂而且生动活泼的方式；在教材的编写语言上要使用藏汉双语，满足不同语言的学生都能使用。

第四章　三江并流地区环境教育调查

谷成杰　张翠霞

第一节　三江并流明珠——贡山县环境概况

一、三江并流地区自然地理概况

三江并流是指金沙江、澜沧江和怒江这三条发源于青藏高原的大江在云南省境内自北向南并行奔流 170 多公里，穿越于担当力卡山、高黎贡山、怒山和云岭等崇山峻岭之间，形成世界上罕见的"江水并流而不交汇"的奇特自然地理景观。其中金沙江和澜沧江之间的最短直线距离为 66 公里，而澜沧江和怒江之间的最短直线距离不到 19 公里。三江并流自然景观由怒江、澜沧江、金沙江及其流域内的山脉组成，涵盖范围达 170 万公顷，它包括位于云南省丽江市、迪庆藏族自治州、怒江傈僳族自治州的 9 个自然保护区和 10 个风景名胜区。它地处东亚、南亚和青藏高原三大地理区域的交汇处，是世界上罕见的高山地貌及其演化的代表地区，也是世界上生物物种最丰富的地区之一。景区跨越丽江地区、迪庆藏族自治州、怒江傈僳族自治州三个地州。由于三江并流地区特殊的地质构造以及欧亚大陆最集中的生物多样性、丰富的人文资源、美丽神奇的自然景观使得该地区于 2003 年 7 月 5 日被联合国批准为世界自然文化遗产。[①] 三江并流地区的坐标为东经 98°00′~100°30′，北纬 25°30′~29°00′，区域面积 1700000 公顷，区域核心面积 860910 公顷，是世界上生物多样性最丰富的区域之一，也是北半球生物景观的缩影。该区域是全国著名的高山峡谷区，其相对隔绝封闭的环境使之成为在第四纪冰期的动植物的"避难所"。该地区保存了生物演替系列上的许多古老珍惜植物和许多特有的植物群落，孕育出许多特

---

① 三江并流［EB/OL］. http：//baike. baidu. com/link？ url = N_ IAo48qV83rrR1bayJ7W2zo9 ZvmydzqYKCMclk0FYFyagFP6iV_ cygGfeGsvizpB9kdRPy2mLOrsQcq5YPO3q.

殊的植物种类，具备了珍惜种、孑遗种和特有种三者的优势，是难得的寒、温、热三个气候带均备的物种基因库。该地区名列中国十七个生物多样性保护的"关键地区"的第一位，也是世界级的物种基因库，同时也是中国三大生态物种中心之一①。

二、三江明珠——贡山独龙族与怒族自治县概况

贡山县是全国唯一的独龙族怒族自治县，也是全国 56 个民族中人口较少特有民族之一的独龙族的唯一聚居地。该县位于东经 98°08′～98°56′，北纬 27°29′～28°23′之间，面积 4506 平方公里，与缅甸接壤。贡山县的最高海拔为 5128 米，最低海拔为 1170 米，立体气候和小区域气候特征非常明显，年平均气温 16°C，年降水量在 2700～4700 毫米，空气湿度达 90%以上，湿润的气候造就这地区生物物种的多样性。其境内的高黎贡山国家级自然保护区面积 24.3 万公顷，占整个保护区面积的 77.9%，有 2686 种植物、192 种动物、269 种鸟类、1690 种昆虫，其下属的独龙江地区被誉为"物种基因库"。

贡山县约 70% 的面积属于规划中的"三江并流"世界自然遗产核心区，30% 属于景区保护区和协调区，首批认定的景区有 5 个片区 49 个景点。全县辖四乡一镇，总人口 34079 人，其中独龙族、怒族是全国较少的特有民族。独龙族 5170 人，怒族 6298 人，分别占全县总人口的 15.1% 和 18.4%②。从经济文化类型来看，独龙族与怒族属于刀耕火种的农耕类型，习惯于采用轮耕、休耕等农业生产方式，这种生计方式较为原始，采集和渔猎仍然在日常的生产生活中占有很大的比例；傈僳族由于多居住于山地，属于山地耕作类型，多在山区进行旱作，同时养殖家畜。这种生计方式比刀耕火种的生计方式较高级，较大限度地摆脱了自然条件的限制。在这片土地上，独龙族、怒族、傈僳族、藏族、汉族等民族在长期的生产生活中共生共存，团结和睦，形成了丰富多彩、交相辉映的多民族文化。加上天主教、基督教、藏传佛教和本土的原始宗教并存，使贡山这个在西南边陲名不见经传的地方成为多元民族文化与东西方宗教文化交汇的地方，因此贡山也被称为三江并流地区的明珠——"三江明珠"。

---

① 中共贡山独龙族怒族自治县委员会编. 风情贡山［M］. 北京：民族出版社，2004：30.
② 贡山县委办公室. 贡山县基本县情［M］. 1998.

第二节　贡山县开展环境教育的途径和内容

环境教育的整体性和跨学科性①决定了开展环境教育的途径和形式的多样性。开展环境教育的途径和形式的研究现在看来，主要着眼于学校教育，认为环境教育的开展离不开学校的整体教育过程②，但这种研究却忽略了非正规教育中的环境教育途径和形式。从贡山县的情况来看，尽管学校教育现在已经逐渐取代家庭教育和传统的族群文化教育、社会教育，但非正规环境教育对个体的成长和社会化的形成具有很强的潜移默化的作用。由于相对闭塞的地理环境和历史发展等原因，当地保留有较为完整的传统文化，所以环境教育的开展不应该忽视传统文化对个体环境素质养成的重要作用。现在就简要分析贡山县非正规环境教育开展的途径和主要内容。

一、贡山县非正规环境教育开展的途径和内容

教育形式，是指教育的外在表现形式③，少数民族社会传统教育的教育形式主要有家庭教育、学校教育、社会教育、自我教育和自然形态教育五种形式。由于贡山县学校教育这种教育形式出现较晚，所以贡山县传统的教育形式仅有四种，而传统文化中开展环境教育的形式和途径也基本上可以按此进行划分。非正规教育，按照联合国教科文组织2006年在"非正规教育"会议上给出的定义中指出，所谓的非正规教育，即"任何与学校、学院、大学和其他正规教育机构的正规教育体系不完全相符的有组织的持续教育活动"，根据上述定义，贡山县非正规教育的教育形式可以归为几下几种类型：

（一）贡山县家庭教育形式下的环境教育形式和内容

在日常生活中，傈僳族、怒族、独龙族等家庭对下一代进行朴素环境保护观形成的教育主要依靠本民族的歌谣、民间传说、神化故事来进行。这三个民族都能歌善舞，其歌谣、故事内容通过民族之间或民族内部的各种活动得以代代相传或在民族之间流传。其中有关于如何处理人与自然关系的相关内容，必然会对下一代观念的形成有很大的影响并导致其行为习

① 祝怀新. 环境教育论［M］. 北京：中国环境科学出版社，2002：7.
② 祝怀新. 环境教育论［M］. 北京：中国环境科学出版社，2002：11.
③ 曲木铁西. 少数民族传统教育学［M］. 北京：民族出版社，2007：52.

惯的养成。比如独龙族的《杏堂工普》的传说：古时候，在高黎贡山脚下的独龙江畔，有个叫作杏堂工普的人，为了更好地生活，到新地方后第二天就忙着砍火山，不想惹怒了神仙，草木经过一夜后恢复原来的模样。后来相遇后，仙人质问道："我是天上的门普，你是地上的人，不准你踏入天界来胡作非为。三次阻止你在我的地盘上砍树，你都不肯罢手，还想拿毒箭、长刀杀我，该当何罪？"又说："你想砍火山过好日子也行，但是要听我的指使完成三件事情，如果能完成，连我的女儿也嫁给你"。杏堂工普无奈，只好答应老头。在经过老头的三场测试后，历经过悬崖、杀怪蟒、烧夹蜂①三个苦难的杏堂工普终于获得在山上砍火山的准许并得到美好的爱情。

独龙族也是信仰万物有灵的原始宗教，认为在山上耕种要事先经过山上神灵的允许，因为山上的一草一木都是由神灵管辖的。对神灵要恭敬，不然就会给自己带来可怕的后果。在这篇故事中我们可以了解到，独龙族的先人们很早就明白人要顺应自然的要求，在农业生产中要尊重自然，要克服大自然给人类的考验才能得到人们所希望达到的幸福。这样的故事在民间流传很多，比如傈僳族的关于《人、柴、天、山的传说》中就说明了人的贪婪会使人与天、树、山的关系恶化，并最终造成人们生活条件艰苦，"……天离开人的同时，山也跟着天在升高。天地之间的距离越来越远，山也越长越高，把人留在深沟里了"，这是在告诫人们要重视处理好人与自然的关系，否则人类面临的结局将是悲惨的。怒族也有相似的故事，比如《为什么砍树时要在树桩上放石头》。相传，有一个人到山上砍倒了一棵大树后，第二天天黑了也没见回来。家人到第三天下午才发现他在一个上不沾天下不沾地的石崖绝壁中坐着。悬崖没有办法攀登，只好从悬崖上面的树桩上栓着吊人下去把失踪的人给救上来。失踪的人说："我也不知道是怎么上去的，是山神把我带上去的。山神说，你砍树也不打个招呼，砸死了我的儿孙，若三天之内你的家人不来接你，我们可就要吃你了。说完，山神把我的心、肺、肝、肾取出来挂在挂钩上，然后用小板栗、麻栗壳作碗，舀大米饭给我吃。"听到失踪人的话后，有个老人说："今后不论任何人，砍倒树后，就在那棵树桩上放上一块石头，这样山神就会认为是石头打断的，它们的儿孙也是石头打死的，如此，就可以免予灾难了"。后来，当地的人们砍了树以后，便在树桩上放一块石头。迄今，

---

① 烧夹蜂．当地一种土蜂，体大健硕，性格凶猛，有"水牛也挨不住土夹蜂三针"的说法．

怒族民间还保持着这种生产劳作习惯。事实上，当地有一种"一块石头三两油"的说法，就是说石头有很好的保持水分、提高地力的作用，所以在进行刀耕火种的时候是不轻易地把地里的石头清除出去的。显然，这是老一代人通过人们对山神的惧怕把爱护树木、珍惜山中的资源的意识传述给下一代。

（二）传统社会教育形式下的环境教育形式和内容

社会教育是指有意识地培养人，有益于人的身心发展的社会活动①。贡山县传统社会中的社会教育形势下的环境教育内容主要有以下两个方面：

1. 传统文化中禁忌制度里的环境教育内容

在贡山县传统文化中，有许多表现禁忌的歌谣和传说，这些歌谣和传说在代际相传中逐渐形成某种制度并影响着社会个体观念的养成以及规范着社会个体的行为模式。有关环境教育方面的内容在传统的祭祀歌谣中也有所反映。比如：在怒族中有一首对岩神进行忏悔的祭祀歌："我砍了大树，得罪了岩神。我动了巨石，得罪了岩神。因此我得了重病，因此我受到了惩罚。现在我献上猪羊，现在我杀了肥牛，求岩神减轻我的病痛……"。②

怒族相信万物有灵，并认为各种疾病和灾难都是由于冲撞了神灵所导致的，所以在传统社会中，在祭师确定是冲撞了哪一种神灵以后，由事主提供一头牛献祭。准备一头牛对于这里的人家来说，即使是现在也不是一件容易的事情，所以怒族很尊重或者说很敬畏自然界的万物，认为它们拥有凡人所没有的神力，得罪了它们只能使自己的利益受损。

傈僳族忌讳弄脏水源，认为迷六（水鬼）是不可侵犯的，若是往水里乱解大小便，就会认为是对迷六的最大冒犯，会受到严厉的惩罚，如屁股会生螨疥、毒瘤。此外，由于污染了水源还会受到大家的鄙视和辱骂。傈僳族禁七八月间砍树、丢石头进池塘或水塘，禁农历三月、九月破土建房，禁砍龙潭树和坟头树，在兽类繁殖期间不捕猎，禽类筑巢时节不动弩，不准捕杀布谷鸟、娃娃鸡、猫头鹰、喜鹊等益鸟，这些禁忌从行为上有效地约束了人们破坏自然环境和捕杀有益动物的行为。这些内容多是以说或唱的形式对下一代进行教育，体现了人与自然要和谐相处的主旋律，故凡是傈僳族居住的地方，都是一幅人与自然水乳交融的美丽画卷，也表

---

① 曲木铁西. 少数民族传统教育学 [M]. 北京：民族出版社，2007：71.
② 格桑顿珠. 怒族文化大观 [M]. 昆明：云南民族出版社，1999：73.

明了一个民族热爱大自然的传统美德与品质。①

2. 传统文化里乡规民约中的环境教育内容

乡规民约是为处理民族传统社会中人际关系、生产关系而自发形成的带有约束性的制度或规定，在传统社会中的乡规民约也能进行环境教育。比如，独龙族社会中就有这样一条不成文的乡规民约，即在家族公社占有的领地内谁种植的水冬瓜地就归谁所有，于是各个家庭都开始在家族的领地内大量种植水冬瓜地。② 水冬瓜这种植物是速生植物，在进行刀耕火种后种植水冬瓜树可以快速地提高土地的肥力和恢复小区域内的生态平衡。可见，贡山县的先民已经认识到依靠自然之力恢复生态以及靠人的能动作用主动适应自然的重要性。尽管这种耕作类型并非尽善尽美，完全按照经验行事不可避免地会存在一定的盲目性和某种不科学的成分，然而这毕竟是人类在特定的自然和社会环境中形成的生存适应方式。这种耕作的生态特征就是对自然索取的能量较少，因而其对环境的改变也不大。即使在人工控制的小生境（如耕作者的土地）内，也强调对原有环境生态的模拟，注重保持物种的多样性。③

（三）自然形态教育中的环境教育形式和内容

自然形态教育，是指渗透在生产、生活过程中的口授心传生产、生活经验的现象或形式④，各民族社会对后代的生产、生活经验的教育基本属于自然形态教育。贡山县传统文化里自然形态教育中有大量的相关环境教育的内容，当地独龙族和怒族进行农业生产的主要生产类型为刀耕火种，而刀耕火种农业的耕作程序是：先清理土地，以刀伐树及灌木，待晒干后将其焚烧，灰烬自然成为土壤的肥料。然后以简单的工具播种一些杂粮。抛荒数年以后，等待生态有所恢复，土壤中的有机肥料上升时重新开垦。为了让地力尽快地恢复，当地人民还总结出一系列行之有效的方法。傈僳族、怒族和独龙族在进行刀耕火种时就尽可能地保护地里的树桩。比如在刀伐树木时对大树只修枝不砍伐；大部分树木砍伐时都要留出一定长度的树桩，以利于再生；挖地时要尽可能地避免伤着树根，气候干热时还需要用茅草遮盖树桩，防止树木晒死。在这种生产活动中对下一代进行的生产

---

① 和文琴. 傈僳族的宗教信仰与环境保护. 摘自傈僳族·本族学人论述篇 [J]. 昆明：云南民族出版社，第 240 页.

② 李宣林. 独龙族传统农耕文化与生态保护 [J]. 昆明：云南民族学院报，2000（6）.

③ 江帆著. 生态民俗学 [M]. 哈尔滨：黑龙江人民出版社，2003：93.

④ 曲木铁西. 少数民族传统教育学 [M]. 北京：民族出版社，2007：85.

劳动技能和经验的教育因为其立足于和自然和谐发展的观念上，因而对下一代环境意识和环境素质的形成都具有很强的推动作用。

二、贡山县官方机构组织领导开展环境教育的特点和形式

从贡山县开展环境教育的途径和形式来看，除了传统的家庭、社会教育等教育途径外，主要分为以政府部门为主导的注重环境知识普及的教育、面向社会群众的非正规环境教育和以学校教育为辅的针对在校师生的环境教育。这说明，贡山县的环境教育还处于环境保护部门为主向以学校为主进行环境教育的过渡阶段。

贡山县在"三江并流地区"申报世界自然文化遗产之前就把自然环境的保护工作放在政府工作的重中之重（因为当时贡山县已经是国家级自然保护区），贡山县先后成立了环保检测站（2007 年 9 月升格为贡山县环保局）、高黎贡山国家级自然保护局贡山管理局等机构。2003 年 7 月 5 日"三江并流"地区被联合国教科文组织批准为世界自然文化遗产之后，贡山县县委、县政府更是重视环境保护以及环境教育与宣传工作，先后出台一系列的文件。在县委、县政府的重视下，贡山县环境教育工作得以在全县范围内广泛而深入地开展。环境保护机构在对社会群众进行环境教育知识宣传的同时，也注意从生产、生活方式的改变来促进贡山县可持续发展的总体发展策略的实施。

傈僳族一般居住在其传统的民居——木楞房里，这种类型的房子形状像个大木匣，四周用长约 5 米、粗 20 公分的原木相扣而成，屋顶用木板覆盖。一幢民房一般需消耗木材 30 立方。由于以前人口相对较少，且森林资源丰富，这种建房对自然的破坏又较少（汉族的砖瓦房会大量破坏耕地面积，而耕地对当地民族来说是至关重要的），所以这种建房形式被延续了几千年。

现在，从当代环境保护角度来看，这种建房形式过于消耗木材。《云南省高黎贡山国家级自然保护区怒江部分周边社区 PRA 调查报告》中通过统计认为，对森林资源消耗最大的是建房用材和薪材消耗。报告指出，"由于长期不合理的采伐利用，村内林地可用森林资源普遍很少，村民为建房用材而进入保护区砍伐木材的也越来越多，对保护区的威胁也越来越大"。

薪材的过度需求与现代的环保理念不相符。在《贡山县基本县情》中了解到，全县广大农村仍以薪材作为主要的生产生活能源。家家户户都习惯使用"火塘"等，特别是居住在高寒山区的村庄，家中的"火塘"长明不熄，据调查，每户每年消耗薪材 25000~30000 斤，平均消耗为 28000 斤

（约40立方米）左右。

传统的放牧也对自然环境的保护造成一定的威胁。畜牧业是该地区居民的经济来源之一，占总收入的20%～30%。管理一般采用野外放养的方式，有的村庄在保护区内放牧的时间长达半年之久，对保护区的影响较大，对生物多样性的保护也带来一定的威胁。①

贡山县也意识到改变居民生活生产传统观念的重要性，除加大对居民的政策宣传外，还积极扶持、推广使用空心砖等替代用材，建造砖木结构房以减少木材消耗；推广使用水泥瓦等替代房头板；营造速生丰产用材林；推广节柴灶、沼气池的建设、微水电、太阳能建设；改进牲畜、家禽的饲养方法和条件等措施，建立示范村，以点带面，在改变居民传统的生产生活习惯的同时也保护了居民周围的自然环境。当然，这个工程要改变的是保持了几千年的生活生产习惯，从这一点来看就决定了这项工程的进展是缓慢而持久的。

从收集的各个局机关的文件资料和进行的相关访谈来看，贡山县的环境教育的开展有以下几个特点：

（一）环境保护部门各负其责地开展环境教育

由于各个部门之间的责权分工、隶属关系的不同，所以在环境教育的开展工作中基本上都是各负其责的。在贡山县城乡建设环境保护局（现已更名为贡山县环境保护局）面向全县范围的环境教育宣传工作中，环境教育的形式主要通过非参与性的宣传为主，重点在于通过宣传以提高民众的环境知识水平和环境保护意识。自然保护局的工作面向自然保护区，其环境保护宣传媒介主要是广播、电视、宣传材料以及在自然保护区内设置宣传牌、宣传标语等。同时，自然保护局积极配合非政府绿色组织开展对学校师生的环境教育知识学习活动，通过联合组织环境教育课堂教学、课外活动等形式普及自然保护区的自然生态保护知识。

贡山县林业局也对保护林业资源进行广泛的宣传教育工作。其环境教育工作的中心和范围也是不一样的。贡山县环境保护部门宣传教育的重点在于生态环境的保护以及污染物的排放；自然保护局在全县国家级自然保护区内开展自然动植物的保护以及防止森林放火、打击林业犯罪等活动；林业局的宣传教育工作重点在于除自然保护区以外的全县的林业管理，宣传内容包括林区防火、退耕还林、林政法规等内容。

---

① 云南省高黎贡山国家级自然保护区怒江管理局 GEF 项目办公室．云南省高黎贡山国家级自然保护区怒江部分周边社区 PRA 调查报告，2004 年 2 月．

（二）环境保护各部门重视与教育部门之间的合作

贡山县各环境保护部门很重视与教育部门之间的协作，主要通过协同学校开展环境保护活动、发放环境教育书籍等形式对学校学生进行环境教育。此外，环境保护部门积极帮助当地学校创建绿色学校。通过对老师的集中培训使环境保护理念深入学校教育中，并组织学生参加"富士施乐杯"全国中小学环境社会实践活动的征文活动。

（三）贡山县环境保护机构环境教育的特色和不足

贡山县环境保护机构目前是贡山县实施环境教育的主体，也是进行环境保护工作的主体，更是为贡山县长远发展提供远景规划和发展策略的机构。在贡山县所进行的环境教育工作中，目前存在以下的特色和不足。

1. 宗教机构进入环境教育

在贡山进行环境宣传教育一个有特色的现象就是，政府部门联合宗教机构向教民进行宣传教育。贡山县宗教主要有四种（一说是三种），主要有天主教、基督教、藏传喇嘛教和本土的原始宗教，四种宗教和谐并存。全县 34079 人中大部分是各教信徒（基督教信徒 6000 人左右，天主教信徒 4000 人左右，藏传佛教信徒约有 1500 人，这些数字是各教协会或管理机构粗略估计，因为有一部分的学生和儿童根据相关政策是不能算作信徒的，本土的原始宗教或因已融入各民族的日常生活习俗或因地处偏远闭塞的环境而没有办法进行统计①）。全县地域面积大，人口基数小，据贡山县县委办提供的《贡山县情》所给出的数据，全县每平方公里仅 7.1 人，且居民居住相对分散，这就给宣传教育工作带来很大的问题。上述机构因此利用各宗教团体在进行礼拜、聚会的机会不失时机地对信徒进行教育宣传工作。由于出自传道员或牧师之口，且环境保护教育往往结合《圣经》或《藏经》有关内容进行讲解，收到很好的教育宣传效果。天主教的传道人员虽不能对《圣经》进行讲解，只能是按照原文诵读。为了解决环境教育宣传上的问题，天主教会一般采用对全县的传道人员由政府部门集中进行学习，然后在教会活动结束之后再对信众进行宣传。

2. 引导国内外非政府环境保护组织参与环境教育

国际环保组织，比如美国的大自然协会（TNC），经常在学校进行保护野生动植物、维护自然生态多样性与和谐等主题知识讲座、知识竞赛。一些国际非政府环境组织出资联合当地的学校，进行环境教育课外活动，

---

① 以上数据由贡山县宗教局提供.

如贡山县一中还和法国环保组织（CEO）进行合作到独龙江驿道捡垃圾。通过这些课外活动的开展不断提高学生的环境意识和环境素质。

3. 官方机构领导下的环境教育开展中的不足

贡山县环境保护机构所进行的环境教育重视整合社会上的各种资源。但是，也有明显的不足。贡山县环境保护机构所进行的环境教育偏重于政策性的社会宣传，宣传的途径和形式单一、宣传的范围也很有限。贡山县环境保护教育宣传以各乡镇为主，以企事业单位为主，以学生为主。由于当地地理环境的限制，许多民众还是不太可能现场接受环境教育。虽然每年各个相关部门都下很大的力气、资金投入到环境教育中，究竟取得的效果怎样是值得考虑的。

贡山县环境教育出现盲点和缺点是可以理解的，作为一个资源大县，却仅仅拥有内地一个乡镇的人口，加上民族地区经济发展的滞后，全县去年财政收入不过千万，经费的不足、人员编制的不足严重影响了各项工作的开展。而对于环境教育这样一个需要长时期不断积累才可以看得到效果的工作来说，更加需要政府各部门的重视和协作，以及克服困难和缺点的勇气，是知难而进而不是相反。

第三节　贡山县学校教育中的环境教育

一、贡山县学校教育发展概况

贡山县在清宣统二年以前是没有学校的，这里的独龙族、怒族以及傈僳族都是过着"刻木记事，结绳记时"的生活。1910 年夏瑚管理怒、俅地区后上疏清廷提出在怒俅设官兴学，并获批准在贡山的茨开和菖蒲桶的喇嘛寺开办了 2 所汉语学堂。民国期间，国民党在贡山开办了 4 所小学，招收290 名学生，到民国政府倒台时所有的学校早已关闭，校产也被一抢而光。[①]

解放后，贡山县在一无经费二无教师的情况下，积极兴办学校。目前，全县共有各级各类学校 12 所，其中完全小学 1 所，初级中学 1 所，九年一贯制学校 1 所，乡中心小学 4 所，村级完小 3 所，幼儿园 2 所。村级以下的教学点 37 个，其中一师一校 21 个。

全县高中、初中、小学在校 4858 人，其中高中生 204 人，初中生

---

① 摘自贡山县委办公室提供的《贡山县关于 10 万人口以下 7 个少数民族教育发展问题的调研报告》，2004：3.

1191 人，小学生 3463 人。全县教职工 519 人，其中中学高级 11 人，一级 28 人，二级 40 人；小学高级 125 人，一级 115 人，二级 41 人。高中教师学历合格率 84.6%，初中教师 97.4%，小学教师 99.3%，与"九·五"相比有很大的提高。

全县学校占地面积 126616 平方米，校舍建筑面积达到 59299 平方米。全县学生拥有图书 95925 册，生均 18 册。全县有 17 个卫星教学收视点。与"九·五"相比，校舍面积增加了 10316 平方米，图书增加了 23600 平方米①。

尽管国家加大了对边疆少数民族基础教育的投入，并实行了特殊的民族教育优惠政策，即"三免费""两免一补"和"一费制"教育政策，但是全县的"普六"和"普九"工作的完成仍然很困难。全县人口平均受教育年限仅 5.8 年，只相当于全省平均水平 6.3 年的 92%，青壮年文盲率达 2.9%，在《贡山县基本县情》中也总结到："'普六'成果巩固难，'普九'任务到 2007 年才能逐步实现"。可以说，现阶段的贡山县的学校教育在新中国成立后取得了长足的进步，但是同其他东部地区相比，还只是注重学校的环境建设等硬件设施建设，就是这种硬件设施同东部地区相比也存在巨大差距，这在一定程度上制约了环境教育的开展。

二、贡山县中小学校环境教育开展情况

（一）贡山县中小学环境教育开展情况

该县学校是如何进行环境教育的以及环境教育在学校教育中占有怎样的地位呢？贡山县现在教育工作的重点在于巩固"普六"成果、全力完成 2007 年"普九"工作目标，努力提高在职教师的学历达标率、加大对基础教育基础设施的建设等方面，尽管对于学校中开展环境教育问题也很重视，曾经专门联合环境保护部门下发了关于加强在基础教育中进行环境教育的文件，多次下发改善学校教学环境、美化学校校园的文件并进行年度检查，但环境教育在正规教育中的地位问题认识还是不清楚，在调查中发现，一些中小学校为了确保主干课程的教学工作的顺利开展，并没有在课时、教学计划以及教学过程中有意识地加入环境教育知识，通常学校会结合综合实践课来对学生进行环境保护知识教育，但这种教育往往流于形式，因为综合实践课的主题并非一成不变，常常根据教育主管部门的要求

---

① 以上数据均来源于《贡山县关于 10 万人口以下 7 个少数民族教育发展问题的调研报告》2004：4－5.

每月更换综合实践课的主题。

在对中小学教师的访谈中，环境教育经费的短缺、学校缺乏专业的环境教育专门人才、教师也没有接受正规的环境教育知识培训等问题成为共识。同时，有关环境教育的教材短缺。虽然在新课程改革中强调对学生进行环境意识的培养，但由于授课老师教学任务繁重（教师不仅要教学，有时还要负责学生的起居生活，学生生病、缺少生活费等都需要教师帮助解决）以及教师对于环境教育理解的差异（环境知识在课程中的渗透也主要以教师的个人经验为基础，学校对于如何在具体的学科教学中进行环境知识和技能的渗透并没有具体的要求），环境教育的开展在各个班级里也是参差不齐。

（二）贡山县学校环境教育调查选点学校的概况

这次对贡山县中小学环境教育的调查地点选择在贡山县立一中以及贡山县茨开镇省定完全小学。调查点的选择具有典型性和现实的可操作性。

首先，贡山县县政府所在的茨开镇由于地处云南西北一隅，自古与外界交往较少，很好地保存有传统的生活生产方式和传统文化习俗，虽然清末政府加强对该地区的管理，但始终没有采取"改土归流"的行政管理体制。新中国成立后，茨开镇的外来人口逐渐增多，尤其改革开放以来，四川、湖南以及云南省内其他地区的外来人口在贡山县比重持续增大，外来人口的流入带来的新的生产和生活方式对当地传统生活方式以及传统文化之间形成了一定的冲击，这对于非正规环境教育如何适应外来文化的冲击，如何调试传统文化进入环境教育提供了典型的个案。

其次，选择这两所学校，一是因为这两所学校的基础设施较为完备，可以为环境教育教学提供基本的设备支持。同时，这两所学校学制体系较为健全，在贡山有不少一师一校涵盖着不同年级的小学，这种小学连正常的教学工作都无法开展，更不用说进行这种跨学科的以培养学生新型价值观和态度的环境教育了。

抽查的对象主要针对小学六年级和初中三年级的学生。选举这两个年级主要是基于以下考虑：

1. 选取中小学不同学校有代表性的年级，所统计出的数据更有说服力。选取两个毕业年级进行数据统计，主要是基于当时调查的时间处于学校的暑假时期，学生们刚开学并没有考试等压力的考虑，由此便可以排除考试等因素的影响。

2. 当地中学只有初中阶段的初级中学，所以选择两个毕业年级，对于不同学习阶段比如小学阶段和中学阶段学生的环境知识的掌握情况以及其环境意识水平、对环境教育课程等态度问题也有一定的区分度，这样更有利于进行对比研究。

同时，这两所学校学生民族成分较为复杂，学生的民族构成基本涵盖了当地所有的民族成分，这不仅有利于对不同民族身份以及文化背景的学生对环境教育知识以及环境保护的态度进行跨民族身份的考察，而且也有利于对少数民族传统文化有关环境教育内容的调查和分析。

（三）中小学生环境教育问卷设计与发放

1. 问卷内容

本次调查设计了三份问卷，包括《小学生调查问卷》《中学生调查问卷》以及《学校领导调查问卷》。问卷的内容主要是对学校开展环境教育的情况进行调查（详见附件），为方便学生答题，以选择题的方式为主。这份调查问卷主要的问题设计沿袭了吴明海教授青海三江源中小学环境教育调查问卷的设计模式，同时加入针对三江并流中心区域贡山县独有的地理环境知识，力求题目的设计贴合当地的实际。

2. 问卷发放

本次调查重点是贡山县一中、茨开镇省定完小学生以及相关的教育工作者。由于所选择的调查地点为两所学校的两个年级的学生，同时因为这次调查的时间在暑期，全县中学基本上都在放假，只有作为唯一的一个完全中学的贡山一中初三年级和茨开镇省定完全小学有补习的学生，所以只能在两个年级发放问卷。抽样采用判断抽样，即根据所研究的目标和自己的主观分析来选择和确定研究对象，为保证抽样的科学性，对在读补习的小学六年级学生和在读补习的初三年级学生在其学习结束后由老师协助进行全体问卷的填写，争取在整体上对学生的环境知识以及环境意识有一个清晰的把握。

3. 样本情况

经过认真甄别与整理，本次调查的样本情况如表4—1：

表4—1　问卷发放统计表

问卷类型	设计样本总量	实得样本总量	%
小学	50	50	100
中学	100	99	99
教师	30	29	96.6
总计	180	178	98.8

4. 样本的个人资料情况

（1）性别比例（表4—2）

表4—2　贡山县茨开镇省定完小学生性别比例

性别

		Frequency	Percent	Valid Percent	Cumulative Percent
	男	56	56.6	56.6	56.6
Valid	女	43	43.4	43.4	100.0
	Total	99	100.0	100.0	

（2）民族构成（表4—3）

表4—3　贡山县茨开镇省定完小学生民族构成

民族

		Frequency	Percent	Valid Percent	Cumulative Percent
	傈僳族	37	37.4	37.4	37.4
	怒族	25	25.3	25.3	62.6
	独龙族	3	3.0	3.0	65.7
Valid	汉族	17	17.2	17.2	82.8
	白族	12	12.1	12.1	94.9
	其他	5	5.1	5.1	100.0
	Total	99	100.0	100.0	

（3）性别、民族身份与是否愿意参加学校组织的环保活动之间的关系（表4—4～表4—7）

表4—4　小学生按性别参加学校组织的环保活动的态度分析

民族

		Frequency	Percent	Valid Percent	Cumulative Percent
	傈僳族	8	16.0	16.0	16.0
	怒族	14	28.0	28.0	44.0
	独龙族	1	2.0	2.0	46.0
Valid	汉族	25	50.0	50.0	96.0
	白族	1	2.0	2.0	98.0
	其他	1	2.1	2.1	100.0
	Total	50	100.0	100.0	

表4—5　中学生按性别参加学校组织的环保活动的态度分析

性别

		是否愿意参加学校组织的环保宣传活动				Total
		非常愿意	其他同学参加我也参加	没想好	不愿意	
性别	男	18	2	0	1	21
	女	24	3	2	0	29
Total		42	5	2	1	50

表4—6　小学生按性别参加学校组织的环保活动的态度分析

性别

		你是否愿意参加学校组织的有关环境组织的环保活动				Total
		非常愿意	其他同学参加我也参加	没想好	不愿意	
性别	男	46	7	2	1	56
	女	40	2	1	0	43
Total		86	9	3	1	99

表4—7　小学生民族身份与是否参加学校环保活动之间的关系

民族

		是否愿意参加学校组织的环保宣传活动				Total
		非常愿意	其他同学参加我也参加	没想好	不愿意	
民族	傈僳族	6	2	0	0	8
	怒族	13	1	0	0	14
	独龙族	0	1	0	0	1
	汉族	22	1	1	1	25
	白族	1	0	0	0	1
	其他	0	0	1	0	1
	Total	42	5	2	1	50

　　从上述两个表格进行对比分析，可以发现，贡山县一中以及茨开镇完小各民族成分的学生对参与学校组织的环保宣传活动并没有很大的区别，都表现出很高的参与意识和兴趣。这一结果在我们对学生的访谈中得到了佐证，学生们认为学校组织的有关环境保护的活动一般采取实地考察与社

会实践等形式，教学内容也生动有趣。同时，传授环境保护知识一般是由国内和国际的非政府组织等环境保护组织的专家组成，讲授的环境保护知识比学校教师所讲授的更注重学生对环境知识和环境问题的理解，所以学生比较喜欢这种教学形式。

贡山县中小学生对学校组织的有关环境组织的环保活动没有太大的民族以及性别上的区分，都表现出浓厚的兴趣。在学习过程中，兴趣具有定向、动力、支持和偏颇作用，它能使学生津津有味地学习知识，积极主动地探究新知，满腔热情地进行学习①。

表4—8　中学生民族身份与是否参加学校环保活动之间的关系

民族

		是否愿意参加学校组织的环保宣传活动				Total
		非常愿意	其他同学参加我也参加	没想好	不愿意	
民族	傈僳族	28	6	2	1	37
		32.6%	66.7%	66.7%	100.0%	37.4%
	怒族	22	2	1	0	25
		25.6%	22.2%	33.3%	.0%	25.3%
	独龙族	3	0	0	0	3
		3.5%	.0%	.0%	.0%	3.0%
	汉族	16	1	0	0	12
		18.6%	11.1%	.0%	.0%	17.2%
	白族	12	0	0	0	5
		14.0%	.0%	.0%	.0%	12.1%
	其他	5	0	0	0	5
		5.8%	.0%	.0%	.0%	5.1%
Total		86	9	3	1	99
		100.0%	100.0%	100.0%	100.0%	

但是，通过调查问卷发现，该县中小学应掌握的环境知识却和东部学生有着一定的差距。下面这个问题是针对学生的基本的环境知识的，在贡山县中、小学环境教育现状调查问卷中基于环境知识的问题第3题，"是

---

① 袁振国. 当代教育学 [M]. 北京：教育科学出版社，2003：110.

否知道我国有一部《中华人民共和国环境保护法》",统计结果如下:

表 4—9　小学生调查问卷

		是否知道环保法				Total
		阅读过	知道	不清楚	不知道	
性别	男	5	8	6	2	21
	女	4	12	9	4	29
Total		9	20	15	6	50

表 4—10　中学生调查问卷

		是否知道环保法				Total
		阅读过	知道	不清楚	不知道	
性别	男	4	40	12	0	56
	女	7	33	2	1	43
Total		11	73	14	1	99

这道题在环境教育中应该属于常识性的问题,学生却给出了不令人满意的答案。从表格中可以看出,小学生回答不清楚和不知道的为21人,中学生比例少一点,为15人,分别占各自百分比的42%和15.6%,中学生略高于东部地区学生所掌握的基本环境保护知识的15%的比值,小学生远高于东部地区的15%的比值[1]。在小学进行环境教育的主干课程——自然课中,了解到学生对自然科学知识的掌握程度不尽如人意。在小学提供的2005—2006年度上学期六年级期中质量监测分析表六年级组的成绩汇总中,三个班的自然科目平均成绩为58.9、50.94、45.1分。如此高的学习兴趣和如此低的学业成绩形成强烈的反差,不能不说在环境教育教学过程中出现了某种偏差,致使学成没有取得相对应的学业成绩。下面就对学生的环境保护知识、意识水平同全国的调查研究进行详细的对比研究。

(四)数据处理以及贡山独龙族怒族自治县中小学环境意识的分析

此次调查问卷的结果录入计算机后,主要运用SPSS13.0.软件进行统计和分析,并侧重于学生的环境知识的掌握程度、环境教育课程的设置以及学生对环境教育课程的态度进行分析。

---

① 王民．中国中小学环境教育研究［M］．北京：中国环境科学出版社,1999：65.

1. 中小学环境保护知识的分析：

在中小学的调查问卷中，设计有小学生三个（a_1、a_2、a_3）和中学生四个（a_1、a_3）问题（详见附录），这些问题的设计并没有超出其知识范围，属于学生应该知道的基本环境知识。其结果统计如图4—1：

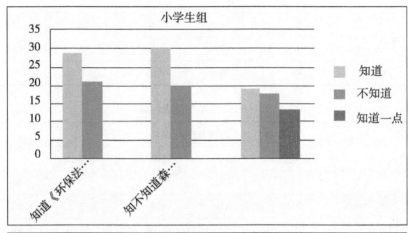

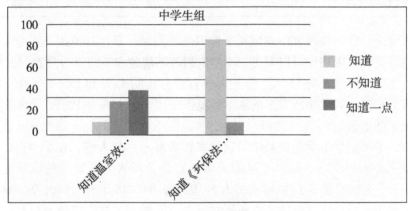

图4—1　中小学生环境知识的掌握情况

在小学生组中，知道《中华人民共和国环境保护法》的有29人，占被调查学生总数的58%，不知道的占42%；中学生组的比例明显高于小学生组，知道的与不知道的各占84.8%和15.2%；在小学生组中知道森林是水和食物的来源为30人，不知道的为20人，分别占总数的60%和40%，知道三江并流中三江是哪三江的为19人，不知道的为18人，知道一点的为13人（说不清是哪三江，但都能说出一两条江的名称），分别占总数的38%、36%和26%；中学生组中设置的问题难度比小学生难度略大，在是否知道温室效应的答卷上，回答知道的为 15 人，知道一点的为 48 人，不知道的为 36 人，分别占总数的 15.1%、48.4% 和 36.5%。

在中、小学生组中，有一道题设计为开放性的问题（a_3、a_2），要求被调查学生写出三江名称（小学组）和温室效应会给人们的生活带来什么样的影响（中学组），回答知道温室效应的学生把温室效应同全球气温升高、造成南北极冰雪消融并带来水位上升，从而造成洪灾影响人们的生活联系起来；但对回答知道一点的同学而言，也大致知道温室效应对人们生活所产生的影响，但在回答中没有清楚地表达自己对问题的看法，比如有同学专注于温室效应会提高人们患皮肤病的概率，有的回答会影响人们的视力，有的回答大而化之，认为温室效应"据我所知，温室效应会给人们的生存带来害处，所以每一个人都应该拒绝（防范）温室（效应的产生）"，无法从中确切了解其对温室效应的掌握水平。可以看出，中学生在环境知识的掌握上比小学生要好，但总体上掌握的环境知识水平还是很低。环境知识是环境意识的基础，最终影响到其养成正确的环境价值观和行为方式，所以没有掌握好环境知识，就无法形成环境意识。环境教育最基本的任务就是要普及环境知识，而贡山县中小学生如此的环境知识掌握情况会对其环境意识有何关联呢？

2. 贡山县中小学学生环境意识分析

此次调查问卷针对贡山县中小学生的环境意识水平设计了一道题考查中小学生的环境保护预期行为水平（中学生组 a11、小学生组 a9）。统计结果如下：在小学组中，对于破坏环境的行为当场出来劝阻的为 35 人，虽然觉得不好但不好意思劝阻的为 11 人，只要自己不乱丢就可以了的为 3 人，因为自己常这样做而觉得很正常的为 1 人，各占调查总数的 70%、22%、6% 和 2%。而与之相对的，虽然中学生对环境知识的掌握情况比小学组要好，但在阻止破坏环境的预期行为上却没有出现相对应的统计结果，这四种预期行为分别占中学生组学生总数的 53.5%、41.4%、4%、1%。出现这种现象，确实让人很费解。掌握知识的程度高的中学生组在环境预期行为上却低于小学生组。说明环境知识掌握程度的高低同环境预期行为之间并不一定存在正相关关系。种种破坏环境生态行为在社会上并不少见，而对环境法规漠视的社会风气以及在破坏环境行为上没有相关的惩戒手段，让学生认识到环境知识和环境行为是可以分离开来进行各自评价的，在学校里可以接受环境知识教育，在学校外面就可以从众，并由此形成了不良的生活行为习惯。因此，要培养中小学生的环境意识，除了加强中小学校的环境教育外，还应该重视社会的以及家庭的环境教育，提高全社会的环境意识，从而形成保护环境的良好风气和氛围，使中小学生潜移默化地接受环境教育，并最终帮助其养成正确的价值观和行为习惯。

表4—11　贡山县小学生环境意识水平数据

		看到扔塑料袋会怎样做				Total
		当场出来劝阻	虽然觉得不好但不好意思出来劝阻	只要自己不乱丢就行了	因为自己常这样做觉得很正常	
性别	男	15	5	1	0	21
		71.4%	23.8%	4.8%	0	100.0%
	女	20	6	2	1	29
		69.0%	20.7%	6.9%	3.4%	100.0%
Total		35	11	3	1	50
		70.0%	22.0%	6.0%	2.0%	100.0%

表4—12　贡山县中学生环境意识水平数据

		见到有人扔垃圾会阻止吗				Total
		出来阻止	虽然觉得不好但不好意思出来阻止	只要自己不乱丢就行了	因为自己这样做觉得很正常	
性别	男	29	24	2	1	56
		51.8%	42.9%	3.6%	1.8%	100.0%
	女	24	17	2	0	43
		58.8%	39.5%	4.7%	.0%	100.0%
Total		53	41	4	1	99
		53.5%	41.4%	4.0%	1.0%	100.0%

　　贡山县非正规的环境教育，尽管借助各种途径和方式进行宣传，但是宣传教育工作还是存在很大的盲区，出现靠近集镇的地区环境宣传教育搞的好一些、靠近世界环境日搞的好一些，利用宗教机构和学校等机构来进行教育宣传活动等特点，却忽略了家庭教育在环境教育中的重要作用。下面就是中小学生获得知识的途径方面的统计。

　　3. 贡山县中小学获取环境知识的途径分析

　　问卷调查中，有针对中小学生获得环境知识途径的问题（中学生组

a14、小学生组 a11），这个问题可以多项选择，让学生自己选出所接触的对其有影响的环境教育途径，从中我们可以读出以下信息（图4—2）：

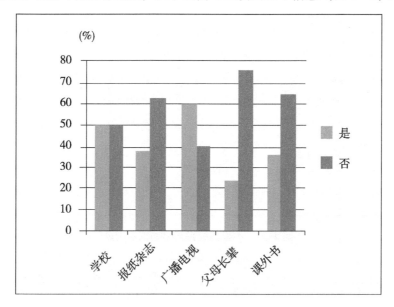

图4—2 小学生获得环境知识的途径

由此可以看出，小学生组学生认为，其获取环境知识的主要途径（数据高低排列）分别为广播电视、学校教育、报纸杂志、课外书以及父母长辈；中学生组认为，其获取环境知识的主要途径（数据高低排列）分别为广播电视、社会宣传、学校、报纸杂志、课外书、父母长辈；可以看出，通过父母长辈来获取环境教育知识的是中小学生最少选择的途径，而家庭教育在传统教育中是首要的和最基本的①，即使现在由于出现学校教育，学校教育担负起传承文化和创新文化的使命，但家庭教育仍然是学校教育的重要补充。在少数民族传统家庭教育中，主要承担着对下一代的品行教育、健康教育等教育，通过各种日常生活等非正规的教育途径，利用各种时机对子女灌输伦理道德，培养他们的道德判断能力和道德情感，养成良好的行为习惯②。

---

① 曲木铁西．少数民族传统教育学［M］．北京：民族出版社，2007：52.
② 曲木铁西．少数民族传统教育学［M］．北京：民族出版社，2007：61.

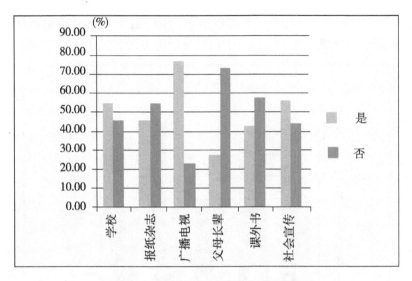

图4—3　中学生获得环境知识的途径

　　但是，中小学生在家庭中接触到的传统家庭教育中的环境知识太少了。在问及当地传统宗教、文化中有没有关于保护环境方面的内容时（中学生组 a12），回答没有的为 81 人，回答有的为 18 人，分别占中学生组人数的 81.8% 和 18.2%，说明学生对传统文化中所包含的环境教育方面的内容不了解，不熟悉。通过对贡山县独龙族怒族自治县文化局的采访中，我们发现，该县抢救出来的傈僳族、怒族以及独龙族的传统文化中，发现了大量的包含环境教育知识的传统文化内容，比如原始宗教中的环境保护知识，生产劳动中的环境教育、日常生活中的环境教育等。贡山县各少数民族传统文化中环境保护知识是该地区民族在长期与自然环境相适应、改造自然环境过程中形成的对自然环境的认识和态度，这些民族在森林资源管理、野生动植物资源利用、土地的可持续利用方面有着较好的传统[①]。但是这些包含深刻的人与自然和谐发展的传统文化却沦落到了被抢救性发掘的地步。

　　贡山县中小学环境教育出现了一种看似解释不了的矛盾。一方面，小学生有着较高的参与环境保护活动的意愿和兴趣，但在环境知识的掌握上却明显不如初中组学生掌握的环境教育知识那么多；而初中生组的学生在环境知识的掌握和理解程度上比小学生组要好得多，但在环境预期行为和

---

　　① 蒙睿，吕星．傈僳族生态观及其现实意义［D］．昆明：云南师范大学学报，2004：73.

环境意识的表现上和小学生组有着明显的差异。这种现象在东部地区中小学生的环境教育问卷调查中也有体现,王民在《中国中小学环境教育研究》中认为,这种现象的出现,是由于学校教育与社会教育和家庭教育之间的脱节造成的①。马桂新教授认为,我国的中小学生已经具备了一定的环境保护知识和环境保护的基本内容和基本观点,而且对于学习环境知识、开展环境教育和参与环保活动态度是积极的。但在环境预期行为上,未成年人要高于成年人,小学生高于中学生,存在环境道德知与行相悖的情况;并认为造成这种现象的原因是,由"环境知识传授和宣传过程中的不全面、不具体、不深入、不翔实等问题的存在②"。而我认为,这种现象出现的更深层的原因是因为现代文明对传统文化的冲击而造成的脱节。在中小学生影响环境意识的因素分析中(表4—13),可以发现这两者间的关系。

(1)经济发展水平与环境意识之间的关系

在中学生组调查问卷中设计一道问题(b_9),"你认为环境意识水平的高低受哪些因素的影响?"在回答这个问题时,分别有66.7%的学生选择"经济发展水平",而84.8%的学生选择了"文化差异"因素,其他各项由高到低排列分别为选择城乡差别的占46.5%、学历层次的占31.3%、年龄差别的占29.3%、环境基础知识的占24.2%、问卷调查影响的占12.1%、收入差别的占11.1%、性别差别的占8.1%。由以上数据可以看出,中学生认为,性别、收入差别以及问卷调查影响与环境意识的相关性不大,而城乡差别、职业差别以及环境基础知识在以上数据所反映的那样,也不是影响环境意识水平的主要因素。

在这些因素中,与环境意识相关性最大的是文化差异、经济发展水平等。关于环境意识与经济发展水平之间的关系,有学者经过研究发现,两者之间的关系呈正相关关系,经济水平的发展可以通过多种方式来影响教育,一般来讲,经济发展水平高的地区,环境教育也比较发达,教学条件好,师资力量强,为开展环境教育提供了坚实的基础③。贡山县中学生对于经济水平的发展与环境意识水平之间的关系有着较为清晰的认识。但是在对于发生在身边的经济发展与环境保护相冲突时的问题的看法却存在很大的分歧。在中学生调查问卷中还设计了4道(a_4、a_5、a_7、a_9题)考查

---

① 王民. 中国中小学生环境教育研究 [M]. 北京:中国环境科学出版社,1999:80.

② 马桂新. 环境道德教育 [M]. 科学出版社,2006:232.

③ 王民. 中国中小学生环境教育研究 [M]. 北京:中国环境科学出版社,1999:67.

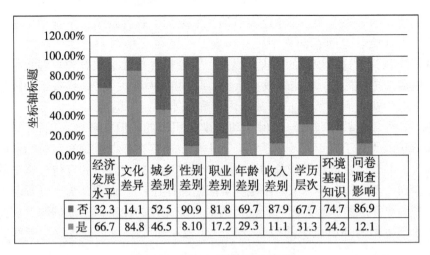

	经济发展水平	文化差异	城乡差别	性别差别	职业差别	年龄差别	收入差别	学历层次	环境基础知识	问卷调查影响
■ 否	32.3	14.1	52.5	90.9	81.8	69.7	87.9	67.7	74.7	86.9
■ 是	66.7	84.8	46.5	8.10	17.2	29.3	11.1	31.3	24.2	12.1

图 4—4　影响环境意识的因素分析

经济发展与环境保护理解水平的题目（详见附录一）。其中，对于"你认为近几年家乡周围的环境变化"的问题上，同学们出于自己对家乡的理解作出了答案。同意"家乡周围的环境由坏变好的或一直很好的"中学生占34%，认为家乡的环境变差或一直很差的中学生占36%，同学中间出现严重的分化，中立地认为家乡的环境一直一般的同学占剩下的30%，没有选择弃权性质的"不知道"选项。在调查学生们对"随着科学技术的发展，环境问题最终能够得以解决"（a4）问题的态度时，统计数据如下（表4—13）：

表 4—13　中学生调查表

性别

		环境问题会得到解决吗			Total
		同意	不同意	不知道	
性别	男	23	30	3	56
	女	21	18	4	43
Total		44	48	7	99

其中同意随着"科学技术的发展，环境问题可以得到解决"的为44人，不同意的为48人，不知道的为7人，分别占调查总量的44.4%、48.5%和7.1%。在对同学们进行的访谈中，一部分对于家乡明天的环境状况的改善是持有乐观态度的，他们认为现在环境问题已经受到重视，而

且他们也确实感受到了周围环境向好的方面悄悄发生着变化，例如过去城里都是乱扔垃圾，现在有了环卫工人专门处理生活垃圾。以前森林破坏严重，现在砍树的已经不多见了，认为随着经济的发展，贡山的明天会更美好；另一部分同学认为，随着旅游开发的兴起和水利工程的动工，外来人口的压力会给贡山带来严重的环境问题。比如，同学们反映，现在到贡山旅游的人在旅游的时候乱扔垃圾，有的直接就扔进原始森林或怒江里，还有就是怒江水电的开发会对贡山环境产生怎样的影响还不知道，所以他们选择了相反的答案。其余的同学显然觉得两个观点都有道理，所以就选择了中立的答案。这也反映出，贡山县的中小学环境教育还只停留在对学生进行环境知识的传授上，轻视对学生进行环境价值观念的培养以及良好的环境行为塑造上。学生中一些人想保留或回归过去人与自然相和谐的生活状态，这也是代代相传的生活方式；而另外一些则在以现代课程为载体的现代文化影响下，认为，环境最终可以依靠科学、依靠现代文明可以解决，所有的问题都可以在科学经济的发展中得到解决。这两种分化的观点可能会影响到学生预期环境行为判断上的茫然不知所措，这似乎可以解释，为什么中学生的环境知识掌握得比较好，而环境意识水平却总体没有小学生高的现象。

（2）文化差异与环境意识之间的关系

贡山县中小学生的调查问卷显示，其中小学生普遍认为，影响环境意识最大的就是由文化差异造成的。斯图亚特认为每一种文化的产生都是与其所产生地理环境、经济生活水平等因素相互适应产生的。认为，文化特征也是在这种逐步适应中形成的，即"特定的环境因素形成特殊的文化特征"[1]。文化在特定的自然地理、经济生活方式等因素的作用下产生后，就会形成自己的独特的发展模式并会在特定的人类社会中相对稳定的继承和发展下去。所以，每一种文化模式都是与自然环境地理相互调谐的结果，是特定人类社会获取可持续发展的保障。每一个社会的成员，其出生后就不可能是一个单纯的自然人，而是"一种文化模式下的文化人，从其诞生开始，就在其现有的文化背景下生活，并在其中受其文化背景制约的、特有的教育模式下，逐渐成长为与其独特文化背景相适应，符合其社会文化的个性[2]"。

---

① 转自凯·米尔顿. 多种生态学：人类学，文化与环境［J］. 国际社会科学杂志，1998（4）：296.

② 滕星. 族群、文化与教育［M］. 北京：民族出版社，2002：360.

　　贡山县传统的文化模式，按照民族学经济文化类型划分，属于农耕经济文化类型组中的山林刀耕火种型文化模式①，并认为这种文化类型反映出其文化中的人类社会为了生存繁衍必须频繁的迁徙，以满足获得生存繁衍的物质保障。而伴随着外来文化的闯入，一些截然不同的生产生活方式深深地影响着贡山县传统的社会文化模式。在逐渐接触现代文明后，一些新的生活生产方式被贡山社会所认可和接受，因为他们相信，这些变化会使自己的生产生活带来便利，显然，贡山县被明天的憧憬所感动，尤其是在20世纪50年代，"跑步进入共产主义""跨越原始社会进入社会主义社会"等思潮的影响下，贡山县传统的刀耕火种被定性为原始社会的生产力而不允许带入社会主义②。造成的结果就是大面积的毁林开荒，在不具备持续农业生产的地区加大农业投入，结果却事与愿违，当废弃了传统的刀耕火种的农业生产和传统的农业生活方式后，贡山县的森林覆盖率大为下降，人民的生活没有得到提高，农民视为生命的森林也一去不返。理想与现实的碰撞，直接导致了人们对现代文化与传统文化的反思，也逐步认识到传统文化中合理性的一面，也认识到现代文化与当地不适应的一面。贡山县现有的民族主体为傈僳族、怒族和独龙族，传统上以刀耕火种的原始农业为主，以采集、狩猎为主的经济类型。所谓的刀耕火种，在宋代以前称为"畲田"。温庭筠在《烧歌》中："起来望南山，山火烧山田。……自信焚越谷，烧畲为旱田。"极好地把刀耕火种描写出来。刀耕火种顾名思义就是在山上烧把火，然后在狭窄的山地上用刀具播种的生产方式。宋代后"刀耕火种"这一名称固定下来并沿用至今。

　　傈僳族、怒族和独龙族的刀耕火种有很久的历史了，经过民族之间的相互影响，在贡山县的这几个处于相对封闭环境中的民族一直延续着这种原始的农业生产方式。但是，其中又有所差别。独龙族采用的是混合轮歇（无轮作、短期轮作、长期轮作并存）、造林休闲、杂谷栽培、固定地或移动地型刀耕火种；怒族和傈僳族基本上和独龙族的耕作类型相同，差别在于它是定居或固定地抑或移动地型刀耕火种，多了一个定居的情况……③。这种生产方式中间就包含有大量的合理的维护生态系统，注重人与自然相

---

　　① 林耀华. 民族学通论［M］. 北京：中央民族大学出版社，1997：93.
　　② 尹绍亭. 人与自然——生态人类学视野中的刀耕火种［M］. 昆明：云南教育出版社，2000：343.
　　③ 尹绍亭. 人与自然——生态人类学视野中的刀耕火种［M］. 昆明：云南教育出版社，2000：69.

互和谐的生产经验的总结。比如，无轮作型，就是一块土地只种一季作物便抛荒，休闲期短则七八年，长则十余年。在这段时间内让这块土地自然地恢复。短期轮作型就是连续耕作两年，休闲七八年至十余年的刀耕火种方式。长期的轮作就是轮作三到五年，休闲十余年甚至二十余年的耕作方式，且耕作的时间越长，抛荒休闲的时间也必须更长。①

但是，这种文化类型，在中国的现代化过程中，"国家生态环境保护与当地人民生存手段之间出现了尖锐的矛盾②"。现在的退耕还林工程和户籍管理体制都限制了该县傈僳族、怒族和独龙族随意迁徙的择水择林而居的传统生产生活方式。定居后，连年的耕作使土壤肥力下降，致使土地单位产量也随之下降。采用现代工业所产的肥料也出现土地板结等现象，群众不得已只能扩大烧荒面积，这就是林耀华先生提及的"矛盾"，也是为什么尹绍亭先生所说的，外面带进来的以机械化耕作、锄耕、牛耕等一般人所认为的先进的生产方式"与其说是进化倒不如说是退化更为合适③"的原因所在。

可见，文化上的差异确实在贡山县存在。文化上的冲突并不代表贡山县传统文化就落后于现代文化，反而可能适应贡山县的生态自然环境。而中小学生之所以认为文化的差异是影响环境意识的主要因素，主要还是因为其在学校所接触到的现代文化知识和其自幼接触到的传统文化产生冲突，认为现代文化中的有关环境保护的知识才是科学合理的，反观自己从小就接受、并在其中耳濡目染的传统文化却是落后的，不科学的。这充分说明，作为文化传承中起到重要作用的学校教育的课程设置和课程内容单一，被社会所认可的文化所占据，这种国家化的现代教育以同质化为前提，"其结果就是对地方性知识价值的贬低和其合法性的丧失④"。这种对传统文化的忽视不利于学生对传统文化的认识。中小学生一方面对孕育自己的传统文化产生强烈的自卑感，另一方面又处于对自身民族的热爱而报有强烈的自尊，学生们的这种互相矛盾的心态无疑会对其健全的个体精神的完善产生不好的影响。

---

① 尹绍亭. 人与自然——生态人类学视野中的刀耕火种 [M]. 昆明：云南教育出版社，2000：71.

② 林耀华. 民族学通论 [M]. 北京：中央民族大学出版社，1997：93.

③ 尹绍亭. 人与森林——生态人类学视野中的刀耕火种 [M]. 昆明：云南教育出版社，2000：247.

④ 王军. 教育民族学 [M]. 北京：中央民族大学出版社，2007：282.

（3）文化的差异造成学生接受正规环境教育时出现困难

贡山县小学生在小学三年级以前一直接受的是双语教育，即以民族语进行教学为主，辅以汉语教学。三年级以后，以汉语进行教学，辅以民族语教学。在贡山县，经过访谈和观察，发现其中小学生大都是寄宿生，这说明，大部分学生很小的时候就离开自己的家来到一个陌生的环境接受以另外一种语言为主的知识的学习。这种情况和贡山县地广人稀的地理环境因素有关，学校中很多学生来自地处偏远的独龙江，一年中只有暑假的时候才能回家，寒假的时候由于山区雪季来的早、结束的迟，在头年的10月中旬到第二年的4月中旬都是封山期，在长达半年的时间里是不可能回家的。

中小学生在学校接受现代知识教育的过程中，不可避免地面对着非正规教育传授的传统文化与正规教育传授的现代文化知识之间的冲突。从贡山县茨开镇省定完小提供的2005—2006年度上学期期中质量监测分析表六年级组的成绩来看，三个班平均语文成绩分别为36.2、37.03、36.11分；思想品德平均成绩为55.8、44.5、63.8分；自然平均成绩为58.9、50.94、45.1；社会科目平均成绩为60.5、50.9、45.1分；而数学科目的平均成绩略高，分别为68.3、69.62、72.69分；可以看出，贡山县茨开镇省定完小的小学生的人文学科学业成绩普遍偏低，自然学科的学业成绩却偏高。小学生在接受正规的学校知识教育前，其早已接触过自然科学知识。比如通过劳动教育和家长的口授对自然历法、数学等基础知识的学习，对在以后的数学学科的学习中打下了基础。

傈僳族传统的月亮历近似汉族的农历，全年分为十二个月，一个月有三十天，全年有360天①，而傈僳族的传统节日"阔时节"（相当于汉族的春节）就是严格按照月亮历进行推算的。月亮历最大的作用就是能够指导生产和生活，所以儿童在接受学校教育前就已经有了对数的基本的概念、认识和推算能力。

反观人文学科的教育，由于采用以汉语为主的教学语言、传授学生不熟悉的文化为内容，这造成学生理解上的困难，少数民族学生没有建立起和以往熟悉的知识的连接，这是造成学生学习成就普遍不高的原因之一。学生一方面无法在以往熟悉的知识架构上完善自己对传统文化的认识和理解，所以在统计中，发现贡山县中小学生对自己传统文化不熟悉、不了解

---

① 斯陆毅．云南民族文化大观丛书—傈僳族文化大观［M］．昆明：云南民族出版社，1999：87.

的比例如此之高的现象；一方面，在学习新的文化知识的过程中，由于不得不重新架构自己的认知结构，为以后的学习奠定基础，但在学习过程中又面临着情感上、学习能力上、价值观上的冲突与选择。

文化冲突主义者认为，少数民族移民学生之所以学业成就不高，是由于少数民族文化与主流文化之间质的差异导致的文化冲突所导致的[1]。认为少数民族学生在家庭与社区文化中养成的学习风格、价值观等与主流社会文化为主要内容的学校校园文化相互冲突，从而导致了少数民族学生在学校中的学业成就低下。虽然文化冲突理论在理论解释上存在很多的局限，实是不能很好地解释为什么有的少数民族学生能够在学习代表着主流社会的文化内容的知识教育中取得了很好的学业成绩，比如朝鲜族、满族在接受主流文化的同时，也不断继承和丰富发展着本民族的文化，其学生受主流文化教育的水平也达到令人吃惊的程度。但是，如果把文化的核心即人们的生计活动和经济安排[2]作为考量，就会发现朝鲜族、满族的经济文化类型和汉族的经济文化类型很相似，都是平原集约农耕型[3]，这种经济文化类型和生产生活习俗的相似性，在很大程度上促使朝鲜族、满族更容易融入到以汉族为主体的主流社会中，而这种自愿性的融合有助于其学生取得较好的学业成绩。

贡山县传统的经济文化类型属于较为原始的山林刀耕火种类型，和平原集约农耕型有着极大的差异。在意识到外来文化并不一定带给自身传统社会极大的发展后，对先进的生产生活方式有着防范心理的贡山传统社会谨慎地选择着和外来文化的融合。这就可以解释为什么贡山县学生为什么人文学科学业成绩普遍偏低的问题，即一方面传统的文化和代表着现代文化的课程内容之间充满了冲突，学生面临着文化上的选择；另一方面，进入一种新的和自身传统文化差距明显的文化环境，造成儿童学习知识的不适应，无法在原有的知识连接上建构新的知识，造成其学习上的困难。所以，文化冲突理论是完全可以解释贡山县中小学生人文社会学科学业成绩普遍偏低的问题。而作为进行渗透教学的主干课程比如语文、自然、地理等学科，如果不能从内容上对当地的传统文化资源进行整合，使学生在熟悉自己本身所属的文化中，增加其对已有环境教育知识的理解和掌握，那

---

① 哈经雄，滕星.民族教育学通论 [M].北京：教育科学出版社，2001：58.

② J. H. 斯图尔德.文化生态学的概念和方法 [M].玉文化，译.伊利诺伊大学出版社，1954：5.

③ 林耀华.民族学通论 [M].北京：中央民族大学出版社，1997：95.

么贡山县中小学生环境价值观念和正确行为习惯的形成就只能停留在表面上，中小学生也无法真正掌握环境教育知识。

第四节 小 结

人类对于自然环境的态度，一种是建立在对自然资源疯狂掠夺上的，是让自然服务于人类发展的，其结果只能是导致生存环境的恶化和生态资源的枯竭；另一种是采取"顺应自然""崇尚自然"的态度并在相当长的时期内维持了特定范围内的生态平衡，其结果是人与自然共生共荣。[1] 贡山县各族人民在数千年来发展出的人与自然相互关系的理念和哲学思想是坚持人与自然和谐发展的，着眼点既有益于人自身又有益于环境，所确立的目标既考虑到当代人的生存又兼顾了后代人对资源的需要。所以对待少数民族在几千年中摸索出来的文化和经验时，不能站在"民族中心主义"的立场，以优越的民族观去看待问题，而应该具体地了解该民族文化形成的具体的历史的文化根源，并结合当地的自然生态条件去分析和解决问题，不要以为本民族的文化是先进的就否定少数民族在几千年中一直延续的生产生活方式。要对之以客观、平等的角度去看、去观察、去汲取其经验。如果完全排斥民族传统文化，脱离当地的自然条件等实际情况，那么让少数民族完全接受另一种生产生活模式的结果可能是毁灭性的。

反思我们所认为的先进的生产力、先进的文化传统带给我们的是什么呢？早期的文化生态论的主要代表人物之一的美国著名人类学家马歇尔·萨林斯在其出版的《石器时代的经济学》中就批判了长期流行于西方经济学中的进化理论。一般人认为，现在的西方是人类经济史上最富裕的一个篇章，而原始的、非西方民族尤其是狩猎和采集民族被认为是生活在饥饿边缘的经济类型。萨林斯认为这完全是西方文化中心主义的观点。事实上，根据人类学的研究，狩猎和采集民族有足够的食物和其他的自然资源，也有丰富的闲暇文化生活。从资源占有的角度来看，狩猎和采集民族是"原始的富裕社会"，西方现代经济反而是处于一个贫困的历史阶段。用萨林斯的话作为总结，他说，比起他们，现代人是贫困交加的穷人[2]。

---

① 廖国强，何明，袁国友. 中国少数民族生态文化研究 [M]. 昆明：云南人民出版社，2006：4.

② 王铭铭. 萨林斯及其西方认识论的反思 [M]. 北京：生活·读书·新知三联书店，1999：8-9.

　　贡山县的环境教育工作的开展相比东部一些省份来说起步较晚，从环境教育开展的情况来看还面临着很多的困难，但是从宣传教育的力度来看，贡山县这几年逐年加大对环境教育宣传投入，并积极采取措施解决环境中出现的问题。在宣传教育工作中，贡山县根据自己的县情总结出一套很有特点的工作方式、工作方法。在正规环境教育中，贡山县中小学正在朝着加大对传统资源的整合开发校本课程、重视教师环境教育培训、引进优良师资、在教学方法上强调启发性和趣味性等措施逐步提高中小学生的环境素质水平和环境意识。

　　我们相信，贡山县，这个三江并流区域内核心地带的小县城，其环境教育工作会随着干部群众对环境教育问题的进一步认识而得到更有力的开展，我们也相信三江明珠贡山，这个神与人共同居住的地方明天的环境会更美好。

第五章　西双版纳傣族自治州景洪市勐罕镇中学初中生环境教育的调查研究

季燕君　关　达

第一节　勐罕镇环境现状

一、勐罕镇简介

（一）景洪市勐罕镇的历史沿革

"景洪"，傣语译音，意为"黎明之城"。古称"阿罗毗""勐泐""景永""景陇"，旧称"彻里""车里"。历代统治者都以此为中心，统治着西双版纳。

勐罕系傣语地名，古称"拉玛腊地""勐达沙纳管"，汉文史书记载为"橄榄坝"。元属车里路军民总管府，明隆庆四年（1570 年）改名勐罕，属版纳景洪。清雍正七年（1729 年），版纳改土归流，在勐罕设橄榄坝州，此后不久，废橄榄坝州，在攸乐设同知[①]，隶属思茅通判。民国 18 年（1929 年）置勐罕区，属车里县。1953 年 1 月设勐罕办事处，属版纳景洪。1969 年设人民公社。1984 年 2 月设区。1988 年改为勐罕镇。[②]

（二）勐罕镇的基本自然地理情况

勐罕镇，总面积 301.5 平方公里，距县城 27 公里，是一个集农业、旅游为一体的开放镇。地跨东经 100°52′—101°10′，北纬 21°41′—21°57′。东部与勐腊县勐仑镇毗邻，西部与原景洪镇相连，北部靠群山起伏的基诺乡，南部与景哈乡隔讲相望，距州、市府所在地原景洪镇 27 公里。全镇总面积 301.5 平方公里，森林面积 16.5 万亩，森林覆盖率 53%，地势东南低西北高，镇政府驻地海拔 519 米，最高海拔 1438 米，最低海拔 480 米，

---

①　景洪县地方志编撰委员会 . 景洪县志 [M]. 昆明：云南人民出版社，2000：6.

②　景洪县地方志编撰委员会 . 景洪县志 [M]. 昆明：云南人民出版社，2000：79.

坝子平均海拔 510~500 米。年平均气温 22.7℃，最高平均气温 26.5℃，最低平均气温 15.7℃，年平均降雨量 1311 毫米，年均日照 1692.7 小时。①

总之，勐罕镇气候温和，雨量充沛，空气湿度大，土壤自然肥力高，适合发展水稻和橡胶种植业以及热带经济作物。勐罕镇还以傣族风情浓郁，亚热带风光迷人而闻名于世，素有"孔雀尾巴"之美称，是澜沧江黄金水道和西双版纳旅游东环线的重镇。

（三）勐罕镇的社会经济特征

据《勐罕镇 2005 年统计报表》"2005 年期末人口总数统计数据表"显示，勐罕镇共有 26471 人。其中男性 13376 人，女性 13098 人，傣族 20023 人，哈尼族 5601，汉族 695 人，彝族 92 人，基诺族 1 人，其他 59 人。可见，勐罕镇按民族人口从多到少依次是傣族（75.6%）、哈尼族（21.2%）、汉族（2.6%）、彝族（0.35%）、基诺族（0.38%）。

勐罕镇距离景洪市 27 公里，是全市主要的橡胶种植区域之一。根据 1985 年对景洪市橡胶资源的调查显示，勐罕镇适宜种植橡胶的净面积达 16.09 万亩，排名全市第三名，适宜种植橡胶土地的比重占全市的 24%。民营橡胶业迅猛发展。

勐罕镇还素有"东方明珠""孔雀尾巴""鱼米之乡"之美称，自然资源丰富，具有独特的旅游资源。镇内有国家级 4A 级景区——西双版纳傣族园。2000 年以来，全镇共接待国内游客 5.6 万人，旅游综合收入 1865 万元，形成了勐罕镇新的经济增长点。

与此同时，勐罕镇的经济还受到传统的水稻种植业和近年来同样蒸蒸日上的水果业等产业的支持，发展前景广阔。

二、勐罕镇开展环境教育的必要性

傣族有句俗语："没有森林就没有水，没有水就没有田，没有田就没有粮，没有粮就没有生命。"可见，傣族人一直深知生态环境的重要性。但令人担忧的是，现在的人们受经济利益的强烈驱使，不顾环境与人的重要性，破坏了人与自然环境之间的和谐共存。这样一来，环境教育就显得着实重要了。那么，何谓"环境教育"呢？

环境教育（Environmental Education）在国际教育界是一个相对较新的概念，自 20 世纪 70 年代以来，国际自然和自然资源保护协会与联合国教

---

① 勐罕镇人民政府统计办. 景洪市勐罕镇人民政府统计手册［M］.2004：3-4.

科文组织（UNESCO）就明确表述了环境教育的定义：① "环境教育是一个认识价值和澄清观念的过程，这些价值和观念是为了培养、认识和评价人与其文化环境、生态环境之间相互关系所必须的技能与态度。环境教育还促使人们对与环境质量相关的问题做出决策，并形成与环境质量相关的人类行为准则。"在以后至今的探讨中，人们从不同的角度和不同的层面上对环境教育做出了解释，在我国目前把环境教育理解为以跨学科活动为特征，以唤起受教育者的环境意识，使他们理解人类与环境的相互关系，发展解决环境问题的技能，树立正确的环境价值观与态度的一门教育科学。

（一）勐罕镇存在的主要生态环境问题

由于多方面原因的影响，勐罕镇的生态正在不断恶化。这种生态的恶化体现在以下几个方面：

1. 森林面积大幅度下降

近年来，勐罕镇村民在强大的经济利益的驱动下，开始大面积地砍伐森林。尽管政府采取了措施来保护森林，但近年来森林面积呈减少趋势。

2. 动植物资源种类和数量减少

勐罕镇森林面积的减少，导致勐罕镇动植物种类和数量的减少。当地人都反映以前这里的森林覆盖率是很高的，顺着澜沧江从景洪到橄榄坝，沿河两岸全是热带雨林，随处可见猴子在树上荡来荡去，不像现在。

3. 水土保持能力减弱，已出现水土流失现象

调查结果表明，热带雨林年流失土量每亩仅 4.2 公斤，年流失水量 99 毫米；纯橡胶林年流失土量每亩为 179.6 公斤，水流失量 293 毫米；而森林毁坏裸地年流失土量每亩达 325 公斤，是热带雨林的 77.3 倍。西双版纳已存在严重水土流失的面积近 30 万亩，亩平均年土壤流失量在 6 立方米以上，导致河水含沙量增大，水库淤积速度加快。大面积森林生态系统的退化和水土保持能力的减弱导致旱季山泉流量减小，甚至断流。流沙河枯水期平均水位比 50 年代降低 1/3，最小流量减少了 1/2。在勐罕镇，十月间，由于是雨季，只见到澜沧江的水浑浊，从未见过清澈的江水。

当地老百姓形象地把橡胶树称为"抽水机"，在勐罕镇有些村寨已经没有饮用水了，需要到外面去买水喝了。同样，水资源的缺乏不仅仅体现在山区地饮用水上。还有当地人说到，由于曼景诓村处于勐罕镇地曼凌水库饮水渠的末端，近两年来都发生水危机，没有水，主要原因就是因为水

---

① ［英］Joy A. Palmer. 田青，刘丰译. 21 世纪的环境教育——理论、实践、进展与前景［M］. 1 版. 北京：中国轻工业出版社，2002：6.

库的水少了，水上渠的上端就被其他村分流完了，这种局势正在影响水田灌溉。

4. 土壤肥力下降

森林植被破坏，枯枝落叶量的减少和表土的流失，必然引起土壤肥力的下降。在勐罕镇调查期间，笔者曾多次去橡胶林参观，橡胶林与原先想象中的树林不一样，橡胶林只有高挑的橡胶树，树下没有任何杂草与枯叶，地面非常干净，不知是因为村民照料橡胶林细心，认真除草，还是因为橡胶林茂密的枝叶导致地面不能生长其他植物。估计后者的可能性更大。据从事热带雨林研究的生物学专家许再福教授研究表明：橡胶林的水流失量是同面积天然热带雨林的 3 倍，土流失量则是面积热带雨林的 53 倍。

5. 地方性气候出现劣变趋势

森林系统的退化和地表裸露恶化了水源涵养条件，减少了水分含积量，加大了水分蒸发强度，加快了水分转换和循环过程，缩短了水分在区内滞留的时间。西双版纳空气湿度下降、雾日减少及雾日持续时间缩短等气象要素的变化正是这种不良机制作用的结果。据介绍，西双版纳的雾日正呈逐年减少之势。在勐罕镇调查期间，村民反映，现在的勐罕镇比以前气温要高。勐罕镇 2006 年 4 月 8 日所发生了"4.08"风灾。在这场风灾中共有 4490 棵胶树被吹倒，287 户房屋受损，给村民带来很大的经济损失。想必当地环境的恶化是导致风灾的原因之一。

6. 病虫害日趋严重

村民反映以前胶树的主要病虫害是白粉病，而现在胶树的病虫害出现了很多新的，如有红蜘蛛、甲壳虫等，主要原因就是大面积种植橡胶树，造成生物的单一性等。

（二）勐罕镇生态环境恶化的原因分析

勐罕镇生态环境恶化的原因，笔者认为主要存在以下三个方面：

1. 橡胶价格疯涨，人们盲目砍伐热带雨林，种植橡胶树

近年来，随着市场上橡胶价格的疯涨，一些村民为了眼前的利益，无视国家的政策法规，擅自改变集体林地的用途，非法将树木砍伐后种植橡胶。如果将集体林地砍完就会出现非法蚕食保护区的林木的现象。橡胶是勐罕镇的主要经济支柱，但现在一部分人盲目毁林种植橡胶达到了疯狂的地步，这对勐罕镇的热带雨林起到极严重的破坏作用。

2. 人们环境保护意识日趋淡薄

从历史上看，傣族是一个比较环保的民族，爱护水源和植被，比如他们在村子周围种植一些"铁刀木"作为薪炭林就是一个很好的例子。但是，现在随着受到外来流动人口不同意识形态的冲击和市场经济利益的诱惑以及代际之间环保观念传承的日渐忽视，人们出现了一些破坏生态环境，危机后代子孙生存环境的恶劣行为。

3. 学校环境教育存在一定的缺陷

学校是传播知识和文化，养成良好生活习惯和积极向上意识形态的地方，是传播环境保护意识的重要场所。当前，全国各地学校、新闻媒体都在紧锣密鼓地开展环境教育，但是真正能收到良好效果的却不多。学校环境教育还是流于表面、形式，它并没有把家长、社区充分地组织动员进来。

第二节　勐罕镇初中生环境教育的调查研究

一、研究目标与方法

（一）研究目的

本研究是中央民族大学吴明海教授主持的教育部人文社会科学课题《可持续发展与西部民族地区环境教育》的组成部分，旨在对中国西部少数民族地区的生态环境及其教育状况进行探讨，目标拟在环境公共政策、环境法、环境组织和环境教育等大背景下，对中国的环境教育以及可持续发展予以关注。本文试图通过对地处云南省西双版纳傣族自治州勐罕镇中学环境教育问题进行分析和研究，进而对该地区的环境教育提出对策。

云南省西双版纳傣族自治州地处热带地区，并接近缅甸、泰国、老挝等国家，保护该地的生态与人文环境，对保护热带雨林生态的多样性，促进各国之间的和谐共处具有非常重要的生态和国际意义。

（二）研究方法

1. 文献法：为了对目前国际、国内环境教育的状况做一个比较清晰的把握，查阅了近年来与环境教育相关的文献资料；收集作为勐罕镇随机抽样的样本学校——勐罕镇中学参加州级"绿色学校"的申报材料。

2. 田野调查法：主要运用访谈法，对勐罕镇的教师、学生、家长以及村民等进行了多维度的调查，力求全面、真实地反映勐罕环境教育的现状。

（三）调查对象

本次调查的对象主要是勐罕镇中学。

　　至于被选为样本学校的勐罕镇中学位于西双版纳州旅游重镇、享有"绿孔雀尾巴"之称的橄榄坝，距州府景洪市区 27 公里。学校始建于 1985 年，现今是景洪市规模较大的一所初级中学。学校占地面积达 25333.46 平方米，校舍建筑面积 9636 平方米，绿化率在 75% 以上，教学区、运动场、学生生活区及教职工生活区布局合理。学校物理、化学、生物等实验室设备齐全，校园的文化、绿化、净化、美化逐年上档次，一个环境优美、秩序井然、催人奋进的育人环境正在形成。勐罕镇中学有一支责任心强，素质高的教师队伍。全校教职工共 83 人，其中专任教师 69 人（高级教师 1 人，中级教师 16 人，初级教师 52 人），学历合格率 100%，工勤人员 14 人。学校设初中三个年级，共 26 个班级，学生总数达 1303 人。2005 年被州环保局、州教育局联合授予西双版纳州首批"州级绿色学校"之一。

二、研究结果分析——勐罕镇中学环境教育的现状

　　环境保护、环境创建是我国的一项重要国策之一，乃至世界各国共同的呼声。但是，目前我国的环境教育还处于起步阶段，培养和提高人们的环境保护意识这一重担主要落在了学校的身上。勐罕镇中学作为该镇的唯一一所地处镇中心的中学来说，自建校以来，历届领导把环境教育列入工作计划之中，并能按照计划进行。现今，校园绿化覆盖率达 75%，已被评为西双版纳州级"绿色学校"。

　　（一）绿色学校的概念

　　"绿色学校"一词产生的源头已无从追溯，但从看到的文献来看，"绿色学校"（Green School）一直是与环境教育运动紧密相连的，可以说是作为环境教育运动发展的产物而产生的。1986 年，马来西亚教育部就曾出版过《绿化学校》一书[1]。而至少在 20 世纪 90 年代初，在英国就已经有不同的出版物从环境教育的视角出发，进行关于绿色学校建设的讨论[2][3][4]。由此推

---

[1]　教育部课程发展中心及阿敏奴汀学院. 绿化学校 [M]. 马来西亚：马来西亚世界自然基金会,1986.

[2]　Friend of the Earth. Green Your School – A School Friends Action Pack for Secondary School. London：Friends of the Earth, 1989.

[3]　Committee of Directors of Polytechnics. Greening Polytechnics. London：Committee of Directors of Polytechnics, 1990.

[4]　Further Education Unit in Collaboration with Council for Environmental Education. Colleges Going Green – A Guide to Environmental Action in Further Education Colleges. London：Council for Environmental Education, 1992.

想，绿色学校的提出在西方国家至少在 20 世纪 90 年代初期之前。也有人认为，"绿色学校"的概念最早起源于欧洲环境教育基金会（FEEE）于1994 年提出的一项全欧"绿色学校计划"（Eco－School）①，这一项目是一个环境教育国际项目。尽管参与该项目的欧洲各国学校所使用的称谓并不一致，如爱尔兰称"绿色学校"，德国称"环境学校"，葡萄牙称"生态学校"等，但是其内涵是相同的。

这样看来，绿色学校是作为实现环境教育目的的重要方法提出来的，它的内涵依从于对环境教育的目的和目标的理解。也就是说，绿色学校的内涵决定环境教育的内涵。因此，我们就应当从环境教育的内在要求出发去寻找绿色学校的本质含义和建设依据。在此，不妨对环境教育的目的和目标做一个简单的回顾。

在确定环境教育目的和目标的历史上，有许多重要的会议和事件②，但有三个标志性的地方应当铭记，它们依次是斯德哥尔摩、第比利斯和里约热内卢。

1972 年，联合国在瑞典的斯德哥尔摩召开了人类环境会议，在会议宣言第 19 项原则"环境教育"中，指出了环境教育在保护和改善环境上的重要性。在行动计划第 96 项建议中，强调了建立国际性环境教育项目的必要性。因此，本次会议可以认为是全球环境教育运动的发端。

1977 年，联合国教科文组织和联合国环境规划署在第比利斯召开了政府间环境教育会议，并发表了第比利斯宣言，首次把环境教育的目的和目标确立为意识、知识、态度、技能、参与五个方面，为全球环境教育的发展奠定了基本框架和体系。因此，第比利斯宣言被认为是国际环境教育基本理念和体系的基准。

1992 年，联合国在巴西里约热内卢召开了有 180 个国家代表参加的"联合国环境与发展"大会，这是全球范围内对可持续发展思想的认同和确立的一次空前的大会。通过本次会议，可持续发展的思想在全世界不同经济发展水平和文化背景的国家得到共识和普遍认同，而教育对可持续发展的重要性也得到充分肯定。可以认为，里约会议是环境教育运动的新起点，它提出的概念和思想，成为环境教育构建新的目的和目标体系的

---

① 曾红鹰．环境教育思想的新发展——欧洲"生态学校"（绿色学校）计划的发展概况[J]．北京：环境教育，1999（4）．

② 刘继和．国际环境教育发展历程简顾——以重要国际环境教育会议为中心 [J]．北京：环境教育，2000（1）．

基础。

从斯德哥尔摩到里约热内卢，整整走过了20年的时间，在这20年中，环境教育运动有着长足的发展，环境教育的目标，也在不断的发展过程中。目前国际上广泛认同的，是第比利斯会议的观点。但是我们可以看到，自第比利斯会议以来，新的环境问题不断涌现，人类对环境的认识不断加深，环境教育所涵盖的内容在拓宽，因此环境教育目标也发生着变化。其关注的重心由原来单纯的自然环境的保护，转移到现代的对整个人类历史上的发展模式的反思、对现代工业文明的审视、对未来生存形态的思考。这正是可持续发展的思想在环境教育中的反映，而这一趋势在巴西里约热内卢得到了确立。因此，现代的环境教育，其根本目标是与可持续发展观密切相关的。有人由此将现代环境教育直接称为可持续发展教育。

"绿色学校"作为一种环境教育的重要手段或措施，其内涵必然是随着环境教育目标的变化和要求而变化的。当环境教育仍然只把关于环境的知识和技能传授作为唯一的目标的时候，绿色学校的概念只能是狭窄的，知识本位的；而当环境教育的目的和目标以可持续发展思想为指导，从而扩展到一个更广阔的领域的时候，绿色学校的概念自然也就要求能够涵盖更大的范围，包括更多的内容。第比利斯会议上提出五个方面的目标，把环境教育目标从"关于环境"领域扩展到"通过环境"和"为了环境"的领域；而里约热内卢会议，更要求从生态、经济和社会可持续发展的高度来看待环境教育，不仅是"关于环境、通过环境和为了环境"的教育，而是"关于可持续发展、通过可持续发展和为了可持续发展"的教育。这样看来，从现代环境教育的观点出发，正如地名和大量的地理事实是地理学的重要内容但绝不是全部内容一样，一所绿色学校绝不仅仅是一所环境优美示范校，一所环境卫生示范校，一所环境科技活动特色校，尽管这些也许都是一所绿色学校的表现。

绿色学校是指在学校管理中纳入有益于环境的管理措施，充分利用学校内外的一切资源和机会提高师生环境素养的学校。它强调将环境意识和行动贯穿于学校的管理、教学和建设的整体性活动中，引导师生关注环境问题，让青少年在受教育、学知识的同时，树立热爱大自然、保护地球家园的高尚情操。在创建"绿色学校"活动中，许多学校在校园的绿化、美化、净化上狠下苦功，营造一个美观、清洁的环境，这是完全必要的，但还远远不够。绿色学校的建设涉及学校建设各个方面的内容，绝不是学校工作的某一个方面所能代替和涵盖的。

（二）勐罕镇中学开展环境教育所做的努力

1. 组织管理井然有序

（1）领导重视

学校在 2004—2005 学年的学校工作计划中就有开展环境教育方面的要求，成立了创建绿色学校工作领导小组，领导小组定期或不定期地召开专门会议，总结部署环境教育工作，年度财务计划中有环境教育专项经费安排，学期末在学校工作总结中能认真总结相关工作。

（2）制度建设

在制度建设方面，制定了明确的工作职责和工作制度，并形成了可持续发展的规律。规定每周五下午第三节课为全校性的环境卫生大扫除，每天早、中、晚捡扫，并有值周班和绿化班的持续循环安排，在周活动表上反映出来该班为值班，明确工作制度，按制度进行检查、评比、公布。

（3）档案资料

在开展环境教育过程中，注意收集开展活动资料。校电教员专人摄像、拍照，做好图片的收集整理，且保存良好。

（4）宣传氛围

该校充分利用校园广播、板报、宣传栏，以及在学校阅览室对学生开放有关环境保护方面的杂志、读本，让更多的师生来关注环境保护，增强了环保意识，加大了宣传力度。

2. 教育过程形式多样

（1）课堂渗透

"百年大计，教育为本"。学校教师的共同特点就是把德育教育渗透到课堂中去，明确"以环境教育为依托，倡导绿色管理，带动学校素质教育水平的整体提高，培养素质全面的学生"作为办学理念，使学生在学习中可获得更多的文化知识。爱护校园内的环境，是学校教师时时挂在嘴边的教育内容。学校要求各班级开展爱护环境的主题班会，并且有记录，将环境教育纳入教育教学计划中，在教案中能反映出环境教育内容。

（2）专题教育

在实施环境教育过程中，学校要求全体党员、团员带头做好爱护环境的先锋作用，并把环境教育的具体活动落实到人、负责到人。每学期在周活动表上明确要求团委组织团员学生做好开展环保活动带头作用，组织一次爱护环境的知识讲座。学校内有学生会组成的环保活动小组，配合好政教处的各项工作，督促好校内的各种违规行为，并且做好记录上板公布，针对环境意识尚差的学生，进行耐心教育，在各处室的协调下也能正常地参加活动。

（3）宣传活动

结合新课程的实施，让"绿色"走进课堂，走进每一个学生，采取多层次，多角度，抓结合，促渗透的措施，全方位地推进环境教育。学校以年级组为单位组织开展了保护环境小论文竞赛，团委组织了环境保护知识竞赛和团小组长组成的夏令营到勐仑植物研究所参观，并在校内组织全体师生开展"我爱母亲河"千人签名的大型宣传活动，直接关注到了我们身边的环境，同时学校利用各个相关纪念日开展主题鲜明的环境活动。各班级教室内外有名人画像、名人名言，以及校园内的各种标牌、校刊——《椰林风》、校园广播——"校园之声"以及《校长论坛》，成为学校绿色教育又一道亮丽的风景线。使校园环境更体现出教育性、艺术性、科学性和愉悦性。

3. 行动落在实处

（1）校园美化绿化成绩显著

该校结合地区的地理条件，在校内种植了椰子树、小叶榕、槟榔树、九里香、小黄叶，修建绿化带，保护草坪，绿化覆盖率达75%，使校园绿化、美化、净化相映成趣，形成一个良好的育人环境氛围。

（2）环境卫生状况优秀

环境卫生坚持每天三捡扫区保洁的养成（包括教室、宿舍、卫生区），并能达到全天保洁。目前学校使用千年茶王水厂、生产的矿泉水，各班级教室里都配有一台饮水机，保证喝洁净的水，预防疾病发生。学校的食堂管理是全州教育系统首家到 A 级食堂的示范食堂。学校公厕、浴室，每天都有值周班级捡扫，每周喷洒消毒，由校医、勤杂工负责，并有记录。我们的目的是使校园环境做到绿化、亮化、美化、净化。

学校在校园内合理安装水龙头，分男，女生浴室，青年教师浴室，沟渠畅通，能排出污水，食堂用来清洗各种炊具的都是环保洗涤剂，不用燃油锅炉，一次性餐具由部分单身教师用，但注意处理好用后造成的各种污染。

4. 教育效果明显

（1）校内状况

该校全体教职工经过校会宣传动员学习，增强了意识，具备了一定的环境理论知识，要求学生做的教师先做到，师生都有比较好的环境素养。学校始终把德育工作放在教学管理的首要位置来抓，在传授知识的同时也在教学生做人，教他们一些环境保护的知识，同时相互督促。校园内安装了 16 个标示明显的垃圾箱，可回收箱、不可回收箱，让全体师生一目了然，增进物化环保意识。

（2）社会实践效果

该校全体师生坚持树立"人文、自然、和谐、民主"的要求，大胆创新，形成愉悦，向社会宣传环保意识，师生平时的交谈中相互都非常关注环境问题，从上街买菜，平时用的水果都非常注意是否沾染农药等，学校食堂购物严格把关组织全体团员参加扫大街公益活动，全校分年级参加橡胶基地施肥活动等。

（3）教学成果

加强教师的环境意识，注重提高教师的环境教育能力，对师生进行环境知识讲座，利用网络，了解新的环境教育信息，通过课堂教学和教育科研，进行"环境教育与人的全面发展"为本，从而提高课堂环境教育的效果。近年来，通过多种渠道的宣传，学校教师的环境教育意识与能力正在不断增强如美术课堂中多次进行了手抄报比赛，主要内容是有关环境知识方面的，通过课堂竞赛，评出了部分优秀的作品，组织本校师生参观；王江老师的绘画作品分别荣获国家、省级、州级的表彰，学校政教处也组织了相关的竞赛，如两周一次的"文明宿舍"评比、教室布置评比，学生参与率广，内容丰富，诱人受益。

综合上述，不足之处，校园内未能杜绝一次性餐具，绿化带里花少树多，观赏性不强，在美化、洁化、净化方面有待提高。学校在各级领导的关怀和支持下，在绿色教育、环保宣传方面已取得了一定的成绩，如今在积极响应上级领导指示的同时，根据本校自身特点，一如既往地一手抓学校建设，一手抓环境绿化、美化与净化，把环境保护、环境意识、绿化工作列入学年计划来抓，经过全体师生的努力，正向着绿色学校迈进。该校的努力方向是：树立"绿色理念"，构建"绿色德育"网络，营造"绿色文化"氛围，构建"绿色校园"，将把学校努力创建成具有特色的花园学校。

三、勐罕镇中学环境教育问题分析

勐罕镇中学之所以会大张旗鼓地开展环境教育，这与"绿色学校"评比活动的开展是密不可分的。虽然取得了一定的成绩，但也和其他许多学校一样存在一些问题，通过调查，笔者认为主要有以下几点：

（一）环境教育的经费短缺

充足的经费保障是活动得以顺利开展的资金保障。但是笔者在访谈勐罕镇中学校办主任、"绿色学校"申报主要负责人王学文老师时，他表示学校组织各种环境教育活动所需经费并没有直接的来源，都是靠学校自筹，这就无疑地给原本经费紧张的学校增加了经济负担。勐罕镇中学准备申办"绿色学校"的第一年就花了4万元来购买花草树木、建设学校花坛等，尽管往后的年份少一些，但每年也要2000~3000元。如此看来，解决学校环境教育过程中的经费来源是一个值得思考的问题。

（二）环境教育专业人员缺乏

勐罕镇中学从事环境教育的专业教师根本没有，主要是通过学校组织教师进行学习，宣传环保常识。在调查中笔者了解到勐罕镇中学的教师到目前为止只开展过三次培训，一是"如何爱护我们的环境"，二是"如何培养学生的环境意识"，三是"我们大家如何来保护环境"，就这样，他们走上讲堂对学生开展了环境教育。当然，比起那些前期没有开展任何教师培训的学校和单位来说，勐罕镇中学还算是比较进步的，但严格意义上来说，这也是大大不够的。所以，笔者认为在今后学校环境教育的过程中，教育部门或环保部门要尽量组织教师开展专业、系统、正规的培训，最好是培训专门的人员，让他们在各个学校高效率地从事专门的环境教育工作。

（三）环境教育资料欠缺

笔者还了解到，勐罕镇中学开展环境教育过程中并没有固定教材，都是教师自己收集整理，根据自身学科的特点结合到课堂中去的。虽然这么做有一定的积极意义，但是也存在部分教师无法自如地开展环境教育，导致有些教师只是流于表面，毕竟教师对环境教育的认识深浅直接影响到教育的效果。学校的部分教师在笔者调查期间表示他们更希望有专门的环境教育的资料，特别是书面的或者影视的光碟等。

除了以上的三点，当然还有其他不足的地方有待我们解决，比如说学校并没有把家长、社区纳入整个环境教育体系中来，只是单纯地把学校作为一个实体来开展环境教育，而忽视了学校所处的社会环境。

第三节　勐罕镇进一步开展环境教育的对策

勐罕镇中学创建"绿色学校"的成功举措，值得其他中、小学校借鉴，但怎样才能让勐罕镇中学的学生各个爱护环境，使勐罕镇的环境得到有利保护，为少数民族地区的环境教育树立一个成功的范式呢？笔者认为应该从以下几方面做起。

一、继承和发扬傣族文化中保护生态环境的优良传统，做到"代代相传"

傣族其实有很多方法来保护他们的生态，如种植铁刀木，由于铁刀木生长迅速，不费管理工时，萌发力强，木材燃烧性能良好，当地人口平均每年消耗仅 1～1.5 立方米木材，每人种植面积只需 1.5 亩左右即足够轮伐利用。这一传统栽培技术不仅充分利用了这种树木的生物学特性和生态学特性，而且在经济上十分合算，并对当地热带森林的保护十分有益。傣族是全民信仰小乘佛教的民族，宗教中包含对于生态的保护，如"神山"即是一种对生态环境的保护。傣族把自己村寨附近的一处热带原始森林，信俸为"神山"，即"神居住的地方"。这个地方的动植物都是"神的家园"里的生灵，是"神"的伴侣，不能侵犯，应当爱护和崇拜，以求得"神"的保护，消灾免难，保障家园平安和康宁，因此，居民们每年定期举行"神山"的祭神仪式，十分虔诚。这种表面上看来是一种自然崇拜的迷信习俗，却包含着深刻的早期人类生态学观念。他们崇拜大自然的产物，而借助"神"的力量去保护人们的平安和健康，以求得人与自然环境的和谐一致，是人类早期阶段与自然环境之间相互作用的一种产物。

二、开展生态旅游也是保护的重要措施

云南开展生态旅游，目前受益的是外来的经商者，老百姓受益不多，没有感觉到生态与自身切身利益密切相关，这就需要完善这方面的激励机制。在与勐罕镇傣族园范文武总经理进行访谈的时候，他给我们提出"保护就是发展"的口号，提出在傣族园实施生态旅游，如公司鼓励村民在自家门前种花种果木，并实施奖励。在傣族园的村民家门口，游客都能见到村民家门口种了各种各样的花草树木。

三、产业结构合理化，追求可持续发展

在不适宜种植橡胶树的地区一定不种，并且应对勐罕镇总的橡胶种植面积作出规定，对违反条令的人要依照相关法律追究法律责任。

四、鼓励学校开发地方性校本课程

开发地方性校本课程可以把环境保护的知识融入到教材中，为学校教师、学生提供环境教育所需的教材。现在勐罕镇中学正在开发的初中地方性校本课程教材共三册，"认识我们的家乡""保护我们的家乡""建设我们的家乡"，认识层层深入，贯穿了环境保护的内容和意识，这对提升当

地学生的环境保护意识有非常重要的作用。

五、学校、家庭、社区要三者一体，共同投入到保护环境的活动中来

学校就像是土壤，从学校出发，把环境保护的知识和精神传播到学生的家庭中去，提高家长的环保意识，从而带动整个社区的环境建设。

附录一

访谈提纲一

——中学领导或教师

一、被访谈者个人资料

性别：男　女

年龄：_____周岁

民族：_____族

所在单位（学校）：_____

职务：_____

学历：_____

所在乡镇或村寨：_____

二、访谈提纲设计

1. 你们学校是"绿色学校"吗？是什么时候被评定的？它的评价标准是什么？你们申报的初衷是什么？

2. 你们学校进行环境教育的目的是什么？

3. 你们学校是怎么开展环境教育的？教学过程中是把它渗透到各门学科还是单独设立一门学科？

4. 学校教师是怎样把环境教育与学科教学结合进行的？试举例说明。

5. 你们学校除了课堂讲述以外还有哪些关于环境教育的教学方法？具体开展？

6. 你们学校环境教育所用的教材是什么？是乡土教材还是统一教材，或者两者兼有？

7. 你们学校老师是否接受过一些关于环境知识的培训？通过何种途径？

8. 你们学校有没有组织一些环保性质的活动（例如知识竞赛、讲座、社区服务、参观学习、野外调查等）？经费来源是什么？开支情况如何？

9. 你们学校对环境教育的态度如何？学生和家长对环保活动的态度如何？

10. 你们学校、教育局和环保部门是否有合作进行环境教育，组织开展环保活动？

11. 你们学校环境教育这部分在对学校、教师、学生各方面有具体的评价体制吗？如何体现和衡量个人的环保意识？

12. 你们学校对校园环境的建设和保护采取了哪些措施？效果如何？

13. 你们学校是如何参加社区环境教育工作的？

14. 谈谈你们学校申报"绿色学校"前后的区别？校园内外有些怎样的变化？

15. 您觉得本地人的环保意识如何？你们当地存在哪些环境危机？如果要提高，您有什么建议？

访谈提纲二

——*初中生*

一、被访谈者个人资料

性别：男　女

年龄：_____周岁

民族：_____族

所在学校：_____

年级：_____班级_____

所在乡镇或村寨：_____

二、访谈提纲设计

1. 你有关环境方面的知识主要来自哪些渠道？（学校、电视传媒、网络等）

2. 你对环境保护有什么看法？你觉得作为一名中学生，应该怎么做？你自己是怎么做的？

3. 你知道环境教育吗？你认为环境教育是指什么？

4. 你们学校是否重视环境教育？你觉得环境教育重要吗？为什么？

5. 你们学校是如何开展环境教育的？教师在课堂中讲授有关环境方面的内容时，是否重点分析？举一个例子说明教师是怎样进行环境教育的。

6. 学校除了课堂讲述还有哪些关于环境知识的教学方法？

7. 学校组织了哪些相关的活动？你喜欢采用哪种环境教育的方法？

8. 你对学校开展的环保活动满意吗？有什么好的建议？

9. 你觉得你们学校的校园环境怎么样？你觉得你们家乡人的环境意识怎么样？

10. 你父母对学校开展的环保活动态度如何？他们给你讲环境保护方面的知识吗？

11. 讲一个真实的小故事，说明你是如何进行环境保护的。

访谈提纲三
——家长及村民

一、被访谈者个人资料

性别：男　女
年龄：_____周岁
民族：_____族
所在乡镇或村寨：_____

二、访谈提纲设计

1. 您觉得您现在居住地的自然环境和以前相比有怎样的变化？你们当地存在哪些环境危机，过去和现在？

2. 您知道环保吗？您所在的社区是否有对你们进行环境教育，你们的态度如何？

3. 您觉得为了保护环境，应该注意哪些？

4. 小时候您的父母给您讲过关于保护环境方面的知识吗，比如有教育性质的故事，你们当地关于保护环境的习俗等？那您现在对自己的孩子有是如何教育的？

5. 您孩子在学校有接受环境教育吗？他们回家有给您讲解吗？

6. 您觉得你们当地人的环保意识如何？你们当地存在哪些环境危机？如果要提高，您有什么建议和措施？

附录二

访谈一

访谈时间：2006 年 11 月 2 日上午 8：10—9：00

访谈地点：云南省西双版纳州景洪市勐罕镇中学校长办公室

访谈对象：王学文（彝族，36 岁，勐罕镇中学校长办公室主任，体育教师，"绿色学校"申报主要负责人）

访谈人：季燕君

记录人：季燕君

访谈内容：

问：王主任，您好！听说您是勐罕镇中学"绿色学校"申报的主要负责人和主管人员。我目前正在做一个环境教育方面的调查，所以特地前来拜访您，想从您这了解一些信息。

答：很欢迎。有什么问题尽管问。

问：你们学校现在是"绿色学校"吗？

答：是的，是 2005 年世界环境日那一天正式通过上级审批的，属于二级乙等。

问：那你们学校申报的初衷是什么？

答：一是为了响应上级保护环境的精神，二是我们学校是实施教育的场所，理当应该在环境保护方面走在前头，教育学生要爱护环境，保护我们自己的家园。

问：你们学校进行环境教育的目的是什么？

答：主要就是培养和提高学生的环境保护意识。毕竟我们人类只有一个地球，所以我们一定要把环境建设好，保护好。

问：那针对环境教育，你们学校具体是如何开展的？

答：学校集体开展，设立了专门的机构，只要是以"校长任组长"的负责机构，在做的过程中突出重点。通过教师向学生灌输环境保护的知识，一般是采取渗透式，如地理、历史、语文、数学等学科教学的过程中融入环境教育的内容。比如在数学课的教学过程中，有时计算烧煤的问题，那同时教师就会设计让学生明白一吨煤产生多少废气，造成多大的环境污染；地理课，教师讲授家乡环境资源时就渗透环保的重要性。另外，学校还组织学生开展各种活动，培养学生的环境保护意识，如我们学校举办的"爱鸟周""环境日""劳动节""三扫制度"，板报、教室环境评比，

"植树节"带领学生去学校的胶苗基地劳动，种植小胶苗，"我爱大自然""我爱我家"演讲比赛等。

问：那你们学校环境教育有专门的教材吗？

答：没有固定教材，都是老师自己收集整理，根据自身学科的特点结合到课堂中去的。

问：你们学校的老师是否接受过一些关于环境知识的培训？他们是通过什么途径了解环境教育方面的知识的？

答：学校组织老师进行学习，宣传环保常识，到目前为止开展过三次培训，一是"如何爱护我们的环境"，二是"如何培养学生的环境意识"，三是"我们大家如何来保护环境"。

问：你们学校在组织各种环境教育的活动中需要经费开支吗？怎么解决？

答：经费当然还是需要的，靠学校自筹。

问：那花销大概一年在这方面的投入有哪些细节，要多少？

答：比如学校校园中栽种的花草树木，当初买树苗都是我们自己从植物园购买来的。数额按具体情况定，有多有少，最多的就是准备申办"绿色学校"第一年花了4万元，建设学校的花坛，往后的年份就少一些，每年2000～3000元。

问：你们学校对环境教育的态度如何？学生和家长对环保活动的态度如何？

答：我们学校是非常重视的。每天政教处的检查，希望大家有一个整洁美丽的校园。学生和家长们也是很支持的。因为学校通过学生把环境意识带回家，如学校开展环境演讲比赛，就让学生回去给父母讲我们这个活动的宗旨、目的，转告家人。还有就是针对老百姓的需要和实际宣传环保知识，如教给他们如何处理使用后的庄稼地里的塑料薄膜。这样，家长也就一起参与进环保的队伍中来了。

问：你们学校、教育局和环保部门是否有合作进行环境教育，组织开展环保活动？

答：有。前段时间，我们学校团支部和镇团委合作，开展了"我爱母亲河——澜沧江"万人签名活动，并且组织青年团员去江边捡废品、垃圾。

问：那你们学校环境教育这部分在对学校、教师、学生各方面有具体的评价体制吗？如何体现和衡量个人的环保意识？

答：有。如晨扫制度、宿舍管理制度，"文明宿舍"评比等。学校对学生宿舍的管理还是比较严格的，一周评比一次年终考评班级时就给"文明宿舍"所在的班级加分，个人则发点小奖品：学习用品、洗衣粉之类的。我们整个学校学生宿舍楼有五层，一楼层评出一个"文明宿舍"，每个宿舍，学校在环保这方面要投入 20 元左右，一个学期。所以这样下来，整个学校每个学期就要花上 2000～3000 元。

问：你们学校对校园环境的建设和保护采取了哪些措施？效果如何？

答：学校有制定"公物管理制度"，还有根据我制定的勐罕镇中学绿化管理制度设置"绿化值周班"，一个班一周，依班轮流，负责学校的绿化和除草工作等。效果还是很不错的，令人满意。

问：你们学校是如何参加社区环境教育工作的？

答：我们学校主要是通过发动青年团员、学生会在社区发放环保宣传单。为了避免人们把我们的传单随意丢弃，我们还在后面注明文字表示不能扔。

问：谈谈你们学校申报"绿色学校"前后的区别？校园内外都有怎样的变化？

答：总体情况转好了。学生比以前都更注意卫生，讲文明了，因为他们都怕评不上。

问：您觉得你们当地人的环保意识如何？你们当地存在哪些环境危机？如果要提高，您有什么建议和措施？

答：我们当地人的环境保护意识是逐步在提高啊，通过宣传，给社区营造"爱护环境"的氛围。但最头疼的就是来我们这儿的外地人的环保意识淡薄。说到我们这里的环境危机，我认为主要有两点：一是种橡胶树多，开荒严重，加上现在相关的法律、法规不健全；二是胶厂对水源的污染，虽说是处理了但效果还不是很好。针对提高我们镇人民的环境保护意识，我认为应该从以下三个方面入手：一是整个社区、村寨进行评比，开展活动，如"我爱我家"绿化评比；二是大力宣传，从学校到社区再到每一个村寨，让学生带回家，政府要对村寨进行评比，从小环境到大环境；三是街道管理部门应该召集商人开展一些活动，如租赁房屋的要做到"门前三承包"，分到户。

访谈二

访谈时间：2006 年 11 月 2 日中午 11：30——12：30

访谈地点：云南省西双版纳州景洪市勐罕镇中学

访谈对象：玉光（女，13 周岁，傣族，勐罕镇中学八年级 123 班）

访谈人：季燕君

记录人：季燕君

访谈内容：

问：同学你好！我是从北京来的，做一个关于环境教育的调查，想了解一些信息，希望你能和我聊聊。

答：好啊，好啊。

问：（我很惊喜，这里的孩子能如此开朗、大方）你有关环境方面的知识主要来自哪些渠道？（学校、电视传媒、网络等）

答：来自学校、广告等。

问：你对环境保护有什么看法？

答：我对环境保护的理解是不乱扔垃圾。

问：你觉得作为一名中学生，应该怎么做？你自己是怎么做的？

答：我认为作为一名中学生应该做到不乱扔垃圾，爱护环境，见了垃圾要随手捡到垃圾筒内。

问：你知道环境教育吗？？

答：知道啊。

问：你认为环境教育是指什么？

答：我认为环境教育就是不乱扔垃圾，爱护环境人人有责。

问：你们学校是否重视环境教育？

答：很重视。

问：你们学校是如何开展环境教育的？

答：主要是做宣传广告。

问：老师在课堂中讲授有关环境方面的内容时，是否重点分析？举一个例子说明老师是怎样进行环境教育的？

答：老师做重点分析，一般是教我们要爱护环境，保护大自然。

问：学校组织了哪些相关的活动？你喜欢采用哪种环境教育的方法？

答：发宣传单、做广告、上网络、电视传媒等。我喜欢发宣传单。

问：你对学校开展的环保活动满意吗？有什么好的建议？

答：不满意。我们学校还是存在乱扔垃圾的同学，只要把这点改了就好了。

问：你觉得你们学校的校园环境怎么样？你觉得你们家乡人的环境意识怎么样？

答：我觉得学校的校园环境比我家乡人的环境意识差。

问：你父母对学校开展的环保活动态度如何？他们给你讲环境保护方面的知识吗？

答：满意。他们教我们要保护环境，不乱扔垃圾。

问：讲一个真实的小故事，说明你是如何进行环境保护的。

答：（说不上来）。

问：（午休的时间到了）好，不打扰你们午睡了，谢谢你小同学！

答：不用，有空还来找我。

访谈三

访谈时间：2006—6—25 上午 10：00—11：00

访谈地点：勐罕镇政府家属楼内

访谈对象：徐（54 岁，上海知青，家有两个哥，一个姐）

访谈内容：

问：徐老师，您好！

答：您好！

问：您是什么时候来到西双版纳的？

答：1969 年下来的。当时，我从上海下来的时候只在昆明待了几个月，为的是修建曼岭水库。

问：那您是跟随部队一起来的还是自己下来的？

答：我是自己下来的，70 年代那时有一批知青下来这里。

问：您刚来橄榄坝的时候，这里是什么情况，您能详细介绍一下吗？

答：现在的"橄榄坝农场"以前叫"红旗农场"。当时交通条件没有现在好，玉溪以后就不通车了，全部是泥巴路，景洪到坝子只能坐船，而且还是等了三天才有一班船。顺着澜沧江下来以后发现橄榄坝什么也没有。

问：我听说以前人们向知青描述西双版纳有这么一句话："头顶香蕉，脚踩菠萝，一伸手就是一把花生"，是这样的吗？

答：（呵呵），是的，当时是有这么个说法。

问：那您 1969 年来橄榄坝生活状况怎样？

答：很艰苦的，几间茅草屋，只有米饭和玻璃汤，而且稍微去晚点就没有吃的了，被别人抢空了。

问：当时农民是靠什么过活的？

答：农民一直是种水稻。1971 年全国在改良粮食品种，结果大家吃不饱，每个人只能发到45斤的口粮。当时老百姓就吃芭蕉花，可惜我们不太认识，采了香蕉花回来，又苦又涩，很难吃。

问：那老百姓吃什么啊？

答：种水稻，种点山茅野菜什么的，最苦的一点就是没有油吃。不过我们更苦，吃的是集体伙食。

问：你们这里当时百姓把香蕉什么的拿出来到市场上去卖吗？

答：一般出来卖得不多，卖的也就只有几分一斤。傣族的大人是不做主的，要不要卖东西也是问孩子，孩子说要卖就拿到街上卖，孩子说不卖就不卖。我觉得傣族这个民族人很温和，不打小孩，比较好的一点。

问：那你们平时都是怎么劳动的？

答：我们当时是干活不像现在的年轻人，都是自己挑土，完全靠人工。

问：您给讲讲橄榄坝什么时候开始发生变化的吧？

答：改革开放以后。之前八乡基本很穷，一块板、两只腿钉个钉子就是学生的课桌了。百姓过去70%～80%都是茅草竹楼。

问：现在这里种橡胶成风，那具体种植橡胶是怎么发展起来的呢？

答：50年代国家动员让当地百姓种橡胶，但是没有人愿意。一开始几乎都是把知青分配到农场种橡胶。最初是湖南来的人，开始在这里试种橡胶。60年代是政府强迫农民种。老百姓是渐渐看到农场种橡胶见效益了才改变态度的。1983—1984年上面要求强行分，彻底分，把拖拉机都拆了，分零件，结果闹到最后组装不回去了。当时橡胶地也全部分了。1990—1994年橡胶价格上涨，每吨一万二三，农民开始大面积种植。但1997—1999年的时候，橡胶价格下降，农场几乎要垮掉，一吨就只有五六千元。这两年，橡胶价格已经涨到20000～2100元了。

问：橡胶一般种在什么地方？

答：一般种在海拔800米以下，但现在海拔1000米以下的地方都种上了。

问：您认为橡胶种植有哪些不利的方面呢？

答：通过种植橡胶，百姓和国家都富裕了，但是它对环境是很不利的，因为橡胶树不保护土地，不蓄水，只吃水。按照国家预算，云南橡胶种植的面积不能超过3000亩，但现在光西双版纳已经就超了，只要看到绿的地方就是橡胶，已经有近250万棵了。

问：云南其他地方有种植橡胶的吗？

答：有，思茅地区等也有种，但是气候和光照条件没有我们这边的好。

问：那目前市场上橡胶的具体价格是多少？

答：现在一棵开割的橡胶树已经从前几年的几块钱卖到了五六百元了。我刚来教书的时候，老百姓一天十个工分，合计不到两块钱，大部分农户家都欠生产力，现在几乎是一家有几个人就有几辆摩托车，有房子，有的甚至已经开上轿车了。

问：那您觉得橡胶的价格走势会怎样呢？继续涨还是什么？

答：估计七八年后价格会有所下降，因为海南已经宣布不准种香蕉树了，马来西亚的海啸也使当地的橡胶业遭受了打击，而且缅甸目前也已经在种植大面积的橡胶树了，所以现在橡胶价格的上涨是暂时的，等到这些橡胶树长大以后，橡胶的价格可能会下降。目前我们这最穷的已经通过种植橡胶变成最富的了。

问：那他们都是从什么时候开始种植橡胶树的呢？

答：现在种植橡胶的地都是 1983、1984 年分的，当时是政府强迫要求荒山全部种上橡胶，否则国家收回土地。90 年代末种的都已经发财了。农民一直以来以种水稻为主，但近七年开始不种水稻改种香蕉了，租给广东等省的外地人，承包期一般是 5 年，1200 元/亩。种香蕉的有机肥都是外地运来的，很臭。那种香蕉属于试管香蕉，三个月就开花了。香蕉个儿长得很大，但外面看着还是绿的，其实里面已经坏了，我们当地人都不吃那种香蕉，都吃本地原产的美人蕉。90 年代初期，百姓逐渐发现种橡胶的好处了，当地主要是傣族也就开始种了。现在是香蕉、菠萝套种，以前都是分开种，70 年代左右几乎是每家每户都有一片香蕉林，一片菠萝地。但现在已经没有了，都只是屋前屋后种种。

由于橡胶只能种在坡地上，24℃、25℃，种在平坝的橡胶是不产胶的。

问：您能给我们讲讲这些年当地的文化和道德方面的变化吗？

答：改革开放以后，农民紧跟形势，渐渐富起来了。1993、1994 年起，歌厅、舞厅也多了，老百姓拿钱不当钱，但 1997—1999 年橡胶价格跌了以后现在老百姓就好些了。现在老百姓知道拿钱盖房子、买车子、购买联合收割机了。农民现在不愿意苦了，以前有 32000 多亩水稻，现在只有 10000 亩左右了，大部分土地都种香蕉了，因为他们觉得种粮食价格太低，又辛苦，自己种水稻还不如一年 1200 元/亩租给别人种香蕉呢。本来是国家投资滇西南种水稻，现在全都种香蕉。

问：这里环境污染情况怎样？

答：1991 年柏油路开通，景洪下来有三个橡胶厂。以前污染严重些，现在好些，毕竟国家强制治理，每年花费在治理环境方面的费用就很多啊。

问：（由于访谈时间有点长了，大家都有点累了的样子）好的，今天我们就先聊到这里。感谢徐老师给我讲这么多宝贵的经历，谢谢！

答：（呵呵）客气了，以后欢迎你们还来我们家做客！

附录三
听课记录

班级：122 班（初一年级）
时间：2006 年 11 月 2 日上午第二节
地点：勐罕镇中学主校区中排教学楼三层
科目：历史
教材：北京师范大学出版社七年级（上册）
教师：宋银辉
讲授的内容：第 10 课　思想的活跃与百家争鸣
讲授的过程：

一、复习上节课所学的内容

春秋战国时期是我国历史上大动荡、大变革时期（采用教师提问，学生回答的形式，课堂气氛较好，学生主动参与）。

二、新　课

（一）让学生自己阅读教材内容，带着问题：有哪些学派、代表人物、主要思想？

（二）学生自主选择喜欢哪一学派及言论，为什么？

1. 全班学生分组讨论（由于打乱了学生本身的就座位置，显得有些闹，存在学生趁机讲话、嬉闹的现象）

2. 师生问答（一对一）

3. 给出小黑板，总结。

（三）讨论

校园内"破坏公物和环境"的行为产生的原因和遏制的办法？运用儒、道、法家的言论。

1. 各家阐明各家的观点:

儒家 S1:校园之所以存在破坏公物和环境的现象是因为人的不自觉、不道德,不具有自我的控制能力,我们应该采用教育的手段,让同学认识环境的重要性。

法家 S1:校园之所以存在破坏公物和环境这种不道德的行为,所以我们法家要采取严酷的刑罚来制裁这些不守规矩的人。

道家 S1:校园之所以存在破坏公物和环境的现象是因为同学们自觉性不强,素质低,我们倡导要保护环境,加强人与自然的和谐发展意识。

2. 展开辩论:

儒家 S2:法家不好,太残酷,这样一来管制国家会受到限制。

法家 S2:儒家不好,教育的效果差,人们不一定会听的。

道家 S2:(学生表达不出来到底儒家和法家与道家相比不好在哪里)。

……

……

……

(起初课堂纪律还好,但是随着激烈程度的提升,有点无序,甚至出现了人身攻击。)

这堂课最大的优点就是通过学习历史,采用"辩论"的形式让学生们懂得保护校园公物和环境的重要性,起到了双重的教育功能,与该学校是"绿色学校"的称号相辉映。

第六章 云南省丽江市中学环境教育调查研究

张琪仁 生特吾呷

王 玥 李 冉 洪晓雪

第一节 丽江市环境现状

一、丽江市环境简介

(一) 丽江市历史沿革

史料记载丽江古城始建于宋末元初（公元 13 世纪后期），由丽江木氏先祖将统治中心由白沙迁至现狮子山。至今已有八百多年的历史。丽江古城地处滇、川、藏交通要道，古时候频繁的商旅活动，促使当地人丁兴旺，很快成为远近闻名的集市和重镇。一般认为丽江建城始于宋末元初。明末徐霞客的《滇游日记》曾写丽江古镇中木氏土司宫邸"宫室之丽，拟于王者"。城区则"居庐骈集，萦城带谷""民房群落，瓦屋栉比"，可见当时丽江古镇已有名。

丽江古镇曾是明朝丽江军民府和清朝丽江府的府衙署所在地，明朝称大研厢，清朝称大研里，民国以后改称大研镇。古城建设宋末元初，由木氏先祖阿宗阿良兴建"大叶场"；明代，丽江古城的建设主要由历代木氏知府主持进行。明万历年间（公元 1672 年），知府木增兴建皇帝歆赐准建的"忠义坊"。清代第一任流官知府杨铋按朝廷规制建流官府衙及府城。纳西族民居则由居民根据家庭生产生活需要、经济条件和用地状况，自由灵活地安排建设。

(二) 丽江市基本的自然地理情况

丽江市地处滇西北，位于云南省西北部云贵高原与青藏高原的连接部位，金沙江中游，位于东经 99°231′～101°31′和北纬 25°59′～27°56′之间，东接四川省凉山州和攀枝花市，南连大理州，西、北分别与怒江州、迪庆州毗邻。东西最大横距 212.5 公里，南北最大纵距 213.5 公里，全区总面积 20603.74 平方公里，丽江市距云南省会昆明市 599 公里。辖古城区、玉龙纳西族自治县、永胜县、华坪县、宁菠彝族自治县。

丽江市地处青藏高原东南缘，滇西北横断山纵谷地带的东部，地势起伏较大，地形总趋势为西北高东南低，山区、平坝、河谷并存。玉龙山以西为横断山脉切割山地峡谷区的高山峡谷亚区，玉龙山以东属滇东盆地山原区的滇西北中山山原亚区。在主山脉两侧又广泛发育着东西向的沟谷，形成错综复杂的地块地貌景观，海拔悬殊极大，全区共有 111 个大小坝子星罗棋布于山岭之间。区内属低纬暖温带高原山地季风气候，由于海拔悬殊，从南亚热带至高寒带气候均有分布，四季变化不大，干温季节分明，立体气候显著。丽江市境内山谷交错，江河纵横，平坝广布，湖泊点缀，形成寒、温、热兼有的立体气候，使丽江具有丰富的水能、生物、矿产、旅游四大优势资源。

丽江由于地处中国西南横断山区，其气候垂直分布明显，终年见雪山，雨量充沛，干湿季分明。年平均气温在 12.6~19.8℃之间，最热月平均气温为 18.1~25.7℃，最冷月平均气温为 4~11.7℃。大部分地方只有温凉之更迭，无寒暑之巨变，春秋相连，长春无复，形成了明显的干季和湿季。丽江年均降雨量为 1000 毫米左右，5~10 月为雨季，降雨量占全年的 85% 以上，7、8 两月特别集中。地处低纬高原，终年太阳辐射较强。

(三) 丽江市的社会经济特征

丽江市位于我国西南地区，2002 年以前称丽江地区，2002 年 12 月撤销丽江地区和丽江纳西族自治县，设立地级市，现辖古城区、玉龙纳西族自治县、永胜县、华坪县、宁菠彝族自治县等 1 区 4 县 (图 1) 总面积 $206 \times 104 km^2$。截至 2007 年年底，全市总人口 121.6×104 人，其中农业人口占 85.400，少数民族人口占 58.600。三次产业结构比例为 21.8∶33.0∶45.2。丽江市曾获 2006 年 "中国十大魅力城市" 称号，2007 年被中国休闲产业经济论坛组委会评为 "中国十大休闲城市"，2008 年 11 月，丽江又获得 "中国十佳绿色城市" 称号。

自丽江古城成功申遗之后。古城内的旅游业和商业得到了迅猛的发展。主要包括旅游、餐饮、住宿、商业、休闲娱乐、文化等各种业态。这些业态大致可以分为四类，即住宿 (特色客栈)、餐饮 (主题餐馆、特色餐厅)、购物 (特色购物商店) 和休闲娱乐 (酒吧、咖啡馆、书吧等)。从业态配比上来看，四类业态数盆相对均衡，没有占绝对乐倒性的业态类型。总体来看，住宿所占比重较大，达到了 37%，其次是购物和餐饮，分别占25%和23%，最后是各种休闲娱乐类场所。

二、丽江市开展环境教育的必要性

环境教育（Environmental Education）在国际教育界是一个相对较新的概念，自20世纪70年代以来，国际自然和自然资源保护协会与联合国教科文组织（UNESCO）就明确表述了环境教育的定义：[①]"环境教育是一个认识价值和澄清观念的过程，这些价值和观念是为了培养、认识和评价人与其文化环境、生态环境之间相互关系所必须的技能与态度。环境教育还促使人们对与环境质量相关的问题做出决策，并形成与环境质量相关的人类行为准则。"在以后至今的探讨中，人们从不同的角度和不同的层面上对环境教育做出了解释，在我国目前把环境教育理解为以跨学科活动为特征，以唤起受教育者的环境意识，使他们理解人类与环境的相互关系，发展解决环境问题的技能，树立正确的环境价值观与态度的一门教育科学。

（一）丽江存在的主要生态环境问题

1. 以地震、地质灾害为主的地质环境问题危害严重

研究区位于多个强震活动带交汇部位，研究区中部属中甸—丽江—剑川—大理—弥渡强震带，研究区西南部有腾冲—龙陵强震带，中部和东部有永胜—宾川、冕宁—西昌和楚雄—南华、宁蒗—盐源强震带，因而地震活动较为频繁，曾发生著名的1511年永胜红石崖地震，以及1996年丽江7.0级地震。研究区由于活动构造强烈，地形切割大，普遍发育地质灾害，金沙江及主要支流滑坡发育，程海一期纳泥石流活动强烈，受地质灾害影响，永胜县城、烂泥箐、永兴、期纳、片角等城镇，以及华坪河东煤矿受地质灾害危害严重，宁蒗—战河、片角（宾川）—永胜2条公路受地质灾害的严重危害。

2. 由于人类活动的干预，雪线上升、湖泊水面萎缩与水质恶化等生态环境问题较为突出

玉龙雪山是欧亚大陆距赤道最近的海洋型冰川，由于冰雪积累区的面积小的，冰川十分脆弱。近年来，玉龙雪山冰川消融量增加、冰舌位置后退、冰川面积减小、雪线上升等现象是不可回避的现实。大量学者通过对玉龙雪山的气候与冰川变化进行了比较详细的观测研究，认为气候变暖是

---

① 参见：（英）Joy A. Palmer. 21世纪的环境教育——理论、实践、进展与前景［M］. 田青，刘丰，译. 北京：中国轻工业出版社，2002：6.

玉龙雪山冰川退缩的主要原因，同时旅游开发增加设施形成"热岛效应"，对冰川退缩现象仍具有一定不可推卸的责任。

受气候环境条件影响，程海水位总体呈卜阵趋势，水体萎缩、水质恶化、矿化度明显上升趋势，湖滨农田局部已呈现轻微的盐碱化，沿湖螺旋藻养殖场的退水造成入湖污染物增加，湖泊水质污染及富营养化程度日益加剧，程海资源开发利用与保护矛盾日益突出。拉市海同样也存在泥沙淤积与洪水淹没，以及农业生产与生活污水污染，形成水质恶化等生态环境问题。丽江盆地下游水质污染严重，水质已达不到 V 类标准，主要污染物为耗氧有机物和挥发酚，全区范围的江河湖泊地表水受到不同程度的污染。

3. 资源丰富但区域差异明显，城市化、工业化水平较低

由于特殊的大地构造位置，地貌上丽江市地处青藏高原南部边缘与云贵高原相连结的过渡地带，地跨横断山峡谷与滇西高原两个地貌单元，可进一步细分为高山峡谷亚区、山原湖盆亚区、高原亚区等地貌亚区12种地貌类型，形成错综复杂的地块地貌景观。由于海拔悬殊，气候垂直差异明显，形成"一山分四季""十里不同天"的立体气候，形成南亚热带到雪山寒漠带 6 个不同气候带。全市拥有丰富的资源，但是除了旅游业比较发达以外，整体以农耕为主，现代化水平较低。

(二) 丽江市生态环境恶化的原因分析

1. 群众环境保护意识日趋淡薄

从历史上看，云南地区的人民环保意识较高，爱护水源和植被。但是，现在随着受到外来流动人口不同意识形态的冲击和市场经济利益的诱惑及代际之间环保观念传承的日渐忽视，人们出现了一些破坏生态环境，危机后代子孙生存环境的恶劣行为。

2. 学校环境教育存在缺憾

学校是传播知识和文化，养成良好生活习惯和积极向上意识形态的地方，是传播环境保护意识的重要场所。当前，全国各地学校、新闻媒体都在紧锣密鼓地开展环境教育，但是真正能收到良好效果的却不多。学校环境教育还是流于表面、形式，它并没有把家长、社区充分地组织动员进来。

3. 旅游过度开发

旅游的开发，就像一种催化剂，一方面推进丽江经济的发展，另一方面也滋生了丽江尤其是丽江古城地区过度商业化、格局建筑发生变化、人口置换等问题。

为了满足游客购物、居住、观光游览等的需求，城市的建筑形貌、空

间结构必然要发生变化。丽江市在街道布局、河网走向及民居庭院等方面都充分考虑旅游业的需求而忽略原先的生活需要。为了方便古城旅游业的开展，古城内居民生活的空地陆续被征为公共用地，用于绿化、休闲等设施建设。

第二节　丽江市中学生环境教育的调查研究

一、研究目标与方法

（一）研究目的

本文力图归纳丽江在旅游发展大趋势下对少数民族中小学生环境教育的萌芽、诞生到如今进入可持续发展教育这一新阶段的总体历程，并希望通过本文呈现出国际环境教育发展的壮阔史卷，能给我国当今少数民族地区环境教育的发展以思考和启发。

（二）研究方法

田野调查法：本研究赴考察地点进行实地观察，且调研组成员之一自小生长在丽江，为调研提供了很多便利与指导；问卷法，本次调查设计三份问卷，主要是《中学生调查问卷》以及《学校领导调查问卷》。问卷的内容主要是对学校开展环境教育情况的进行调查，为方便学生答题，以选择题的方式为主。这份调查问卷主要的问题设计沿袭了吴明海教授《青海三江源中小学环境教育调查问卷》的设计模式，同时加入针对丽江市独有的地理环境知识，力求题目的设计贴合当地的实际。

访谈法：为弥补定量研究的不足与疏漏，研究还会进行深入的访谈，涉及学校管理者、教师、学生、家长，民族及社会阶层涵盖面广。

（三）调查对象

1. 丽江市玉龙县第一中学

云南省丽江市玉龙纳西族自治县第一中学（原丽江纳西族自治县第八中学），创建于1991年。系云南省一级完全中学、省文明学校、贯彻《学校体育工作条例》国家级优秀学校、省现代技术教育实验学校、省远程教育项目先进单位、省绿色学校、市花园式单位、市青年文明校园，市高考质量优秀学校。

2. 云南省丽江实验学校

云南省丽江实验学校现有62个教学班，在校学生总数3800余人。教职工总数265人，其中特级教师2人，高级教师38人，一级教师82人。

拥有一支师德高尚、业务精湛、学识丰厚、爱岗敬业、乐于奉献的教师队伍。

二、研究结果统计与分析

（一）学生问卷统计与分析

统计：问卷共 150 个，其中有效问卷 122 个，无效问卷 28 个，有效问卷概率为 81.33%。有效问卷中，男学生 38 人，女学生 84 人；六年级 34 人，七年级 30 人，八年级 58 人；纳西族 67 人，汉族 30 人，普米族 5 人，彝族 1 人，白族 11 人，藏族 1 人，拉祜族 1 人，傈僳族 6 人。问卷统计结果详见附录二。

分析：在学生问卷中，单选 10 道题，多选 4 道题，分别以环境理念、环境行为、环境意识这几个维度设计。

在调查中发现，开展环境教育的教学方法单一、形式简单化，科目单一、讲授频率较少。教师们主要采用一般性讲授的教学方法开展环境教育，从问卷单选的第 2 题和对学生的访谈中我们发现，有将近一半的学生希望教师能把环境教育渗透在不同课程中。目前从整体上看，当前丽江中学生环境教育的开展在各学科之间的发展是不平衡的，与环境内容联系密切的地理、生物和化学三大学科环境教育开展得较多，在对教师的访谈中发现"课时紧""资料紧缺"成为教师们开展环境教育最大的困难。在单选的第 9 题中可以看出，67.21% 的学生认为老师上课时偶尔会给学生灌输环境保护的知识，15.57% 的学生反映老师课上经常给学生灌输关于环境保护的常识，也有 17.22% 的学生反映老师从不讲环境保护的知识，而对其进行访谈时了解到学生眼中从不讲环境保护的老师所讲授的科目是数学、英语、语文等较少涉及环保的科目。

在单选的第 10 题中，"你最乐意接受的环境教育方式是什么？"有 77.05% 的学生选择参与活动，仅有 23% 的学生希望通过上课或者媒体书籍的方式接受环境教育。在多选题第 4 题中，51.64% 和 63.93% 的学生对参观污水、垃圾处理厂和观看环保录像片、参加环境保护教育讲座的兴趣最大，有不到一半的学生对进行传统的节水、节电活动和垃圾分类回收活动兴趣较少。在访谈中了解到学生已参加的关于环保的实践活动，从六年级到八年级都是较为单一"植树""捡垃圾""打扫公共卫生"，缺乏新的内容和形式。而我们知道，初中生具有强烈的求知欲和探索精神，他们兴趣广泛，思维活跃，喜欢进行丰富、奇特的幻想，加上爱玩好动是中学生的天性，如何寓教于乐，寓教于玩，使环境教育在玩乐和实践中有效实施，值得深思。

在单选的第3题中，教师和学生主要环境知识来源比较单一：72.13%的学生认为其环境知识的来源是大众媒体。教师和学生对同一事物的看法和理解力可能不同，但是师生的环境知识来源是同样的，教师采取一般性讲授的方式进行环境知识教学时，教师的指导作用就很难发挥，学生的积极性也难以调动，教学内容也就无法吸引学生。中学从六年级到八年级，根据年级进行统计，学生通过学校教育获取环境知识的概率分别为46.7%降低到17.4%和14.3%。

目前学校、教师开展环境教育的内容偏重于自然学科知识、污染等知识性学习内容，实践活动与课内学习内容脱节，92.9的八年级学生认为地理知识给他们留下了深刻印象，66.7%的六年级学生认为如何保护环境给他们留下了深刻印象，而有关环境教育实践活动如垃圾处理、种植栽培等给学生留下印象深刻的比例只有25%的六年级学生、26.1%的七年级学生和30%的八年级学生。比如问卷中单选的第4题和第8题，分别对学生的环保意识进行了调查"生活中你是否注意节水节能"仅有16.39%的学生认为自己非常注重节水、节能，70.49%的学生认为自己节水节能意识一般，13.12%的学生认为自己不注重节水节能；"当你看到有人乱丢废纸、空易拉罐时，你会怎样?"39.34%的学生认为这种行为不好，但是又不好意思出来阻挠，43.44%的学生会当场出来劝阻并告诫这种破坏环境的行为是不对的，而17.22%的学生认为只要自己不乱丢就行了，其他人乱丢垃圾是件很正常的事情，与自己无关，环境保护从我做起的意识还不强烈。

学生对环境教育的态度和对环境问题的关心程度随年级的增高而增加。在单选的第1题和第7题，即对环境保护问题谁承担责任这题中，96.72%的学生认为确实是一件很紧迫的事，必须从自己从现在做起，对环境问题的关心程度表现为八年级学生"很关心"的比例较大。1.64%的学生中，六年级学生占多数认为环境保护确实紧迫，但那是国家、大人们的事情，应先把生活水平提高到一定的程度，再谈环境保护，还有1.64%的学生认为我们的环境还没有到非要刻意保护的地步。"你认为环境保护的工作是谁的责任?"85.25%的学生认为是每一个人的责任，10.66%的学生中大部分是六年级的学生认为是环保部门的责任，4.09%的学生认为是国家政府的责任。从上述可以看出，低年级学生的环境保护意识不强，还有待继续教育和培养。而高年级学生即使对环境保护的意识较强，但应把意识转换到实践中，用自己的实际行动来证明环境保护的必要性。

单选的第 6 题和多选的第 3 题是对学生环境保护常识的考查。其中第 6 题考查的是世界环境日是哪天，正确的答案是每年的 6 月 5 日，有超过一半（56.56%）的学生回答正确，其中八年级学生正确率最高，为 67%。多选第 3 题考查的是"三废问题"，正确答案是"废水""废气""废渣"。有 95% 和 80% 的学生能选对"废水""废气"，有一半的学生选择了错误答案"废弃白色污染"，而正确答案"废渣"仅有 34.43% 的同学选择。单选第 5 题对学生认为自己的环保知识是否丰富的情况进行了调查，64.75% 的高年级学生认为自己的环保知识比较丰富，31.15% 的低年级学生认为自己的环保知识不太丰富，有 2.46% 的学生认为非常贫乏。可见，学生对于环境保护的常识还有待提高，学校尤其应加强低年级学生环保知识和环保意识的培养。学生要关注和努力学习环境与环境科学知识，拓展和丰富自己的学习领域和内涵，关注自己环境素养和人文精神的养育，提升自己的综合素质。

总体评价：该校绿化面积基本达标，整个校园环境优雅，林木葱葱，草地、鲜花盆景遍布。人文景点错落有致。校园内洁净优美、空气清新，校园周边环境较好，是理想的育人场所。同时，该校环境教育初显成效，为校园增添了一道道亮丽的风景线。通过创建"绿色学校"活动，提高了学生科学探索能力，加深了对家乡的了解，师生环境意识明显提高，环境法律法规观念得到了加强，学校同社区环境的联系更加紧密，学生积极参加社会公益活动或义务活动，助人为乐，保护环境蔚然成风，有效地促进了当地社会文化的发展。

（二）教师问卷统计与分析

统计：此次教师问卷共 18 份，其中有效问卷 16 份，无效问卷 2 份，有效问卷概率为 88.89%。有效问卷中：

学历情况为：硕士学历的 2 人，本科学历的 14 人；

教龄情况为：任教 30 年（含）以上的 1 人，任教 20 年（含）~30 年（不含）的 3 人，任教 10 年（含）~20 年（不含）的 6 人，任教 10 年以下的 5 人，其中任教 1 年的 2 人；

民族情况为：汉族 7 人，纳西族 4 人，白族 3 人，彝族 1 人，壮族 1 人；

职前环培情况为：接受过系统的环境教育培训的 4 人，未接受培训的 12 人；

在职环培情况为：参加过在职的环境教育培训的 4 人，未参加培训的

12 人；

　　问卷填写情况：见附件一。

　　分析：在教师问卷中共设有 18 道单选题，主要从环境教育态度、环境教育意识、环境教育实际以及民族生态观与环境意识和理念的关系这几个维度设计。

　　1. 环境教育的态度

　　对环境教育态度的考查主要涉及问卷中的第 1、2、3、4、5 题。

　　从调查情况来看，绝大部分教师对环境教育对于解决环境问题，提高学生素质的态度还是赞成的。问卷中的第 1 题、第 2 题，对"环境教育是解决环境问题最基本、综合、有效的措施，为中小学教育注入了新的内容"的态度持赞成和基本赞成的占绝大部分，问题 1 中持基本赞成以上态度的占 93.75%，问题 2 中持基本赞成以上态度的占 100%。

　　关于环境教育对学生文化课程教育的影响，大部分教师认为不会影响。问题 4 中，不太赞成或不赞成"环境教育会影响现有课程教育和升学考试"的占 81.25%，持赞成和基本赞成态度的占 18.75%。

　　对于环境教育与自己所教课程的关系，部分教师认为与其他课程的关系更密切。问题 5 中，赞成和基本赞成环境教育与其他课程的关系更密切的占 37.5%。

　　2. 环境教育的意识

　　对环境教育意识的考察主要涉及问卷中的第 6、7、8、9、11、12、13、14 题。

　　从调查情况来看，绝大部分教师认为每位中小学教师都必须了解环境教育的原则、内容和方法。问题 6 中，赞成和基本赞成中小学教师必须了解环境教育的原则、内容和方法的占 93.75%。

　　对于是否应该在教师继续教育中开设有关环境教育的课程，赞成的占大部分，但部分教师不太赞成。问题 7 中，赞成和基本赞成"应该在教师继续教育中开设有关环境教育的课程"占 68.75，没想过的占 18.75%，不太赞成和不赞成的占 12.5%。

　　备课时能够注意分析大纲及教材中有关环境教育要求以便在教学中渗透环境教育的占一半多。问题 9 中，经常和较经常注意分析的占 62.5%，一般的占 12.5%，偶尔的占 18.75，从未做过的占 6.25%。

　　能够主动经常找出所教课程中与环境教育有关的要求和内容，注意收集并自学环境教育有关材料的教师并不多。在问题 11、12 中，经常和较经常找出相关内容、注意收集并自学的分别占 37.5% 和 12.5%。

与其它科目的教师共同探讨展开环境教育的有关问题，与学校领导、其他教师、环保部门和其他组织等共同设计环境教育和教学活动的教师并不多。在问题 13、14 中，经常及较经常其他科目的教师共同探讨和设计环境教育的分别占 31.25% 和 12.5%。

3. 环境教育实际

对环境教育实际的考察主要涉及问卷中的第 10、15、16、17 题。

去参加有关环境教育的教学及科学活动专题讨论的教师很少。问题 10 中经常和较经常参加的占 6.25%，从未做过的占 25%。

经常带领学生在校内校外开展实地环境调查、充分利用校园环境开展各种环境教育、指导学生向学校及有关部门提出环保改善建议的并不多。在问题 15、16、17 中，经常及较经常开展实地环境调查、利用环境开展教育、指导学生提建议的分别占 12.5%、18.75%、18.75%。

4. 民族生态观与环境意识和理念的关系

对环境教育实际的考察主要涉及问卷中的第 18 题，主要由少数民族教师回答。

认为民族生态观对环境意识、理念有影响的占大部分。在问题 18 中，认为民族生态观对环境意识与理念有影响和影响非常深刻的占 80%、几乎没有影响的占 10%、完全没有影响的占 10%。

总体来看，在调研过程中教师们对环境教育的态度还是比较赞同的，但主动将环境教育与自己所授课程结合的意识还不够强，在实际中开展环境教育的内容和机会还不够多。

三、丽江市学校环境教育问题分析

（一）环境教育的经费短缺

充足的经费保障是活动得以顺利开展的资金保障。但是笔者在教师访谈中了解到学校组织各种环境教育活动所需经费并没有直接的来源，都是靠学校自筹，这就无疑地给原本经费紧张的学校增加了经济负担。如此看来，解决学校环境教育过程中的经费来源是一个值得思考的问题。

（二）环境教育专业人员缺乏

该校从事环境教育的专业老师根本没有，主要是通过学校组织老师进行学习，宣传环保常识。在调查中笔者了解到丽江市实验学校的老师到目前为止只开展过三次培训，一是"如何爱护我们的环境"，二是"如何培养学生的环境意识"，三是"我们大家如何来保护环境"，就这样，他们就走上讲堂对学生开展环境教育了。教师环境教育培训没有全员到位，致使有的教师兴趣不高，对"绿色学校"创建活动缺乏深层次的了解。当然，比起那些前期没有开展任何教师培训的学校和单位来说，丽江市实验学校还算是比较进步的，但从严格意义上来说，这也是大大不够的。所以，笔者认为在今后学校环境教育的过程中，教育部门或环保部门要尽量组织教师开展专业、系统、正规的培训，最好是培训专门的人员，让他们在各个学校高效率地从事专门的环境教育工作。

（三）环境教育资料欠缺

笔者还了解到，丽江市实验学校开展环境教育过程中并没有固定教材，都是老师自己收集整理，根据自身学科的特点结合到课堂中去的。虽然这么做有一定的积极意义，但是也存在部分老师无法自如地开展环境教育，导致有些老师只是流于表面，毕竟教师对环境教育的认识深浅直接影响到教育的效果。学校的部分老师在笔者调查期间表示他们更希望有专门的环境教育的资料，特别是书面的或者影视的光碟等。

（四）学科渗透不强

各学科渗透环境教育的理念还不够完善，缺乏科学的统筹计划，部分老师有应付心理。

（五）课外活动参与较少

学生户外、课外和校外环境教育活动不能持之以恒，学生自己主动参与的较少，大部分活动都是学校强制性要求参与的。

（六）实践性缺失

环境教育的实践，学生往往只从自身安康角度入手来关心环境问题有随意性现象，没有充分调动全校学生的主观能动性。从生态角度入手的环境科学知识、实践与能力，有待进一步努力。

学生要关注和努力学习环境与环境科学知识，拓展和丰富自己的学习领域和内涵，关注自己环境素养和人文精神的养育，提升自己的综合素质。

四、丽江市学校开展环境教育所做的努力

（一）组织管理井然有序

1. 领导重视

在学校工作计划中就有开展环境教育方面的要求，成立了创建绿色学校工作领导小组，领导小组定期或不定期的召开专门会议，总结部署环境教育、建设工作，年度财务计划中有环境教育专项经费安排，学期末在学校工作总结中能认真总结相关工作。

2. 制度建设

在制度建设方面，制定了明确的工作职责和工作制度，并形成了可持续发展的规律。规定每周五下午第三节课为全校性的环境卫生大扫除，每天早、中、晚捡扫，并有值周班和绿化班的持续循环安排，在周活动表上反映出来该班为值班，明确工作制度，按制度进行检查、评比、公布。

3. 档案资料

在开展环境教育过程中，注意收集开展活动资料。校电教员专人摄像、拍照，做好图片的收集整理，且保存良好。

4. 宣传氛围

该校充分利用校园广播、板报、宣传栏，以及在学校阅览室对学生开放有关环境保护方面的杂志、读本，让更多的师生来关注环境保护，增强了环保意识，加大了宣传力度。

（二）教育过程形式

1. 课堂渗透

"百年大计，教育为本"。学校教师共同有的特点就是把德育教育渗透到课堂中去，明确"以环境教育为依托，倡导绿色管理，带动学校素质教育水平的整体提高，培养素质全面的学生"作为办学理念，使学生在学习中可获得更多的文化知识。爱护校园内的环境，是学校教师时时挂在嘴边的教育内容。学校要求各班级开展爱护环境的主体班会，并且有记录，将环境教育纳入教育教学计划中，在教案中能反映出环境教育内容。

2. 专题教育

在实施环境教育过程中，学校要求全体党员、团员带头做好爱护环境的先锋作用，并把环境教育的具体活动落实到人、负责到人。每学期在周活动表上明确要求团委组织团员学生做好开展环保活动带头作用，组织一次爱护环境的知识讲座。学校内有学生会组成的环保活动小组，配合好政教处的各项工作，督促好校内的各种违规行为，并且做好记录上板公布，针对环境意识尚差的学生，进行耐心教育，在各处室的协调下也能正常地参加活动。

3. 宣传活动

结合新课程的实施，让"绿色"走进课堂，走进每一个学生，采取多层次，多角度，抓结合，促渗透的措施，全方位地推进环境教育。学校以年级组为单位组织开展了保护环境小论文竞赛，团委组织了环境保护知识竞赛和团小组长组成的夏令营到勐仑植物研究所参观，并在校内组织全体师生开展"我爱母亲河"千人签名的大型宣传活动，直接关注到了我们身边的环境，同时学校利用各个相关纪念日开展主题鲜明的环境活动。使校园环境更体现出教育性、艺术性、科学性和愉悦性。

4. 教学效果明显

加强教师的环境意识，注重提高教师的环境教育能力，对师生进行环境知识讲座，利用网络，了解新的环境教育信息，通过课堂教学和教育科研，进行"环境教育与人的全面发展"为本，从而提高课堂环境教育的效果。近年来，通过多种渠道的宣传，学校教师的环境教育意识与能力正在不断增强如美术课堂中多次进行了手抄报比赛，学生参与率广，内容丰富，诱人受益。

五、对该校改进的建议

（1）成立校园环境保护领导小组，组织教职工学习《环境保护法》，提高教职工环境保护意识。

（2）教师在教学中要加强环境保护观念的渗透，注重理论联系实际，增强学生爱我校园，保护校园环境的自觉性。从我做起，从现在做起，养成良好的日常行为习惯。

（3）以课堂教学为主渠道，注重多学科渗透，挖掘教材中有关环境教育内容与环境教育的结合点，开展环境教育。

（4）广泛开展课外活动，以学校的橱窗、广播等宣传工具，邀请环保方面的专家来校演讲，开展环境教育。

（5）利用读书周并结合环保知识竞赛，在学生中广泛开展"绿色校园""绿色生活"等主题活动。

（6）结合学校、家庭、社会教育，多层面、全方位地使环境教育深入家庭，进入社会，并建立环境教育长效机制。

（7）加大校园管理力度，制定相应的管理制度和管理措施。校领导小组和保卫处、德育处齐抓共管。尽快清除卫生死角，彻底改变这种现状，使校园洁、净、美、亮起来。

第三节　丽江市进一步开展环境教育的对策

（一）建立全方位的社会环境教育体系

环保不只是教育的事，更是全社会、全体公民的事，而我国目前的环境教育体系十分薄弱，且我国的环境问题也越来越严重。丽江市作为云南乃至全国著名的旅游城市，旅游业开发对本地居民生活方式、本地自然环境与资源均产生了深刻的影响。在此基础上，如果不对全社会进行良好的引导，危及的将是本地居民的生存之本。在访谈的过程中我们也了解到，环境教育要真正起到实效、达到预期，必须落实到社会教育、家庭教育、学校教育方方面面，多方协力。在这个过程中国，首先，政府要发挥主力军的作用，其次，社会工商业要本着可持续发展的理念，在实现经济效益的同时把环境保护工作齐头并进，最后，在责任的空间划分上，必须落实到社区，以便环境教育工作横纵都有责任部门负责推进。

（二）加强对课程开发的支持力度

自然保护是最为重要的环境保护，由于我国国土面积辽阔，不同地区自然地理环境差异较大，决定了各地环境教育的内容的不一。在此基础上，开发适合本地实际的课程成了学校推进环境教育的关键所在。在这一开发过程中，所要投入的人力物力财力是保证工作顺利推进的关键。

（三）着重培养环境意识

①环境忧患意识。没有环境忧患意识，就没有环境教育的紧迫感。近几年，洪涝、沙尘暴、洪涝、干旱及此次的印度洋海啸唤起了人们对环境的忧虑、对环境危机的警觉。可是，仍有不少人对此麻木不仁。因此，从娃娃抓起，培养环境忧患意识，未雨绸缪已是势在必行。②环境道德意识。人与自然的和谐相处，是环境道德观的核心，是人与自然的平等。人们的生产生活活动不得危害自然环境的可持续发展，当代人在利用自然资源、满足自身利益不得危害后代人的生存环境。③环境法律意识。环境法制教育是环境教育的重要内容，在整个社会活动中，自觉遵守环境法规是每个公民的责任和义务。

（四）提升教师环境教育的能力

发展环境教育的重点在于发展适合的教材及强化执行的师资，从教师资质提升的角度来说，需要做到以下几点：①必须提升教师们对于环境的基本认识与本身对于环境变迁的敏感性；②提升教师们的环境伦理观；③提升教师们有效进行环境教育的能力。

附录一：

环境教育调查问卷

亲爱的同学们：

我们是中央民族大学的研究生，现在正在进行一项关于丽江市中小学环境教育问题的调查研究，非常希望您可以配合我们的工作，完成以下问卷。请按照您的真实想法选择，我们保证对您的资料严格保密，感谢您的合作，祝暑期愉快！

性别_____   年级_____   民族_____

一、单项选择

1. 你认为环境保护问题：   （   ）
A. 确实是一件很紧迫的事，必须从自己从现在做起
B. 应先把生活水平提高到一定程度，再谈环境保护
C. 我们的环境还没有到非要刻意去保护的地步
D. 确实很紧迫，但那是国家、大人们的事，与我们学生无关

2. 你认为中学环境教育最好的形式是？   （   ）
A. 渗透在不同的课程中
B. 录像教学
C. 组织参观
D. 开设专门课程

3. 你了解环境状况的途径是什么？   （   ）
A. 报纸   B. 多媒体   C. 课堂教育   D. 社会宣传活动

4. 生活中您是否注意节水节能？   （   ）
A. 非常注意   B. 一般   C. 不太注意   D. 与我无关

5. 你认为自己环保方面的知识丰富吗？   （   ）
A. 非常丰富   B. 比较丰富   C. 不太丰富   D. 非常贫乏

6. 世界环境日是每年几月几日？   （   ）
A. 5 月 5 日   B. 6 月 5 日   C. 7 月 5 日   D. 8 月 5 日

7. 你认为环境保护的工作是谁的责任？   （   ）
A. 每一个人   B. 学校   C. 环保部门   D. 国家政府

8. 当你看到有人乱丢废纸、空易拉罐时，你会怎样？   （   ）
A. 虽然觉得不好，但是也不好意思出来阻挠
B. 只要自己不乱丢弃就好了
C. 当场出来劝阻
D. 觉得很正常

9. 老师平时上课的时候会跟你们讲一些环境保护的知识吗？ （   ）
A. 经常讲   B. 偶尔讲   C. 从不讲

10. 你最乐意接受的环境教育方式是什么? （　　）

A. 新闻　　　　　B. 环境教育课　　　C. 参与活动

D. 阅读环保书籍和杂志

二、多项选择

1. 你认为当前比较严重的环境污染问题是? （　　）

A. 水污染　　　　B. 废弃物污染　　　C. 生活污染

D. 城市噪声　　　E. 物种灭绝

2. 下列哪些现象与环境污染关系最密切? （　　）

A. 人口增长　　　　　　B. 经济发展导致消费增加

C. 企业追求利润　　　　D. 人们对环境保护的态度

3. 你认为"三废问题"是指什么? （　　）

A. 废气　　　B. 废液　　　　C. 废纸

D. 废渣　　　E. 废弃白色污染

4. 若参加系列环保活动, 你会对哪些活动感兴趣? （　　）

A. 垃圾分类回收

B. 参观污水、垃圾处理过程

C. 观看环保录像片, 参加环保教育讲座

D. 节水、节电宣传活动

中小学教师环境教育能力调查问卷

尊敬的老师:

我们是来自中央民族大学的研究生科研团队, 我们正在进行一项关于丽江市中小学环境教育的调查研究, 在研究的过程中, 我们非常希望得到您的支持与配合! 您所填写的问卷, 将对我们的研究结论产生至关重要的影响。请您按照真实想法选择, 我们保证严格遵守科研伦理, 保守秘密, 所有您反馈的信息仅作科研所用, 衷心感谢您的合作!

您的基本情况:

学历:　　　　　教龄:　　　　　民族:

目前所教年级:　　　　　　任教科目:

职前是否接受过系统的环境教育培训（是　否　）

是否参加过在职的环境教育系统培训（是　否　）

以下问题请根据您的观点选择（只选一项）

1. 环境教育是解决环境问题最基本的、综合的、有效的措施　（　　）
A. 赞成　　　　B. 基本赞成　　　C. 没想过
D. 不太赞成　　E. 不赞成

2. 环境教育为中小学教育注入了新的内容，对提高学生素质有重要作用　　　　　　　　　　　　　　　　　　　　　　　　　　　（　　）
A. 赞成　　　　B. 基本赞成　　　C. 没想过
D. 不太赞成　　E. 不赞成

3. 环境教育主要是进行爱护自然环境的教育　　　　　　　　（　　）
A. 赞成　　　　B. 基本赞成　　　C. 没想过
D. 不太赞成　　E. 不赞成

4. 环境教育会影响现有课程的教育，影响升学考试　　　　　（　　）
A. 赞成　　　　B. 基本赞成　　　C. 没想过
D. 不太赞成　　E. 不赞成

5. 环境教育与我现在所教的课程关系不大，而与别的课程关系更密切　　　　　　　　　　　　　　　　　　　　　　　　　　　　（　　）
A. 赞成　　　　B. 基本赞成　　　C. 没想过
D. 不太赞成　　E. 不赞成

6. 下一代人肯定会找到解决环境问题的办法，我们现在不必为环境问题过分担忧　　　　　　　　　　　　　　　　　　　　　　（　　）
A. 赞成　　　　B. 基本赞成　　　C. 没想过
D. 不太赞成　　E. 不赞成

7. 为了适应当前及未来社会的发展，每个公民都应该受到面向可持续发展的环境教育　　　　　　　　　　　　　　　　　　　（　　）
A. 赞成　　　　B. 基本赞成　　　C. 没想过
D. 不太赞成　　E. 不赞成

8. 每位中小学教师都必须了解环境教育的原则．内容和方法　（　　）
A. 赞成　　　　B. 基本赞成　　　C. 没想过
D. 不太赞成　　E. 不赞成

9. 环境保护是国家大事，靠个人努力无助于解决环境问题　　（　　）
A. 赞成　　　　B. 基本赞成　　　C. 没想过
D. 不太赞成　　E. 不赞成

10. 应该在教师继续教育中开设有关环境教育的课程　　　　（　　）
A. 赞成　　　　B. 基本赞成　　　C. 没想过

D. 不太赞成　　E. 不赞成

11. 目前改善环境问题最主要的是：　　　　　　　　　　（　　）

A. 每个人的努力　　B. 公民自发的环保运动

C. 政府制定法律　　D. 其他

12. 备课时注意分析大纲及教材中有关环境教育要求，以便在教学中渗透环境教育　　　　　　　　　　　　　　　　　　（　　）

A. 经常　　　　B. 较经常　　　C. 一般

D. 偶尔　　　　E. 从未做过

13. 参加有关环境教育的教学及课外活动专题讨论　　（　　）

A. 经常　　　　B. 较经常　　　C. 一般

D. 偶尔　　　　E. 从未做过

14. 找出所教课程中与环境教育有关的所有要求和内容　（　　）

A. 经常　　　　B. 较经常　　　C. 一般

D. 偶尔　　　　E. 从未做过

15. 注意收集并自学环境教育有关材料　　　　　　　（　　）

A. 经常　　　　B. 较经常　　　C. 一般

D. 偶尔　　　　E. 从未做过

16. 对于所开展的活动进行总结评价，提出改进意见　（　　）

A. 经常　　B. 较经常　　　C. 一般

D. 偶尔　　　　E. 从未做过

17. 与其他科目的教师共同探讨展开展环境教育的有关问题　（　　）

A. 经常　　B. 较经常　　　C. 一般

D. 偶尔　　　　E. 从未做过

18. 与学校领导．其他教师．环护部门和其他组织等共同设计环境教育和教学活动　　　　　　　　　　　　　　　　　　（　　）

A. 经常　　　　B. 较经常　　　C. 一般

D. 偶尔　　　　E. 从未做过

19. 带领学生在校内校外开展实地环境调查　　　　（　　）

A. 经常　　　　B. 较经常　　　C. 一般

D. 偶尔　　　　E. 从未做过

20. 充分利用校园环境开展各种环境教育教学活动　　（　　）

A. 经常　　　　B. 较经常　　　C. 一般

D. 偶尔　　　　E. 从未做过

21. 指导学生向学校及有关部门提出环保或改善环境的建议　（　　）

A. 经常　　B. 较经常　　C. 一般　　D. 偶尔　　E. 从未做过

23. 您认为在今后的课题培训中，培训重点应放在（请排出顺序）：

（　　）

A. 环境知识

B. 如何选择、制定教学计划和策略以实现普通教育和环境教育的目的；

C. 如何设计环境教育活动；

D. 如何进行环境教育教学评估

24. （少数民族教师回答）您认为您的民族生态观对您的环境意识与理念是否有影响：　　　　　　　　　　　　　　　（　　）

A. 影响非常深刻　　B. 有影响

C. 几乎没有影响　　D. 完全没有影响

25. 您认为在环境教育中遇到的或将要遇到的最大问题是什么？

_____

_____

_____

26. 您认为中小学教师应该如何提高自身的环境教育能力？

_____

附录二：

访谈一

访谈时间：2014 年 7 月 15 日上午 11：10—11：35

访谈地点：云南省丽江市实验中学七年级组办公室

访谈对象：周老师（白族，26 岁，地理教师，本科）

访谈人：王玥

记录人：王玥

访谈内容：

问：老师您好，为了方便我们后期统计所以我们需要录音，希望理解。

答：好的，嗯。

问：首先想问一下您，咱们学校是怎样开展环境教育的，是把它渗透到各门学科还是单独开辟了一个课程？

答：没有。

问：没有单独的课程？

答：对的，就是因为前段时间丽江在申报创卫城市嘛，我们学校就是创卫学校嘛，就是示范性学校，就是平时，我们学校平时环境的话更多是在卫生上。

问：在卫生上面是吗？

答：对的。

问：您平时在教地理的过程中有没有涉及我们环境教育的方面的内容呢？

答：这个是有的。

问：比如什么情况呢？

答：比如有一章是叫天气与气候嘛，它有一个就是有一个世界性气候产生的原因里面就是提到了，比如是，现在的话就是，全球变暖的话，北极熊游的累死的都没有找到一块固定的冰嘛，然后这些都会跟学生讲的。

问：您觉得这样讲的效果好吗？

答：可以啊。还有就是，比如也是天气与气候嘛，因为现在的话极端天气比较多嘛，好像是因为有一次，学校里面就出现热晕。

问：热晕？

答：就是太阳外面有一圈那个。

问：哦，热晕，了解。

答：对，然后就有学生来问我，就跟他们提了一下，就说是，以前不是有一首词嘛，里面说山无棱，天地合，冬雷震震夏雨雪，乃敢与君绝嘛。这就是极端天气嘛，然后现在也是有这个趋势嘛，因为突然的会有，现在有一些年份特别干旱嘛，农历上说龙年还是蛇年会有这样的状况，除此之外的话，降水的话还是没有我们小时候那么多啦。

问：对的，是。那就比如像，除了这个咱们在课程中会提到类似环境教育的内容，学校会开展一些环保活动吗？

答：环保的活动。。。大部分都是在卫生上。

问：就是打扫学校？

答：或者学校外面的公园，或者是从哪一段到哪一段的路。

问：这个是定期开展还是偶尔一次？

答：定期开展吧算是。

问：定期开展？

答：嗯嗯，是。

问：那是小学生参加的多还是中学生参加的多？

答：都有。每个年级都要抽，然后由年轻老师带着去打扫，差不多两节课的时间吧。

问：那这种活动是学校自己组织的还是跟当地环保局和教育局合作的？

答：自己组织的吧。

问：学校的老师会接受一些环境教育的培训吗？

答：那个培训倒是没有，但是每个班主任都会强调的，但是更多的都是体现在卫生上，就是卫生区域，教室，校园这些。

问：刚刚就是说了咱们会有定期去公园和校外社区打扫卫生，清扫垃圾，这种经费来源是？会有经费支出吗？

答：没有啊，没有啊，就自己走路过去走路回来就行了嘛，就在附近嘛。

问：这样啊，好的。那您觉得咱们丽江当地人环保意识怎么样呢？

答：（笑）我觉得吧，这个环保意识其实是跟一个社会的文明程度有关的，主要要靠法治。

问：那您觉得丽江人环保意识怎样呢？是高还是？

答：我觉得每个地方都差不多吧，因为曾经有段时间不是不准用塑料袋，只能用网兜嘛，但是过了一段时间又继续用塑料袋了，屡禁不止。而且我觉得话，以前的话剩饭剩菜很少，现在的话城里面也没有养猪养牛之类的，吃完饭就放在垃圾袋里面，然后垃圾袋丢到垃圾场里面，就很臭很脏。有些时候我就跟学生说，家里有剩饭剩菜，其实可以放在某个地方肯定有流浪狗流浪猫那些可以去吃的，如果丢在袋子里就那样丢掉的话就是一种资源浪费。

问：您觉得丽江当地存在哪些资源危机呢？是旅游造成的还是当地人还是？

答：现在的话倒是，像古城的话会有古维费，都要缴钱嘛，都会有垃圾车定时的来清理垃圾。我觉得更多的是在农村，城里面倒没有。农村的话是没有固定的垃圾坑，也没有垃圾车定期地来运垃圾。更多的时候他们把垃圾丢在沟里面，或者是在村尾或者村头的某个地方。

问：如果您提意见的话？

答：就是在农村地区设置那种垃圾坑，因为城里大家都自觉，人与人的联系也不是那么强，各个都不想给别人留下不好的印象，环境意识也高一些。农村人的话也不是说他们环境意识不强，只是她们垃圾没地方放。没有固定场所，没有垃圾车来拉垃圾，然后也不会有罚款那些。

问：好的。谢谢您。

答：不客气的嘛。（笑）

访谈二

访谈时间：2014 年 7 月 15 日中午 12：00—12：15

访谈地点：云南省丽江市实验中学八年级教室

访谈对象：生特吾姬（彝族，13 岁，学生，八年级）

访谈人：王玥

记录人：王玥

访谈内容：

问：你好，今天我们主要就是问一些环境教育方面的问题嘛。

答：嗯。

问：你知道什么是环境教育吗？

答：（摇头）

问：就是学校没有系统的课程对吧？

答：嗯。

问：那你感觉一下环境教育应该是什么样的？

答：天啊。我感觉我一个都答不上来。

问：没关系。就是环境教育我们用通俗的话来说，就是学校对于你爱护环境的培养的一种课程。比如你上过地理课吗，地理课上老师会说大气污染要怎么防治，水污染要怎么防治，这样，有说过吗？

答：有一点。

问：那你有关怎样爱护环境的知识主要是来自哪里呢？

答：主要是网络吧。

问：网络。学校里面呢，会有吗？

答：学校也会有。

问：今天我听你们地理老师说，你们会定期去学校外面打扫。。。

答：有。

问：有吗？

答：没有啊。

问：没有是吗。那学校内部的环境卫生是谁打扫呢？

答：那个是班里面每天都有，就每个班有每个班的卫生区域。

问：操场上也有？

答：操场上没有。

问：那学校会开展一些环保活动吗？

答：不会。

问：那你觉得你们学校的校园环境怎么样？

答：不好。

问：不好？具体表现呢？

答：到处都有垃圾。

问：不是每块都是卫生责任区吗？

答：不负责啊。

问：那不负责学校不会有什么处理吗？扣分什么的？

答：（摇头）

问：那你有什么建议呢？

答：没有什么建议。

问：那你觉得大家怎么做才会好一点呢？

答：就是捡起来啊。

问：那那些垃圾是人故意丢的吗？

答：恩，就是学生故意丢的。

问：那你觉得丽江人，就是你家乡人，环境保护的意识怎么样？

答：不好，很弱。

问：比如呢？

答：比如。。。（笑）比如，随地吐痰。

问：那这种环境破坏他们也觉得无所谓是吗？

答：嗯。

问：你觉得这些方面能怎么改善呢，怎么样能提高丽江人的环境保护意识？

答：（笑）我觉得很难改了。

问：你有见过身边朋友做过一些环境保护的事情，或者听说过一些故事吗？

答：没有。

访谈结束后，经生特吾姬回忆，他们学校还是有过一次校外清扫垃圾的活动，访谈时太过紧张忘记了。

附录二：

学生问卷统计结果

单选：（个数/比例）

第一题

A. 118 （96.72%）   B. 2 （1.64%）

C. 2 （1.64%）   D. 0 （0.00%）

第二题

A. 53 （43.44%）   B. 17 （13.93%）

C. 33 （27.05%）   D. 19 （15.58%）

第三题

A. 2 （1.64%）   B. 88 （72.13%）

C. 8 （6.56%）   D. 24 （19.67%）

第四题

A. 20 （16.39%）   B. 86 （70.49%）

C. 11 （9.02%）   D. 5 （4.10%）

第五题

A. 2 （1.64%）   B. 79 （64.75%）

C. 38 （31.15%）   D. 3 （2.46%）

第六题

A. 26 （21.31%）   B. 69 （56.56%）

C. 24 （19.67%）   D. 3 （2.46%）

第七题

A. 104 （85.25%）   B. 0 （0.00%）

C. 13 （10.66%）   D. 5 （4.09%）

第八题

A. 48 （39.34%）   B. 15 （12.30%）

C. 53 （43.44%）   D. 6 （4.92%）

第九题

A. 19 （15.57%）   B. 82 （67.21%）

C. 21 （17.22%）   D. 0 （0.00%）

第十题

A. 5 （4.10%）   B. 9 （7.38%）

C. 94（77.05%）　　　　　　　D. 14（11.47%）

多选：（个数/比例）

第一题

A. 108（88.52%）　　　　　　B. 92（75.41%）

C. 84（68.85%）　　　　　　　D. 60（49.18%）

E. 47（38.52%）

第二题

A. 89（72.95%）　　　　　　　B. 75（61.48%）

C. 37（30.33%）　　　　　　　D. 112（91.80%）

第三题

A. 116（95.08%）　　　　　　B. 98（80.33%）

C. 48（39.34%）　　　　　　　D. 42（34.43%）

E. 61（50.00%）

第四题

A. 49（40.16%）　　　　　　　B. 63（51.64%）

C. 78（63.93%）　　　　　　　D. 66（54.10%）

教师问卷统计结果

选项 题号	A	B	C	D	E
1	6（37.5%）	9（56.25%）	0	1（6.25%）	
2	14（87.5%）	2（12.5%）	0	0	
3	7（43.75%）	5（31.25）	0	2（12.5%）	2（12.5%）
4	2（12.5%）	1（6.25%）	0	4（25%）	9（56.25%）
5	2（12.5%）	4（25%）	0	2（12.5%）	8（50%）
6	11（68.75%）	4（25%）	1（6.25%）	0	
7	8（50%）	3（18.75%）	3（18.75%）	1（6.25%）	1（6.25%）
8	6（37.5%）	5（31.25%）	4（25%）	1（6.25%）	
9	5（31.25%）	5（31.25%）	2（12.5%）	3（18.75%）	1（6.25%）
10	0	1（6.25%）	5（31.25%）	6（37.5%）	4（25%）

续表

选项 题号	A	B	C	D	E
11	4（25%）	2（12.5%）	3（18.75）	7（43.75%）	
12	2（12.5%）	0	6（37.5%）	6（37.5%）	2（12.5%）
13	1（6.25%）	4（25%）	5（31.25%）	4（25%）	2（12.5%）
14	1（6.25%）	1（6.25%）	4（25%）	5（31.25%）	5（31.25%）
15	1（6.25%）	1（6.25%）	4（25%）	3（18.75%）	7（43.75%）
16	1（6.25%）	2（12.5%）	5（31.25%）	3（18.75%）	5（31.25%）
17	2（12.5%）	1（6.25%）	4（25%）	5（31.25%）	4（25%）
18	2（20%）	6（60%）	1（10%）	1（10%）	
备注		1. 教师问卷共计回收 18 份，经统计，有效问卷为 16 份。 2. 18 题只有 10 人选择了。			

第七章　贵州省凯里市环境教育的调查研究

文　慧

　　凯里市位于贵州省东南部苗岭山麓，清水江畔，是黔东南苗族侗族自治州首府所在地。全市总面积1306平方公里，总人口42万，是一个以苗族为主体、多民族聚居的城市，也是全国41个"绿都"之一。

　　贵州多山，是我国唯一没有平原支撑的省份。凯里处于这连绵群山中的一隅，属亚热带湿润季风气候，冬无严寒，夏无酷暑。特殊的地质形态，与特定的海拔、纬度、气候相结合，造就了一座山奇水秀的"绿色喀斯特王国"。在这里，掩藏着世界上最大的苗寨、侗寨，最古老的东方"情人节"、美妙动听的侗族大歌、历史悠久的水书等①。偏远的地理位置、不便的交通，成就了这里珍贵的原生态环境，为世界保留了一大批多民族文化遗产。但同时也因为偏远，再加上人多地少的矛盾和经济发展的滞后，也使得这里贫困程度较深。发展教育，发展经济，保护环境，成了当前凯里发展的出路。

　　"保护环境，珍爱生命"已经成为当今世界的一大主题。凯里市有着古朴的自然风光和丰富的民族文化遗产，要保存这一珍贵的天然资源，我们需要加强市民们的环境素质，对他们进行环境教育。本调查主要通过对凯里市中小学和环保局进行采访，大致了解到凯里环境教育的现状：环境教育在中小学并未独立设课，大部分学校对环境教育的重视不够，教师环境意识不高，学生没有养成环境保护的思想意识和行为习惯；在公共环境保护方面，凯里市的市区环境较好，市民们能比较自觉地维护大家共有的环境。要提高中小学环境教育效果，需要加强学校环境的隐性教育、提高教师的环境素质。

---

　　① 凯里市百度百科：http：//baike. baidu. com/link？url = a＿ aGmkDO1 ＿ NDNsCkoTUdY-CRYGwj3RqoHMSDypNyZS3VdpLyOTzPIEWJgYeLuikrOebumAeC7puXN － w5wGjzNRFFNsM51gicO6TSoHooJ5OychQtn8ydzvwXiLZQhLw2wG4PnCPw7ylkSDR6wY － d4OMuINA49snMCF＿ dMbasZpra.

西部大开发后，贵州人挖掘出了一条以旅游带动经济发展的道路。"保护环境"则成为与贵州人直接利益相关的不可推卸的责任，凯里亦如此。为了了解一个发展中的旅游城市大致的环境质量及环境教育情况，大致了解市民们环境保护的意识状况，我开始了此次调查。

本次调查地域为黔东南苗族侗族自治州首府凯里市，由于人力物力所限，本调查并未采访全市所有的中小学，而是利用普通与重点学校相结合的方法选取了几所有代表性的中小学进行调查，其中包括：凯里一中，全市唯一省级重点高中，全国1000所示范性中学之一，全州两所"绿色学校"之一，采访"环保专题研究"项目负责人；凯里四中，普通中学（市区），采访某班主任；凯里七中，普通中学（郊区），采访某初三学生；凯里四小，一所知名的老学校，近几年才建的新校区，校址新迁。学校坐落在一座山上，有树有河，校园环境较好，离市中心和居民区较远，对校长进行采访；凯里八小：位于市中心人口密集处，周围环境较嘈杂，采访某一班主任；凯里十小：铁路小学，采访一位语文老师。

第一节　凯里市环境教育现状描述

表7—1　中小学环境教育概况

	采访时间	开设环保课程	课内外渗透	纪律保障形式	课外活动
七中	7月15日	无	生物地理化学老师穿插着提醒	卫生评比、奖惩	与环境有关的大节日进行写作、演讲大赛，扫大街
十小	7月17日	无	班主任会讲，其他老师觉得与己无关	卫生评比、较松散	活动很少
四小	7月18日上午	无	强调每一位老师都有义务	校规	参观工厂，实地考察思考写感受，争做环保小卫士活动，出环保专栏
八小	7月18下午	无	尤其重视课堂教育和日常生活渗透	卫生大检查约束	植树节，黑板报等等
一中	7月19日	研究性学习课程（偏重环保）	十分注重	作为校规强化学生行为规范	组兴趣小组、参观、考察、讲座，环保论文、读书活动，大气监测活动……

续表

	采访时间	开设环保课程	课内外渗透	纪律保障形式	课外活动
四中	7月20日	无（发放环保读物）	学校不作硬性强调，有意识的老师自己讲	卫生评比、奖惩	环保知识竞赛、植树节

一、凯里市中小学学校环境教育概况

从表7—1可以看出，在采访的这几所学校中，只有凯里一中开设了环保方面的课程，而且每周3课时，但并不是专门的环保课程，致使研究性学习课程在这一阶段偏重环保。对于整个凯里市，中小学的环境教育多是渗透在老师的课堂内容之中，并通过开展一些课外活动来加强学生的环保意识。在这方面做得较好的是一中和四小，主要因为学校很重视，而且教师的整体素质较高，并有强烈的意识将环境教育作为己任。

近几年来，凯里一中主要从以下几个方面入手，对学生进行环境教育①：

首先，优化育人环境。环境育人，是一中多年来十分重视的工作。一中积极进行校园环境建设，加强校园环境管理，为学生构建一个整洁、优美的校园环境。学校本着"精品化、高品位"的原则，在校园环境建设上投入大量资金，近些年共投入经费80多万元进行校园环境建设。现在的校园，花木成行，绿意盎然，四季鸟语花香。一中校园在全校师生的努力下达到美化、净化、绿化，因而被评为"绿色学校"。

其次，利用地理、生物教研组的人力资源优势组建课外活动小组，积极开展以环境教育为主题的第二课堂。校方组织学生参观、考察、游览、涉足自然环境和社会环境，增强感性认识，带领着学生从教室内走向"教室外"，去体验现实生活中的真与伪、善与恶、美与丑。在活动中，野外的跋山涉水，欣赏自然风光，使学生感受到大自然的美，人与自然的和谐相处，从而激发学生保护自然环境、与破坏自然环境的人作斗争。

再次，强化学生行为规范，开展创"环保型校园"活动。规范学生行为，强化校风建设。禁止在校园内使用塑料袋、一次性饭盒、塑料杯等，在校园内无白色污染行动。学生要保持教室内外的清洁，学生寝室应干净、整洁、美观大方。同时坚决制止学生破坏环境等不良行为。

---

① 汪海清．环境教育——学校德育工作的新主题［M］．手稿．

最后，校园内举办系列活动，形成良好的环境道德教育气氛。例如，举办环境保护日、绿化环境、爱鸟周、保护环境演出节、防治污染环境小论文、小制作、小发明活动；组织学生参加系列环保宣传活动、读书活动；组织学生参加"保护母亲河"活动；参加大气监测活动；请本地区环保局、气象局、科技局的专家、学者到校举办专题讲座。学生在良好的环境道德教育气氛下，体会环境道德教育的重要性。

更重要的是，校领导要求将环境道德教育渗透到各学科教育教学过程中，全校形成了齐抓共管的有利局面。

对于一个追求高升学率的重点高中，一中每年都为全国各大高校输送出大量才子才女，他们不仅仅是应试考试中的获胜者，也是道德财富的拥有者。一中以"环境教育"作为学校德育工作中的新主题，通过显性课程与潜隐课程的结合，对学生行为道德意识的培养功不可没。[1] 四小也毫不逊色。在采访该校的校长时，他说道："我们这个地方，学生家长本身就没有多少环境保护的基本知识，所以学生基本都是在学校里获得环境保护的知识。我们常号召学生把这些知识带到家里去，向周围人宣传环境保护知识。""现在学校里也没有设立环保方面的课程，我们没有这方面的教材，也没有这方面的师资。所以环境教育的任务落在我们每一位老师的身上。每一次开教师大会，我们非常强调每一位老师都有义务与责任以身作则地进行环境教育。""学校给大家营造了一个良好的学习生活环境，让同学们在这样安静整洁的校园里接受教育，从维护校园环境开始，学会自觉主动地保护周边的环境。"

除了学校大环境对学生们的熏陶外，四小主要还从这几个方面实施环境教育：

1. 注意挖掘教材因素来进行环境科学知识的教育，主要通过自然或现有"社会"这门课程、语文和数学，讲授维护生态平衡的知识。在上课时配有图片、投影片，直观地展示给学生，并联系一些生活中的浅显事例讲解道理。

2. 带学生去工厂参观，实地考察、思考，亲身见识工业生产所产生的浓烟、噪声、污水等。

3. "争做环保小卫士"活动，让学生充分发挥想象力，变废为宝。

4. 植树节、节水日等让学生自己找资料出黑板报环保专栏。

---

① 朱长林，楼振华，沈爱忠. 小学环境素质教育 [M]. 北京：中国环境科学出版社，2003.

　　在如今整个社会都很关注环境的这个大背景下，各学校都或多或少地实施对环境的教育。但是，在学校里，学生是教育教学的主体，环境教育的实施情况不仅要看学校领导与教师的教育理念、教学策略与教学艺术等区域的能力，更看重的是学生进行环境教育后的学习效果。例如，学生的环境意识是否增强，是否形成相应的环境行为习惯，参加与环境教育相关的征文、绘画、竞赛等活动的成绩是否会提高等……而此次调查反映出来的状况是：教师们"苦口婆心"地教导学生们要怎样怎样，可实际上他们还是没有养成这方面的行为习惯。

　　八小的老师说："参加学校举办的活动，他们只是因为老师要求让这样做就这样去做了。只要老师不在场，不提醒，又会有破坏行动了。植树节去植树，学生去那儿就像是去玩，像是春游，根本不用心去体会怎样植树、为什么植树。这就需要我们老师不断地引导。他们对生活中的行为习惯挺不注意的，你说的时候，他们就一副很认真听的样子，点点头表示懂了，可是不一会儿马上又忘了……"中学的情况会好些，可是也会有那么一些同学和学校唱反调，就连一中也有这样的事情存在。比如说学校要求不让从外面带早餐进教室里来，因为有塑料袋、一次性饭盒，但还是有不少人会带进来，他们自己也知道不该使用一次性饭盒、不该违背学校的规范，但是就是没有养成这样的行为习惯。

　　诚然，相对前几年，凯里市中小学环境教育的实施情况已然有所改观，但相对于全国部分走在前面的地区来说，还是有一段很长的路要走。那些认为环境教育与己无关的老师必须及时改变心态，走出这样的思想误区，以自己的行为来感染学生。只有老师和学生真正站在同一条线上，环境教育在学校之行才可能走得好。

二、学校以外公共环境宣传

　　环境教育是一种社会公德教育。环境教育应作为对全民的普及教育，而不应只流行于学校。对学校以外的公共环境宣传，主要以观察为主，并通过环保局相关部门来了解总体情况。

　　市环保局的工作，一般情况下侧重于针对企业环保管理，主要对企业的环境污染程度进行监测，并提出建议。比如说，纸厂的污染算是比较严重的，而挂丁纸厂则是这其中最大的污染源。对于挂丁纸厂的排污监测，市环保局每月都要去3~4次，每一次的工作实质上就是一次环境教育。在进行环境检测时，工作人员以国家制定的法律法规条文为标准对纸厂的排污行为进行约束。随着监测次数的增加，大家业已对相关规定和法规条文了然于心。因为若市环保局制定标准的话，肯定会严于国家标准，但实际上企业排污达到国家规定就已经很难得了。

凯里市目前的环境状况较好，市民们的环境保护意识都较高。这种现象的出现是建立在大量宣传工作的基础之上的。几年前刚开始整顿凯里市环境时，环保局特意派许多的环境监测队员深入到不同的区域监督，现场监督行人随地吐痰、乱扔果皮纸屑的行为，并对他们进行罚款和批评教育。而最近几年，每当 6 月 5 日世界环境日时，环保局会在"大十字"（市中心）举行大型宣传教育活动：早 9 点—下午 5 点，播放环保宣传片、挂条幅、发传单（传单的内容：环保基础知识、图片、日常生活注意事项）……过路的人大都能停下来关注一番。

"全市人民积极行动起来，把凯里市尽早建成干净、整洁、美丽的卫生城市。"这是一句被雕刻在凯里市大阁山隧道旁边岩壁上的标语，时时刻刻提醒市民们自觉地保护我们美丽的家乡。在大街小巷中，类似"节约能源，共在当代、利在千秋"的标语随处可见，他们就像卫兵一样共同捍卫着凯里市的环境。

第二节　凯里环境教育存在的问题及解决建议

环境教育，是以跨学科活动为特征，以唤起受教育者的环境意识，使他们理解人类与环境的相互关系，发展解决环境问题的技能，树立正确的价值观与态度的一门教育科学。从人一生所接受教育的年龄和时间上看，儿童和青少年时期是接受教育和学习各种基础知识的最佳时期，同时也是他们接受环境教育和学习环境科学基础知识、养成良好行为习惯的最佳时期。所以，环境教育的主渠道应该是学校教育，学校的任务可谓重中之重。在学校以外的环境教育，人们可以通过多种方式和途径获得。凯里市的公共环境宣传工作虽然做得不算有特色，但还是卓有成效的，需要进一步的保持。

从前面所示重点中（小）学与普通中（小）学的对比情况来看，学校对环境教育的重视与否以及教师环境素质的高低均强烈地影响着环境教育的实施效果。

一、学校环境的隐性教育

鉴于目前凯里市的师资能力和中小学的现状，环境教育在中小学并未独立设课，也没有专门的教材，学生们更多的是在潜移默化中接受环境教育。所以，我们更应该重视校园文化，并将其作为隐性课程来教育学生。

漫步在一中校园里与在四中或十小校园里给人的感觉是不一样的。一中清新亮丽的校园环境让人发自内心地想呵护她，不忍心破坏一草一木。而在四中或十小则不然，草丛中躲着纸团，垃圾箱周围躺着垃圾，围墙上展现着某些小画家的粉笔杰作……在这种情况下，学生们就会觉得：反正本来就是脏的，我再丢一点也没什么影响。校园文化已暗自给人们作出了这样的引导，学生很自然地会往这方面走。这时老师口头上再如何耐心地宣传也只是徒劳了。所以，要提高环境教育质量，我们必须加强以环境教育为特色的校园文化建设。

首先，学校要有一个环境教育的计划，并将其列入学校整体计划之中。根据这个计划，定期地检查、评估环境教育的进展情况。对于热心于环境教育的校长和老师来说，首先要做的事情并非在教学计划中扩充大量新内容，而是需要调整思维方式，把环境教育的思想整合在目前学校中已有的教学和课外活动中进行组织和协调，变成可操作、可评估的行为①。

其次，要努力创建一个适合开展环境教育的客观场所，把环境意识的触点布设到校园的每个角落，营造一个关心环境、热爱环境、美化环境的教育氛围，使学生一进入校园，就生活在浓厚的环境教育氛围中，受到潜移默化的教育。② 例如：出版以环境教育为主题的校报、黑板报；举办不定期的以环境教育为主题的征文、书画等竞赛活动；在学校广播室、宣传橱窗等多注入环境教育的成分；组织学生利用业余时间，收集废电池、废塑料制品等，定期送学校回收……以环境育人，不仅可以陶冶学生情感，使学生人格得到升华，同时还可以产生一种凝聚力，内聚了全校师生为共同目标奋斗的价值认同。此外，典雅、优美的校园环境能激发学生热爱生活、热爱学校、热爱祖国的情感，有助于培养学生树立正确的人生观、价值观和世界观。

环境教育的理想境界不仅是青山绿水、蓝天白云，更是每一个人的一种处世心态，一种思维方式。增强校园文化建设，不仅仅是增加投资去创设表面美丽的校园环境，要提高学校隐性课程的教育功能，还需要善于引导，让学生从中受到启发，真正地养成保护环境的思维方式和行为习惯。

---

① 蔡丽霞. 基于 Internet 的中学环境教育研究 [D]. 济南：山东师范大学，2004.
② 加强环境教育，提高学生环境素养——凌桥中心小学素质教育实验项目实施方案.

二、教师的环境素质

在十小采访那位语文老师时，她说："校领导不太管这方面（环境教育）的事情，我觉得这方面的活动应该由大队委来负责，可是大队委们根本不抓这个方面。倒是他们（学生）的班主任会在平时给他们灌输环境保护的一些知识和道理。"

据了解，在凯里有这种思想的老师并不少，他们认为自己教好本科目教学就行，对于这种所谓的"跨学科教育"他们并不感兴趣，也不在行。甚至还有的老师认为环境教育吗，在一些与环境相关的节日搞几次轰轰烈烈的活动给学生一番教育就行，平时不用强调那么多的等等，类似这样的说法众说纷纭。

其实，校园物质文化创建得再好，那也只是间接地让学生感受和体会，而让学生思想碰撞出火花的最直接动因还是老师的教导。所以要环境教育进展得顺利、有效，提高教师们的环境素质是关键。那么，怎样来提高教师的环境素质呢？

环境素质，是人的科学素质的组成部分，它包括对环境价值的认识、环境道德意识以及对环境问题处理的基本能力。提高教师的环境素质首先得改变老师的想法，让他们走出以前的思想误区，正确认识环境教育。其次，要结合凯里市的实际情况，对在职教师进行相关的培训。

教师培训是教育投资的有机组成部分。为教师提供各种培训的条件保障，需要在培训经费、培训机构的设置之上进行有效投入。而在凯里还比较贫困的经济条件上来看，投入教育的经费不多，只能有计划地选派部分教师参加培训。首先是增强环境意识，然后加强环境知识的培训。对于培训的内容，应增强其实用性和针对性，既有理论知识又有对实践的指导，既有学科发展信息的传递，又要兼顾技能训练，使教师在接受培训后尽快从知识的传递者转变为教学实践的研究者。这样，参加过培训的老师给学校带来新鲜的血液，再扩散地影响着其他老师的教学理念。对于培训的方式，可以采取灵活多样的形式。只有符合教师特点的培训才是有效的，而教师特点不同，采取的方式则不同。既可以利用讲座形式，也可以利用网络采取远程教育的形式。在时间上，可以利用周末的时间进行培训，也可以利用寒暑假集中培训。在教学形式上，可以利用先进的教学手段，也可以采取多种教学方法。

凯里市地处偏远的贵州山区，在这里保存了古朴神秘的、丰富自然的原生态和颇具魅力的多民族文化遗产，是一个适合旅游的好地方，只因偏僻和交通不便而不为众人所知。环境教育是"关于环境的教育，为了环境的教育和在环境中的教育"①，中小学环境教育和社会公共环境宣传都可以结合当地的实际情况，让学生和市民们了解和关注旅游中应该注意的环保知识，让这些自然资源更好地展示其所蕴含的原汁原味。毕竟，在西部大开发这样的历史机遇面前，发展旅游业以带动群众致富，同时最大限度地保护和传承这些珍贵的自然和文化遗产，既是一条双赢的路，也是一条可持续发展的路。

---

① 国家环保总局宣传教育中心. 环境教育教师指南［M］. 北京，气象出版社，2000.

第八章　重庆酉阳土家族苗族自治县中小学环境教育调查

陈　林

　　重庆地处长江上游、三峡库区腹心地带，搞好重庆的生态环境保护和建设，对于确保三峡库区可持续发展，维护整个长江流域乃至全国生态环境安全都具有十分重要的意义。三峡重庆库区是长江上游环境极度脆弱的地区，环境问题特别突出，令人担忧。水资源丰富开发潜力大，但存在不同程度的污染；土地水土流失严重，人均耕地面积少；废物产生量大，存量大，并有递减趋势；大气污染有所好转，但仍较严重；特殊地质地形，使自然灾害频繁出现；生物资源丰富，但生物多样性遭到破坏。

　　重庆市酉阳土家族苗族自治县属巫山大娄山中山区，地势中部高，多为船形山、柱状山；东西两侧低，多为中山、低丘、溶槽、平谷、洼地，形成以毛坝盖为分水岭的东面沅江、西面乌江两大水系。酉阳水域涵盖了重庆长江、嘉陵江、乌江这三条江水重庆段的沅江、乌江水段，因此酉阳县的生态环境保护与建设在三峡重庆库区占有极为重要的地位。要做好当地的可持续发展与生态环境保护与建设，势必从环境教育入手，从基础教育入手，研究和探讨如何解决当前环境存在的问题和困难。

　　从重庆市酉阳土家族苗族自治县中小学生环境教育问题着手，通过访谈、问卷、调查研究、统计与分析，对中小学环境教育问题进行分析整理，从教育人类学的角度对中小学生的环境意识和接受的环境教育情况加以分析，呈现三峡库区酉阳沅江、乌江水段的生态环境保护与建设的现状，总结归纳环境教育存在的问题，以期提出一些可行性的措施。同时考察中小学学校环境教育与生态环境意识现状，主要包括学校的环境、学生对环境的态度和行为、学校环境教育活动对环境教育理念的体现，环境教育在现有课程中的落实。酉阳现行中小学环境教育开展的主要形式就是绿色学校建设、环境征文竞赛以及社会上的一些环保宣传，那么这些活动又是开展的如何呢？本文就这些问题进行了细致的调查研究，这是正确评价环境教育和正确提出可行性建议的关键。

"环境保护，教育为本"，"环境保护要从娃娃抓起"。中小学生正处于长身体、学知识、观念意识逐渐形成的时期，积极开展中小学环境教育，培养青少年的环境意识，是提高全民族环境意识的基础工作。在中小学开展环境教育，抓好中小学生环境教育方面意义深远。一方面，面向未来和面向世界，既要解决当前中国面临的环境问题，又要避免今后可能出现新的环境问题；另一方面，通过中小学生去影响家长乃至社会。

第一节　重庆市环境教育工作开展情况

一、重庆市环境教育的阶段划分

重庆市环境教育工作起步于 80 年代初，初期工作主要是在部分中小学开设环境教育示范课，开展环境教育试点学校的建设，组织开展如知识竞赛等环境教育活动。一是确定首批 8 所条件较好的中小学校作为环境教育试点，为全市环境教育起步总结了经验；二是从 1986 年开始定期开展中小学环境征文竞赛活动；三是编写了环境教育教材；四是培养了一批具有环境教育知识与意识的教师。第二阶段是，1998 年至今，环保和教育部门紧密配合开展环境教育。1998 年，重庆市环保、教育部门首次联合召开了环境教育座谈会。会议决定成立了重庆市环境教育协调委员会；教育部门加强队伍建设，培训一批环境教育教师，并通过国际合作项目，由国内外环境教育专家进行环境教育理论和方法的讲授。绿色学校创建工作向纵深发展。以"学习环境知识、增强环境意识、培养环境道德、规范环境行为"为目的的绿色学校创建活动取得了积极的进展，全市已有 230 余所区县级绿色学校，36 所市级绿色学校，10 所国家表彰的绿色学校。

二、酉阳土家族苗族自治县环境教育发展历程简介

在重庆市全面开展环境教育后，酉阳土家族苗族自治县教育委员会、县环保局以及县人民政府于 1998 年协同成立了环境教育协调委员会，开始生态环境保护教育工作，并于 2000 年正式在全县范围内采用"环境教育"这一概念。2002 年根据重庆市调整环境教育委员会成员文件，成立负责酉阳县环境教育教育委员会。

酉阳县非常重视环境保护的制度化建设工作，酉阳土家族苗族自治县教育委员会〔2004〕186 号文件，即《酉阳县学校常规管理达标评估验收实施办法》第六条、第九条、第十条、第十一条、第四十六条都有关于环

境常规管理与环境教育的规定。第六条规定，学校要建立健全各项管理制度，包括卫生制度，安全制度，教师管理制度和绿化制度。第九条规定，校园布局合理，功能划分清晰，常年坚持绿化、美化、净化，有宣传栏、艺术走廊、读报栏，学校的每个角落都体现环境育人功能，室内布置美观、朴素、大方、得体。第十条规定，建立健全环境保护制度，清洁卫生检查、评比制度。第十一条规定，学校门口和校园内无摆摊设点，学校门窗、玻璃、花草、树木无损。第四十六条规定，学生要讲究卫生、爱护环境、注意仪表，不乱扔废弃物品，不随地吐痰，不攀折花草树木，不在公物上乱涂、乱画、乱刻。

至2004年12月，酉阳土家族苗族自治县共建成市级绿色学校三所：（龙潭）酉阳第一中、（钟多）酉阳第二中和龙潭（希望）小学；建成区县级绿色学校9所：黑水中学，（丁市）酉阳第三中学，双河中学，双河小学，双河小岗小学，（酉酬）酉阳第四中学，李溪中学，李溪小学，沿岩小学。最近的绿色学校工作主要就是市、县级绿色学校进行"一年一度"的复查工作，并把生态环境白色污染治理纳入学校环境教育的范畴。

第二节　酉阳土家族苗族自治县中小学环境教育与意识调查研究

根据2004年12月统计，酉阳全县各级各类学校619所（其中公立学校535所），学生154205人，其中小学生96742人，初中生30749人，高中生6681人。根据教育统计学、教育评价学的原理和方法，本研究选择了1000名中小学生、40名教育工作人员和教师作为调研对象。这些调研对象来自于三种学校类型，重庆市市级绿色学校（酉阳二中、龙潭小学）、酉阳县县级绿色学校（双河中学）、无"绿色学校"称号学校（凉风小学、铜鼓中心校、实验小学）。主要对这1000名学生做了问卷调查，对教育工作人员和教师进行访问访谈。问卷的回收率为100%，人工及计算机逻辑检验过滤掉67份，有效问卷933份，占总量的93.3%，全部进入数据统计。

一、调查问卷基本数据

（一）样本学校城乡分布比例

调查显示，33.44%的样本来自农村，66.56%的样本来自城镇，而凉风小学、双河中学和铜鼓中心校都在农村，龙潭小学、实验小学和酉阳二中地处城镇，绿色学校在农村和城镇均有分布。

（二）各学校受访学生样本量比例

根据调查，笔者选择了如图8—1所示的六所学校，分为三种学校类型，重庆市市级绿色学校（酉阳二中、龙潭小学）、酉阳县县级绿色学校（双河中学）、无"绿色学校"称号学校（凉风小学、铜鼓中心校、实验小学），见图8—1所示。

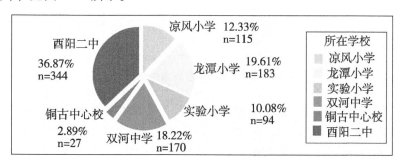

图8—1　中小学学生样本量比例

其中，酉阳二中受访学生样本量占甄别后采用样本总量的36.87%，龙潭小学占样本总量的19.61%，双河中学的比例为18.22%，凉风小学为12.33%，铜鼓中心校为2.89%，实验小学为10.08%，中学和小学受访学生比例为55：45，说明所抽选的样本量总体上是平衡的，能够说明该县环境教育发展的整体情况。

（三）各年级受访学生样本比例

调查样本来自于9个不同的年级，具有很可观的代表性，见图8—2所示。样本的主体部分落在小学五六年级和初中。环境教育的基础性可以从样本的统计分析体现出来。

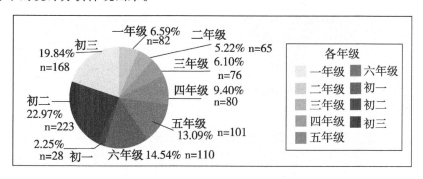

图8—2　各年级受访学生样本比例

（四）受访学生样本性别比

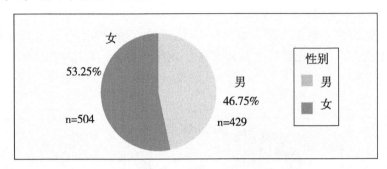

图8—3　受访学生样本性别比

如图8—3所示，在调查的样本中，女生共504人，占受访样本总量的53.25%，男生429人，占46.75%。

（五）受访中小学生民族成分对比

酉阳土家族苗族自治县人口较多的民族是土家族、苗族以及汉族，其他民族的只占总人口的很少部分，为调查方便，在这里将其归类为其他民族。样本中反映出的学生民族比例基本决定于酉阳县的总体人口状况。在抽样调查中，苗族学生人数较少纯属随机抽取所致，如图8—4所示。

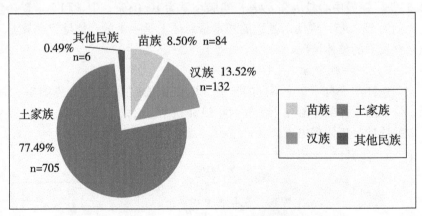

图8—4　受访中小学生民族成份对比

二、酉阳县中小学生环境教育调查问卷分析

（一）中小学校环境教育信息获取途径剖析

1977年第比利斯会议认为，"环境教育是一门属于教育范畴的跨学科

课程，其目的直接指向问题的解决和当地环境现实，它涉及普通、专业和校内外所有形式的教育过程。"① 根据会议精神，中小学环境教育也应该是：从整体上，即从自然的和人工的，技术的社会的（包括经济的、政治的、技术的、文化—历史的、道德的和美学的）各个方面去认识环境；一个连续的终身的过程，它始于学前教育阶段，贯穿正规和非正规教育的各个阶段；从当地的、国家的、区域性的和国际性的观点去考察主要的环境问题，以使学习者了解其他地理环境中的环境状况；在各年龄阶段都要重视培养对环境的敏感和获得有关知识、解决问题的技能及态度，在早期阶段尤其要重视培养学习者对所在社区的环境的敏感性；利用各种不同的学习环境和有关环境的各种教学方法，充分重视实际活动和第一手经验。

一般来说，学校环境教育系统可包括两方面，硬系统即有形的环境教育系统，包括制度、措施及物质环境等；软系统即无形的环境教育系统，包括环境教育思想、学校的教风和学风、校园文化及社区（含家庭）文化氛围等。这两个大系统交织在一起，对学生潜移默化，形成一个环境教育大环境。

在任何形式的教育概念中，软系统建设应当是重中之重，环境教育也不例外。在开展环境的过程中，校园文化和社区文化对中小学生环境意识的影响应当说比学校教育更为可观。以下是有关酉阳土家族苗族自治县中小学校"环境信息来源"调查统计分析的数据，如表8—1所示：

表8—1　环境信息来源

你主要从哪些途径了解环境信息	Frequency	Percent	Valid Percent	Cumulative Percent	Valid	Missing
学校	322	34.5	34.7	100.0	928	5
报纸杂志	401	43.0	43.2	100.0	928	5
广播电视	578	62.0	62.2	100.0	929	4
父母	168	18.0	18.1	100.0	927	6
课外书	350	37.5	37.7	100.0	929	4
社会环保宣传活动	392	42.0	42.2	100.0	929	4

事实表明，广播电视、报纸杂志以及社会宣传活动的影响度比学校的正规教育更明显，父母（即家庭）的影响作用不明显，而课外书阅读对于

① 徐辉，祝怀新. 国际环境教育的理论与实践 [M]. 北京：人民教育出版社，1999.

中小学生的环境意识观念的增进起到相当大的作用。可以说，环境教育是一个互动、多层面、渐进的过程。环境教育实效性如何，关键是看学生环境道德水平的提高及其对环境实践的主动性，难点则在于环境道德的内化。

通俗而言，内化是"使某种外部世界的样式，如外部文化结构、社会需求、道德意识、交往形式、实践价值等转化为个体内在的精神生活，并使关于外部世界的内在表象对个体的思想和行为产生影响的过程"。① 环境道德的内化首先是一个过程，即个体将外在的环境意识转化为自己的道德品质的过程；同时是一种心理活动，即个体自己的信念、价值观、态度、习俗、标准等的接受或适应。"道德内化后具有较高的可利用性和迁移性，有利于提高学生解决问题的能力，而且可以内化道德原则为系统化体系，在道德运用上的功能远远大于分散的知识。"根据发展心理学和普通心理学的心理成熟理论原理，学生的环境道德形成过程表现为"无律—他律—自律—自动"的发展过程。图示如下：

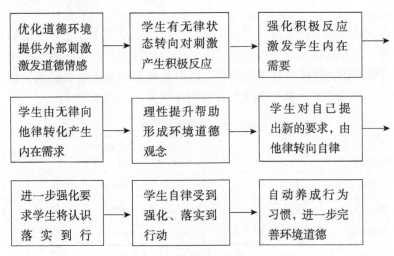

图8—5　环境道德形成过程

学校环境教育实际上就是道德教育的一个部分，学校的环境教育系统实际上也就是一个环境教育系统。学生生态环境意识观念的形成也就标志着学生在环境道德方面的观念、思想基本的建立。环境教育的过程实际上也就是环境道德品质观念的树立的过程。教学也应当遵循道德形成发展的

---

① 袁振国. 当代教育学［M］. 北京：教育科学出版社，1998：352.

规律，学校的环境教育系统也应当以之而建。

目前酉阳县学校环境教育工作中出现的最大的问题就是，学生无法通过课堂获取更多的环境教育知识。虽然酉阳县教育主管部门提出要重视学校整体环境的建设，优化校园环境等制度化的文件，但对于如何在课堂教学中开展环境教育并没有提出具体的可操作型的指标，教师对于如何在正常的教学中渗透讲授环境教育知识和技能存在认识不清的现象，无法为学生的良好环境意识和环境道德的形成提供外部的环境刺激，也无法引导学生对环境问题做出正确的引导。

（二）中小学生家庭背景同环境意识关系的分析

1. 家庭职业背景同中小学生环境意识之间的关系

作为正规环境教育的重要补充，非正规教育环境中的良好的家庭环境教育有助于儿童的环境认知水平及环境意识的提高。家庭是儿童学习的第一课堂，而父母也是儿童进行学习的第一任老师，儿童就是从父母亲那里学习到步入社会所需要的各种知识和技能。父母亲的职业状况在影响学生的环境意识方面不起决定作用，我们也不能片面地认为父母职业状况直接影响着学生的环境意识水平，只有父母在环境教育和环境意识方面有所关注、有所投入才能够潜在的影响学生的环境意识水平，这也就是环境教育在家庭教育观念上的体现，它并不体现在父母的职业状态上。如表8所示，双亲均为农民的家庭占总样本的23.3%，单亲农民家庭41%，另外就是小商业户家庭也占一定比例。父母的职业状况列在这里制作一个参考，并为读者呈现一些事实，希望能引起思考。

表8—2　受访样本父母亲职业背景统计

父亲职业	母亲职业	Observed Count	%
工人	工人	66	7.4%
	干部	0	0%
	农民	74	8.3%
	职员	11	1.2%
	教师	0	0%
	商人	11	1.2%
	军人	0	0%
	其他职业	18	2.0%

父亲职业	母亲职业	Observed Count	%
干部	工人	4	0.4%
	干部	12	1.3%
	农民	12	1.3%
	职员	14	1.6%
	教师	4	0.4%
	商人	17	1.9%
	军人	0	0%
	其他职业	15	1.7%
农民	工人	8	0.9%
	干部	0	0%
	农民	209	23.3%
	职员	0	0%
	教师	0	0%
	商人	4	0.4%
	军人	0	0%
	其他职业	8	0.9%
职员	工人	2	0.2%
	干部	2	0.2%
	农民	10	1.1%
	职员	18	2.0%
	教师	2	0.2%
	商人	10	1.1%
	军人	0	0%
	其他职业	23	2.6%

续表

父亲职业	母亲职业	Observed Count	%
教师	工人	3	0.3%
	干部	2	0.2%
	农民	7	0.8%
	职员	2	0.2%
	教师	11	1.2%
	商人	0	0%
	军人	1	0.1%
	其他职业	15	1.7%
商人	工人	8	0.9%
	干部	2	0.2%
	农民	15	1.7%
	职员	5	0.6%
	教师	0	0%
	商人	70	7.8%
	军人	0	0%
	其他职业	26	2.9%
军人	工人	0	0%
	干部	0	0%
	农民	2	0.2%
	职员	1	0.1%
	教师	0	0%
	商人	1	0.1%
	军人	2	0.2%
	其他职业	4	0.4%

父亲职业	母亲职业	Observed Count	%
其他职业	工人	8	0.9%
	干部	5	0.6%
	农民	20	2.2%
	职员	13	1.5%
	教师	4	0.4%
	商人	16	1.8%
	军人	0	0%
	其他职业	99	11.0%

2. 父母的文化程度与中小学生环境意识之间的关系

父母亲的文化程度潜在决定了学生生态环境意识水平，因为父母的文化水平决定了家庭教育的定位、可能开展的活动以及教育的程度。在调查中，父母的文化水平都比较低，这决定于20世纪五六十年代中期酉阳县学校教育的水平、经济水平以及20世纪七八十年代继续教育开展的力度，属历史遗留的教育问题。但影响着下一代接受的家庭教育水平。56.77%的父亲、70.72%的母亲都未上过高中或中专，只有很少部分的父母的教育水平在大学本科及以上，父亲有4.95%，母亲只占2.77%。

3. 家庭收入同中小学生环境教育意识之间的关系

父母的文化程度潜在的影响了学生的环境教育水平，而父母所支撑起来的家庭收入也决定了家庭在环境教育方面的投入，比如一些器具的购买，百科全书、科学读本及影音资料的收集都需要家庭的一大笔花销。在调查中，各个收入阶段的分布及比例都比较平均，但低收入家庭还是大多数。在这里，需要说明一点，酉阳县属少数民族自治区域，除了双薪职工家庭以外其他少数民族家庭均可生育两个小孩，加上大多数家庭有祖父母需要父母赡养，而酉阳县消费水平低、收入也低，职工月基本工资水平在调查时约为850元左右。如此平均计算下来，600元以上的人均家庭收入算得上是"高收入家庭"。所以笔者在设计问卷选项时，把600元作为人均家庭收入的上限。

（三）中小学生环境行为倾向分析

环境行为倾向是一项综合指标，体现出学生对环境的态度和一般行为习惯。中小学生具备了良好的环境行为倾向，随着年龄和知识的增长，就会形成良好的环境意识及习惯。但中小学生如何形成良好的行为习惯并长久的保持下去，涉及社会环境意识总体水平的提高，这也是环境教育需要解决的主要问题。

1. 中小学生环境参与调查

从调查分析结果看，中小学生的环境参与意识相对较好，但在预期行为测试题目的回答中却相形见绌。调查样本在回答"当你看到大街上有人乱丢食品袋、空易拉罐、废纸时，你会怎么想和做"时，酉阳二中的44.2%样本选择了"虽然觉得很不好但也不好意思出来阻拦"，其他学校的样本绝大部分都选择了"当场阻拦"；在"看到某处发生污染现象"时，中学生大多数知道去哪里反应，而小学生的选择率稍微低一些。

在"你是否愿意参加学校组织的有关环境保护的宣传活动"的选择上，除了酉阳二中的69.8%的样本"非常愿意"之外，其他学校的样本对"非常愿意"的选择率都很高，双河中学只有1.8%的样本不愿意参加，而酉阳二中有7.3%的样本不愿意参加宣传活动。

2. 环境认识和环境理解

对环境的关注及对环境知识的理解掌握程度是学生是否能参与环保行动的一个前提条件。环境认识在本调查中主要有五个方面，即对全球环境、全国环境、酉阳环境、学校环境和家乡环境的人是和理解。在酉阳，中小学生的环境知识主要来自零碎的新闻媒体、报纸杂志和生活积累，从学校和家庭中获得的知识很少，主要原因是学校环境教育开展不见成效，公众环境意识较低，没有良好的群众基础。本调查的研究分析结果如下：

（1）对全球环境概况的评价

在对全球环境的认识和理解上，认为当前面临的最大的环境问题中，认为是全球变暖、臭氧层空洞以及酸雨问题占样本总量的32.9%，而认为最大的环境问题是水土流失、沙漠化的占样本总量的22.2%，认为是水污染的占总量的9.4%，人口增长过快也是中小学生认为是造成环境问题的主要原因之一，占样本总量的22.1%，其他不便于归类的环境问题仅占总量3.3%。

（2）对我国环境概况的评价

调查显示，我国现在环境问题很严重的、较为严重、一般与没有问题的情况随着环境知识水平和环境理解水平的提高，其对环境的危机感也不断增强和加深的趋势。

这是符合教育学规律的，高年级阶段的学生在新知识的理解和建构上比低年级的学生更具有优势，对于身边的环境问题的认识和理解，是决定其以后进行环境教育行为以及形成良好的环境态度与意识的基础，从数据上来看，酉阳县学校教育中的环境教育并不注重学生对环境知识的认知和理解，尤其是小学阶段，一些学校认为我国没有环境问题的竟然接近半数，这从一个侧面说明了酉阳县正规教育下的环境教育开展情况。

（3）对酉阳环境概况的评价

本调查在问卷中设计了一个"你认为目前酉阳面临的最主要的社会问题"的题目，61.6%的样本都认为环境问题是目前酉阳面临的最主要的社会问题，龙潭希望小学的同学例外，只有43.8%的样本以为环境问题是目前酉阳面临的最主要的社会问题。

在影响酉阳环境的最主要的因素的选择上，49.2%的样本都认为垃圾污染是最主要的因素。这一点说明酉阳在生活、工业垃圾的处理上不尽如人意，也从某种程度上反映了酉阳的污染源头及环境问题的一个方面。22.4%的样本认为水污染是最主要因素，目前水质变差也是环境问题的一个方面。空气和噪声污染在酉阳都不十分严重，但也应当引起注意。

对于酉阳环境的总体状况，84.2%的样本都认为酉阳的环境状况不怎么样，甚至41.1%的样本认为酉阳的环境状况很差。酉阳整体的环境水平不算很高，那么学生对自己家乡的环境状况有什么样的体验呢。

（4）对家乡环境概况的评价

在这项调查中，38%的样本以为"近几年家周围的环境情况"一直一般，23.1%的样本认为"近几年家周围的环境"由好变坏。这一项分析表明，学生们对自己身边的环境体验并不十分满意，对环境问题也有初步的认识。

（5）对学校环境概况的评价

在校园环境方面，绿色学校的建设还是足见成效，酉阳二中样本的50.9%认为校园环境较好，双河中学44.1%的样本认为校园环境较好，龙潭希望小学样本37.7%认为校园环境较好。而其他非绿色学校绝大多数人都认为校园环境一般，不过总体上认为校园环境不好的都只占很小一部分，平均水平为7.3%。教育学都强调，学生是学习的主体，环境教育的教育对象包括中小学生，提高中小学生的环境意识，重视环境教育的自觉性是环境教育中不容忽视的重要方面。而以往的环境教育就是只把学生当作受教育的客体，对学生的教育主要是从外在控制出发，而不是从学生的内在需要出发，不善于激发学生的内在动机，发挥他们的主动性①。

（四）中小学生环境意识水平分析

在进行绿色学校和非"绿色学校"的中小学生的问卷统计中，有一个预设，即不同的学校的不同年级的学生应当在不同水平上对环境保护有一定的认识，环境教育开展得比较好的学校，学生的环境意识水平应当要高于其它学校。"绿色学校"称号是衡量某校环境教育水平高低的一项重要指标。由此，做如下分析：

关于"地球上的资源是取之不尽的"这个问题的回答，各个学校随机抽样样本的统计结果显示：①选择"不同意"的均占绝大多数，总体水平为77.9%；②大中、小学生在这一题上有一定的差异，小学生选择"不同意"的水平都在总体水平之下，除去小样本"铜鼓中心校"比率偏离总体太大；中学生选择"不同意"的水平都远远高于总体水平，而且市级绿色学校与区县级绿色学校之间并没有十分明显的差异；③于此问题的态度明晰程度而言，中学生的明确程度明显高于小学生，但绿色学校与其它学校之间并没有太大的差异。

关于环境保护与世界环境日的认识方面，各类学校样本之间并无大的差异，可以由此得出两种推论：一是酉阳土家族苗族自治县的环境教育工作整体都搞得不错；一是绿色学校这个牌子实际上并无多大内涵，并不能代表环境教育工作开展的先进性。"6月5日，世界环境日"，对于目前环境教育工作开展得火热的学校而言，其学生对之熟悉并不奇怪，对于"世界环境日"这样的题目而言，"教"与"不教"是有区别的，而俗话说，"有什么样的环境就孕育什么样的人！"环境虽然不是教育的决定性因素，但环境因素的影响作用是绝对不可忽视的。环境教育的政策措施背景为人们的环境认识提供了一个框架，即为一种思维方式、一种价值参照体系。环境和背景应当起到推动和促进作用，当它反作用或者无作用时，我们也可以从作用对象的调查研究中得出一些相关并且说服力很强的结论。教育的机制是教育产生效应的关键所在，环境教育的机制同样是推动环境教育开展、提高全民生态环境意识的关键环节，通常情况下，政府和研究者是这一环节的制定、裁决和执行者，同时在生活中也起到引导和"标本"作用。因此一个学校的学生的环境教育状况是否有区别于其他学校，一方面的原因来自政府、教育和环保部门的政策、措施和方针，还有在教育思路

---

① 杨士军. 关于环境教育实效性问题的研究与实践——兼谈面向21世纪的中小学环境教育改革［J］. 北京：环境教育，2000（5）：6.

上受到的行政干预，一方面还来自兄弟学校之间的评价作用，包括社会舆论压力与导向，还有学校本身的环境教育方面的建设和探索。学校本身的建设，应当包括学校领导环境教育意识的取向、教师环境教育意识水平和职业技术水平、教学系统的时代特征性及学生的自觉性。

（五）酉阳县中小学教师环境意识水平调查

环境教育实效性如何，与学校领导、师生的环境教育观念密切相关。而优秀的环境教育教师队伍是塑造良好的环境教育环境，提高学生环境素质和意识的重要保证。教师的教学活动离不开感觉、知觉、表象、想象和思维等认识过程特点、情感过程特点和意志过程特点；教师形象和教育效果又直接受到教师动机、兴趣、气质、性格、情绪等个性心理特征的影响。中小学教师在环境教育推动过程中所扮演的角色非常重要。

建构主义者提倡："在教师指导下的、以学习者为中心的学习，也就是说，既强调学习者的认知主体作用，又不忽视教师的指导作用，教师是意义建构的帮助者、促进者，而不是知识的传授者与灌输者。学生是信息加工的主体、是意义的主动建构者，而不是外部刺激的被动接受者和被灌输的对象。"① 但不可否认的是，教师环节在环境教育开展过程中具有不可替代的作用。一方面，要接受学校、教育行政部门和社会的有关环境教育知识方面的教育和培训以提升自我环境认识；另一方面，也要为人师表，在环境保护方面做出榜样和导向作用，教给学生知识并和学生一起实践、体验。教师环境意识水平基本上决定了中小学学校环境教育的成绩和可能达到的教学效果。

在酉阳土家族苗族自治县，中小学基本都为公立学校。学校的行政人员除了执行行政公务以外，大部分都有教学任务，他们的环境意识水平同样影响着学校环境教育水平的高低。下面是我在酉阳县有选择的对几个学校的行政人员、教师进行的访谈，我把它记录下来了，并在下面呈现出来。

访谈案例一：

个案资料：杨主任，男，34岁，土家族，酉阳县双河中学德育处主任，法律大专毕业，教授政治。

访谈记录：

笔者：杨主任您好，能否占用您一点时间，就环境教育的几

---

① 陈越. 建构主义与建构主义学习理论综述. www. being. org. cn/theory/constructivisom. htm，发布日期：2002 年 06 月 17 日.

个问题向您请教。

杨：你也是这儿毕业的吧！欢迎回来做客啊！有什么问题尽管问吧！

笔者：环境教育虽然不是新的话题，但是个比较新的研究领域。全国的中小学都在努力做好环境教育的各项工作。双河中学也是县级"绿色学校"，您能简单地介绍一下学校环境教育和"绿色学校"的情况吗？

杨：我还算是比较了解环境教育的，可以这么讲吧。当然，不如专门研究这个领域的专家那样熟练。关于评价标准我也只能作简单的举例。标准细化的话可以说是比较多的，比如学校绿化建设、领导建设、制度建设、知识灌输、环保知识宣传、培养学生环保意识等。

笔者：您认为在全国范围内进行学校环境教育的目的是什么？

杨："美化、绿化、净化校园"，建设良好的育人环境。

笔者：那么双河中学的环境教育又是如何开展的呢？

杨：主要是专题知识讲座。还有就是渗透到各门学科之中，以生物学为主。

笔者：按照教育部门的指示，老师应该以什么样的方式把环境教育与学科教学结合进行？

杨：不知道，这是实话，因为我们也是自己在探索，教育、环保部门并没有给予指导。

笔者：你有推荐环境教育所用的教材吗？学校有没有对老师进行一些关于环境知识的培训？

杨：这些都没有。

笔者：教育主管部门对环境教育的评价方法是什么？您可以从学校、对教师、对学生三个方面来谈。

杨：①对学校总体水平的评价主要是绿化评价，比如对绿化讲座的评价；②对教师的评价主要在政治、生物课上；③对学生的评价分为两个方面，学校自身开展环保知识竞赛活动，环境委员会对学生进行相关的考评和实际状况的调查。

笔者：好的。谢谢杨主任的支持。麻烦您了。

杨：我的回答全属真实情况，希望没有让你失望。

访谈案例二：

个案资料：黄校长，男，30岁，土家族，酉阳县钟多镇凉风小学校长，大学本科毕业，教授语文。

访谈记录：……

笔者：最近这几年国家正开展环境教育，而且"绿色学校"是工作的重要环节，关于环境教育，能谈谈您的意见吗？

黄：关于环境教育我知道一些，但并不是十分了解。"绿色学校"也有听县教育委员会相关领导提起过，绿色学校的评价，比较注重学校对学生环保知识的教育，环保观念、环保行为的培养。我们学校也正在做这方面的努力。

笔者：您认为国家在中小学校进行环境教育的目的是什么？

黄：加强对青少年儿童环保知识的教育，旨在让青少年从小养成良好的环保观和环保行为。爱护我们生存的家园。

笔者：那么，凉风小学环境教育有哪些具体措施？单独地开设了课程吗？

黄：学校开展环境教育首先是开设了环境保护教育校本课程；其次成立学校环境小分队，对校园外的白鹿河畔的垃圾进行清理，加强清洁卫生工作。同时渗透于各门学科教学。教师通过加强对学科教学特点的认识，把环境教育与其相关教育知识渗透于学科教学之中。没有专门的教材，环保局给我们发了一本人民教育出版社的《小学生环保教育知识读本》。

笔者：在教师方面，教育部门有组织进行环境教育及环境意识培训吗？都有些什么样的活动？

黄：学校对教师的环境知识培训，主要通过"一纲四法"及在教师相关业务学习培训中加以贯穿和渗透。教育相关部门很少组织进行这方面的培训。

笔者：学校组织这些环保活动的经费来源有哪些？

黄：经费来源是学校事业性资金，依靠学校从杂费及服务性收费中支出。每年支出约4000~5000元。

笔者：学校开展环境教育，学生和家长有什么看法吗？

黄：学校站在全面素质教育的高度对"环境教育"进行把握，也希望能采取有效措施加大教育力度，但苦于经费的欠缺。学生虽然在这方面很积极，但家长反应比较淡漠。

笔者：环保部门有主动联系学校吗？学校有没有与环保部门

合作进行环境教育？

黄：学校苦于与外界联系少，教育办法单一、苍白，较为无奈。所以也很少与环保部门联系并合作开展环境教育活动。

笔者：据您所知，主管部门对环境教育的评价方法是什么？对学校，对教师和学生各有什么要求？

黄：①对学校总体水平的评价：对教学环境、校园"三化"（绿化美化净化）及量化评估考核。②对教师的评价：是否认真按理教学常规开展教学工作。③对学生的评价：讲卫生，爱劳动，注重自身穿着、仪表、清洁卫生，提倡"校园是我家，清洁靠大家"活动，开展争当"清洁卫生小卫士"活动，也重视教师对学生的主观评价。

访谈案例三：

个案资料：李老师，男，26，苗族，酉阳县双河中学教师，大专毕业，教授生物。

访谈记录：……

笔者：你们学校是"绿色学校"吗？为什么被评为绿色学校？它的评价标准是什么？

李：是，因为达到县环保局的标准。评价标准的学校的绿化面积的比例的40%。

笔者：您了解环境教育吗？你们学校进行环境教育的目的是什么？有什么样的教育原则？学校环境教育是怎么进行的？

李：我们学校有开展环境教育，但我只了解一些。原则主要就是教育学生树立环保意识，进行启发性和实践性教育。开展专题讲座，环境教育设在德育教育的各门学科中，也设在生物、化学学科中。

笔者：您所教的学科是什么？您所教的学科当中有没有涉及环境方面的内容？

李：生物。如生物影响环境，"人过度破坏环境，将导致环境恶化，从而人也受到影响"。

笔者：你们学校除了课堂讲述以外还有哪些关于环境教育的教学方法？

李：实践法。带领同学到河边捡白色垃圾，到野外植树。

笔者：教育主管部门对环境教育的评价方法是什么？

李：绿化面积占学校总面积的比例，教师为学校环境意识建设做出的努力以及环境教育科研成果，学生方面就是进行环境知识方面的考试。

教师的职责、义务所在，是不容推卸的。《庄子·养生主》云："吾生也有涯，而知也无涯！"教师虽然为人师，但始终需要学习，习得新的知识和技能以加强自身的教学能力和提升自身的知识文化水平。教育主管部门和环境保护部门也应当考虑到这些方面，为提高教师自身水平的需要提供一种可能的选择和机会。从上面的访谈内容可以总结归纳出酉阳县中小学环境教育及活动存在以下几个方面的问题：

第一，教育部门、环保部门缺少明确的布置，没有具体的教学计划与教学大纲，无所依据，无政策措施可依。具体的组织、工作不够，程度不够深入。

第二，整个社会的环境意识差，环境教育引起的社会关注不够。家庭参与比较少，家庭与社会对于学生环境意识提升的不良影响太多。学校、社会、家庭之间的协调合作教育行动不够，加上社会环境保护宣传活动欠佳，力度不够。

第三，无环境教育专门教材，虽有《中小学环境教育知识读本》，但数量和使用力度不足，并且环保部门教育部门在教材上的投入不足。涉及环境教育的课程和科目比较少，环境教育的渗透力度不够，教学实践不足。环境教育的影音资料更少，不能形成体系化生动形象的环境教育。个别教师有热情，但备课教学却很困难。

第四，环境教育教师的环境意识培训工作开展未见成效，准确地说培训稀少。致使没有环境教育无专职教师，没有学科教学的组织保证。总体而言，教师的环保知识水平较低，环境教育意识也低。学校在环境教育方面对教师的要求也不是很高。

第五，环境教育资金投入不足。学校的资金投入因环境教育要求低而支出少，而环保部门、教育部门的环境教育专项资金缺乏。

通过以上的调查研究及分析，可以得出一些结论。首先，在全国环境教育积极开展的形式下，酉阳的环境教育也在缓慢的推进，但是总体状况还处在较低水平。其次，酉阳县环境教育的政策、措施、方针指导欠缺，政府行为及其力度不够。再次，学校的环境教育不能落到实处，几乎旨在应付检查或者为了某个称号，实际内容空虚。复次，学校的环境教育课程开发和环境教育观念、思想的渗透得不到落实，师资培训和环境教育方面的继续教育得不到落实，环境教育及环境意识观念缺乏。最后，酉阳经济的落后状况以及信息缺乏的现状直接导致了环境教育的滞后现象，酉阳人民的小农意识①限制了环保行动的深度，间接地引起了某些环境问题。

第三节　中小学环境教育与意识调查研究的启示与建议

一、中小学环境教育教育应当促成学生哪些素质和意识

环境教育的目的在于使所有的人都意识到人类与环境相互作用的复杂性，使所有的人都掌握一定的解决环境问题的能力，养成保护环境的道德责任感，形成正确的环境价值观和态度。环境意识培养是国民教育的重要载体，必须确定环境教育在中小学教育中的重要地位，努力培养中小学学生的环境意识与素质。

（一）科学发展意识

胡锦涛同志提出科学发展观，科学地概括了当今社会的发展趋势和人类社会发展的必然选择。可持续发展是环境教育工作开展的目的之一，环境教育也是为了促进人与自然、人与社会的协调发展。环境意识的培养目标不能仅以人类为尺度，而是以"人类——自然"系统层次为标准；不仅以人类的利益为目标，而是以人类与自然和谐发展为目标。因而，环境教育不仅承认自然界对人类的外在价值，而且承认自然界自身的价值，即它对地球生命或生命维持系统具有持续生存的价值。人类的可持续性和地球生命系统的可持续性必须实现有相互联系的三个持续性：生态可持续性、经济可持续性、社会可持续性。

---

① 小农意识：从中国的长期历史经验来说可以概括为，满足个人温饱，在一小块土地上自耕自作，无约束、无协作、无交换而长期形成的一种思想观念和行为习惯，简称小农意识。有小农意识的人，其追求相对较低，只要超过了旱涝保收，达到吃饱喝足略有结余的目标，就会产生富有的感觉。其结果一是没有了从前那种吃苦耐劳不干活就要饿肚子的危机感；二是有了结余就开始琢磨着享受，"烧香修坟"而不懂得把结余投入再生产，让结余有更多的结余；三是飘然自得，不可一世。

（二）我国人均国情意识

中国环境资源种类繁多，总量丰富。但我国人均环境资源占有量相当低，不但低于发达国家和某些发展中国家，甚至低于世界平均水平。在环境资源开发利用和经济社会发展方向上，要牢固地树立起人均国情意识。

（三）全球意识

人类赖以生存的地球是一个自然、社会、经济、文化等多因素构成的复合系统，全人类是一个相互联系、相互依存的整体。世界各国人民在开发利用其本国自然资源的同时，要负有不使其自身活动危害其他地区人类和环境的义务。因此，环境意识的培养不仅要关注小范围的环境污染，一定地区和国家的城市、河流、湖泊、近海、农田的大气污染、水体污染、土壤和生物污染、噪声污染等，还要关注大范围的全球环境问题，如地球变暖、臭氧层破坏、酸雨、生物多样性消失和危险废物在全球范围转移等，关注全球性的经济与社会发展、子孙后代和全人类的未来发展。

（四）环境公德意识

环境道德是一种新的世界道德。它把道德对象的范围从人与人的社会关系扩展到人类与自然的生态关系，对自然界的价值和权利进行确认，制订和实施新的道德原则。这种道德原则不仅以人类的利益为目标，而且以人类与自然和谐发展为目标。地球不属于我们人类，我们人类属于地球，我们人类和其他生物都在一个家园中。环境道德问题既涉及前人、当代人、后人，也涉及其他生物和自然界。这是人类环境价值观的深刻变化。

（五）环保参与意识

环境教育是"学中做"的教育，非常需要通过学生的亲身经历来发展其对环境的意识、理解力和各种技能。学生自觉参与，是搞好环境保护与可持续发展的重要条件。中小学学生在环境意识提高的基础上，必然产生保护、改善和建设环境的使命感和责任心。因此，需要提高学生参与环境保护工作的主动性和积极性，要求他们在日常生活中时时处处自觉地参与环境保护的各种活动。

二、开展中小学环境教育应该注意的几个原则

环境教育是现代社会的一种必然的教育倾向，是教育的重要内容。人们一生都影响着环境，环境也无时无刻不影响人们的生活，环境教育应该伴随着人的一生。而中小学是基础教育阶段，在中小学校实施环境教育有其特殊性，也有其必须遵循的教育原则。

第一，对象全程性。环境教育是一个连续的终身的过程，它始于学前教育阶段，贯穿于正规和非正规教育的各个阶段。环境教育要体现对象的全程性（即幼儿园、小学、中学、大学和普通劳动者）。

第二，基本道德性。环境教育要体现内容的综合性，即环境法律、环境知识、环境伦理、环境技能、环境价值和态度等。就当前实际情况来看，要重点突出环境伦理教育，把道德规范延伸到处理人与自然环境的关系中，养成尊重自然，关心自然，保护和改善环境的道德责任感。

第三，形式多样性。环境问题的综合性，决定了环境教育的方式方法要多样化，既可以采用一些专题教学形式，也可以成立探究环境保护问题的课外活动小组；既可以采用讲授法、观测法和实验法，也可以采用调查法、考察法等。

第四，城乡差别性。环境问题虽然十分复杂，但地域性非常明显。农村与城市的环境问题大都带有明显的产业特征。在开展环境教育时，不能舍近求远，而应有重点、有针对性地进行，才会起到更好的效果。

第四，参与实践性。参与是环境教育中必不可少的环节，是实现环境教育所要达到的各方面能力的一个根本途径。环境科学本身是一个实践性很强的学科，如果把环境教育陷于空洞的说教，极易导致学习者厌弃，起不到应有的作用；如果环境教育只停留在就事论事，不体现参与性，不注重基本知识和技能的培养，那就无助于提高学习者的认知水平和提高环境保护的责任意识。

三、酉阳县环境教育应该加强的几个方面

关于教材建设、理论和学术研究气氛建设、环境教育经费、教师培训以及社会整个环境意识提高这方面的建议都已经是前人所提到过或研究得比较透彻的，在这里我没有必要再简单地重复这些。我想就酉阳土家族苗族自治县的环境教育提出一些独特的见解。

第一，在环境教育工作方面特别是在学校的环境教育上，应该更加重视软系统的建设，注重学校环境教育观念和环境意识的提升，引起学校全体师生员工的高度重视。

第二，加强环境道德内化教育，注重环境道德意识的点滴影响，深化环境道德的学科渗透。

第三，将学校环境道德意识扩散，与家庭、社会联系起来，加强环境教育的社会联系，加强生态环境保护宣传教育工作。增进生态环境法制建设。

第四，政府与教育部门加强宣传力度，推动酉阳县人民经济、文化、教育的小农意识的改变，达到治根治本的效果，以促进生态环境保护的真正实施。

第五，加强与上级相关部门的联系，及时了解最前沿的信息。加强校际之间的横向联系，向全国先进的部门和学校学习，同时加强具有自身特色的环境教育与研究建设，根据本地特点开展工作。

扩展阅读：

一、重庆市绿色学校评估验收标准

1. 有环境领导小组，形成由领导、教师、行政人员组成的环境教育骨干队伍。（3分）

2. 学校发展规划和工作计划中，对环境教育有统筹安排。（2分）

3. 平时有检查、督促措施，年终有总结。（2分）

4. 校长、教导主任参加过环境教育培训或研讨活动。（1分）

5. 积极组织教师参加市、区县（自治县、市）组织的环境教育研讨等活动。（2分）

6. 校内组织教师开展有关环境教育的学习和教研活动。（2分）

7. 有环境教育宣传栏，各班有宣传墙报。（1分）

8. 校园有用于亲切、位置与周边环境和谐的固定的宣传标语或警示语。（2分）

9. 环境日、地球日、生物多样性纪念日等有全校性主题宣传活动。（3分）

10. 环境教育资料齐全。（3分）

11. 有适应学校开展环境教育的报刊及图书音像资料。（2分）

12. 科学科教学有机渗透环境教育的内容，每年有1～2次环境教育研讨课。（6分）

13. 渗透内容正确、贴切，学生反映好。（2分）

14. 在学期、学年考试中有环境保护的内容。（2分）

15. 团队活动及其他社会活动等排有环境保护的内容。（3分）

16. 每学年班会活动不少于两次环境教育专题。（2分）

17. 有环境教育选修课、讲座。（2分）

18. 有环境教育选修课的教学计划、讲义、教案。（2分）

19. 有校级环保活动小组并配备辅导教师。（2分）

20. 每学年有不少于4次、定时间、定主题的环保小组活动。（4分）

21. 组织师生参与净化、绿化、美化校园活动。（2分）

22. 组织师生参加社区环保宣传、调查、监督活动。（2分）

23. 学生参与环境教育活动的普及率95%以上。（1分）

24. 有多种层次、多种形式的环境教育专题活动，有方案，效果好。（4分）

25. 可绿化地均得到绿化，植物种类多样，并作为环境教育教学资源加以利用。（3分）

26. 校园整洁、教师整洁，饭堂符合卫生标准，厕所干净，无臭味。（7分）

27. 污染控制符合环保要求。（3分）

28. 垃圾（含实验废物）得到分类和无害处理，对环境不产生污染。（3分）

29. 教师问卷测试合格率100%（4分），90%（3分），80%（1分），不合格（0分）。

30. 学生问卷测试合格率100%（4分），90%（3分），80%（1分），不合格（0分）。

31. 具有维护环境自觉意识，公共场所无吸烟，无乱丢、乱吐、乱写、乱画行为，不高声喧哗。（2分）

32. 具有科学合理的消费观念，不用或少用对环境污染严重的、耗能高的商品。（2分）

33. 具有较强的环保参与意识，对社区、家庭改善环境质量产生一定影响。（2分）

34. 有师生收集、整理、撰写、制作的环境教育作品。（4分）

35. 学校、教师环境教育论文、总结、经验、教案受区县级以上表彰奖励不少于3篇。（3分）

36. 学校、教师或区县级以上环保、绿化、卫生等有关部门奖励不少于3人次。（3分）

37. 学生参加征文、科技制作、文艺演出、书画比赛等环保活动获区县以上奖励不少于3人次。（3分）

38. 学校获市级以上环境教育先进单位。（3分）教师获市级以上环境教育先进个人。（3人）

39. 教师环境教育论文在评定年限内获国家级以上奖励或在国家级专业刊物发表（3分）；省级（2分）。

40. 学生在全国各类环境活动中获奖（3分）；学生在全市各类环境活

动中获奖（2 分）；学生在区县各类环境活动中获奖（1 分）

* 什么是"绿色学校"

"绿色学校"一词产生的源头已无从追溯，但从看到的文献来看，"绿色学校"（Green School）一直是与环境教育运动紧密相连的，可以说是作为环境教育运动发展的产物而产生的。1986 年，马来西亚教育部就曾出版过《绿化学校》一书①。而至少在 20 世纪 90 年代初，在英国就已经有不同的出版物从环境教育的视角出发，进行关于绿色学校建设的讨论②③④。由此推想，绿色学校的提出在西方国家至少在 20 世纪 90 年代初期之前。也有人认为，"绿色学校"的概念最早起源于欧洲环境教育基金会（FEEE）于 1994 年提出的一项全欧"绿色学校计划"（Eco - School）⑤，这一项目是一个环境教育国际项目。尽管参与该项目的欧洲各国学校所使用的称谓并不一致，如爱尔兰称"绿色学校"，德国称"环境学校"，葡萄牙称"生态学校"等，但是其内涵是相同的。

这样看来，绿色学校是作为实现环境教育目的的重要方法提出来的，它的内涵依从于对环境教育的目的和目标的理解。也就是说，绿色学校的内涵决定于环境教育的内涵。因此，我们就应当从环境教育的内在要求出发去寻找绿色学校的本质含义和建设依据。在此，不妨对环境教育的目的和目标做一个简单的回顾。

在确定环境教育目的和目标的历史上，有许多重要的会议和事件⑥，但有三个标志性的地方应当铭记，它们依次是斯德哥尔摩、第比利斯和里约热内卢。

---

① 教育部课程发展中心及阿敏奴汀学院.《绿化学校》. 马来西亚：马来西亚世界自然基金会，1986.

② Friend of the Earth. Green Your School – A School Friends Action Pack for Secondary School. London：Friends of the Earth，1989.

③ Committee of Directors of Polytechnics. Greening Polytechnics. London：Committee of Directors of Polytechnics，1990.

④ Further Education Unit in Collaboration with Council for Environmental Education. Colleges Going Green – A Guide to Environmental Action in Further Education Colleges. London：Council for Environmental Education，1992.

⑤ 曾红鹰. 环境教育思想的新发展——欧洲"生态学校"（绿色学校）计划的发展概况 [J]. 北京：环境教育，1999（4）.

⑥ 刘继和. 国际环境教育发展历程简顾——以重要国际环境教育会议为中心 [J]. 北京：环境教育，2000（1）.

1972 年，联合国在瑞典的斯德哥尔摩召开了人类环境会议，在会议宣言第 19 项原则"环境教育"中，指出了环境教育在保护和改善环境上的重要性。在行动计划第 96 项建议中，强调了建立国际性环境教育项目的必要性。因此，本次会议可以认为是全球环境教育运动的发端。

1977 年，联合国教科文组织和联合国环境规划署在第比利斯召开了政府间环境教育会议，并发表了第比利斯宣言，首次把环境教育的目的和目标确立为意识、知识、态度、技能、参与五个方面，为全球环境教育的发展奠定了基本框架和体系。因此，第比利斯宣言被认为是国际环境教育基本理念和体系的基准。

1992 年，联合国在巴西里约热内卢召开了有 180 个国家代表参加的"联合国环境与发展"大会，这是全球范围内对可持续发展思想的认同和确立的一次空前的大会。通过本次会议，可持续发展的思想在全世界不同经济发展水平和文化背景的国家得到共识和普遍认同，而教育对可持续发展的重要性也得到充分肯定。可以认为，里约会议是环境教育运动的新起点，它提出的概念和思想成为环境教育构建新的目的和目标体系的基础。

从斯德哥尔摩到里约热内卢，整整走过了 20 年的时间，在这 20 年中，环境教育运动有着长足的发展，环境教育的目标也在不断地发展过程中。目前国际上广泛认同的，是第比利斯会议的观点。但是我们可以看到，自第比利斯会议以来，新的环境问题不断涌现，人类对环境的认识不断加深，环境教育所涵盖的内容在拓宽，因此环境教育目标也发生着变化。其关注的重心由原来单纯的自然环境的保护转移到现代的对整个人类历史上的发展模式的反思、对现代工业文明的审视、对未来生存形态的思考。这正是可持续发展的思想在环境教育中的反映，而这一趋势在巴西里约热内卢得到了确立。因此，现代的环境教育，其根本目标，是与可持续发展观密切相关的。有人由此将现代环境教育直接称为可持续发展教育。

"绿色学校"作为一种环境教育的重要手段或措施，其内涵必然是随着环境教育目标的变化和要求而变化的。当环境教育仍然只把关于环境的知识和技能传授作为唯一目标的时候，绿色学校的概念只能是狭窄的，知识本位的；而当环境教育的目的和目标以可持续发展思想为指导，从而扩展到一个更广阔的领域的时候，绿色学校的概念自然也就要求能够涵盖更大的范围，包括更多的内容。第比利斯会议上提出五个方面的目标，把环境教育目标从"关于环境"领域扩展到"通过环境"和"为了环境"的领域；而里约热内卢会议，更要求从生态、经济和社会可持续发展的高度来看待环境教育，不仅是"关于环境、通过环境和为了环境"的教育，而是"关于可持续发展、通过可持续发展和为了可持续发展"的教育。这样看来，从现代环境教育的观点出发，正如地名和大量的地理事实是地理学的重要内容但绝不是全部内容一样，一所绿色学校绝不仅仅是一所环境优美示范校，一所环境卫生示范校，一所环境科技活动特色校，尽管这些也许都是一所绿色学校的表现。

绿色学校是指在学校管理中纳入有益于环境的管理措施，充分利用学校内外的一切资源和机会提高师生环境素养的学校。它强调将环境意识和行动贯穿于学校的管理、教学和建设的整体性活动中，引导师生关注环境问题，让青少年在受教育、学知识的同时，树立热爱大自然、保护地球家园的高尚情操。在创建"绿色学校"活动中，许多学校在校园的绿化、美化、净化上狠下功夫，营造一个美观、清洁的环境，这是完全必要的，但还远远不够。绿色学校的建设涉及学校建设各个方面的内容，决不是学校工作的某一个方面所能代替和涵盖的。

* 其他访谈资料

访谈案例四：

个案资料：樊主任，男，36岁，土家族，酉阳县双河中学教育科研室主任，大学本科毕业，教授语文

访谈记录：

笔者：凡主任，咱们又见面了。这次来是找您了解了解关于"环境教育"的信息。您对环境教育应该比较熟悉吧？对了，双河中学就是县级"绿色学校"。

樊：对于环境教育还算是了解吧，我们学校被评为县级绿色学校已经有好几年了。

笔者：学校进行环境教育，在您看来其目的是什么？

樊：让学生热爱大自然，保护人类生存的环境。

笔者：双河中学作为县级绿色学校，是怎么开展环境教育的？

樊：我校定期开展环保教育活动。结合环境方面的情况，通过大礼堂的图片、示例，让学生认识环保的重要性，同时各学科的老师结合教材，在教学中对学生进行环保教育。

笔者：学校教师进行环境教育是以什么方式开展的？

樊：在教学中，把环境教育与学科教育有机结合在一起。

笔者：您有推荐教师对学生进行环境教育时所用的教材吗？

樊：有，重庆出版社出版的乡土教材，《中小学环境教育知识读本》。

笔者：教师环境教育知识的培训，学校有开展具体的工作吗？

樊：有，比如环境知识竞赛。学校主要结合一些环境方面造成灾难的问题，开展对教师有关环境方面的讲座，组织教师对环境前沿问题展开讨论。

笔者：学校开展这些活动的经费开支情况如何？

樊：学校办公经费中有专门的一部分，处理废旧品可以支持一部分，加上社会赞助一部分。

笔者：学校与环保部门有联系吗？

樊：有联系，经常请他们到校指导环保工作，双方合作建立有关学校的环境教育制度。

笔者：在双河中学，关于环境教育教育主管部门有什么样的要求？

樊：要求学校争创市级绿色学校，要求教师提高环境意识加强学生日常行为规范。

笔者：谢谢。耽搁樊主任的时间了。

访谈案例五：

个案资料：陈老师，女，49 岁，土家族，凉风小学教师，中师毕业，教授语文

访谈记录：

笔者：陈老师，您好。耽搁您一点时间，问你几个问题。

陈：你尽管问吧。我下午才有课呢！上午就是花时间备课。

笔者：谢谢您。你们学校是"绿色学校"吗？知道它的评价标准是什么？

陈：不是，所以我也不知道。

笔者：您了解环境教育吗？你们学校有开展环境教育？

陈：不是很了解，有一些环境教育相关的项目，课程没有专门设置。

笔者：你们学校做这些项目的初衷是什么？

陈：目的是让学生了解相关知识，达到学生能自觉保持自我卫生，比如定期打扫清洁区域和教室，使学生在健康中成长。

笔者：您所教的学科是什么？您所教的学科当中有没有涉及环境方面的内容？

陈：语文，品德社会。有，渗透在品德社会课中。

笔者：你们学校除了课堂讲述以外还有哪些关于环境教育的教学方法？

陈：如植树节组织学生上山植树，参观国家环境保护工程，组织学生参加征文大赛。

笔者：教育部门或者学校领导有推荐给你们进行环境教育的教材吗？

陈：无可用教材。

笔者：你们学校有没有对教师进行一些关于环境知识的培训？

陈：没有。

笔者：学校有没有组织一些环保活动？

陈：这个倒有，如知识竞赛、参观学习和野外郊游、调查。

笔者：学校与环保部门有联系吗？是否合作开展体现学生环境意识的活动？

陈：据我所知到目前为止没有。

笔者：学校环境教育建设的评价方法是什么，您有所了解吗？

陈：不清楚，这些我们根本不知道。

笔者：您认为学校对校园环境的建设和保护效果如何？

陈：成果不多，建树不多。

访谈案例六：

个案资料：张老师，男，23 岁，汉族，酉阳县双河中学教师，大学本科毕业，教授数学

访谈记录：……

笔者：你们学校是"绿色学校"吗？为什么被评为绿色学校？

张：校园绿化工程很好，植被面积占有比例大。

笔者：你们学校进行环境教育的目的是什么？有什么样的教育原则？

张：使学生热爱自然，热爱环境培养学生高尚道德情操。教

育过程注意学生参与性。

笔者：你们学校是怎么开展环境教育的？环境教育主要放在哪些学科的教学中？

张：专门设立主题讲座研讨会。定时召开班级研讨交流会。学科渗透与理、化、生、地等衔接。

笔者：所教的学科是什么？您所教的学科当中有没有涉及环境方面的内容？

张：数学无明显涉及。

笔者：你们学校除了课堂讲述以外还有哪些关于环境教育的教学方法？

张：参观旅游胜地，观看有关电视节目。

笔者：据您所知，教育主管部门对双河中学环境教育的评价是什么？主要可以分对学校、对教师、对学生三个方面。

张：①对学校总体水平的评价：较好，意识强；②对教师的评价：能将主体意识上升到一定高度；③对学生的评价：在学校及教师的努力带动下，积极性高。

访谈案例七：

个案资料：杨主任，男，25岁，土家族，酉阳县龙潭希望小学政工处主任，大专毕业，教授语文

访谈记录：……

笔者：您了解环境教育吗？您知道"绿色学校"吗？它的评价标准是什么？

杨：比较了解。本学校就是一所市级绿色学校。标准有：师生的环保意识、环保行为、学校绿化、美化、净化、

笔者：您认为学校进行环境教育的目的是什么？

杨：增强学生的环保意识，让可持续发展深入人心。

笔者：贵校是怎么开展环境教育的？是把它渗透到各门学科还是单独设立一门学科？

杨：领导重视，机构健全。挖掘学科环保因素、渗透环保知识。以活动为载体让学生在乐中学习环保知识，以增强环保意识。

笔者：学校有没有对老师进行一些关于环境知识的培训？

杨：在2002年，我校就单请县环保局专家对教师与学生进行

过培训，但没有参与过重庆市组织的环境教育意识、知识培训。但有听说过别的绿色学校的老师参加。

笔者：组织保活动的经费来源是什么主要靠什么？

杨：学校自筹、环保局划拨。

笔者：学校对环境教育的态度如何？学生和家长对环保活动有什么看法吗？

杨：学校非常重视。学生感觉新奇，但家长认识不够，认为环保活动不是"正事"。

笔者：学校是怎样与环保部门和教育部门合作进行环境教育？

杨：参加环保征文，请环保本部门举办讲座

笔者：学校环境教育的评价主要有哪些？

杨：①对学校总体水平的评价：绿化、美化，学校是否重视，教育开展是否深入、持久，效果是否良好；②对教师的评价：环保教育意识是否强，组织活动是否得力；③对学生的评价：从小是否具有环保意识，从小就去了解环保知识，参加环保活动。

访谈案例八：

个案资料：白老师，男，25 岁，土家族，酉阳县龙潭希望小学教师，中师毕业，教授数学

访谈记录：……

笔者：你们学校是"绿色学校"吗？为什么被评为绿色学校？它的评价标准是什么？

白：是，因为我们学校，校园环境优美，绿化，美化常抓不懈，经常开展环境教育，进行环保活动。

笔者：你们学校进行环境教育的目的是什么？

白：让学生养成良好的习惯。使学生建立起"爱护校园，保护环境"的意识。

笔者：你们学校是怎么开展环境教育的？环境教育与学科教学是怎么结合进行的？

白：通过进行环境卫生评比、开展环境教育，把环境教育渗透到各门学科中。

笔者：您所教的学科是什么？您所教的学科当中有没有涉及

环境方面的内容？您是如何教授这些内容的？

白：数学。涉及环境方面内容，如在学习分类时，让学生把各种垃圾根据形状、颜色、大小等进行分类。

笔者：你们学校除了课堂讲述以外，还有哪些关于环境教育的教学方法？

白：举行知识竞赛、办手抄报。

笔者：学校对校园环境的建设和保护采取了哪些措施，效果如何？

白：①每天组织学生认真地打扫清洁卫生；②评选清洁卫生流动红旗；③评选环保"小卫士"。效果一般，不能让环保意识深入学生心中。

第九章 湘西土家族苗族自治州
中小学环境教育研究

陈育梅　滕　霄

第一节　湘西土家族苗族自治州自然地理环境概述

一、湘西土家族苗族自治州环境概况

湘西土家族苗族自治州位于湖南省西北部，西南至西北与黔、渝、鄂接壤，东北至东南与本省张家界市、沅陵、辰溪、麻阳等县毗邻，南北长约240公里，东西宽约170公里，总面积约为1.55万平方公里。湘西土家族苗族自治州地理坐标为东经109°10′~110°22.5′，北纬27°44.5′~29°38′，武陵山脉自西向东蜿蜒境内，系云贵高原东缘武陵山脉东北部，西骑云贵高原，北邻鄂西山地，东南以雪峰山为屏。

境内平均海拔200~800米，多丘陵和冲积平原地形。境内水资源丰富，多条水系或孕育，或途经州境。境内有着丰富的森林资源，截止到2005年，州内森林面积达到68.34万公顷，占土地面积的44.37%，使湘西州成为野生动植物资源天然宝库和生物科研基因库。湘西州共有维管束植物209科、897属、2206种以上。保存有世界闻名子遗植物水杉、珙桐、银杏、南方红豆杉、伯乐树、鹅掌楸、香果树等；药用植物985种，其中杜仲、银杏、天麻、樟脑、黄姜等19种属国家保护名贵药材；种子含油量大于10%的油脂植物230余种；观赏植物91科216属383种；维生素植物60多种；色素植物12种，是中国油桐、油茶、生漆及中药材重要产地。野生动物种类繁多，有脊椎动物区系28目64科，属国家和省政府规定保护动物201种，其中一类保护珍稀动物有云豹、金钱豹、白鹤、白颈长尾雉4种，二类保护有猕猴、水獭、大鲵等26种，三类保护有华南兔、红嘴相思鸟等，动植物资源非常丰富。

据1990年全国第四次人口普查统计，湘西土家族苗族自治州共有30

个民族，主体少数民族是土家族、苗族。据1997年州内人口统计，全州共有253.83万人。其中，土家族94.1936万人，苗族82.4639万人，占总数69.6%。自治州农作物主产稻谷、小麦、玉米等经济类农作物以大豆、油菜籽、烟叶等为主，经济文化类型属于以丘陵稻作为主要传统生计方式的生产类型。①

二、吉首市环境概况

吉首市位于湖南省西部、湘西土家族苗族自治州南部，地处云贵高原的余脉武陵山东麓。东连泸溪县，西接花垣县，南邻凤凰县，北与保靖和古丈二县毗邻。市区地理坐标为东经109°30′~110°04′、北纬28°08′~28°29′，东西跨度55.9公里，南北跨度37.3公里。吉首市境地貌以中低山、低山地貌为主，中低山和低山面积占全市总面积的80%，西北高，东南低，西北与东南地势高差为824.6米②。吉首市境内自然资源以水资源、矿产资源与森林资源"为主"，近年经济逐渐优化传统农业产业结构，大力发展经济作物和农作业的深加工，同时，注重开发水资源、森林资源等可再生资源，经济发展出现良好态势。

三、凤凰县环境概况

凤凰县地处湖南省西部边缘，湘西土家族苗族自治州的西南角，位于东经109°18′~109°48′，北纬27°44′~28°19′。东与泸溪县接界，北与吉首市、花垣县毗邻，南靠怀化地区的麻阳苗族自治县，西接贵州省铜仁地区的松桃苗族自治县，南北长66公里，东西宽50公里，总面积为1759.1平方公里。全县属中亚热带季风湿润气候区，四季分明，气候温和，多年平均降雨量1308.1毫米，平均年日照为1266.3小时，年平均气温15.9°C。

凤凰是多民族聚居县，主要以苗、土家、汉三族为主，苗、土家族等少数民族人口28万人，占总人口的73.26%，汉族10.75万人，占27.74%。凤凰属中亚热带季风湿润性气候，但西北中山山原却有北亚热带的性质。由于西北高、东南低的地势差异，气候分为三种类型，第一类型是西北高寒山区（腊尔山区和山江区的北半部），海拔700米以上；第二

① 湘西土家苗族自治州百度百科：http://baike.baidu.com/view/110750.htm.
② 吉首市百度百科：http://baike.baidu.com/view/182748.htm? fromtitle=%E5%90%89%E9%A6%96%E5%B8%82&fromid=2375889&type=syn.

类型是较暖区（吉信区和城郊区的南部地区）其余地区是第三类型，界于两类之间。高寒山区和较暖区气温一般相差 5～6 摄氏度，节气相差 15 天左右①。凤凰传统以农业为主，近年来旅游产业发展迅猛，已经取代传统农业在全县经济比重中的地位，成为该县的支柱产业。

四、泸溪县环境概况

泸溪位于湖南省西部，湘西土家族、苗族自治州东南部。总面积 1565.5 平方公里，地理座标为：东经 109°40′～110°14′，北纬 27°54′～28°28′。东西最宽处 79.5 公里，南北最长处 104 公里，总面积 1565.5 平方公里。县境为低海拔山区，气候适宜。县境处于武陵山脉和雪峰山脉过渡地带，境内有大小山头 2700 多座，一般海拔 300～500 米，在总面积中，山地占 66%，丘陵占 25.3%、岗地占 2.3%、平原占 3.4%，水面占 2.9%。

境内自然资源丰富，其中水资源分属沅水、武水、辰水和西溪四大水系，共 127 条大小水路，包括地表水、地下水和客水在内，全县水资源总量年均为 239.72 亿立方米。多山的地形蕴含着丰富的森林资源，1995 年全县森林资源调查结果，全县有林地 45922.93 公顷，森林覆盖率为 45.2%；野生动植物资源丰富，其中，野生动物有 130 种，其中鱼介类 29 种、两栖类 8 种、爬虫类 11 种、鸟类 37 种、兽类 19 种、昆虫类 26 种，分属 6 目、13 科、57 属。野生植物则种类更多，有 616 种，其中药用植物 188 种、林木 286 种、水果 7 种、竹类 11 种、野菜 14 种、牧草类 110 种。②

第二节 中小学生环境意识与环境教育问卷的调查概况

一、问卷调查概况

本次调查问卷一共设计了三份，包括：《学校领导与教师用调查问卷》、《小学生调查问卷》和《中学生调查问卷》，《学校领导与教师用调查问卷》的内容主要是对学校开展环境教育情况的调查，多以选择题的方式呈现，共包含 19 道题目（其中有 2 道开放式问题）；《小学生调查问卷》

---

① 凤凰县百度百科：http://baike.baidu.com/view/86087.htm.
② 芦溪县百度百科：http://baike.baidu.com/view/159248.htm.

和《中学生调查问卷》的内容都由三个部分组成，多以选择题的方式，只是前者包含 31 道题目，后者包含 33 道题目，后者比前者多 2 道开放式问题。其中，第一部分是被调查者的个人资料情况（p1 ~ p6），包括性别、年龄、年级、民族、父母的职业。第二部分是有关中小学生环境意识的问题（a1 ~ a14）。第三部分是有关学校环境教育的问题（b1 ~ b11、b1 ~ b13）。

为了考察中小学生环境意识的具体情况，笔者对第二部分的一些题目进行了赋值，这些可赋值环境意识评价范围包括环境保护知识（a3、a5、a10、a12）、对环境保护的理解水平（a1、a2、a4）、环境保护态度（a13、b9）和环境保护的预期行为（a11）四个组成部分，共 10 个指标，采用两级赋值法。一级赋值，环境意识四个构成部分之间的权重是 1:2:3:4。二级赋值，第 a2、a3、a11、a13、b9 题四个选项 A、B、C、D 的分值依次为 3、2、1、0；第 a1.a4、a10 题选 A 得 0 分，B 得 2 分，C 得 1 分；第 a12 题选 A 得 3 分，B 得 0 分；第 a5 题选 D 得 3 分，A、B、C 得 0 分。本次调查问卷满分 55 分，最低分 0 分（具体见表 9—1）。

表 9—1　关于环境意识调查问卷的指标体系（满分 55 分）

构成部分	一级赋值（倍）	二级赋值（分）	得分（分）
环保知识（a3、a5、a10、a12）	1	3 + 3 + 2 + 3 = 11	11 × 1 = 11
对环境保护的理解水平（a1、a2、a4）	2	2 + 3 + 2 = 7	7 × 2 = 14
环境保护态度（a13、b9）	3	3 + 3 = 6	6 × 3 = 18
环境保护的预期行为（a11）	4	3	3 × 4 = 12
总分			55

本次调查依据的是湘西自治州所辖县市、中小学分布以及各个年级的情况，采用科学的随机分层抽样方法，抽取了吉首市、凤凰县、泸溪县等县、湘西土家族苗族自治州作为样地，吉首市民族中学等 10 所中小学作为样本学校。在抽样调查时，小学选取了四、五、六年级的学生，中学选取了初一、初二和高一、高二的学生。选取这些年级作为调查对象是基于如下考虑：选取中、小学不同期间的较高年级，同时避开面临中考、高考的毕业年级，以免受到各种考试的影响。其中，共发放问卷 600 份，回收问卷 580 份，回收率 96.67%。其中有效问卷 564 份，占回收问卷的 97.24%（详见表 9—2 所示）。

表9—2 问卷发放统计表

问卷类型	发放问卷		回收问卷		有效问卷	
	数量（份）	占发放问卷的百分比（%）	数量（份）	回收率（%）	数量（份）	有效率（%）
小学生调查问卷	240	40.00	236	98.33	227	96.19
中学生调查问卷	310	51.67	300	96.77	293	97.67
学校领导与教师用调查问卷	50	8.33	44	88.00	44	100.00
合计	600	100.00	580	96.67	564	97.24

二、样本特征

从总体来讲，本次问卷调查的样本特征与湘西自治州中小学学生的总体特征基本吻合，调查结果具有较强的代表性和可信度①。被调查的中小学生的个人资料具体如下：

（一）性别

这些中小学生的性别比例为：男生40.4%，女生59.6%（见表9—3）。

表9—3 性别

		Frequency	Percent	Valid Percent	Cumulative Percent
Valid	男	210	40.4	40.4	40.4
	女	310	59.6	59.6	100.0
	Total	520	100.0	100.0	

（二）年龄

被调查中小学生的年龄构成情况如表9—4所示。

表9—4 年龄

		Frequency	Percent	Valid Percent	Cumulative Percent
Valid	9岁	4	0.8	0.8	0.8

---

① 对青海省三江源地区环境教育的一项研究 A Research of Envir.

续表

		Frequency	Percent	Valid Percent	Cumulative Percent
	10 岁	27	5.2	5.2	6.0
	11 岁	73	14.0	14.0	20.0
	12 岁	98	18.8	18.8	38.8
	13 岁	73	14.0	14.0	52.9
	14 岁	69	13.3	13.3	66.2
	15 岁	78	15.0	15.0	81.2
	16 岁	48	9.2	9.2	90.4
	17 岁	41	7.9	7.9	98.3
	18 岁	8	1.5	1.5	99.8
	20 岁	1	0.2	0.2	100.0
	Total	520	100.0	100.0	

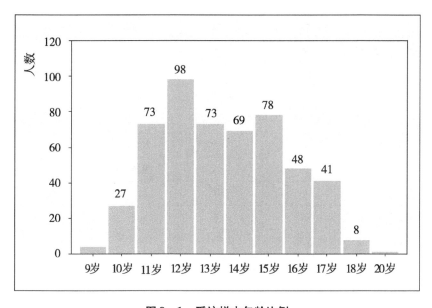

图9—1　受访样本年龄比例

（三）年级

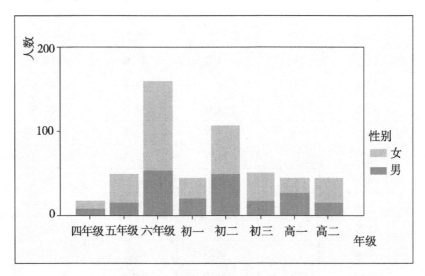

图9—2　被调查中小学生的年级分布

表9—5　年级受访样本年级分布

		Frequency	Percent	Valid Percent	Cumulative Percent
Valid	四年级	19	3.7	3.7	3.7
	五年级	49	9.4	9.4	13.1
	六年级	159	30.6	30.6	43.7
	初一	44	8.5	8.5	52.1
	初二	108	20.8	20.8	72.9
	初三	50	9.6	9.6	82.5
	高一	45	8.7	8.7	91.2
	高二	46	8.8	8.8	100.0
	Total	520	100.0	100.0	

（四）民族

湘西土家族苗族自治州虽然是个多民族聚居区，共有30个民族，但是主体少数民族是土家族和苗族①。因此，被调查的中小学生当中，土家族、苗族的学生占有相当大的比例，据统计有84.2%，其他还有14.6%是汉族，回族和侗族仅占1.2%。具体构成情况见表9—6。

表9—6　被调查中小学生的民族构成

民族	苗族	土家族	汉族	回族	侗族	合计
人数	267	171	76	4	2	520
比例	51.3	32.9	14.6	0.8	0.4	100.0

（五）父母职业

被调查学生父母的职业构成情况见表9—7、表9—8。

表9—7　父亲的职业

职业	农民	商人	工人	干部	职员	教师	其他	合计
人数	211	88	80	54	29	27	31	520
比例	40.6	16.9	15.4	10.4	5.6	5.2	6.0	100.0

表9—8　母亲的职业

职业	农民	商人	工人	职员	教师	干部	其他	合计
人数	259	96	64	32	26	13	30	520
比例	49.8	18.5	12.3	6.2	5.0	2.5	5.8	100.0

三、数据处理

调查问卷的结果录入计算机之后，运用SPSS11.5软件进行分析，根据环境意识调查问卷的指标体系，对环境意识问卷的结果进行级别界定（满分55分），共分为五个级别（详见表9—9）。

表9—9　环境意识调查结果的级别界定

分数段（分）	50—55	44—49	35—43	20—34	19以下
级别	高	较高	中	较差	差

---

① 陈玉梅. 湘西土家族苗族自治州中小学环境教育现状分析与对策研究［D］. 北京：中央民族大学，2006.

第三节　湘西土家族苗族自治州中小学生环境意识的现状

通过调查问卷结果表明，湘西自治州中小学生环境意识的平均得分是41.55分。其中，环境保护知识得分6.59分，得分率为59.91%（满分11分）；对环境保护的理解水平得分9.96分，得分率为71.14%（满分14分）；环境保护态度得分15.13分，得分率为84.06%（满分18分）；环境保护预期行为水平得分9.87分，得分率为82.25%（满分12分）。

表9—10　中小学生环境意识得分总体情况

数量	有效值	520
	缺失值	0
均值		41.55
最小值		15.00
最大值		55.00

根据级别界定来看，环境意识高的51人，占9.8%，其中满分有2人；环境意识较高的168人，占32.3%；环境意识中等水平的224人，占43.1%；环境意识较差的73人，占14.0%；环境意识很差的4人，占0.8%，其中最低分15分。从下面的统计图表（表9—11、图9—3）可以看出。

表9—11　湘西自治州中小学生环境意识水平的级别界定

		人数	百分比	有效百分比	累计百分比
分数	50~55分	51	9.8	9.8	9.8
	44~49分	168	32.3	32.3	42.1
	35~43分	224	43.1	43.1	85.2
	20~34分	73	14.0	14.0	99.2
	19分以下	4	0.8	0.8	100.0
总计		520	100.0	100.0	

从调查结果看出，湘西自治州中小学生环境意识在总体上处于中级水平，环境保护知识和对环境保护的理解水平得分偏低，而环境保护态度和环境保护预期行为水平得分较高。这说明，中小学生的环境意识构成中，对

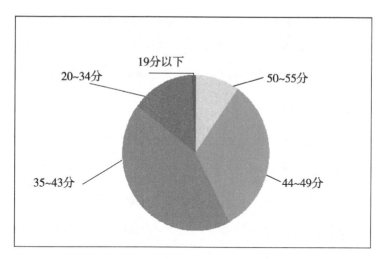

图9—3 环境意识调查结果级别界定

环境知识的掌握和环境问题的判断、理解水平比较低，即"知"的方面是弱项，造成了环境意识的"知""意""行"结构严重失衡，三者之间相互脱节。为了深入了解湘西自治州中小学生的环境意识，本文将从环境意识的四个构成部分来进行分析。

一、中小学生环境保护知识

在中小学生调查问卷中，一共设计了4道（a3、a5、a10、a12）考察环境保护知识的题目。被调查者中选择阅读过或者知道《中华人民共和国环境保护法》的小学生占72.3%、中学生占86.0%，知道"世界环境日"具体时间的小学生占58.1%、中学生占46.8%，同意"大量施用农药和化肥会带来环境问题"的小学生占66.1%、中学生占81.9%，知道去哪里报告污染现象的小学生占58.6%、中学生占47.1%。

上述调查结果表明，湘西自治州的中小学生对环境保护知识的掌握还是比较好的。其中，湘西自治州的中学生对于《中华人民共和国环境保护法》了解得比小学生多，知道"大量施用农药和化肥会带来环境问题"的也比小学生多。而对于世界环境日的具体时间、去报告污染现象的机构知道的比例却少于小学生。但是，仍然有41.9%的小学生、53.2%的中学生不知道6月5日是世界环境日，有41.4%的小学生、52.9%的中学生不知道去哪里报告污染现象。这说明中小学生的环保知识掌握得还不全面，但对有明确是非判断标准的题目中学生完成得比小学生好（如表9—12所示）。

表 9—12　环境保护知识调查结果统计

题号	题目	A		B	C	D
a3	你是否知道我国有一部《中华人民共和国环境保护法》?	阅读过		知道	不清楚	不知道
		小学生	19.8%	55.6%	16.0%	8.6%
		中学生	9.2%	76.8%	11.9%	2.0%
a5	世界环境日是:	3 月 5 日		4 月 5 日	5 月 5 日	6 月 5 日
		小学生	13.7%	13.7%	11.2%	61.4%
		中学生	22.5%	23.5%	7.2%	46.8%
a10	大量施用农药和化肥会带来环境问题:	同意		不同意	不知道	
		小学生	68.6%	22.3%	9.1%	
		中学生	81.9%	8.2%	9.9%	
a12	如果看到某处发生污染现象,你知道去哪里反映、报告吗?	知道		不知道		
		小学生	60.9%	39.1%		
		中学生	47.1%	52.9%		

二、中小学生对环境保护的理解水平

在中小学生调查问卷中,都设计了 3 道(a1、a2、a4)考察对环境保护理解水平的题目。其中,不同意"地球上的资源是取之不尽的"小学生占 86.8%、中学生占 96.9%,认为目前我国的环境问题严重或者比较严重的小学生占 77.1%、中学生占 92.8%,不同意"随着科学技术的发展,环境问题自然能得到解决"的小学生占 35.2%、中学生占 55.6%。

调查结果表明:大部分中小学生形成了比较正确的价值观念,对环境保护的理解水平比较高,而中学生的理解水平又高于小学生。这说明中学生对环境问题的分析和理解能力比小学生强,具有较高的环保意识①。有 22.9% 的小学生不了解我国环境问题的严重性,还有 59.5% 的小学生、30.4% 的中学生同意科学技术的发展自然能解决环境问题。这说明还有许多中小学生对我国的环境情况及环境、资源和发展三者之间关系的理解还

---

① 张秀琴. 对青海省三江源地区环境教育的一项研究 A Research of Envir[J]. 民族教育研究,2007:8.

存在很大的问题。结果表明，在中小学加强环境教育、提高环境保护理解水平是十分必要的（如表9—13所示）。

表9—13　对环境保护理解水平的调查结果统计

题号	题目	A		B	C	D
a1	地球上的资源是取之不尽的：	同意		不同意	不知道	
		小学生	6.3%	91.6%	2.1%	
		中学生	2.0%	96.9%	1.0%	
a2	据你所知，目前我国的环境问题是：	严重		比较严重	一般	很轻
		小学生	22.8%	56.7%	20.5%	0.0%
		中学生	22.5%	70.3%	7.2%	0.0%
a4	随着科学技术的发展，环境问题自然能得到解决：	同意		不同意	不知道	
		小学生	60.5%	34.2%	5.3%	
		中学生	30.4%	55.6%	14.0%	

三、中小学生的环境保护态度

在调查问卷中，设计了2道（a13、b9）考察中小学生的环境保护态度的题目。从总体上讲，大多数中小学生确立了正确的环境保护态度。其中，非常或者比较愿意"参加学校组织的有关环境保护的宣传活动"的小学生占99.6%、中学生占86.7%，对学校的环境教育及活动非常或者比较感兴趣的小学生占93.4%、中学生占72.4%。调查结果发现，小学生无论是在参加学校组织的环保宣传活动还是环境教育活动都要比中学生态度积极，探寻其中的原因，可能有两个方面。一方面，中学生年龄稍长，接触社会的程度比小学生深，从而受到社会一些不良的风气或者生活习惯的影响大一些，再加上一些家庭环境卫生习惯的负面影响；另一方面，在中国根深蒂固的传统教育体制的束缚下，长期受到应试教育的影响，而环境教育因为发起的时间晚又不直接纳入考试科目，从而，中学生面临中考、高考等升学考试的压力比小学生大，许多学生都"担心环保活动会占用学习时间、影响学习成绩"而不愿意参加。

从调查结果表明，要培养中小学生的环境保护态度，就必须改革传统的教育制度，使应试教育向素质教育转变，确立环境教育在学科体系中的重要位置，采用课内和课外相结合的方式使他们形成正确的环境保护态度和价值观（如表9—14所示）。

表9—14　中小学生环境保护态度的调查结果统计

题号	题目	A		B		C		D	
a13	你是否愿意参加学校组织的有关环境保护的宣传活动?	非常愿意		其他同学参加，我也参加		没想好		不愿意	
		小学生	96.0%	3.5%		0.5%		0.0%	
		中学生	73.7%	13.0%		11.9%		1.4%	
b9	你对学校的环境教育及活动的兴趣如何:	很感兴趣		比较感兴趣		一般		不感兴趣	
		小学生	74.9%	18.8%		6.3%		0.0%	
		中学生	31.7%	40.6%		23.2%		4.4%	

四、中小学生的环境保护预期行为水平

在中小学生的调查问卷中，还设计了1道（a11）题目考察中小学生的环境保护预期行为水平。题目是"当你看到大街上有人乱丢食品袋、空易拉罐、废纸时，你会怎样想、怎样做"，回答"当场站出来劝阻"的小学生占84.0%、中学生占41.0%，回答"虽然觉得很不好，但也不好意思出来劝阻"的小学生有14.4%、中学生有43.0%，回答"只要自己不乱丢就行了"的小学生有0.7%、中学生10.9%，而回答"因为自己也常这样做，所以觉得很正常"的小学生仅有0.9%、中学生却有5.1%。

从调查中可以发现，小学生能够"当场站出来劝阻"的比例远远高于中学生，他们的环境保护预期行为水平明显高于中学生。为何中学生掌握的环境知识多于小学生而预期行为水平反而低于小学生呢？这一现象表明，中小学生除了接受学校的正规教育以外，其价值观念、道德品行的形成，受社会环境影响很大。同时，各种破坏环境、损害公物和缺乏社会公德的现象给他们造成很大的负面影响，社区群众或者家庭成员不良的环境卫生习惯都可能让他们受到同化，以至于养成不良的生活行为习惯（如表9—15所示）。

因而，要培养中小学生的环境意识，除了加强中小学校的环境教育外，还应该重视社会的环境教育，提高全民族的环境意识，从而形成保护环境的良好风尚和氛围，使中小学生潜移默化地接受环境教育。

表9—15　中小学生环境保护预期行为的调查结果统计

题号	题目	A		B	C	D
a11	当你看到大街上有人乱丢食品袋、空易拉罐、废纸时，你会怎样想、怎样做？	当场站出来劝阻		虽然觉得很不好，但也不好意思出来劝阻	只要自己不乱丢就行了	因为自己也常这样做，所以觉得很正常
		小学生	84.0%	14.4%	0.7%	0.9%
		中学生	41.0%	43.0%	10.9%	5.1%

五、影响中小学生环境意识的因素分析

在中学生调查问卷中问及"你认为环境意识水平的高低受哪些因素影响？"这个问题时（如图9—4所示），分别有67%的人选择"经济发展水平"和"不同文化"，53%的人选择"不同地区"，43%的人选择"不同学历"，然后是选择"不同职业"的占32%，选择"不同年龄"的占31%，选择"不同环境质量基础"的占30%，选择"不同收入水平"和"是否参加过环境意识问卷调查"的分别都是13%，而仅有8%的人选择"不同性别"。从调查结果表明，中学生认为影响人们环境意识水平的主要因素是经济发展水平、不同的社会文化、所处的地区和个人的受教育程度等，而收入水平的高低与性别的差异对环境意识水平的高低影响不大。

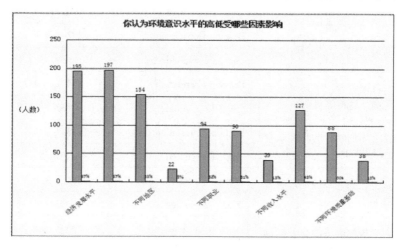

图9—4　影响中小学生环境意识的因素

究竟哪些因素对环境意识的影响比较大，可以通过中小学生的环境意识水平与影响因素的相关分析来探讨（见表9—16）。

表9—16　影响因素与中小学生环境意识得分的相关分析

		中小学生环境意识得分
p1 性别	Pearson Correlation	.003
	Sig.（2—tailed）	.938
p2 年龄	Pearson Correlation	—.285（＊＊）
	Sig.（2—tailed）	.000
p3 年级	Pearson Correlation	—.291（＊＊）
	Sig.（2—tailed）	.000
p4 民族	Pearson Correlation	.059
	Sig.（2—tailed）	.176
p5 父亲的职业	Pearson Correlation	—.043
	Sig.（2—tailed）	.328
p6 母亲的职业	Pearson Correlation	—.055
	Sig.（2—tailed）	.211
b1 你的同学主要来自	Pearson Correlation	—.206（＊＊）
	Sig.（2—tailed）	.000
b2 你们学校在当地属于	Pearson Correlation	—.292（＊＊）
	Sig.（2—tailed）	.000
b4 你们有没有专门的环境教育（包括必修、选修等）课	Pearson Correlation	—.184（＊＊）
	Sig.（2—tailed）	.000
b7 你认为你们学校的环境教育活动进行得如何	Pearson Correlation	—.213（＊＊）
	Sig.（2—tailed）	.000
b8 你认为你们老师的环境教育水平如何	Pearson Correlation	—.284（＊＊）
	Sig.（2—tailed）	.000
b9 你对学校的环境教育及活动的兴趣如何	Pearson Correlation	—.635（＊＊）
	Sig.（2—tailed）	.000

＊＊Correlation is significant at the 0.01 level（2—tailed）.

从上面的相关分析表可以看出，中小学生的性别、民族和父母亲的职业与环境意识得分的相关性不大，即他们的性别、民族以及父母的职业背景对其环境意识得分的影响不大，因此不是主要影响因素。

这些因素中，与环境意识得分相关性最大的是学生对学校的环境教育及活动的兴趣，相关系数是 -0.635，对相关系数的检验双侧的 P 值（0.000）小于 0.01，所以可以认为对环境教育活动的兴趣与环境意识得分两者有非常密切的关系，而且随着兴趣的增加，得分也随之提高。因此，学生的学习兴趣是影响环境意识的主要因素。

在进行年龄与得分的相关分析时，其相关系数为 -0.285，P 值（0.000）小于 0.01，说明两者有相关性，而且呈负相关关系，即随着学生年龄的增大得分反而减少。同样地，年级与得分的相关系数为 -0.291，P 值（0.000）小于 0.01，两者也呈负相关，即年级增大得分反而减少。这可以看出小学生的环境意识高于中学生，低年级的环境意识高于高年级，为什么会出现这种异常现象呢？虽然中学生在学校接受的环境知识一般多于小学生，但是他们与社会接触多，受到的负面影响也比较多，这样就容易抵消学校正面教育的效果，以至于得分低于小学生。

在进行学生来源、学校级别与环境意识得分的相关分析时发现，它们分别呈负相关，所以城镇的学生得分高于农村的学生，重点学校的得分高于一般学校和薄弱学校。这是因为城镇学校的教育水平、科技力量、信息水平都高于农村学校，而重点学校的教育质量比较高，教学条件好，师资力量强，为开展环境教育提供了充分的基础。由此，这些学校学生的环境意识也相对较高。

"学校有没有专门的环境教育（包括必修、选修等）课"与环境意识得分的相关系数为 -0.184，P 值（0.000）小于 0.01，两者呈负相关。这说明，学校是否有专门的环境教育课与学生的环境意识高低有一定的关联性，一般有专门课程的学校学生的环境得分较高。因此，环境课程的设置是环境意识高低的影响因素之一。

另外，从相关分析看出，一般环境教育活动进行得比较好的学校学生环境意识得分高，其相关系数是 -0.213，P 值（0.000）小于 0.01。可见，那些开展环境教育突出的学校，学生的环境知识较为丰富，同时先进的环保理念和多样化的环境教学方式，还为学生进一步开展环境科学的初步研究提供了基础和条件。例如，"省级绿色学校"——吉首市民族中学，2001 年参加"全国青少年生物和环境科学实践活动"，活动名称为"中学生物隐性课程的开发和运用——校园植物分类活动"，获得了全国二等奖。

同年还参加"湖南青少年生物和环境科学实践活动第六届评选优秀项目奖"，申报项目名称是"被污染的水土对动植物生长的影响"，并获得了一等奖。

在进行"你认为你们老师的环境教育水平如何"与环境意识得分的相关分析时，其相关系数为 −0.284，P 值（0.000）小于0.01，呈负相关。可以看出，老师环境教育水平比较高的学校的学生环境意识也比较高，从而说明，一个学校的环境师资水平对学生的环境意识影响很大。因此，师资水平也是环境意识的一个比较重要的影响因素。

第四节　湘西土家族苗族自治州中小学环境教育的现状与问题分析

一、环境教育的管理体系

在调查这些中小学进行环境教育的原因时，其中回答"教学的需要"的占65.9%，回答"本地环境问题严重"的占18.2%，而回答"上级和学校领导的安排"的合占15.9%（如表9—17、图9—5所示）。这不难看出，中小学进行环境教育主要是配合教学的需要，例如，自然、地理、生物等学科的教学，除了课堂讲授环境知识以外，还需要采取实验、野外调查、参观等户外活动，让学生亲身感受到周边环境的优劣，培养环境保护意识，并通过这些活动获得解决环境问题的知识和技能。要特别注意的是，还有18.2%的人选择"本地环境问题严重"，这间接说明湘西自治州存在比较严重的环境污染和生态破坏问题，以至于让学校一些环境意识比较强的教师意识到环境教育的重要性，并且直接或者间接作用于学校的环境教育。通过调查发现，还有一些学校的环保活动是由上级领导和教育部门组织的，并有许多中小学一起参与。从调查结果分析，要促进中小学的环境教育，首先要提高中小学师生的环境意识，了解环境教育的重要性，增强参与的主动性。同时，政府机构、教育和环保部门都应该起到领导和资助作用，多组织一些有益的环保活动，提高广大师生的环保素质。

表9—17　您校为什么要进行环境教育

	上级领导的布置	学校领导的安排	本地环境问题严重	教学的需要	合计
人数（人）	3	4	8	29	44
百分比（%）	6.8	9.1	18.2	65.9	100.0

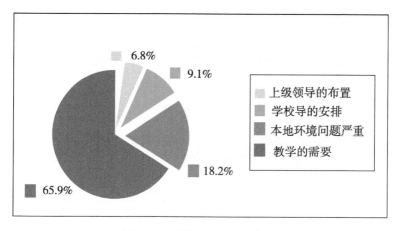

图 9—5　为什么进行环境教育

二、环境教育的教育教学方式

通过问卷调查发现，被调查的中小学校中，把环境教育正式列入教学计划开始于 1990 年以后的占 93.1%，而开始于 1990—1999 年的占 63.6%（见表 9—18、图 9—6），这说明湘西自治州的中小学正式开始进行环境教育大多数在 20 世纪 90 年代以后①。此时，正处于中国环境教育的起步和蓬勃发展阶段，这说明：位于中国西部少数民族地区的湘西自治州，把环境教育正式列入正规教育体系之中，尚处于初步发展的阶段，还未引起教育各个部门的足够重视，所以有待进一步的提高和完善。

表 9—18　您校把环境教育正式列入教学计划开始于

	1980 年以前	1980—1989 年	1990—1999 年	2000 年以后	合计
人数（人）	2	1	28	13	44
百分比（%）	4.5	2.3	63.6	29.5	100.0

在回答"您校采取过哪些形式的环境教育活动"时，选择"课堂教学"的占 70.5%，选择"社会实践"的占 54.5%，选择"实地调查"的占 52.3%，选择"环保讲座"的占 45.5%，40.9% 的人选择"参观"（见图 9—7）。

---

① 阿依帕夏·阿不都克力木. 和田地区中小学环境教育存在问题及应对措施［J］. 和田师范专科学校学报，2010（7）.

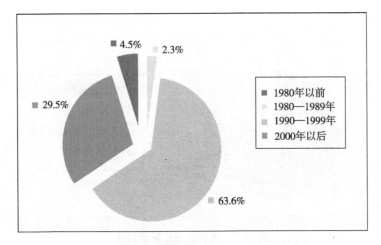

图 9—6 环境教育正式列入教学计划比例

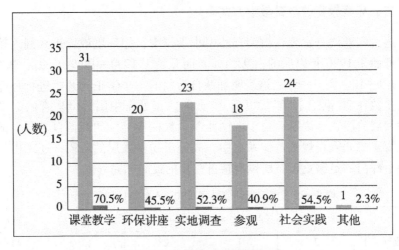

图 9—7 环境教育的活动形式

从而可以看出，这些中小学的环境教育大多数还是采取以课堂教学为主，课外活动为辅的，他们比较重视环境知识的系统传授，注重让学生掌握环保知识，从而培养环境意识。从结果分析，应该多采取一些课外的环境教育方式，例如社会实践、实地调查和参观等，"从做中学"，锻炼学生的动手操作能力，这样既能调动学生学习的主动性和积极性，又可以提高环境教育的质量。

从调查结果来看，中小学教师对"环境教育效果比较好的教学方式"的回答中，选择"环保活动（参观、实地调查、讲座、科技活动等）"的占了72.7%，选择"德育教育（与环境教育相关的班会、队会、团会等）"的占18.2%，而选择"课堂教学（渗透教学、必修课、选修课等）"的仅占9.1%（如表9—19所示）。可见，对于环境教育这样的跨学科课程，采用课堂教学的效果远远比不上课外活动，这正是环境教育的特殊性所在。课堂上的"满堂灌"或"填鸭式"教学方法让学生提不起学习的兴趣，教学效果自然不佳①；相反，环保活动可以让学生走出校园、接近大自然，身临其境地体验环境的状况和重要性，在耳濡目染中提高了自身的环境意识，积极地学习环境知识、培养环保技能。因而，中小学应该在课堂教学的基础上，采取多种户外的环境教育方式，提高学生的环保素质。

表9—19　根据您校进行环境教育的情况看，下列哪种教学方式效果比较好

	人数	百分比	有效百分比	累计百分比
课堂教学（渗透教学、必修课、选修课等）	4	9.1	9.1	9.1
环保活动（参观、实地调查、讲座、科技活动等）	32	72.7	72.7	81.8
德育教育（与环境教育相关的班会、队会、团会等）	8	18.2	18.2	100.0
合计	44	100.0	100.0	

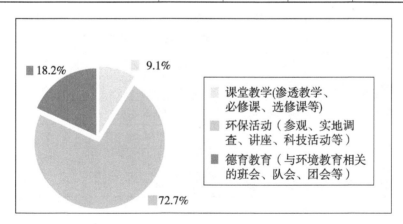

图9—8　教学方式的选择比例

① 阿依帕夏·阿不都克力木．和田地区中小学环境教育存在问题及应对措施［J］．和田师范专科学校学报，2010（7）．

从教师和学生对环境教育活动的态度的调查发现，90.9%的教师很支持或者支持环境教育活动，86.4%的学生对环境教育活动很感兴趣或者比较感兴趣（如表9—20、表9—21所示）。这就表明，中小学师生绝大部分都是乐于参加环境教育及其活动的，这样就为促进中小学的环境教育提供了良好的前提。从他们的态度可以分析出，教师和学生都了解了环境教育的重要性和必要性，并且愿意参与相关的环保活动，提高自身和公众的环境意识①。但还有一部分教师对环境教育活动不太支持甚至反对，一些学生不太感兴趣，探其原因可能是由于环境意识不高、缺乏对环境重要性的正确认识，也可能是害怕环境教育活动影响学校升学率或者学业成绩。因而，必须进一步普及基本的环境知识，提高师生的环境意识。

表9—20　您校教师对环境教育及其活动的态度如何

	人数（人）	百分比（%）	累计百分比（%）
很支持	13	29.5	29.5
支持	27	61.4	90.9
不太支持	3	6.8	97.7
反对	1	2.3	100.0
合计	44	100.0	

表9—21　您校学生对环境教育及其活动的态度如何

	人数（人）	百分比（%）	累计百分比（%）
很感兴趣	12	27.3	27.3
比较感兴趣	26	59.1	86.4
一般	5	11.4	97.7
不感兴趣	1	2.3	100.0
合计	44	100.0	

中小学生在回答"你们学校采取过哪些环境教育活动"时，选择"课堂教学"的占59.4%，选择"社会实践"的占32.7%，选择"实地调查"的占27.7%，选择"环保讲座"的占26.5%，16.5%的人选择"参观"，

① 张秀琴. 对青海省三江源地区环境教育的一项研究 A Research of Envir [J]. 民族教育研究，2007（8）.

11.5%的人选择"实验"（见图9—9）。调查结果与教师问卷结果相符，这些中小学的环境教育大多数还是以课堂教学为主，注重环境知识的讲授和学生对知识的掌握。应该多进行一些环保课外活动，让学生在亲近大自然的过程中体验环境之美，在实地调查当地环境的过程中深切感受到环境污染的危害性和保护环境的重要性。

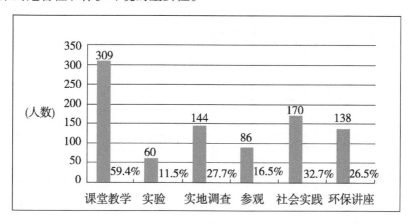

图9—9　采取何种环境教学活动的比例

当问及"你喜欢哪种环境教育的方法"时，如图9—10所示，有58.7%的学生选择"实地调查"，48.3%的学生选择"社会实践"，其次是选择"参观""实验"和"环保讲座"，而选择"课堂教学"的仅占19.8%。从而看出，中小学生不喜欢"满堂灌""填鸭式"的教学方法，他们希望走出教室、亲近自然，通过亲身感受和动手实验去认识周围环境，了解当地环境污染和生态破坏的程度，然后寻求解决环境问题的办法。可见，学生对互动性和操作性强的环境教育方式（如实地调查、社会实践、实验等）比较感兴趣，学习积极性和主动性也随之提高；而相对单调枯燥的课堂教学方式就不太受中小学生欢迎了。因此，课内和课外的环境教育方式只有相互结合、相互补充，才能达到理想效果，提高教学质量。

三、环境教育的课程设置

当向教师们问及"有没有专门的环境教育课"时，发现有61.4%的被调查者回答"两者都没有"，回答"两者都有"的仅占9.1%，其中，回答"有必修课"的有15.9%，回答"有选修课"的有13.6%（如表9—22、图9—11所示）。从此结果来分析，湘西自治州的中小学基本上没有专

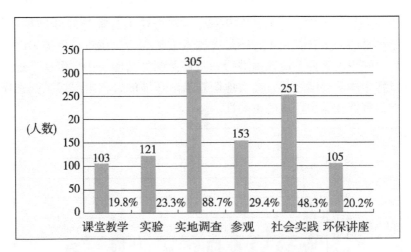

图 9—10 中小学生喜欢的环境教育方法

门的环境教育课，他们一般是通过多学科的教学方式把环境教育的内容渗透在各个相关学科中进行，例如小学的自然课，中学的地理和生物课。也有少部分学校开设了"环保教育"之类的选修课，采用的教材或者是省级编写教材或者是乡土教材（由湘西自治州教科所编写），但一般在学期总课时中所占比例甚小，有时仅作为课外读物学习。可见，环境教育在中小学还未引起充分的重视，应该强调它在基础教育阶段的重要性，采取一系列措施让师生们了解环境教育，提高环境意识。

表 9—22 您校有没有专门的环境教育（包括必修、选修等）课

	有必修课	有选修课	两者都有	两者都没有	合计
人数（人）	7	6	4	27	44
百分比（%）	15.9	13.6	9.1	61.4	100.0

从调查问卷可以看出，小学教师在回答"进行环境教育的主要课程"时，有 55.0% 的人选择自然课，20.0% 的人选择思想品德课，15.0% 的人选择语文课，5.0% 的人选择地理课，35.0% 的人选择其他课程（见图 9—12）。从而发现，环境教育在小学主要是渗透在自然课和思想品德课当中，语文课也会涉及相关内容，而小学基本没有开设专门的地理课，一般包含在自然课之中。因此，小学阶段的环境教育应重点通过自然和思想品德两门课程进行渗透，制订科学的教学计划和教学大纲，恰当地选择环境教育的内容，与相关学科相互融合，以达到环境教育的目的。

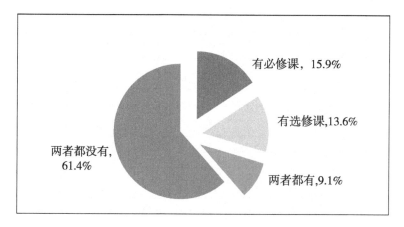

图9—11　学校有没有专门的环境教育课程

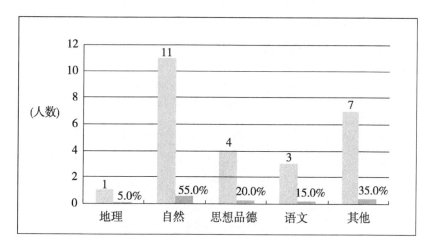

图9—12　小学学校环境教育课程渗透在那些课程中

从调查问卷的统计表格看出，中学教师在回答"进行环境教育的主要课程"时，选择地理课的占75.0%，选择生物课的占66.7%，选择政治课的占33.3%，选择劳动技术课的占20.8%，而选择化学和语文课的都占16.7%，选择物理课的占8.3%，数学课和"其他"的各占4.2%（见图9—13）。从调查结果发现，中学的环境教育主要通过地理和生物等学科进行渗透，这些课程内容与环境知识相关性强，并且可以采取实地调查、做实验等多种教学方式来进行环境教育。因而，要充分重视这些相关学科的教学，加强这些学科的师资培训，配备所需的教学器材与设备，提高教学质量。

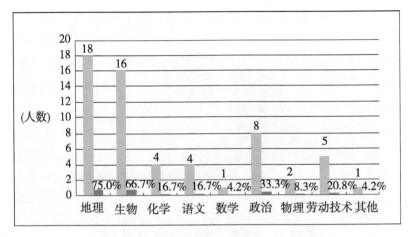

图 9—13　中学环境教育渗透在那些课程中

四、环境教育的师资培训

从调查结果发现，这些中小学的教师参加过环境教育培训的仅占34.1%，还有65.9%的教师没有参加过环保培训（如图9—14所示）。

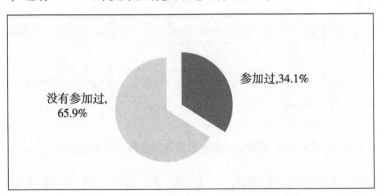

图 9—14　教师是否参加过环境教育培训

可见，湘西自治州中小学的环境教育质量不高的原因中，师资培训是其中的一个重要问题，大部分学校都没有环境教育方面的培训，即使有也是和教师所教学科（如地理、生物等）有关的一些培训，或者是中小学校长和教导主任参加一些国家或者省里举办的环境教育工作交流会议。大多数中小学的环境教育师资严重缺乏，专门的环境教育教师很少，许多学校地理、生物老师都由其他学科老师代课，正因为这些学校师资力量匮乏才造成一名教师担任多科教学的现象。例如，所调查的凤凰县三拱桥学区属于纯苗区，当地经济发展水平不高、生活贫困，因此三拱桥中学和完小的师资严重不足。该校以前大部分是民办教师，只有初、高中文化，后来通过自学、进修等才转为公办教师，现在，教理科和外语的老师一般是正规大中专院校的毕业生，师资仍旧不足，教学质量难以提高。因此，要提高中小学环境教育的质量，应该加强师资培训，除了对教师的专业培训以外，还要普及环境和生态保护方面的知识。只有加强了教师的环境教育能力，才能培养学生的环保素质，提高教学效率①。

在调查问卷中设计了一道考察"您认为湘西地区开展环境教育的意义是"的多项选择题，调查结果表明，湘西地区中小学教师基本了解环境教育的主要意义，但认识还不够全面。其中，选择"提高湘西地区公众的环境意识水平"的占93.2%，选择"促进湘西地区城乡人口、资源与环境的协调发展"的占86.4%，选择"促进社会经济的持续发展，提高人民的生活水平"的占79.5%，还有选择"发展公众的环境素质，构建合理的素质结构"的占77.3%，而选择"丰富现代教育理论体系"的仅占22.7%（见表9—23）。

表9—23 教师对环境保护重要性的认识

题号	题目	A	B	C	D	E
x19	您认为湘西地区开展环境教育的意义是	提高湘西地区公众的环境意识水平	促进社会经济的持续发展，提高人民的生活水平	促进湘西地区城乡人口、资源与环境的协调发展	发展公众的环境素质，构建合理的素质结构	丰富现代教育理论体系
人数		41	35	38	34	10
百分比		93.2%	79.5%	86.4%	77.3%	22.7%

从调查结果可以分析教师们对湘西地区开展环境教育的意义理解各有不同，但是绝大部分人认为提高当地公众的环境意识水平是放在首位的，其次是促进湘西地区经济与环境的协调发展即社会的可持续发展，然后是发展公众的环境素质，最后少数人才提到丰富教育理论。这一调查结果说明，教师们具备了较好的理解水平，但还停留在较浅层次，应该进一步延

① 人民教育出版社环境教育中心编著. 中小学可持续发展——各学科教学设计指南 [M]. 北京：人民教育出版社，1999.

伸和扩展环境教育的意义，向深层次发展。

五、环境教育的评价体系

教育评价是根据一定的教育价值观或教育目标，运用可操作的科学手段，通过系统地搜集信息、资料，分析、整理，对教育活动、教育过程和教育结果进行价值判断，从而为不断自我完善和教育决策提供依据的过程。

成功的教育评价，是教育活动的一种十分重要的动力机制，能促进教育的各个方面向更完善的方向发展。对于中小学环境教育这种以社会公共问题和利益为主要内容，以形成和提高青少年对待环境的正确态度以及良好行为习惯为主要目标的教育活动，评价的动力机制作用更显得突出。因此，有关环境教育评价的制度、模式与原则在整个中小学环境教育工作中属于策略性较强的一个方面。目前，这一方面已经有了一些初步的理论阐述，主要是根据教育评价的一般理论，对中小学环境教育评价的对象、内容、模式、方法及评价过程应遵循的主要原则做了一些规定和说明，构成了环境教育评价体系的基本理论框架。但在我国中小学环境教育一方面显得极为迫切，另一方面却又未得到足够重视。

（一）一般学校的评价方法

湘西自治州的中小学正式开始进行环境教育大多是在 20 世纪 90 年代以后，各个中小学基本上没有设立完整的环境教育评价体系，他们的评价方式比较简单，而且偏于形式化，缺乏科学性。在学校层面，一般只是日常的环境卫生检查或偶尔举办一些环保知识竞赛；在教师层面，一般是通过学生的学科成绩和听课来考察；在学生层面，一般采取学科考查或者观察他们参加环保活动的表现来进行评价。

湘西自治州中小学对学生进行环境教育方面的检查方式主要有考试和考查两种，其中选中"考试"的仅仅占 9.1%，而选择"考查"和"没有"的分别是 63.6%、27.3%（如表 9—24 所示）。

表 9—24　您校在进行环境教育及其活动时，对学生的检查方式为

	考试	考查	没有	合计
人数（人）	4	28	12	44
百分比（%）	9.1	63.6	27.3	100.0

选择"考试"的一般理解为与环境教育相关性大的学科考试，例如自

然、地理和生物等等，这些课程的考试内容一般都包含了许多环境知识的成分，通过这些考试来间接考查学生掌握环境知识的情况。而"考查"的范围就比较广了，包括学科考查、实验操作、学科活动、野外实习表现、创作发明等，都可以了解到学生的环境知识掌握情况、对环境保护的理解水平、对待环境活动的态度及解决环境问题的能力等，因而，这种检查方式所考查的情况比较全面，可信度高一些。但还有 27.3% 的教师选择"没有"，这说明这些学校不够重视环境教育，缺乏科学的环境教育评价方法。从而，要促进中小学的环境教育，建立科学、系统的环境教育评价体系是完全必要的，同时还可以配备相应的奖惩措施，只有具备了评估的方法，才有可以遵循的规范、改进的动力。

（二）绿色学校的评价体系

1. 绿色学校的评价体系

中国是世界上率先进行绿色学校实践模式研究的国家之一。在我国，1996 年原国家环保局、国家教育委员会、中宣部联合颁布了《全国环境宣传教育行动纲要（1996—2010 年)》（以下简称"《纲要》")。①《纲要》提出："到 2000 年，在全国逐步开展创建'绿色学校'活动。"并明确指出"绿色学校"的主要标志是学生切实掌握各科教材中有关环境保护的内容；师生具有较高的环境意识；积极参加面向全社会的环境监督和宣传教育活动；校园清洁优美。2003 年 4 月，由国家环保总局宣传教育中心编写的《中国绿色学校指南》正式出版，为各级学校创建绿色学校提供指导。

在我国，"中国绿色学校"的明确定义来源于 2003 年国家环保总局宣教中心编写的绿色学校活动的纲领性指导文件《中国绿色学校指南》。它明确地给出了中国绿色学校的定义："绿色学校是指学校在实现其基本教育功能的基础上，以可持续发展思想为指导，在学校全面的日常工作中纳入有益于环境的管理措施，并不断地改进，充分利用学校内外的一切资源和机会，全面提升师生环境素养的学校。"绿色学校是实现学校环境教育的有效模式，也是全面评估学校环境教育的科学方法。

绿色学校的评价体系以 2003 年 4 月国家环保总局宣教中心编写的《中国绿色学校指南》中给出的绿色学校的十条核心评估标准，从宏观的角度

---

① 参见原国家环境保护局，中共中央宣传部、国家教育委员会.《全国环境宣传教育行动纲要（1996—2010 年)》. 原国家环境保护局、中共中央宣传部、国家教育委员会. 环宣〔1996〕947 号文件. 关于印发《中国环境宣传教育行动纲要的通知（附件)》. 1996 年 12 月 12 日.

指引绿色学校的建设:①

其中主要标准为:

(1) ＊成立"绿色学校"领导机构,分工明确,职责到位;

(2) 学校为各类环境教育活动提供资金和物质、技术的支持和保障;

(3) 学校环境管理措施有力,体现环境保护概念,降低污染、垃圾减量、节约和回收资源、节能等环保措施取得明显效果;

(4) "绿色学校"档案原始数据和文件完整,分类清楚,形式多样,长期积累;

(5) ＊在国家、地方和校本课程中进行环境教育渗透,效果良好;

(6) ＊开展环境教育的研究,鼓励教师参加环境教育的继续教育和相关培训;

(7) ＊学校具有明显的环保文化氛围,师生环境意识高,积极参与各类环保活动;

(8) ＊学校提倡环保生活方式,师生在社区和个人生活中自觉注重环保实践;

(9) 学校努力绿化美化校园,为师生提供良好的工作学习环境;

(10) ＊鼓励学生在校内成立学生环保小组,参与学校环境管理。

其中标志＊号的项目都与环境教育的实施直接相关,另外其他的项目都与环境教育的实施通过各种形式间接相关。

2. 湖南省"绿色学校"的评估标准②

(1) 学校领导重视环境保护工作,环境教育列为学校教育内容;学校有环境教育计划和活动主题,并积极组织师生开展环境教育活动;

(2) 学校提出本校创建绿色学校的鲜明目标,并根据相应的环境教育计划和活动主题,积极组织老师和学生参与环境保护行动;

(3) 学校为学生的户外和校外环境教育活动提供条件,并定期组织校长、教导主任、环保骨干教师进行环境教育培训;

(4) 师生具有较高的环境意识和良好的环境道德行为,学校清洁优美,可绿化面积得到绿化,校内所有污染源得到控制和治理,节水、节电、再生资源得到回收和利用;

(5) 绿色学校档案原始数据和文件完整,分类清楚,长期积累;通过

---

① 参见国家环保总局宣传教育中心. 中国绿色学校指南 [M]. 北京:中国环境科学出版社, 2003.

② 参见湖南省环境保护局办公室印发. 绿色学校评选通知 [M]. 2002 年 3 月 27 日.

多种方式和途径，向师生、家长和社会各界宣传学校创建的过程和经验；与周边社区在环境教育领域充分合作，并起到示范带头的作用。

3. 湘西土家族苗族自治州的绿色学校发展情况

目前湘西土家族苗族自治州已被省宣教中心审批为"绿色学校"的有吉首市民族中学、龙山岩冲完全小学、龙山营河希望小学、白沙希望小学、花垣茶洞完全小学、泸溪第一中学等，正在积极申报的有保靖民族中学、凤凰县高级中学、凤凰文昌阁小学、凤凰县阿拉完全小学。此外，一些希望小学积极创建环保希望小学，如保靖县清水乡中心苗圃希望小学。湘西自治州以创建绿色学校和环保希望小学为契机，逐步深入、广泛地开展着中小学环境教育。

绿色学校通过评选标准，推进湘西中小学环境教育的深入发展，因此，它也是中小学环境教育的全面而有效的评价方法。例如，2002 年被评为"省级绿色学校"的吉首市民族中学，定期进行校园、教学楼、食堂、宿舍、公寓等环境卫生检查，并进行评比活动，环保部门也会来校不定期检查。该校教师把环境教育渗透在生物、地理、化学和政治等各个学科教学中。如生物课，每学期都会组织野外调查，去州博物馆、学校后山等参观，观察周边环境（如植被、绿化情况、生物分布）的情况，环境污染对动植物生存的影响。在课堂教学中提及环保知识时，就专题（如温室效应、保护生物多样性等）重点分析，如果涉及当地情况的会结合本地环境进行举例研究，有条件的还会带学生去境内河流、工厂等实地考察，现场教学，还有让学生自己制作水土流失的模型等。学校组织参加两年一届的环境与科学活动大奖赛，该活动由科委拨款，活动费由学校自筹。2001 年参加"全国青少年生物和环境科学实践活动"，活动名称为"中学生物隐性课程的开发和运用——校园植物分类活动"，获得了全国二等奖。同年还参加"湖南青少年生物和环境科学实践活动第六届评选优秀项目奖"，申报项目名称是"被污染的水土对动植物生长的影响"，并获得了一等奖。2004 年地理老师组织学生考察湘西四大古城，其中考察了里耶和凤凰等古城，并制作了现场录像资料。还有校内举办的"三小活动"，即小制作、小发明和小论文，开发学生的智力。该校环境教育以课堂教学为主，科普活动和学科活动为辅，有效地提高了学生的环境素养。

4. 存在的不足

湘西自治州的绿色学校在环境教育方面给全州其他中小学起到了模范带头作用，但是还存在一些不足之处。许多绿色学校在评选之前采取了一系列措施来进行环境教育，包括校园环境建设、校内外环境教育活动、与相关部门在环境教育领域的合作等。但在评选成功之后就会出现松懈，不再积极开展环境教育活动，转入提高学校升学率的方向，减少压缩环境教育活动的时间，增加必考科目的课时。而且经过调查，许多绿色学校并没有给教师进行专门的环境教育培训，也几乎没有举办相关的主题会议；学校也只是偶尔组织环保活动，没有定期举行。这就使绿色学校的评选活动失去了存在的意义，使其流于形式化、表面化。

六、校内外的环境教育

（一）学校环境教育的教学条件

在调查中小学"进行环境教育的教学设备情况"时，回答"比较齐全""基本满足教学需要"的人与回答"满足不了教学需要""几乎没有"的人差不多各占一半（见表9—25）。虽然一些学校的教学设备基本比较齐全，但是要看到，还有47.8%的人认为他们所在的学校教学设备不够齐全甚至没有，这说明有相当一部分学校缺乏进行环境教育的教学设备。出现这种情况主要有两个方面的原因：一方面是这些学校对环境教育缺乏足够的重视，另一方面是一些农村薄弱学校，教学条件太差，缺乏足够的教育经费来购置这些教学设备。要想改善这些情况，除了要加强各级政府和教育部门对这些学校的支持力度、改善他们的教学条件以外，还要使这些学校加强对环境教育的重视程度，投入更多的资金和精力来提高他们的环境教育水平。

表9—25　目前您校进行环境教育的教学设备情况

	比较齐全	基本满足教学需要	满足不了教学需要	几乎没有	合计
人数（人）	11	12	9	12	44
百分比（%）	25.0	27.3	20.5	27.3	100.0

（二）环境教育经费

我国一直缺乏明确的环境教育经费政策，除了专业环境教育，其他类别的环境教育经费普遍缺乏制度保障。大量的环境投资被用于具体的环境污染治理，没有充分体现"预防为主、防治结合"的环境保护方针。以致大量的环境教育活动，尤其是基础环境教育活动没有固定拨款，比如很多中小学开展的"绿色学校"建设，只有搞活动时专项申请，才可能得到少量拨款。那些没有单位设奖、没有部门投资的环境教育活动，大多有赖于少数环境意识高的志愿者来推动。在这种情况下，全国很多地方的环境教育政策被边缘化，处于有名无实的地位。①

调查结果表明，"学校进行环境教育的经费来源"主要来自"学校的教育经费"，所占百分比是86.4%，其次是"政府支持"，占20.5%，而"社会组织资助"和"企业赞助"分别是4.5%和2.3%（如图9—15所示）。从而看出，湘西自治州中小学进行环境教育所需的资金基本上是学校自筹，从各个学校的教育经费中抽取一部分用来购买书籍资料或者举办学科活动和环保活动，还有一些规模较大的环保活动是由政府组织举办的，也提供了一部分活动经费。

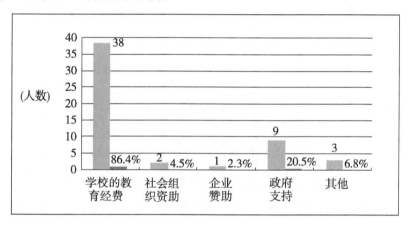

图9—15　学校进行环境教育经费来源

但是我们也发现，学校环保活动由社会组织和企业资助的比例很小，说明社区和学校的环境教育没有相互配合，学校用来进行环境教育的资金比较紧缺。所以，学校进行环境教育应该争取社会各个部门的支持，除了自身的努力、政府的支持外，还需要获得一些企事业单位的资助或者社会组织甚至国际环保组织（例如文中提到的"欧洲环境教育基金会"、WWF、"地球之友"）的赞助，拓展教育经费的来源，并获得技术的支持。

（三）环境教育途径

调查问卷中设计了一道题："你主要从哪些途径了解环境信息"，来了解中小学生的环境信息主要来源。其中，选择"广播电视"的占67.2%，选择"报纸杂志"的占48.6%，还有45.5%的学生选择"社会环保宣传活动"，42.6%的学生选择"学校"，37.4%的学生选择"课外书"，而选

---

① 杨龙海. 对中小学环境教育的几点思考［J］. 现代中小学教育，2000（3）.

择"父母"的仅仅只有20.2%（如图9—16所示）。从调查结果表明，大多数的学生主要是通过大众媒体来获得环境信息，这与现代社会信息通讯的发达、当地民众生活水平的提高有关。同时也看出，中小学校的环境教育开展得还不够全面，学校对环境教育所投入的精力还不够。而父母对孩子的环境教育更少，很多家长不仅没有重视，而且自身环境素养就不高，不能进行言传身教。① 这说明，家庭环境教育做得不好，要提高中小学生的环境意识，首先要提高父母的环境素质。因此，除了加强学校正规的环境教育，还要形成学校环境教育、家庭环境教育和社区环境教育的整合力量，使三者紧密联系、相互补充。

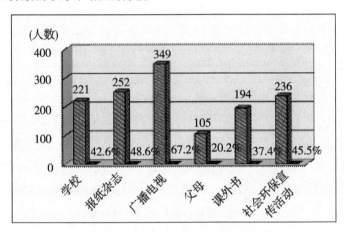

图9—16　了解环境信息的途径

（四）校内外的环境教育合作

根据调查结果显示，被调查者在回答"帮助您校进行环境教育的单位"时，选择"教育部门"的占63.6%，选择"环保局"的占54.5%，选择"政府部门"的占22.7%，而18.2%的人选择了"没有"，其他选择"受污染影响的居民"的有11.4%，而选择"工厂企业"的仅有6.8%（如图9—17所示）。从而看出，支持中小学进行环境教育的单位主要还是教育部门和环保机构，他们给学校提供了相关的信息资料和技术支持以及教育经费，协助学校开展环保活动②。从数据看出，政府部门对学校的环

---

① 任耐安，刘文英."互动式"教学方法在中小学环境教育中的应用［J］.环境科学学报，1998（18）.

② 刘云丽.德国中小学环境教育的特点［J］.环境教育，2001（3）.

境教育支持力度还不够，没有提供太多的教育资金和智力支持。同时也发现，当地的工厂企业并没有给予中小学的环境教育相应的资助，对中小学的环保活动不太关注。另外还有 18.2% 的人选择"没有"，这说明各个部门包括学校本身都不重视环境教育，在缺乏一定的活动资金的情况下，环保活动的开展肯定会受到影响。从调查结果来看，中小学如果要促进环境教育，顺利开展环保活动，就必须获得充足的教育经费，除了自身的资金积累，还要尽量争取通过各种其他的渠道筹措资金①；而从其他单位和部门的角度来看，应该充分重视中小学的环境教育，给他们提供相应的教育资金和技术支持，提高中小学生的环保素质，促进社会、经济和环境的可持续发展。

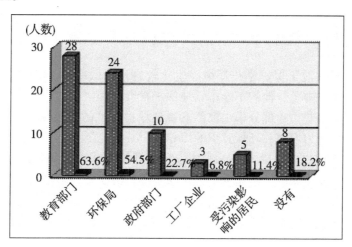

图 9—17　进入学校进行环境教育的单位

七、中小学师生对学校环境教育存在问题的看法

（一）学生的看法

在调查问卷中，设置了一道开放式问题："你认为学校目前所进行的环境教育及活动存在的主要问题是什么"，大部分同学做出了回答。虽然回答一般比较简单，但能通过从学生角度的回答来发现其中存在的问题，并借以了解中小学生的环境意识。他们的观点主要包括以下几个方面：

（1）学校缺乏专门的环境教育课程，没有形成一个专门的环境教育组

---

① 宫作民．国内外中小学环境教育研究［J］．课程・教材・教法，1997（5）．

织，因而缺乏系统的环境教育；

（2）学校的环境教育不付诸行动，有时进行但不彻底，只是敷衍了事，没有积极地开展环保活动，一般是为了应付上级检查才重视环境卫生；

（3）缺少社会实践和环境专题讲座等教育活动，只注重课堂教学；

（4）学校环境教育活动比较少，只注重学校的教育，没有与社区、家庭环境教育相联系、相结合；

（5）老师有时不能以身作则，许多同学不能自觉保护环境，学校没有重视学生良好生活行为习惯的培养等等。

（二）教师的看法

当问及教师"您校目前所进行的环境教育及其活动存在的主要问题"时，他们认为主要是：经费问题、师资问题和认识问题（包括思想观念），具体包含以下观点：

（1）学生对于保护学校环境卫生比较自觉，做得好，但是走出校门，情况就不大一样了，他们不能自觉地保护社会环境。学生环保意识比较淡漠，自觉能力差，一部分学生没能意识到保护环境的重要性，学校没有注重学生良好行为习惯和环保意识的培养。

（2）学校主要以课堂教学为主，没有开展形式多样的环保教育活动，社会实践活动量太少，学生缺乏理论联系实践的能力，学习积极性不高。

（3）没有引起教育部门的充分重视，校领导及教师们没能行动起来，从根本抓起，把环境教育落实到每一个环节；没有加强环境教育师资培训，师资力量匮乏。

（4）学校较少联系本地环保实际，没有与社会相关部门积极配合、协调，特别是媒体部门，没有形成长效的环保机制。

（5）不仅是个别学校，几乎整个自治州都不够重视环境教育，环境教育仅仅是轻描淡写、流于形式。

第五节　总　结

湘西土家族苗族自治州的环境教育的开展目前表现出来的特点是，以非正规环境教育为主要途径，而正规的学校教育环境教育开展的少，且形式较为单一；非正规环境教育中以官方的机构组织的环境教育为主要信息获取来源，而来自于家庭教育中的环境信息较少；在正规学校教育下的环境教育在师资培训、课堂教学、教材建设、学校环境教育气氛的营造、环境教育的评价标准的建立等方面都存在着不足，如果这些得不到解决，将会阻碍和影响湘西环境教育的进一步发展①。

从目前对湘西环境教育现阶段开展的情况来看，湘西州的环境教育汉族主要存在着以下几个主要的问题：

环境教育城乡不均衡，农村学校环境教育和群众性环境教育相对滞后，这是湘西州环境教育需要解决的首要问题。

第一，农村环境教育的落后与农村经济、文化和教育的相对落后密切相关。调查发现，某些乡村学校，学生每天要翻山越岭数十里才能赶到学校，学生在校时间极其有限，学校只能进行最基本的读写算，无暇顾及环境教育。湘西州教科所专家指出，农村教育和农村环境教育的薄弱，导致农村人口环境素质不高，这是农村环境趋于恶化的重要原因②。因此，农村环境教育乃至整个农村教育都急需加强。

第二，重点学校和薄弱学校不均衡，薄弱学校环境教育相对滞后，因此要加强对薄弱学校环境教育的支持力度。

第三，用于环境教育的经费严重不足，以后必须加大投入，并且专款专用。当地专家认为，一些农村薄弱学校因为经费短缺，师资力量不足，办学条件恶劣，教学质量低下，造成学生学业成就大面积低下，环境教育就别提了。所以，要搞好农村环境教育，需要各级政府和国家重点投资，把整个农村教育搞上去。

第四，环境教育师资问题严重，专业教师匮乏，对教师进行环境教育的培训工作力度不够，这方面工作有待改善。

第五，环境教育的课程、教材、教学和科研等方面都需要进一步加强。目前针对环境教育的教学研究还是初步的，且各科之间、各校之间缺乏足够的联系，地方课程和校本课程中环境教育资源开发也是初步的，因此此方面工作也有待进一步加强③。在教学方面，环境教育应该因地制宜，结合当地的地理环境进行教学，注意培养学生关注周围环境，并传授给学生对其发展有用的知识；环境知识和意识应深入各门学科知识中来进行，采用必修、选修等形式，让学生自主选择，发展其个性。一些环境教育专业研究者存在一个问题，即过于学术化，与社会脱节，缺乏深入、广泛的调查，环境教育的研究应该走理论联系实际、学以致用的道路。

---

① 向美霞. 中学环境教育研究［D］. 长沙：湖南师范大学，2003（3）.
② 王焕芝. 面向可持续发展的中小学环境教育［D］. 福州：福建师范大学，2003（4）.
③ 王民. 中国中小学环境教育研究［M］. 北京：中国环境科学出版社，1998.

第六，社区环境教育有待加强，必须把绿色社区建设和绿色学校建设统筹起来才能真正建设生态州。

扩展阅读：

表 9—26　中国九年义务教育有关学科教学大纲中环境教育的教学要求和教学内容

学科	教学原则、目的和要求	教学内容
初中地理	初步树立正确的资源观、环境观、人口观，懂得要协调人类发展与环境保护的关系 以环境—资源—人类活动为线索，正确阐明人地关系	世界地理：世界的自然资源。1. 自然资源及其主要类型；2. 土地资源；3. 森林资源；4. 水资源；5. 矿产资源 中国地理：中国的自然资源。合理开发保护土地资源，珍惜每一寸土地，保护森林资源和绿化祖国的重要意义，保护草场和建设人工草场，合理开发利用矿产资源，水资源的合理利用，开发海洋资源的重要性 乡土地理：根据对当地资源、人口增长、土地利用、生态环境的了解，初步懂得贯彻执行国家有关计划生育，合理利用和保护资源、保护环境的意义，并积极从事这方面的宣传活动
初中生物	通过生物课教学，使学生热爱大自然，认识保护自然资源、控制人口、保护环境的重要性 初步认识生物与其环境之间的相互关系，保持生态平衡，控制人口的发展和保护动植物资源的重要意义 从加强政治思想教育和建立生物学基本观点的要求出发，选取有关我国人口、资源和环境保护等方面的政策法令等内容	生物与人类的关系，海洋鱼类资源的保护，青蛙对人类的益处，保护青蛙、益鸟的保护和招引。饮食卫生和营养卫生，呼吸系统的卫生保健，吸烟、吸毒的危害，煤气中毒及其预防。人类的传染病，预防传染病的一般措施 环境中的非生物因素和生物因素，生物与环境之间的相互关系，生态系统的组成，食物链和食物网 生态平衡和保持生态平衡的重要意义 人类活动对环境的影响，破坏生态平衡造成的恶果举例 建立良性循环农业生态系统的重要意义 保护动植物资源和建立自然保护区的意义 植树造林、绿化祖国，自觉遵守我国保护自然环境的有关政策控制人口的意义
初中化学	可以结合大气、水的污染和防治，水与人类的关系等内容的讲授，对学生进行环境意识的教育	空气的污染和防治 水和人类的关系 水的污染和防治

续表

学科	教学原则、目的和要求	教学内容
初中物理	适当介绍与物理有关的能源、环境等问题和科学技术新成就，介绍物理知识在解决这些问题和取得这些成就中的作用	常识性了解噪声的危害和控制 常识性了解水能、风能的利用 常识性了解几种主要能源，节能的重要性，能源的开发利用和环境保护
初中劳动技术	使学生具有环境意识	因规定有必选项目和参考项目两大类，由各省根据自己情况决定，具体内容没有写明

学科	教学原则、目的和要求	教学内容
小学自然	低年级：培养学生爱护花草树木的行为习惯 中年级：培养学生保护有益动物的行为习惯 高年级：培养学生保护生态环境的行为习惯	保护益虫，保护青蛙和蟾蜍，保护鸟类。水域污染的主要原因和一些保护措施。生物和环境，食物链，保护生态环境的重要性，水土保持，植树造林，保护珍贵的动植物。空气污染的主要原因和一些保护措施。保护矿产资源
小学社会	初步了解我国的国情、国策，从而激发学生的民族自豪感和建设家乡、振兴中华的情感	初步知道我国人口、资源、环境方面的基本国情国策，知道我国幅员辽阔、地形复杂、气候多样、资源丰富，知道我国人口众多，人均资源不足，初步懂得要控制人口、合理利用资源和保护环境的道理，知道计划生育、环境保护是我国的基本国策，知道我国有环境保护法、森林法和野生动物保护法等，知道保护家乡环境和合理利用家乡资源 　　知道人口急剧增长、环境污染、能源紧张是当今世界性的社会问题
思想品德	遵纪守法、保护环境卫生、爱护花草树木	养成保持环境卫生、爱护花草树木的习惯
小学劳动	树立质量观念和环境意识	低年级：会使用简单工具绿化、美化学校环境

第十章　内蒙古鄂温克自治旗环境教育研究

王　欢　哈　达

第一节　鄂温克自治旗的基本情况

一、鄂温克自治旗草原生态环境概貌

鄂温克旗草原是世界著名的呼伦贝尔大草原重要组成部分，地理坐标为东经 118°48′02″~121°09′25″，北纬 47°32′50″~49°15′37″，自治旗地处大兴安岭山地西北坡，处于大兴安岭山地向呼伦贝尔平原的过渡地段，地势由东南向西北倾斜。平均海拔高度 800~1000 米，自治旗气候属中温带大陆性季风气候，冬季漫长寒冷，夏季温和短促，降水较集中。年平均气温在零下 2.4~2.2℃ 之间，年平均降水量为 350 毫米左右。全年无霜期平均在 100~120 天左右。

鄂温克旗土地总面积为 186.3 万公顷，其中可利用草地面积 118.1 万公顷，占土地总面积的 63.4%。自治旗内有着丰富的水资源和矿产资源，同时，辽阔的草原也是野生动植物的家园。境内野生植物有 74 科 298 属 682 种，其中主要饲用植物 38 种 170 属 414 种，其中不乏经济价值较高的野生植物和名贵药材；木本植物 11 科 47 种；野生动物有 49 种，其中列入国家保护的稀有动物 12 种，飞禽 140 种，其中受国家保护的鸟类有 49 种。

2010 年，全国第六次人口普查数据显示，鄂温克族自治旗总人口 134981 人，纯畜牧业生产区的鄂温克族以乳、肉、面为主食，每日三餐均不能离开牛奶，不仅以鲜奶为饮料，也常把鲜奶加工成酸奶和奶制品。肉类以牛羊肉为主，以奶茶为饮料，饮用时根据个人的口味再加黄油、奶渣，其传统生产生活方式是以游动畜牧为主，以乳肉为主食、以奶茶为饮品，以家庭为生产单位的戈壁草原游牧经济文化类型。

随着气候和人类生产活动因素对草原生态环境影响的逐年加大，鄂温

克旗草地退化、沙化、盐渍化（草原"三化"）状况比较严重，严重制约畜牧业生产发展。目前全自治旗退化草地面积 645.37 万亩，占草地总面积的 37.03%；沙化面积 27.76 万亩，占草地总面积的 1.59%；盐渍化面积 42.69 万亩，占草地总面积的 2.45%。

进入 21 世纪，鄂温克族自治旗以"生态强旗"目标，强调通过加强草原的生态建设来实现自治旗的可持续发展，不断扩大人工作林面积，加大退耕还林的工作力度，同时为了恢复草场的生态环境，对一些地区实行了生态禁牧。从统计数据来看，截止到 2002 年，全旗共完成人工造林 2.1 万亩，义务植树 30 万株，生态禁牧面积达到了 15 万亩，休牧 80 万亩，封育 20.2 万亩，划区轮牧 3.15 万亩，有效的缓解全旗草场"三化"趋势。

二、巴彦托海镇草原生态环境概况

巴彦托海镇是一个以畜牧业为主的城镇，草场资源十分丰富，有草牧场 79 万亩，截止到 2003 年上半年，巴彦托海镇共有可利用草原 52731 公顷，约占全旗可利用草原的 4.4%。

20 世纪 90 年代，巴彦托海镇在发展畜牧业的同时也面临着草场"三化"问题。为了解决畜牧业发展同草场生态环境系统日益脆弱的问题，在全旗率先建起了科技示范型奶牛新村，以新型的生态观念和科学技术来缓解草场"三化"问题。

巴彦托海镇在草原生态建设方面，加强了对草场沙化、退化的治理，巴彦托海镇积极开展草场禁牧、封育和休牧等措施，有效地维护了草原的生态平衡，促进了草场的永续利用。2003 年人工种草 12500 亩，草地改良 12，500 亩，草地围栏建设 40080 亩，全镇积极开展草场禁牧、封育和休牧，2003 年人工种草 12500 亩，草地改良 12500 亩，草地围栏建设 40080 亩，完成以水为主配套草库伦 11 处。选出 5 个项目户、1000 亩草场参加"鄂温克旗天然草原植被恢复建设与保护项目"。2004 年草原建设 167950 亩，其中围栏项目 120200 亩，人工种草 12000 亩，青贮饲料种植 14250 亩，草地改良 15000 亩。生产草籽 10 万千克。

目前，全镇将草场的可持续利用与畜牧业的可持续发展、草原生态环境的保护有机地结合在一起，这其间，提高全镇人民对草原生态问题的认识，提高民众自觉自发的尊重草原自身发展规律，以科学统筹、有效引导全镇人民切实推进"生态强旗、生态强镇"的发展目标是解决草原生态同人民群众的发展需求问题的关键。

第二节　意义及研究价值

草原游牧文化作为我国三大经济文化之一，与农耕文化一样有着悠久的历史和独特的内容，它以鲜明的地域特色和独特的民族特色，极大地丰富和充实了中华文明。草原文化的显著特征在于与大自然融为一体，充分的利用自然和环境，来延续游牧的人生存，游牧民族的生产、生活和习俗中处处体现出与自然生态环境的融合、和谐、一体。游牧文化的独特价值不在于它的技术工具和现代发明，而在于它给了我们人与自然和谐并存的思维方式和价值理念①。

草原游牧生态体系的维持是人们以文化的力量来支持并整合于被人类所改变的自然之平衡生态体系结构，这是对自然环境的一种单纯适应。人本来是自然界生态环境中的一个主要因素，但这一个因素有着很强的主观能动性，它既可以成为消极因素，也可以成为积极因素。草原牧区的游牧经济类型原是当地居民早年创造的一种生态体系和系统，大草原上的马背民族能在草原上生存几千年而地力不竭，显然掌握了自然界的生态平衡规律。

本文试图从文化人类学的视角分析文化在人与自然生态环境当中所起的作用。面临生态环境危机时，主流社会在思考人与自然之间的关系、探讨生态环境保护途径时，常常在某种程度上忽视了本土民族传统文化对于当地自然环境的适应性和保护作用。采取具体保护措施时，将本土生态环境与本土人群分割开来，忽视了生态环境恶化的表象背后，存在的人与环境之间原有文化连接的重要性②。本文力图阐释内蒙古牧区的本土文化传统（主要是民族文化传统和精神文化的层面）对于草原生态保护方面的积极作用，强调本土人群主体性出发保护自然生态环境的重要性。

文化与民族之间有着不可分割的关系。文化特点和文化传统是一个民族的重要标志，民族是一种文化存在的载体。蒙古族是北方传统的游牧民族，自古以来蒙古族就是"逐水草而居"的游牧经济形态，草原是"马背上的民族"赖以生存的地方。蒙古族牧民对于其生存的环境发展出一套文化适应性，如按照季节而逐水草而居、对草场和牧场的精心保护、牲畜分

① 王紫萱. 蒙古族草原游牧文化中的生态观念及其启示 [J]. 阴山学刊，2005 (4).

② 刘源. 文化生存与生态保护以长江源头唐乡为例 [C] //孙振玉. 人类生存与生态环境——人类学高级论坛 2004 卷. 哈尔滨：黑龙江人民出版社，2005：298.

群分类管理和放牧都有着的科学方法和技术、以小规模家庭为生产单位、谨慎适应与合理利用为主要特点的游牧生产方式，以及在萨满教和藏传佛教等宗教信仰的影响下，对环境和动植物的保护。历经千百年时光磨砺，这些适应性因素共同组成草原生态系统与牧人之间和谐共存的文化链，使蒙古族牧民群体与草原生态自然环境达成了一种默契，不仅保证了牧民们在草场上繁衍生息，而且使生态环境处于平衡发展状态。

通过蒙古族的家庭教育、社会教育、学校教育、社区教育等一系列的草原生态环境教育，传承草原生态文化中关于保护自然生态环境的理念及伦理道德对保护草原生态环境有着一定积极作用。

一般认为，文化是人类对生态环境适应性的一种表现，不同地域的生态环境会形成不同特色的地域文化，而文化对环境的调适又反过来影响生态环境①。

随着社会和时代的变迁和发展以及草原牧区实行"畜草双承包责任制"等有关政策以来，打破了延续几千年的逐水草而居游牧生产生活方式，加速了游牧形态向定居形式的转变步伐。这一变革对草原牧民来说是脱胎换骨的历史性大变革。草原生态文化系统必然要随着时代的变迁而调整自身的文化体系，以适应不断变化发展的时代要求来把握社会文化变迁的脉络。

同时，由于草原牧民定居的加速推进，人口过度增长导致土地开发和其他经济开发活动范围扩大，客观上要求更多的生活资料，需求欲望会不断增强，人口激增对草原生态环境造成了压力，因而超载放牧已是牧区存在的普遍现象。目前已经形成超载放牧使草场退化、草原面积缩小、载畜能力下降，而草场载畜能力的下降使超载放牧的问题更加突出的恶性循环局面。针对这种情况只靠单一畜牧业的牧民根本无法满足其需要，牧民已开始意识到并正在实践靠天养畜向利用科学技术养畜的转变。

通过草原环境教育既能够增强牧民环保意识并继承草原生态文化传统理念，同时也能够学到国内外先进的养殖畜牧的知识和技术，培养高精产品，既能够创收也能够保护草原生态环境，借助现代技术的力量加速地区经济文化的繁荣，使草原生态环境系统能够得到可持续发展。通过在牧业地区展开各种形式的环境教育与培训，为牧民和草原部门的工作人员提供各种先进养殖畜牧的技术和养殖知识，提供国内外先进的养殖成功的案

① 孙振玉．人类生存与生态环境——人类学高级论坛2004卷［C］．哈尔滨：黑龙江人民出版社，2005：284.

例，真正的实现科技养畜，推进传统粗放型畜牧业向现代集约持续畜牧业的转变，使我国草原畜牧业踏上持续、快速、健康发展的轨道①。

目前中国的环境教育研究主要集中在国际方面和国内东部城市环境教育的研究。西部是我国多民族聚居区，西部生态环境在中国具有典型意义，而国内国外尚无几人进行少数民族地区环境教育的系统研究，对草原牧区环境教育做系统阐述的几乎处于空白。在草原牧区进行环境教育的个案研究，可以为环境教育理论界的研究提供一些参考数据，也可以为其他地区的草原牧区环境教育提供借鉴和思考。

第三节　相关概念的界定与研究前沿

一、核心概念界定

（一）草原生态文化

凡论述与文化相关的概念，必须先给予"文化"一词以具体的界定。文化的含义驳杂庞大，不论是在东方还是西方，古代还是现代，"文化"都是多义词。从"文化"二字的语源来看，英文 Culture 或者德文 Kultur 一字，本由拉丁文 Cultura 而来，又同出自 Cultus 一词。Cultus 有两种意义：一为 Cultus Deorum，一为 Cultus Agri；前者包含拜祭神明之义，后者包含耕作土地之义。这两种意义和原始社会有密切的关系，不过因为文化的演进，其含义逐渐趋于复杂，两种意义的范围也因之而扩大。拜祭神明，遂包括一切的精神方面的动作，而耕作土地，遂包括一切物质上的动作。所以从语源上去考究，所谓文化并不专指精神或物质一方面，而是包括精神及其物质两个方面②。

至今学术界关于"文化"的含义有不同的理解和解释，据不完全统计，迄今为止，有关文化的定义已经不下 300 余条。英国人类学之父爱德华·泰勒（E. B. Tylor）在 1871 年所著《原始文化》（Primitive Culture）中将"文化"定义为："文化就其广泛的民族学意义来说，是作为社会成员的人所习得的包括知识、信仰、艺术、道德、法律、习俗以及任何其他一切能力和习惯的复合体。"对于泰勒这样的分析文化，学者有些采用，有

---

① 孟慧君. 草原畜牧业生态经济问题的症结分析.
② ［俄］盖纳吉·弗拉基米罗维奇·德拉奇，主编. 世界文化百题［M］. 兰州：敦煌文艺出版社，2004：4.

些变用，对它褒贬不一，但都不敢忽视它的经典性，其影响对于后来研究学者的影响甚大①。一般而论，从广义上理解，文化是人类所创造的一切物质财富和精神财富的总和。从狭义上理解，文化是指社会的意识形态以及与之相应的各种制度和组织结构。

　　文化的形成、发展、演变和分布特征与其所处的自然生态环境、人文地理环境、文化生态环境、社会生态环境有着很大的关系。文化所依存的自然生态环境——我们通常所说的环境，一般是指生物有机体生存空间内各种条件的总和。而所谓生态环境，是指各种生态因子综合起来，影响某种生物（包括人类）的个体、种群的特定环境。每个民族文化在其形成和发展的过程中，都离不开特有的自然条件和生态环境。虽然这一过程是一个动态的变化过程，并非一成不变的，但作为一个民族，其生存的自然条件和生态环境常常具有较强的稳定性和连续性；而作为一种体系的文化积累，每个民族至今都相当程度地保存和维持着赖以生存的特有的文化体系和独特的文化特征。

　　草原生态文化是在草原自然环境为主要生态主导因子作用之下所形成的一种文化模式，体现着北方游牧民族豪迈的精神文化特质和文化理念。草原生态文化是生活在草原自然生态环境中的人们，根据草原自然属性和自身规律性而加以利用、塑造而形成的一种文化模式。牧民们改造和改善草原生态环境的同时，也在改造、塑造和教化着自我。也就是文化学者庞朴提出的"文化是人创造的，人又是文化创造的"。②

　　草原生态文化的内涵和外延是丰富多样的，本文所论述的草原生态文化的主要是指文化体系当中最稳定、最保守的精神文化。文化是一个异常复杂的多层面体系。文化本身具有可分性，文化从表层到深层可以分为物质文化、制度文化和精神文化三个层次。任何一种文化特质都是这三个层次的统一来构成文化结构的整体。这三个部分不是互相割裂的，而是互相结合的。在整体中存在着一种主导作用的观念③。在文化的三个层次中，物质文化层和制度文化层是最容易随着社会的发展和变迁而随之变化和变迁，而心理文化层是则是相对稳定，也最保守、最不容易变化的一面，它是文化成为类型的灵魂。这种精神文化传统支配着属于这个民族的那些集体无意识的东西——思维方式、行为方式、价值观念等。草原精神文化中

---

①　陈序经.中国文化的出路［M］.北京：中国人民大学出版社，2004：12.
②　陈序经.中国文化的出路［M］.北京：中国人民大学出版社，2004：50.
③　庞朴.文化的民族性与时代性［M］.北京：中国和平出版社，1988：73.

的以自然为本的人文观念形态，是草原生态文明形成所依托的主要文化载体，在观念形式上具有以"自然为本"的人文精神。这种精神文化是由其生存模式和生产方式所决定的。历史上任何一种文化都必须依托自然资源，而草原生态文化在这一方面更加具有独特性、原生性和协调性。

（二）环境教育

"环境教育"是一种关于价值观的教育，主要以研究人与环境之间的关系为核心内容的一种教育过程。环境教育不仅是要向人们提供有关环境方面的知识同时还应向其传授解决环境问题的知识和能力，而且要培养人们对于环境的基本态度、科学的价值观和道德观。

《中国环境保护21世纪议程》指出："环境教育，就是要提高全民族对环境保护的认识，实现道德、文化、观念、知识、技能等方面的全面转变，树立可持续发展的新观念，自觉参与、共同承担保护环境、造福后代的责任与义务。"《全国环境教育行动纲要（1996—2010年)》提出"环境教育是提高全民族思想道德素质和科学文化素质（包括环境意识）的基本手段之一。"《全国环境教育行动纲要（1996—2010年)》指出："环境教育的内容包括：环境科学知识、环境法律法规知识和环境道德伦理知识。环境教育是面向全社会的教育，其对象和形式包括：以社会各阶层为对象的社会教育，以大、中、小学生和幼儿为对象的基础教育，以培养环保专门人才为目的的专业教育和以提高职工素质为目的的成人教育等四方面。到2010年，全国环境教育体系趋于完善，环境教育制度达到规范化和法制化。"①

环境教育已成为世界性教育潮流，目前环境教育已经成为世界各国现代环境教育改革和发展的重要方面。

目前，环境教育模式具有一般通行的目的和原则，但由于我国是多民族聚居区，各个民族从地域分布、族际接触程度是大杂居、小聚居、聚居中有杂居、杂居中有聚居的分布特点，所以决定了各个少数民族地区的环境教育具有区域性、文化性、民族性的教育特质，故环境教育的研究工作必须开展田野调查，进行个案研究，解剖"麻雀"。

二、理论前沿

我国是一个多民族的国家，民族教育问题是一个比较复杂的问题，

---

① 祝怀新. 环境教育论 [M]. 北京：中国环境科学出版社，2002：23.

各个民族由于居住区域的不同、经济发展状况、社会文化背景等差异性，从根本上决定了在不同民族地区开展统一的环境教育模式是不可能的。环境教育的内容和方式都应该因人而异，因地制宜，要表现出不同的层次水平和地域差异。对于环境教育共性模式的研究可以起到了借鉴性和指导性的作用，但是各个民族地区的环境教育模式不能完全的照搬共性的模式。

环境与发展已经成为时代的主题，环境教育是保护环境，实施可持续发展的基础和关键。阎守轩《环境教育价值引论》中立足于哲学价值论，环境教育事实为基础，理清环境教育的发展脉络。阐释了环境教育的内涵，从主体性的角度深入剖析了环境教育价值的本质于根源，从物质价值、精神价值、人的价值三个方面具体阐明了环境教育的价值。

彭立威《论环境教育的价值目标》一文中主要有两大部分。第一部分粗略地阐述了环境教育的定义、发展沿革、本质特征以及体系框架，主要对环境教育轮廓有个初步的介绍；第二部分较为详细地论述了环境教育的四大价值目标，即通过环境教育，要使人们树立一种人与自然和谐发展的新的自然观，追寻一种可持续发展的新发展观，弘扬一种人类利益的新公正观，重塑一种"真、善、美"相统一的高尚的新人格观。

中小学教师环境教育培训是对在职的中小学教师围绕环境教育进行的一项培训活动，其目的在于丰富教师环境教育知识，培养教师对环境教育积极态度和提高教师环境教育能力。当前，中小学教师难以承担通过环境教育来教育中小学改善环境、拯救危机使人类社会走向可持续发展这样的重担。究其原因，主要是缺乏足够有效的环境教育培训。邵燕芬《中小学教师环境教育培训研究》一文中研究在解释中小学教师环境教育培训含义的基础上，通过理论分析和现状调查，阐明对中小学教师进行全员环境教育培训的重要性，并尝试提出一种适合环境教育特点及其培训特点，由"确定主题—研究主题—主题研究总结"构成的主题研究培训模式，以实现教师环境培训关于知识、态度、技能的目标整合，促进中小学教师环境教育培训活动的实际运作，提高培训效果。

刘秉瑞于《可持续发展框架下的中小学环境教育研究》一文中论证了环境教育与可持续发展战略的关系；明确了学校环境教育的途径和方法；比较分析了中外中小学进行环境教育的异同点；强调了地理学在学校环境教育中的作用。同时，文章从我国中小学环境教育现状和国外中小学环境教育现状分析了各自的特点，指出了我国中小学进行环境教育存在的问题及其解决方法。

张薰华于《内蒙古草原生态系统的可持续发展》一文中主要阐述了内蒙古草原生态系统对中国的生态安全起着十分重要的作用，但其环境现状却与其地位极不相称。内蒙古草原生态环境恶化已直接影响中国三北地区的经济、生活各个方面。张立中于《内蒙古草地退化成因与草原畜牧业可持续发展研究》主要阐述草原生态问题的成因主要由于自然因素及过度放牧等人类不合理经营活动的影响，造成草原退化、生态环境恶化，同时对草原畜牧业的稳定、可持续发展带来了严峻的挑战。

敖仁其、达林太于《草原牧区可持续发展问题研究》一文中阐述了内蒙古草原退化的主要原因是游牧变为定居；其次是不合理的围栏；再次是开垦草原或引入农业生产模式。制度模式多元化、有效的产权制度、吸收草原产权的内在制度基本制度——游牧规则、合理的放牧制度、重建合作经济制度、牧区人口转移是在不同层次进行改革和创新、进行草原牧区可持续发展的必要措施。草原牧区的文化层次上的创新应汲取游牧文明的合理内核——生态文明，这是草原牧区可持续发展不可或缺的重要内容。

迄今为止，已有不少论文和专著是关于国际环境教育发展状况研究的，其中的一部分文献展现的就是国际社会大体环境教育发展历程的，也有关于各国环境教育具体操作模式的。但是，在陈述国际组织环境教育历程的同时，又兼顾介绍同一时期内具有特色的国家的环境教育模式，且同我国目前环境教育现状相结合并致力于从中吸取经验的文献却不多。无论国际还是国内，环境教育理论研究都尚处于发展之中。

第四节　调研地的环境教育概况

在草原牧区，牧民们进行环境保护教育是自动自发的，虽然尚未形成一种正规环境教育体系，但这种潜移默化、身体力行的教育方式对草原生态保护依然起了重要作用，见图10—1。

本文从正规环境教育和非正规环境教育两个方面阐述调查地区的环境教育的基本概况，田野调查主要以鄂温克自治旗巴彦托海镇的牧户、鄂温克自治旗农业畜牧局的政府官员、海拉尔蒙古族中学的学生为调查对象来了解牧区环境教育的基本概况，了解调研地基本的草原生态环境保护意识和环境教育的基本模式。

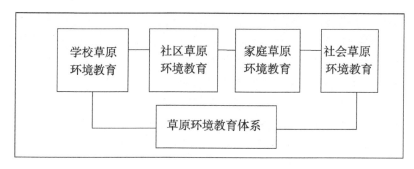

图 10—1　草原环境教育体系构成

一、社区草原生态环境教育及其分析

社区教育是为贯彻全民教育和终身教育的宗旨，满足社区成员学习科学知识、技能、提高法律意识的需要，在社区开展的各类教育活动。社区教育是以社区为依托，以全体生活区成员为对象，以提高居民整体素质为宗旨，是教育社会化和社会教育化的统一。社区教育是社会发展和时代变革的产物。积极发展社区教育，把它纳入社会大系统，通过各种教育形式的综合实施以全面提高人们的综合素质和人文素养。

本文主要从鄂温克草原工作站和鄂温克自治旗巴彦托海居委会两个方面来阐述巴彦托海镇社区环境教育的基本情况。

（一）鄂温克草原工作站所进行的环境教育

鄂温克自治旗牧区的社区环境教育、培训和宣传教育的责任主要集中于鄂温克自治旗旗农牧业局下属的草原工作站。鄂温克自治旗旗农牧业局把承担畜牧养殖技术、宣传草原相关政策等任务都下放给鄂温克草原工作站，又把具体的任务下派给工作站各科室的个人，让个人来具体负责和承包各个牧区社区的草原建设和草原保护的具体指导工作。

鄂温克旗草原工作站于 1973 年 3 月建站，主要负责全旗草原保护、建设、草地科研与生产、草场资源调查及优良牧草引种驯化等工作，并且承担指导各苏木、乡、镇、区草原管理机构的业务工作，负责全旗 7 个苏木、乡、镇、区草原建设、草原保护、规划、利用和草原开发等技术服务工作。建站初期全站只设有 3 个编制实有工作人员 5 名。1973—1975 年期间，黑龙江省又拨给旗草原站 22 个人员编制，旗草原站职工编制增加到 25 名。1984 年，职工实有人数增加到 32 名。1985 年，旗草原监理站从草原工作站中分出，机构单设。

鄂温克旗草原站现有技术人员 16 人，其中具有高级职称 4 人（正高 1 名），中级职称 10 人，初级职称 2 人。几年来，全站 16 名技术人员曾在省级以上学术刊物发表专业论文 40 余篇，获优秀论文奖 5 篇，荣获自治区科技进步奖 2 项，自治区星火奖 1 项，盟市科技进步奖 7 项，参与国家、自治区、市科研推广项目 15 项，累计获奖 43 人次。

草原工作站主要从宏观和微观两个方面来进行草原环保方面的教育。

1. 宏观方面草原环境教育

鄂温克旗草原部门积极开展草原围栏、划区轮牧、舍饲圈养、人工草地和饲料基地建设等方面的技术培训，大力宣传先增草、后增畜的科学理念，提高牧民畜牧业生产质量和以草定畜的技术水平。通过采用机械打捆贮草、塑料薄膜缠裹贮草和玉米秸秆入窖青贮等方式，积极推广饲草料的科学保存与加工技术，提高饲草的营养价值，改善饲草料的适口性和消化率，减少饲草料的浪费。尤其是近年来在退耕还草工作中，粮草混播作为一项成熟的畜牧业适用增产技术已经成为符合地区实际并深受广大退耕种草牧户欢迎的行之有效的退耕还草技术措施。自 2004 年起，鄂温克旗通过采取粮草混播等方式在退耕地和土壤较适宜地区大力推广种植多年生牧草，全旗人工草地建设规模以每年 10 万亩左右的速度稳步健康发展。

在鄂温克旗农牧业局的支持和领导下，鄂温克旗草原生态建设工作紧紧抓住天然草原退牧还草项目、农业综合开发草原建设项目、国家牧草种籽繁育基地建设项目等草原生态建设项目在鄂温克旗立项实施的大好机遇，依托项目投入，加快全旗草原生态建设上规模、高质量发展。以草原围栏建设为例，近年来鄂温克旗紧紧围绕国家天然草原退牧还草工程建设，通过采取季节性休牧和划区轮牧方式，恢复天然草原生产力，在退化的天然草地上加大草地围栏建设力度。2004—2006 年，3 年间共计完成退牧还草围栏建设 360 多万亩，全旗围栏保留面积由 2004 年的 149 万亩提高到 2006 年的 450 万亩。工程的实施使得占全旗一半以上的牧户从中受益，并使草原资源生产力得到了恢复。

2. 微观方面草原环境教育

草原站的工作人员深入各个牧户家中，根据牧户的草场基本情况以及牧户家中的实际情况进行培训和指导。针对目前草原生态破坏严重的状况，草原站的工作人员根据各个苏木、镇、嘎查的具体情况引进牲畜的新品种。一方面可以使牧户的收入增加，另一方面可以保护草原的生态环境，以便草原上的牲畜量既能够达到合理的数量又能让牧户取得更大的收益，使草场得到良性发展。草原工作站的技术人员不仅因地制宜地为牧户提供牲畜优良高质的品种，同时也为牧户提供培育牲畜的先进技术和思想，使牧民摆脱粗放型的养殖方式，用科学技术致富，使人畜能够达到和谐发展，使草原资源能够得到合理的利用和发展。

同时，鄂温克旗农牧业局共下设25个技术综合服务站和管理站，主要有草原工作站、草原监理站、兽医工作站、动物防疫监督所、牧业经营管理站、农机监理站、种子管理站、水产管理站、后勤服务中心、乡镇企业发展中心、巴彦托海镇畜牧业技术服务站等12个苏木、乡镇的畜牧业技术服务站。通过各个部门的配合工作能够为牧民们提供关于草原的生态状况、与畜牧业相关的最新信息和技术，使草原资源能够可持续性发展。同时，鄂温克各级草原监理机构高度重视草原法律法规的宣传工作。各级草原监理机构在加强自身学习的同时，普遍利用报纸、广播、电视、宣传车、培训班、街头咨询、公告等形式，广泛深入地开展草原法律法规的宣传教育活动，极大地提高了广大干部、群众依法保护草原的意识，同时广大农牧民也通过学习，拿起法律武器依法保护自己的合法权益。在走访农牧民时发现，每家牧户都有草原监理部门印制的新《草原法》小册子，真正做到了送法到户、增强牧民的草原生态环保意识。

（二）巴彦托海镇居委会所开展的环境宣传

巴彦托海镇居委会的主要任务还是局限于在社区内部开展民事调解、宣传国家法律政策、社会治安、就业和再就业、最低生活保障、优抚救济、拥军优属、公共卫生、计划生育、青少年工作、普法教育、老龄工作、残疾人工作、法律援助、外来人口管理等各项工作，而社区环保教育在其工作中不是重点。

从目前居委会开展的环境教育来看，巴彦托海镇辖区8个居民委员会，可以通过各个居民委员会的负责人带头，积极开展各种群众性环保宣传活动，如开展各种关于草原环境保护的讲座、开展社区图片展，展出一些关于破坏草原的图片、或展出一些发达国家或我国发达地区保护草场保护所取得成果的照片，让牧民们提高自身的环保意识并从中汲取一些经验；也可以通过有关人员向政府申请相应的资助经费，由各个居委会印发一些关于草原环境保护方面的免费宣传册，免费发放给社区群众来提高群众环境意识。

社区教育能够在社区发展中具有形成社区居民积极的价值观、生活态度和道德规范的功能，提高社区居民的素质和文化水平，建设良好的社区文化、培养社区角色等主要作用。社区教育也一定能冲破原有教育管理体制的弊端，形成一个各种教育因素的集合体，实现教育与社会一体化，最终达到学习化社会的目标。

（三）社区环境教育存在的问题

社区教育所形成的寓教育于管理、服务、文化活动为一体的大教育格局，是对单一的学校教育模式的突破、拓展和延伸，实现学校、社区、社会、家庭教育一体化。但是，目前巴彦托海镇的社区环境教育还存在一些问题。

1. 政府对于社区教育的重视度和支持力度不够

一般考核领导干部政绩的 GDP 增长当中不包括环境保护所取得的成果，这样政府对社区环境教育的支持力度就不够，社区教育所应起的学校教育以外的辅助作用并没有真正发挥出来，作用更多的局限于计划生育宣传、优抚救济等传统作用。

2. 社区环境教育硬件的缺失

目前，除了学校教育外其他的形式都是辅助，并且国家也明确规定办学要有资格限制。因此社区教育还受到硬件设施的影响，这个是各个地区存在的普遍现象。巴彦托海镇也存在着这种现象，各个社区内并没有相应的教育设备、文化设施等一些基本的设置配备，这样对开展社区环境教育会带来一定的困难和局限。

3. 社区环境教育软件的缺失

软件的缺失主要是人员配置的问题，不论什么教育，人员配置都是个重要的问题。在巴彦托海镇社区调查时，各个居委会工作人员大多是中年或者年老的人员。进行社区环境教育是需要先进的环境知识理念，而大多数工作人员多是下岗工人或者在家闲置的老年人，这样社区环境教育是否能够开展或者开展之后所取得的作用将会如何，是社区环境教育实施的重要问题。

4. 社区环境教育资金的缺乏

由于政府对于社区环境教育的重视度不够，对社区教育的资金投入也就存在相应匮乏的问题。据笔者了解，巴彦托海镇社区本身并没有足够的资金来支持本社区进行环境宣传教育。

（四）社区环境教育存在的建议

1. 应该加大社区环境教育资金力度，改善社区环境教育的硬件和软件

社区的主要负责人应该拓展各种渠道来解决社区环境教育的资金和经费问题。负责人可以向政府的环保部门或者一些教育部门进行申请，也可以向各种非政府组织、各种基金会或者慈善机构进行申请。足够的资金是社区顺利开展环境教育的基本保障，拥有一定的环境教育经费可以改善社

区环境教育的硬件设备，同时也可以利用资金改善社区环境教育的软件，拥有资金的支持可以通过各种教育形式来培训社区委员会的工作人员，使其具有环境教育知识的先进理念，并在实施环境教育过程当中传输给当地的人民群众。

2. 社区应营造良好的环境教育的环境，加强人们的环境保护意识

社区可以开展多种途径和形式的宣传教育活动来营造良好的社区环境教育氛围。如，社区可以开展各种形式的讲座、演讲、图片展等多种途径来加强人民群众自身的责任感和使命感。社区的主要负责人也可以利用部分资金在社区设立图书馆，图书馆当中可以增加一些关于草原环境保护、科学养畜方面的书籍和资料，以便增强当地牧民的草原环保意识。

二、家庭草原生态环境教育及其分析

康斯康斯模式主要探讨家庭背景对于个体教育影响的因果机制，这一机制即称为威斯康斯模式。归因个人学业成就时康斯康斯模式（Wisconsin Model）认为家庭背景和家庭环境对于个体教育有着重要的影响和作用。就受教育者而言，父母对子女的教育期望代表着教育支持，父母与孩子间亲密关系的互动，对孩子教育的关注、期望、支持与教导都将有助于提升个体的学习热情和学习成就。

为了进一步了解目前蒙古族家庭教育对于草原环境生态方面的作用，本次调查对鄂温克旗巴彦托海镇 50 个牧户家进行了访谈并发放了调查问卷，调查牧户家庭全部从事畜牧业生产，同时有些富裕牧户还从事其他生产劳动，以定居畜牧为主要生产生活方式。调查选取的牧户大体有三个等级，富裕户、中等户、贫困户。富裕户年平均收入为 5 万元左右、中等户年平均收入为 1 万~2 万元左右、贫困户基本上也只能满足基本的温饱。在选择的牧民中 50% 为蒙古族，50% 为其他民族（主要是汉族为主）。笔者根据对牧民进行访谈、调查问卷以及实际的田野调查进行报告分析，见表 10—1。

表 10—1　草原家庭问卷发放与回收

问卷类型	发放问卷		回收问卷	
	数量（份）	占发放问卷的百分比（%）	数量（份）	回收率（%）
内蒙古中学生调查问卷	100	50	100	100

（一）家庭环境教育的分析

1. 家庭教育对草原生态环保有着积极的作用

家庭是由婚姻关系、血缘关系所建立的社会生活基本单位，是社会的基本细胞。家庭不仅是生命繁衍、经济生活的基本单位，同时也是文化传承和传递的基本单位。在学校教育出现以前或者对没有机会接受正规学校教育的人来说，家庭教育是前辈向晚辈传递社会文化，开发智力，并使之掌握生产生活所需要的基本知识技能的主要手段。在学校教育出现以后，家庭教育成为进行学前教育的重要场所和学校教育的重要补充部分，成为民族社会习俗教育的基础。

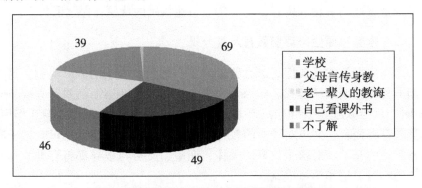

图 10—2　受访学生了解蒙古族传统文化途径

家庭教育是教育传承的途径之一。家庭环境教育是一种先期教育，是学校环境教育的有力配合因素。对于环境教育而言，良好的家庭环境教育可以培养孩子养成良好的生活行为习惯，让孩子具有热爱大自然、热爱环境、热爱生命、热爱家乡的美好情感和情操。通过与牧民的交谈和发放调查问卷所获得的信息，草原牧区无论是蒙古族牧民还是非蒙古族牧民都对自己的孩子给予有关于草原生态方面的知识和技能，能够让草场得到合理的利用和保护。

从图 10—2 中可以看出来学生获得蒙古族文化知识渠道中除了学校教育外，家庭教育占的比例也比较大，学生通过父母的言传身教和老一辈人的教诲来接受蒙古族文化知识和草原生态环保教育。尽管时代和社会在不断变化，但可以说没有哪一个人不是沐浴着本民族古老的传说和故事而成长起来的。正是依托民族文学、故事、神话、谚语等，才能够使每一个人得以了解自己本民族的历史和往事，也能了解世界上不同民族的文化和智慧，才能理解各个民族文化和习俗等方面的差异①。访谈中，一些非蒙古族牧民也会对自己的孩子传输一些关于环境保护的理念和故事，从小培养他们热爱草原的思想。在走访调查的牧户当中，富裕牧户的环境保护观念强于贫困牧户，因为富裕户已经意识到草原环保对于可持续发展养殖畜牧业的重要性，并且对利用科学技术养畜有很高的积极性。

以下为笔者在巴彦托海镇进行访谈的个案：

> 个案：李金勇，45岁，男，牧民，汉族，在内蒙古鄂温克自治旗巴彦托海镇生活了近二十年，年收入5万元左右，属于牧区的富裕户。其家中家中家用电器基本上都具备，如电视、音响、冰箱、电脑等。

在采访过程中，被调查者李金勇非常有见地谈了目前草原生态的基本情况，认为草原破坏有一部分是由于政府政策导向的问题。同时，他还经常观看CCTV—7的《农经》和CCTV—2经济频道等栏目，从中学习一些先进的养殖技术及了解市场最新动向。他意识到如果仅仅是依靠超载放牧来增加收入，是一种短视的做法。他通过自己的不断探索和学习，已经引进了一些先进的牲畜的新品种——杜泊羊和育肥牛，这些品种既能够高产创收，同时也会保护草原的生态环境，使自家的夏、冬季草场能够得到休养生息、循环利用。李金勇还表示，希望政府对牧民能够给予政策上的支持和优惠，他目前想贷款引进澳大利亚的奶牛新品种，他经过考察认为这个新品种能够迎合市场的需求。李金勇的这种思想观念笔者认为是一种具有战略性思想的做法，利用科学技术进行养殖不仅能够为牧民增加收入，还能够保护草场环境。

同时，被调查者李金勇十分注重对子女的培养，在做一些决定和决策的时候，采用的是家庭开会等民主的方法来进行投票决定。对子女也选用了言传身教和向子女讲述一些故事和具体的实践养畜经验来教导自己的子女，以此来培养和增强子女环境保护意识。

家庭教育对学生的环境保护意识的培养是具有一定积极作用的。生活环境和生态环境的变化使草原牧民意识到文化教育的重要性。以前单纯依靠草原生活练就的强健体魄和在恶劣、变幻无常的环境中的生存能力，已

---

① 王军. 教育民族学 [M]. 北京：中央民族大学出版社，2007：196.

经不能够适应时代的发展要求了。重视家庭环境教育不仅能够使学生能够增强环境意识，通过家长的言传身教和具体经验传授一些环保技能和知识，同时也可以通过家庭中的其他途径来获取更多、更快、更新的环保知识和技能。例如，定居的牧民家中都有电视、广播、网络（仅限于一些富裕牧户）等媒介，通过媒介的广泛传播使牧民家庭了解到更多的环境知识和草原生态现状，并通过绿色消费的生活方式来培养和熏陶孩子，使其形成保护环境的态度和价值观。

（二）蒙古族传统宗教对环境教育产生的影响

蒙古族地区的宗教主要包括萨满教和喇嘛教两个部分内容。萨满教是一种原始自然宗教，相信万物有灵，主要崇拜自然、天神和祖先。萨满教是蒙古族古代思想的宝库，对草原传统生态文化的形成起到了积极的促进作用。至今，在民间仍然存在着有关宗教习俗文化。萨满教在进入晚期阶段之后，曾出现过向人文宗教过渡的倾向，但是由于社会和政治原因，逐渐受到排挤和清理，失去了正统宗教地位，下降为一种民间的习俗文化。由于统治阶级的积极提倡，藏传佛教的各个流派先后进入蒙古地区。16 世纪之后，黄教流派（俗称喇嘛教）在内蒙古地区逐渐取得意识形态领域的主导地位。蒙古地区的佛教保持了极大的包容性，吸收了包括萨满教在内的很多习俗文化。

人与宗教的关系除了具有功利性一面之外，实际上他们之间还存在着一种伦理道德的关系，即在人与神与生态环境之间不可避免的互动关系中，也存在着一种道德伦理基础上的行为约束机制。在对待人与自然的关系上，由于受到现代科学发展所带来的生态环境等问题，人类试图仍然通过科学技术手段本身和现代道德宣扬及法律制度加以控制，但是在这个过程当中，人类所付出的代价过于昂贵，人类所处的环境也越来越糟①。随着社会的发展和时代的变迁，宗教在蒙古牧区所起的作用也受到很大的冲击。

马林诺夫斯基说过："……传统之所以有效，乃在个人心灵的深处与它潜移默化视为固然了。所以宗教既不绝对是社会的，也绝对不是个人的，乃是社会与个人底化合物。"② 在田野调查过程中，鄂温克巴彦托海镇的牧民家庭当中信奉宗教的家庭为数很少了，在牧民身上已经没有宗

---

① 巴且日火. 毕摩宗教与生态互动［C］//孙振玉. 人类生存玉生态环境——人类学高级论坛 2004 卷. 哈尔滨：黑龙江人民出版社，2005：141.

② 马林诺夫斯基. 巫术科学宗教与神话［M］. 北京：中国民间文艺出版社，1986：40.

教信仰的外显性行为。但习俗宗教是人的一种思想意识，并没有一定的科学定量数据来论证，而是一种自然而然融入人的行为、生活当中的潜意识。故笔者以"客位"的一种观点认为，在牧民深层次的文化潜意识当中，宗教信仰对草原的敬畏和崇拜对保护草原生态环境还是具有一定的影响作用。

目前草原生态环境确实遭到了极大的破坏，但我们不能够否认蒙古族传统文化已经完全丧失了它的作用。在田野调查可以看到，随着时代和社会变迁和发展，定居牧民家中的风俗习惯已经不能够和游牧的蒙古族同日而语，但依然在一定程度地保留着蒙古族传统文化的思想和意识，尤其是对生于斯、养于斯的草原的热爱和尊重。虽然一部分定居的居民不是土生土长的蒙古族，但长期的居住生活已经被蒙古族生活习俗所同化，这种同化不单单体现于可视化方面，如饮食方面，汉族的牧民也每天熬奶茶，性格也像蒙古族那样豪爽、奔放等；同时思想上接受一些蒙古族思维观念，这种思想是无形的，但反映在行动上就是对于草原的保护和热爱。在访谈中，牧民们已经意识到草原的退化、沙化的严重性，但是为了生存等一系列的现实问题，他们不得不超载放牧，养殖超过草原承受能力的畜牧数量。牧民们已经意识到了这个问题，大部分牧民都要放弃这种粗放型的经营方式，改用科学技术科学饲养牲畜，使有限的草场资源得到休养生息。如大部分牧民都要养新品种育肥牛和杜伯羊，既能够增加农牧民的收入，同时这样对草场也是一种无形的保护。

（三）家庭草原环境教育存在的问题

家庭草原环境教育的问题主要是随着社会观念的变迁，年青一代与老一代人之间在观念和行为上的代沟问题，以及对新鲜事物的看法和态度的问题。《文化与承诺》中，作者米德从文化传递的方式出发，将整个人类的文化划分为三种基本类型：前喻文化、并喻文化和后喻文化。"前喻文化，是指晚辈主要向长辈学习；并喻文化，是指晚辈和长辈的学习都发生在同辈人之间；而后喻文化则是指长辈反过来向晚辈学习"，这三种文化模式是米德创设其代沟思想的理论基石。前喻文化，即所谓"老年文化"，是数千年以前原始社会的基本特征，事实上也是一切传统社会的基本特征；并喻文化的形成过程中，酿就了最初的代际冲突。对于年青一代来说，在新的环境中，他们所经历的一切不完全同于甚至完全不同于他们的父辈、祖辈和其他年长者，而对于老一代来说，他们抚育后代的方式已经无法适应孩子们在新世界中的成长需要；后喻文化，即人们所称的"青年文化"，这是一种和前喻文化相反的文化传递过程，即由年青一代将知识文化传递给他们生活在世的前辈的过程①。

年青一代和年老一代在行为方式、生活态度、价值观念方面的差异、对立、冲突被人们称为"代沟"。代沟是永远存在的，因为社会环境总是处于不断变动之中，子代所处的社会环境同父代年轻时所处的社会环境已经不可能完全相同，反映到他们的思维方式、认知方式、行为等方式上，便不可避免地产生某些差异和隔膜。代沟的存在并不是件坏事，没有代沟就没有社会的进步。代沟是社会文化变迁的结果，有时候通过分析某一历史时期某一民族代沟的深浅程度，就可以清楚地揭示该民族当时的文化变迁的程度②。文化变迁使得老年人熟悉的知识、经验、习惯部分地不适用了，而年轻人由于并没有完全的社会化容易学习和接受新鲜事物，适应变化了的时代环境和社会环境，从而民族传统文化发生了变化和变迁。代沟的问题也同样存在于目前牧区家庭教育当中，即年青一代与老一代之间存在着代沟和隔膜的问题，这样就会对家庭环境教育带来一定的困难和挑战。

从图10—3中可以看出，51%的学生认为老一辈人的教诲和指导对自己的成长起着重要的作用，接受老一辈人的意见和建议，传承老一辈人的文化传统。但也存在着49%的学生认为老一辈人的思想观念已经跟不上时代潮流，采取了排斥和不理睬的态度。

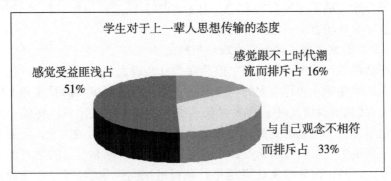

图10—3 受访学生对于上一代思想传授的态度

随着时代的变迁和社会环境的发展，文化系统中的各因子也会随着时代的变迁而有所改变。在时代发展的巨变面前，老一代不敢舍旧和新一代

---

① 玛格丽特·米德. 文化与承 [M]. 石家庄：河北人民出版社，1987：15.

② 吴申元. 中国传统文化的遗传和变异 [M]. 长沙：湖南文艺出版社，1988：34.

唯恐失新的矛盾，不可避免地酿就了两代人的对立与冲突。大部分的牧民选择了送孩子去学校接受教育，在调查中得知，蒙古族中学的一大部分学生不可能像城镇里的学生能够回家住宿，而是选择了在学校周边租房子住、家长陪读或者是寄宿在学校，这样学生接受更多的是主流的文化，而接受家庭教育熏陶的机会就会减少。而主流文化的生态背景并不是建立在草原文化生态背景之下，这样学生就会对家庭环境教育产生一定的排斥性，认为家长的观念跟不上时代的发展。

三、社会草原生态环境教育及其分析

社会教育是指个体成员在其生活的社会大环境中学习各种文化知识的过程。社会教育针对的不仅是牧业地区的牧民，同时是一种全民的教育。对于牧民可以通过摒弃粗放型的经营模式，采用公司加农户、牧区合作社等一些科学模式来吸取先进养殖和管理经验技术，转变一些不合时宜的思想观念。也可以通过民族地区环境教育电化教育系统，如互联网，广播电视媒体等手段使草原环境教育通过高新技术得以生动、形象、广泛、有效地传播。同时也可以对来草原旅游的游客们进行环保教育，如编写图文并茂的环保宣传资料和草原资源环保手册在火车上免费发放，减少游客们在草原旅游时对草场的破坏，如提醒不要随便在草场上肆意地拍照践踏草场、不随便在草原上乱扔垃圾，用自己的实际行动保护草原生态；或者拍摄一些环境保护宣传片，在开往内蒙古草原的火车上定时播放，对大众进行草原环境教育。

（一）牧区社会环境教育的基本情况

人类社会是依靠各种传播和沟通途径来形成各种社会关系的，特别是在信息社会，人们要更加有效地形成和发展各种社会关系更加离不开传播沟通媒介。通过传媒覆盖面广、信息传播迅速等特点，及时将关于草原生态的有关政策、市场需求及养殖新技术和方法等迅速及时地通过传播媒介传递出去。社会中的媒体、舆论、政府、公司、企业等都对环境保护有一定的义务和责任。牧区社会环境教育的责任主要集中于政府、各种信息网络媒体等来进行环境教育宣传活动。

政府方面——鄂温克自治旗政府有关部门积极贯彻执行国务院制定的《关于落实科学发展观加强环境保护的决定》，以及呼伦贝尔市政府制定的《呼伦贝尔生态环境保护纲要》《呼伦贝尔生态示范区建设总体规划》等一系列宏观指导性文件，确立了本旗和各个城镇、嘎查和苏木的环境保护工作的总体框架。注重环境、经济和社会发展统筹兼顾、综合平衡，对重大

经济政策、发展规划、开发计划和重要建设项目进行严谨、科学的评价和论证，环境保护与经济社会发展综合决策机制初步建立。

广播方面——广播对于牧民来讲很重要，几乎家家都有，因为牧民们需要密切关注天气情况，所以常常利用广播来收听天气预报。同时，广播是草原上最简单便携媒体，价格便宜，使用周期长，带着一个收音机几乎在草原的各个角落都可以收听到最新的新闻资讯。可以利用广播媒介来播放一些国家关于环境保护方面的政策、法律法规，以及一些关于环境保护的知识和具体方法，提高牧民们的环境保护意识。

电视方面——电视是大众普及率最高的媒体，在中国广大农村的普及率也是最高的，但是到了大草原上它就只能屈居第二名的位置。这与牧民们的游牧生活有很大的关系，有线电视线路不好铺设，同时牧民们早起早睡的生活规律也决定了他们不可能像城市居民们可以享受电视所带来的丰富资讯。电视覆盖率在鄂温克自治旗定居的牧民家中能够达到 84.9%。这样各地方电视台可以播放一些关于草原牧区环境方面的近况和草原被破坏的画面，以提高民众的环保意识并履行自己应尽的义务和责任。

报纸杂志——印刷媒体报纸和杂志也是草原维持信息沟通的纽带和桥梁。在草原牧区，蒙语的报刊也有很好的发行量，如《内蒙古日报》《内蒙古妇女》等一些期刊杂志发行量都在 7 万～8 万。虽然报纸、杂志没有广播电视那么及时，但是它们便于保存传阅，这样就可以为草原聒噪的游牧生活提供了更多的消遣方式。那么就可以在报纸杂志上增加一些关于草原环境保护方面的栏目，以此来增加牧民们环境保护方面的知识。

网络——电子媒体的迅速发展为草原牧民们精心编织了一张信息大网，人们可以根据自己的条件和需要任意地选择。麦克卢汉提出了"地球村"的概念，现在广袤的草原也正在变成一个联系越来越紧密的村庄。人们可以利用网络传播的形式增加草原牧民们的环境保护方面的知识和技能，使牧民们掌握最新的环境政策、环保理念、环保措施和最新的草原环保技术，让牧民们能够享受"拇指文化"所带来的最新成果，做到真正地与现代社会发展与时俱进。

（二）牧区社会环境教育存在的问题及其建议

目前政府对环境教育的重视力度还是不够，大多数政府领导干部把主要精力集中于本地区 GDP 的增长。而目前对于 GDP 的核算和统计数据中并没有把环境污染成本、资源消耗成本等计算在内；并没有把获取高额 GDP 所付出的代价计算其中。有这样一组数字：20 世纪 90 年代，世界银行把我国每年因为环境问题造成的损失评估为 GDP 的 5%～7%，2006 年已经达到了10%。因此中国GDP的实际增长减少2~3个百分点。最新的专家评估则是，有些省份以高能消耗高污染为发展模式，其环境污染治理成本最高可达10%，扣除治污成本，实际GDP很可能就是零增长甚至是负增长。从这个角度来看，GDP的快速增长带给我们的感受就不单单是喜悦了，而是一种使命感和责任感了①。因此，我国政府于2004年明确提出"绿色GDP指标""科学发展观"等将环境因素综合在内的新理念。

事实上，草原环保教育在牧民中推行的也不够力度，主要责任在地方政府部门。政府部门重视草原生态环境问题，但却不重视草原环境教育。低素质的基层领导和劳动者对草地资源可持续发展的影响表现为：第一，经营意识淡薄；第二，缺少生态经济统筹规划；第三，管理水平低；第四，科技推广率低；第五，急功近利的短期行为。随着社会主义经济体制转型、经济增长方式转变和可持续发展战略、科教兴国战略的实施及经济全球化，现行传统畜牧养殖制度的局限性及其弊端已突出显露。

同样的问题也存在于草原牧区，目前内蒙古地区的GDP的增长每年以一定速度在逐年增加，但是其中有不少是以破坏草原为代价的。以草原旅游为部分GDP增长收入的内蒙古地区，具有发展旅游业得天独厚的自然资源和人文资源条件。2004年，为扩大鄂温克自治旗民族节庆知名度，展现自治旗特有的民俗文化、民族风情，在鄂温克自治旗政府的支持下，成功地在中央电视台、内蒙古电视台等重要新闻媒体播出"瑟宾节"盛况和反映鄂温克自治旗风土人情、旅游风光、经济社会发展的专题片，对宣传鄂温克，扩大鄂温克的知名度起到了积极的推动作用。2004年，鄂温克自治旗共接待国内外游客14万人次，实现旅游收入8000多万元。可以看出，鄂温克自治旗的旅游业刚刚处于起步阶段，在全国旅游收入和旅游人数中所占比重都比较小，具有十分巨大的发展潜力。在旅游业发展起来的同时也伴随着旅游期间游客对草场的破坏。在调查中获知，随着游客大量涌入美丽的呼伦贝尔大草原，各种旅游垃圾也弄脏了草原原本美丽的"脸"。笔者曾在呼伦贝尔大草原旅游时亲眼看见外地游客用过的矿泉水瓶、啤酒瓶、废纸箱、冷饮罐等随处乱扔，景点周围的网围栏和牧草丛挂满了五颜六色的塑料包装袋，大煞风景，游客也不顾旅游景点周围的指示牌，任意的践踏禁止进入的草场内，对草场的休养生息都造成了极大的破坏。所以

① 郭送民. 观察GDP的两个视角 [N]. 北京新京报，2007-11-2（B02）.

在大力发展草原旅游业时，应该加强游客们的旅游环保意识和观念，通过各种途径的教育提高游客整体素质，从而保持城市及草原旅游景区的优美自然风光和环境。

以此同时，由于在牧区缺乏必要的草原环境教育的全面推行，牧区整体的人文素质较低，牧民们大多数还是以原来的粗放型的方式进行放牧，对草原资源破坏性比较严重。同时，也缺乏一些相关的培训教育来掌握一些先进国家或者地区的科学养畜的具体经验。

政府近些年来对草原牧区进行的各项政策和措施，如退牧还草、围栏封育、禁牧、休牧、退耕、人工种草、退耕还牧等措施所花费的人力、物力、财力都是巨大的。这些都是草原环境资源破坏后所付出的代价和成本。笔者认为，单纯地追求 GDP 的增长是一种"零和作用"的观点，即一方的得到和获取则意味着另一方的失去，对待人与自然的关系，我们应该以一种"双赢"的思维和态度来思考两者的关系，应该以"可持续发展"的观点来看待人与环境两者的关系。

世界上把环境保护分为四个层次：第一个层次是把环境当作专业问题；第二个层次是把环境当作经济问题；第三个层次是把环境当作政治社会问题；第四个层次是把环境当作文化伦理问题。现在国际上普遍把环境当作政治社会问题，并逐渐向文化层次发展。所以当地政府要把环境保护的理念提升到一定的高度和层次，更新自己的观念，这是一种新文明形态的实施，是需要人们观念的彻底更新。首先政府要重视草原所面临的环境问题。事实证明，政府监管失位与环境人为破坏往往交替出现，形成互不"干涉"下的恶性循环，政府监管每后退一小步，环境污染者就会得寸进尺一大步，整个环境的破坏程度也会极大加深，最终造成不可逆转的根本性损害①。同时也要加强环境教育的宣传力度和支持力度。环境保护应该列入党的领导干部考核之内，在 GDP 增长的同时绿色 GDP 应该成为考核干部的指标之一，在草原环境保护方面发挥政府的应有的作用和影响。

四、学校草原生态环境教育及其分析

学校教育，也称作"共同教育"。学校教育是一种有目的、有计划、有组织、有系统的教育活动，它可以在传承文化的同时，对文化本身进一步的加工、整理，使文化有计划地传承下去，并且充分发挥其独特的民族

---

① 于雷. 不能坐视滥采和田玉引发生态灾难［N］. 北京新京报，2007 - 10 - 30（A02）.

文化价值。不管是社会教育还是家庭教育，其对民族文化的传承都是一种被动的、自然状态下的非正式的传承和发展，在这种传承体系之下，民族文化实际上是没有自主选择权的，随着时代和社会变迁，民族文化是变化和发展的，不可控制的。而学校教育则是一种有目的、有计划、有组织、有系统的教育活动，可以在传承民族文化的同时，对民族文化进一步的加工、整理，使其能够有计划地传承下去，并充分发挥出独特的教育价值①。

学校环境教育主要的对象是学生，因为学生在生理、体力、智力和情感等方面的"社会化""文化化"程度并不成熟和完善，可以通过环境教育从而提高其环境保护方面的知识和环境意识，并且将环保思想和理念内化于自己的思维观念实践行为当中。

本次调研主要内容是学校环境教育的基本情况，选取的学校是用蒙语授课并以蒙古族为主体，包括鄂温克、达斡尔等少数民族的蒙古族初级中学。之所以选取内蒙古中学，主要是因为学校全部学生都是少数民族，并且蒙古族学生占90%，呼伦贝尔牧业四旗（东旗、西旗、鄂温克旗和陈旗）牧民的孩子主要集中就读于蒙古族中学，由于来自牧区，学生自身的蒙古族文化特征比较典型和突出。学校日常用语和授课语言主要是蒙古语，这样对于了解草原牧民的下一代对于草原文化的认识和理解及草原生态环境意识的资料和数据更加真实精确。与此同时，蒙古族中学位于呼伦贝尔市首府海拉尔中心地带，本身处于城镇的中心地带，受到外界媒体的影响会比较大，社会主流文化的浸入程度较高，学生在生活习惯、个人喜好等方面受主流文化比较大。

（一）学校基本概况

呼伦贝尔市海拉尔区蒙古族中学建于1985年，校园面积10005平方米，校舍面积3056平方米，是海拉尔区唯一的一所以"三语"（蒙语、汉语、英语）教学为特点的四年制初级中学。现有12个教学班，学生总数343名（2006年），由海拉尔区、周边牧业旗市和其他盟市的蒙古族、鄂温克族、达斡尔族等少数民族学生组成。目前，城市户口学生占学生总人数的28%，农牧区学生占总人数72%。学校教职工共39名（由蒙、达、回民族组成，其中蒙古族占90%），专任教师37名，高级教师18名，一级教师10名；本科22名、大专15名。年龄结构：30~40岁15人；40~50岁20人；50岁以上2人。

---

① 王军. 教育民族学 [M]. 北京：中央民族大学出版社，2007：192.

（二）调查基本情况

1. 问卷发放与回收

蒙古族中学的学生80%都是来自于呼伦贝尔市牧业四旗的草原牧区，他们对于草原生态环境保护意识和教育模式、方法有着更为深刻的体会。本次调查设计了一份问卷——《蒙古族中学学生调查问卷》。问卷的内容涉及学生个人和家庭的基本情况、学校和家庭的教育文化情况等。在抽样调查时，选取了初二、初三的学生，被试者的年龄范围为15～17周岁，平均年龄为16周岁，共计100名学生。其中共发放问卷100份，有效问卷93份，回收率为93%（社会学调查中已经达到用作推论总体的依据要求，一般认为50%的回收率即可适用，93%的回收率已经属于上乘），所得结论基本上可以推论出学校环境教育的基本概况。同时本研究前提一般认为来自不同地区少数民族（蒙古族、鄂温克族、达斡尔族）具有相同的文化背景，以下是调查问卷的基本情况（见表10—2）：

表10—2　问卷发放与回收比例

问卷类型	发放问卷		回收问卷	
	数量（份）	占发放问卷的百分比（%）	数量（份）	回收率（%）
内蒙古中学生调查问卷	100	50	93	93

2. 受访样本民族成分比例

蒙古族中学全部的学生都是少数民族，调查选取的93名学生中蒙古族占总人数的82%，其他少数民族占总数的18%。100%的学生在学校中使用的语言是蒙古族语言，这样调查所得的数据更具有针对性和真实性。

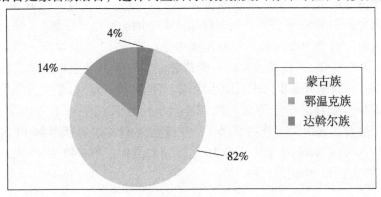

图10—4　受访样本民族成分比例

3. 受访样本来源地比例

调查选取的93名学生中72%的学生来自呼伦贝尔牧区四旗市（西旗、东旗、陈旗、鄂温克旗），父母基本上都从事畜牧业。28%的学生来自海拉尔市区，父母一般是工人、农民或者公务员。大部分来自牧区的学生所表达的想法和信息更能体现牧区环境教育的基本情况（见图10—5）。

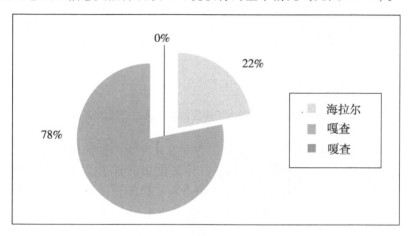

图10—5　受访样本来源地比例图

4. 受访样本对蒙古文化的向往程度

在调查过程中，100%的学生表示都希望了解蒙古族文化知识，并对蒙古族传统文化有着浓厚的兴趣，渴望学习蒙古族的文化知识。草原生态文化保护的思想和理念同样也是蒙古族传统文化知识的重要组成部分，这样对于顺利开展草原生态环境教育奠定了基础。

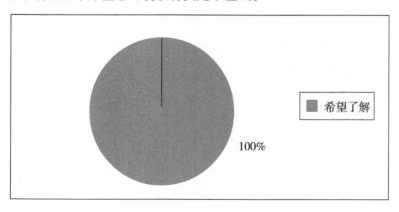

图10—6　受访样本是否希望了解蒙古族文化知识

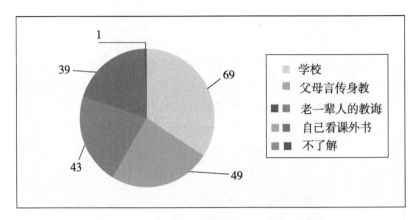

图 10—7　受访样本了解蒙古族文化知识的途径

图 10—7 的数字代表的是了解蒙古族文化知识途径的调查者人数，调查共选取了 93 名学生，其中获取蒙古族文化知识的途径可以是多种渠道的。从 10—7 中可以看出来学生获得蒙古族文化知识渠道中学校的比例占最大，其次家庭教育和自我教育的比重大致相当。这样可以通过学校教育、家庭教育等多种形式来传授蒙古族文化知识和草原生态环保教育，以便草原保护的思想和行为能够世代相传，使得草原生态能够得到可持续性发展、使蒙古族文化能够得到传承和发展。

图 10—8 的数字代表学生希望了解草原文化知识的人数，调查共选取了 93 名学生，其中学生根据自己的兴趣爱好选择出其想要了解草原何种方面知识。其中学生对于经济方面和政治方面了解的兴趣不大，对于蒙古族

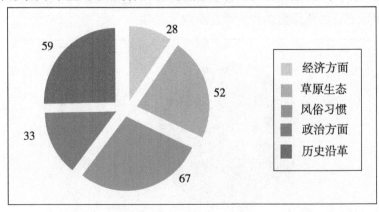

图 10—8　受访样本希望了解蒙古族文化知识的内容

文化中的风俗习惯、历史沿革和草原生态环境的关注度比较大。说明了学生对蒙古族传统文化及草原生态环境还是比较重视的，并没有完全的漠视传统文化的存在。

　　5. 受访样本谈论环境话题的频率及对父辈思想传输的态度

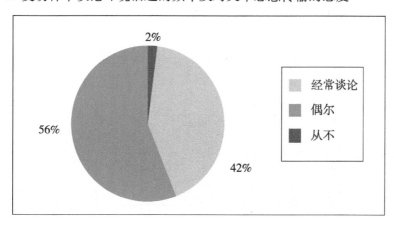

图 10—9　受访样本同家长和朋友谈论环境保护的频率

　　图 10—9 可以看出来，学生自身环保意识是比较强的。经常和家长和朋友谈论草原环保话题及偶尔谈论的比重占98%，其中2%从不谈论草原环境问题的学生并不是来自草原牧区，而是来自海拉尔市区的学生。从中可以看出来自牧区的学生环境意识是比较强烈的，这对于草原生态环境保护能够起到重要的作用。

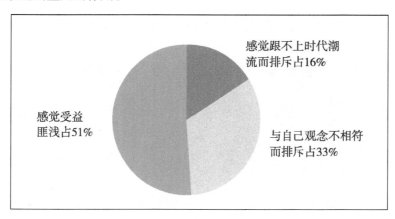

图 10—10　受访样本对上一辈思想传输的态度

从图10—10中可以看出，51%的学生认为老一辈人的教诲和指导对自己的成长起着重要的作用，接受老一辈人的意见和建议，传承老一辈人的文化传统。但也存在着49%的学生认为老一辈人的思想观念已经跟不上时代潮流，采取了排斥和不予理睬的态度。

6. 受访样本对环境的认识及获取环境信息的途径

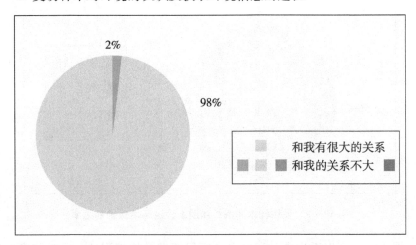

图10—11　环境问题是否和自己有关系选择比例

从图10—11中可以看出，98%的学生认为保护草原生态环境和自己有很大的关系。在实际调查中得知从牧区来的学生自身的环保意识都很强烈，尤其是对草原生态环境的保护。

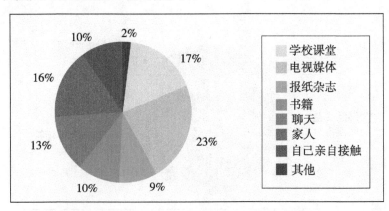

图10—12　受访样本获取环境信息的途径

如图10—12所知，学生获得草原环境信息的渠道是多种多样的，其中来源于电视媒体占总数的23%，来自学校课堂教育的占总数的17%，来自家庭教育的占总数的16%，其中这三部分是学生获取草原生态环保知识的主要途径。其中还有一些来自牧区的学生可以通过自己的亲身体验来获取草原环保信息占总数的10%。所以，可以通过电视媒体、学校教育、家庭教育等多角度、多渠道来进行草原环保教育，使得草原生态资源能够得到保护及可持续性发展。

7. 受访样本是否喜欢草原环境知识比例

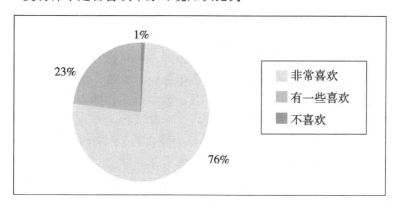

图10—13　受访样本喜欢草原环境知识选择比例

如图10—13所示，有99%的学生对于课堂上老师讲述的草原环境知识表示喜欢，兴趣是最好的老师，通过这样的传输和讲授方法能够培养学生的环境意识并贯穿到具体的实际行动当中。

（三）调查分析

根据此次的调查问卷的分析数据和对该学校的教导主任和学校教师进行的访谈资料，笔者得出以下的分析结果：

1. 学校并没有形成独立的"本土化环境教育"的理论体系和实践模式

一般公认的环境教育课程发展模式主要有两类：一是多学科模式（Multidisciplinary model），一是跨学科模式（Inter – disciplinary model）。环境教育课程的多学科模式，也称渗透模式（Infusion model），即将环境教育内容渗透到各门学科的课程实施，通过各门学科的课程实施，化整为零地实施环境教育的目的、内容与目标。这种课程发展模式，便于将环境领域的各方面内容分门别类，使学习者在各学科学习中获得相应的环境知识、技能和情感。渗透模式的另一个优点，就是它无须专门的环境教育的师资和教学时间。

蒙古族中学的各门学科主要采取了"渗透式环境教育",即将环境教育保护知识渗透在各级学校的课程当中,将环境知识注入各科教材中,在进行各科教学中或者开展各种课外活动中,就环境问题实施随机教学。这种教学方式既容纳了有关于环境方面的内容和技能,又没有破坏现有课程的完整性。在这个渗透的过程当中存在的重要问题就是如何将环境内容合理的引入,学校教师应当谨慎地分析现有课程,以便找出安排环境内容和相关知识技能的位置,以保证引入的有关内容不影响各个学科的教学逻辑的进行。如果适合学生水平的环境规划能够有效地渗入各个学科内容领域,则转变学生在校外行为的机会将会明显增加①。

蒙古族中学进行教学时主要是蒙语授课,同时也开设了蒙古族的文化课程,但是并没有将草原生态环境教育单独设为课程,没有相对独立的环境教育课程设置、课程模式、教材资源、教学形式、师资培养模式等并没有真正地形成学校环境教育体系。蒙古族中学课程主要是用蒙语授课,同时在校教师全部是少数民族(90% 教师为蒙古族),老师能够在讲解课程内容时根据学生的所处的文化背景和家庭背景,添加一些关于蒙古族传统文化和草原生态环境方面的内容。在调查过程中,有76% 的学生对于老师在课程中穿插讲解的草原环保知识非常喜欢,23% 的学生表示有一些喜欢,都没有采取排斥的态度。同时,学校也会经常开展一些环境保护的宣传活动,提高学生的环境保护的思想觉悟,调查问卷显示有98% 的学生已经意识到自己家乡的草原破坏、退化严重,并且认为保护草原生态环境和自己有很大的关系。

为了达到环境教育的特定目标,在不同国家或者在国家内部不同地区所使用的内容将会不同。例如,在热带雨林地区的学校,将通过与雨林相互影响,学习与生态系统相关的内容。忽视学生自身所在的生物群落,而集中注视另一些很远地区的做法是很不合适的②。所以,在进行环境教育教学时,应该考虑自身所处的自然生态环境。在草原牧区实施草原环境教育,应该考虑自身所处的以草原生态因子为主要特征的草原生态环境来开展环境教育,形成具有"本土化"的环境教育模式。故笔者认为应该在学校教育过程当中以表10—3 中课程渗透的方式进行有针对性和目的性教学。

---

① HR 亨格福德等. 中学环境教育课程模式 [M]. 北京:中国环境科学出版社,1991:89.
② HR 亨格福德等. 中学环境教育课程模式 [M]. 北京:中国环境科学出版社,1991:14.

表 10—3　学校草原环境教育课程渗透模式一览表

（◆表示在课程引入的关于草原环境知识和内容）

所要讲述的相关草原环境内容	教学目的	生物	语文	地理	历史	物理	化学
什么是生态？什么是草原生态？什么是生态平衡？以及生态平衡的意义和作用？	使学生了解生态及其生态平衡对于人类生存的意义；及其现在生态系统遭到失衡对人类的影响，来增强学生的环境意识	◆		◆			
草原生态系统的构成？草原资源的重要性？草原资源的保护和利用？	使学生了解草原资源的重要性和重要意义，增强学生的环境意识			◆			
草原上各项政策的历史沿革？以及一些历史事件？	增加学生对草原历史变迁的了解，使学生更加地深入了解草原文化				◆		
合理利用草原资源和草原环境保护的意义？	使学生懂得环境保护人人有责，树立保护环境、爱护环境的理念			◆			
草原资源是人类宝贵的自然资源，草原资源的构成有哪些？	增强学生对保护草原环境的自觉性和责任感						◆
草原的破坏和污染的严重性？	使学生了解草原污染和破坏的严重性，认识到草原目前所面临的危机			◆			◆
不合理利用草原资源所带来的危害？	使学生辩证地认识草原资源与人类的关系，以及合理开发、利用与保护草原资源的意义					◆	◆
草原资源对于环境的作用？	使学生认识到草原自然生态对环境的重要作用，增强学生的环保意识，促进人与自然进一步地和谐发展	◆					

所要讲述的相关 草原环境内容	教学目的	生物	语文	地理	历史	物理	化学
草原上的动植物对自然界的意义？	使学生了解草原动植物对于水土保护和环境的作用，使学生爱护大自然的一草一木	◆					
让学生学习一些关于草原的优美诗篇和文章	使学生懂得美丽、辽阔的草原给人们带来的美好的心境和性情		◆				
语文作文练习	通过对学生进行人与自然环境的教育，叙述学生身边各种环境问题，培养学生作文能力的同时，培养学生保护环境的责任感和紧迫感		◆				
让学生自行讨论关于草原破坏的原因，和草原保护的重要性？	增强学生自身对环境保护的责任感和使命感	◆	◆	◆	◆	◆	◆
在实际生活当中，我应该如何去做，来保护自己周边的环境卫生？	使学生把内化的环保思想应用于具体的实际行动当中	◆	◆	◆	◆	◆	◆

2. 学生草原生态环境保护自发意识强烈

学校学生中的72%来自呼伦贝尔牧区四旗市（西旗、东旗、陈旗、鄂温克旗），父母基本上都是牧民。虽然学校没有形成正规的环境教育体系，但通过调查问卷和学校教师们的访谈中获知，学校学生的环境保护意识很强烈，这与他们的文化背景、家庭背景有着密切的关系。由于本身来自于牧区的家庭，父母亲基本都是从事畜牧业的牧民，自身的家庭教育以及自己对草原的亲身体验使得学生们的环境保护意识很强烈。98%的学生认为保护草原生态环境和自己有很大的关系。90%的学生认为学习草原环保知识对自己成长过程中很有帮助。由于存在环境保护的意识和思想，就会把内化的思想在具体的实际行为当中表现出来。比如，他们从不会在草原和草场上乱扔垃圾，并且还会主动地把草原上的垃圾捡起非常自觉地把垃圾进行填埋等，这些现实中的具体行为对草原生态有着积极的保护作用。

3. 学校可多渠道开展环境保护活动，增强学生环保意识

目前，大部分学校并没有单独设置环境教育的课程，主要是绝大多数都是将环境保护方面知识渗透于其他课程当中。蒙古族中学也主要是采用了渗透教学法对学生进行草原环保教育。调查中可获悉学生获得草原环境信息的渠道是多种多样的，其中来源于电视媒体占总数的23%，来自学校课堂教育的占总数的17%，来自家庭教育的占总数的16%，其中这三部分是学生获取草原生态环保知识的主要途径。其中还有一些来自牧区的学生可以通过自己的亲身体验来获取草原环保信息占总数的10%。所以可以通过电视媒体、学校教育、家庭教育、自我教育等多角度、多渠道、多形式来进行草原环保教育。学校教育中除了在课程当中渗透一些草原环保知识，也可以适当地组织一些环保宣传活动，如搞小型图片展，生动逼真地展示一些沙化草原、被破坏草原的图片和资料，增强学生草原生态环境思想意识；也可以开展有关于草原环保方面的知识竞赛；也可以利用多媒体，播放一些关于蒙古族传统文化和草原生态方面的影音资料，图文并茂生动逼真地展示马背民族的草原文化，加深学生对草原的热爱增强学生的环保意识。通过亲身参与这些草原环保活动，树立正确的草原环境保护态度和价值观，提高分析和解决环境问题的能力。

在教学过程中，课堂教育与课外教育的有机结合，可以增加学生自主参与各种外显活动的机会；鼓励学生动手、动口与动脑相结合，多感官投入学习活动当中，主动积极参与教学过程。教育心理学研究表明，学生掌握知识的过程是一个感性认识和理性认识的过程。感性认识是对事物表面和外部特点的认识，是形成理性认识的重要基础。如果学生的感性认识丰富，表象清晰，想象生动，形成理性认识及其理解书本知识就比较容易。反之，如果学生缺乏必要的感性知识，要掌握书本上的一些抽象概念和缺乏生动性的知识就比较困难。学生感性认识的来源是多方面的，但主要的感性认识和经验是在学生主动参与、亲身经历的各种感性活动当中获得的。中国古训中有所谓"纸上得来终觉浅，绝知此事要躬行"，"纸上得来终觉浅，心中悟出始知深"都强调实践、躬行对于学习知识的意义和重要性。学校可以利用各种资源和途径来进行辅助的草原环境教育，有时候课外实践的环境教育模式甚至会比正规的课堂环境教育模式产生更大的潜移默化的影响，深入内化到学生的思维模式和行为习惯当中。

在教学实践的过程中，学校可以组织野外远足、角色扮演、模拟、小组讨论等方法。野外远足，可以通过组织学生们去草原破坏严重的地区进行亲身经历的教育，以此来增强学生的环保意识；模拟的方式可以提供个

人探索在环境争议问题中对立双方中各种角色的态度、信念和价值观的机会；小组讨论的方式，给学生提供了一个极好的比较个人与其他人的意识形态的机会。老师可以在课堂中提出一些问题，来供学生进行探讨。如提出"你认为目前破坏草原的最主要的原因是什么?""对于保护自然环境，我们在日常生活中该如何去做?"等一些实际问题让学生进行讨论和思考。老师也可以根据环境内容和任务的需要，布置一些资料，让学生积极主动地发现问题并且主动地解决问题。例如，可以让学生主动地上网查一些草原环保的资料、看电视、课外讨论的作业；也可以要求孩子挤出一点时间开展社区服务和社会实践；可以布置一些作业让学生和家长共同互动来完成。

通过各种教育途径和方式的综合运用，不仅有利于拓宽学生获取感性经验的渠道，提高学习兴趣，培养动手能力，提高学习质量和效果，确定学生在学习中的主体地位，而且有利于从整体上促进学生身心素质的全面、协调发展。

4. 环境教育过程中应该考虑学生的认知方式和心理特征

建构主义认为，在学习的过程中学习是学习者主动地建构内部心理表征的过程，学习者不是被动地接受外来信息，而是主动积极地进行选择加工，学习者不是从同一背景出发，而是从不同背景、不同角度出发；不是由教师统一引导，完成同样的加工活动，而是在教师和他人的协助下，通过独特的信息加工活动，建构自己独特的信息加工活动，建构自己意义的过程。不能对学生作有共同起点、共同背景、并通过共同过程达到共同目标的假设，学习者是以原有知识经验为背景接受学习的，不仅是水平不同，更关键的是类型和角度不同，不能设想所有学生掌握知识领域作典型的、结构化的、非情境化的假设，知识不是统一的结论，而是一种意义的建构。因此，即使学习相同的知识，学习者所进行的信息加工活动不同，最后建构的知识意义也不同①。

所以，进行草原环境教育的过程当中应该考虑到学生的心理、智力以及非智力等因素，根据学生的年龄特征、能力水平、心理特征、智力特征来进行具体的教学模式和技能开发，使得环境教育取得最大的成效。在校学生多是来自草原牧区，在这一环境背景和文化背景中成长的学生就会有着不同的心理特征。这样，教育者在教学实践过程中就不能够照搬一些发达国家或者国内先进地区相对成熟的环境教育的模式和方法，而应该考虑

---

① 莫雷. 教育心理学 [M]. 广州：广东高等教育出版社，2005：123.

到学生的心理特征，学习动机、心向、认知方式等问题，教师在进行教学过程中应该具体问题具体分析，因材施教地来进行草原生态环境教育。

5. 环境教育应该注重教师的教学方式

正如列宁所说："学校的真正性质和方向并不是由地方组织的良好愿望所决定的，不由学生委员会的决议所决定，也不是由'教学大纲'等决定的，而是由教学人员所决定的。"这说明教育者在教育过程当中所起的重要作用。进行草原环境教育需要教师具备相应的共性环境保护方面的知识，同时也要熟知草原环境保护方面的知识，同时也应该具备组织课堂和调动学生积极性方面的技巧和知识，通过老师的课堂实践经验来决定具体采用什么材料和组织形式，并且根据不同学生的特点和不同学科的知识具体内容来决定。

所以，环境教育的顺利实施和有效开展，需要学校教师具备相应环境教育的知识和教学方法。这样就需要对教师进行相关草原环境教育课程的师资培训，可以组织教师通过学术研究、访问、交流或者网络课程、远程教育等各种形式和途径增强教师环境教育方面的知识和技能，更好地指导和引导学生学习，也可以借鉴一些草原环境教育实施成果显著国家的经验和方法。例如，新西兰、澳大利亚等先进畜牧业国家如何对学生实施环境教育，借鉴这些国家的先进的经验和措施，同时因地制宜地同本地区的实际相结合，探索出一条适合本地区实际的环境教育模式和教学体系。

按照传统主义的观点，战争与和平本是属于高政治（High Political）一类，与国家核心利益不可分割，而环境保护、禁毒、可持续发展等议题向来被归于低政治的范畴。但在全球化的今天，我们看到"高低"政治之分的界限在日益模糊，低政治涉及的许多领域越来越多地成为全球公共议题关注的热点，环境保护问题即是如此。联合国前秘书长安南曾说过："在当今世界，和平的概念被扩大了。冲突并不总是政治的。贫困、疾病和环境恶化等问题也可能成为影响世界和平的因素。"从这个角度上讲，环境恶化导致冲突增加；另一方面，我们也不妨换个思路，尝试"通过环境保护与合作营造和平氛围"的可能[1]。所以环境问题不单单是一个地区的问题，同时环境问题的恶化关系到整个世界和平。

恩格斯100年前就说过："我们不要过分陶醉于我们人类对自然界的胜利。对于每一次这样的胜利，自然界都对我们进行报复。每一次胜利，

---

[1] 王波. 诺贝尔和平奖青睐环保人士的深意［N］. 北京新京报，2007－10－9（A03）.

起初确实取得了我们预期的结果，但是往后和再往后却发生完全不同的、出乎预料的影响，常常把最初的结果又消除了。""我们不要过分陶醉于我们对自然界的胜利。对于每一次这样的胜利，自然界都报复了我们。"① 在人与自然这场博弈之中，"人定胜天""改造自然"的思想给我们带来的是一次次的生态危机和自然肆虐。所以，我们要通过各种教育和宣传方式，利用各个民族文化传统中合理的有利于保护生态环境的思想和方法，不要以"造物主"的思想和行为来改造自然生态环境，万事皆规律，人类也要遵守自然界的规律来利用自然，使人与自然相和谐、共生共荣。

自 20 世纪末以来，人类的生存面临日益严重的生态危机。各种各样的灾害肆虐犹如一把高悬的达摩克利斯之剑——生态安全，随时对人类造成危险和危险。在生态灾难面前，地球上每一个人都是大地的一分子。可以说地球上每一个地方所面临的生态环境问题都是事关全人类的事情，可以说是一种"蝴蝶效应"。

通过草原环境教育弘扬、宣传草原生态文化的理念，复兴草原生态文化体系中文化与环境和谐发展的基本格局，弥补生态危机给予人类所带来的灾难，提高人们对环境危机的警觉。只有寻求人与自然的和谐统一，才是永续生存之道。通过环境教育，一方面，能够保持和传承草原生态传统文化的观念；另一方面，能够使牧民们利用现代化的科技成果，实现民族现代化和草原生态的和谐有序持续的发展。"路漫漫其修远兮，吾将上下而求索"，通过各种形式和途径的环境教育，草原生态系统一定会达到良性循环地可持续性发展。

---

① 中共中央马克思恩格斯列宁斯大林著作编译局．马克思恩格斯选集（第 4 卷）［M］．北京：人民出版社，1995：383.

第十一章　河西走廊地区
环境教育现状探究

——以甘肃省张掖市为个案

索　迪　黄静宜

第一节　张掖市自然环境

一、甘肃省张掖市

张掖地处甘肃西部，河西走廊中段，位于巴旦吉林沙漠边缘、黑河流域中游，系甘肃乃至全国通往西部的重要生态屏障和交通要道，生态地位非常重要。而地处张掖南部的祁连山是西北生态安全屏障的重要组成部分，发源自祁连山穿越张掖全境的黑河是全国第二大内陆河，是河西走廊绿洲及其下游地区名副其实的生命之河。这"一山一水"不仅是国家西部重要的生态安全屏障，更是张掖绿洲经济社会可持续发展的承载区。甘州城池历史上曾为连片苇溪，半城塔影，遍地古刹，水云之乡，成为当时中国内地通往西域各国的咽喉要道，古丝绸之路商贾云集之重镇，称为"金张掖"又被誉为"塞上江南"。

目前，张掖市土地荒漠化面积 66.2 万 hm^2，占全市总土地面积的 15.0%；因荒漠化使耕地受害率达 29.8%，草地受害率 7.7%，村庄受害率 49.2%，道路受害率 63.7%，水渠受害率 43.8%。全市因干旱少雨、超载放牧、不合理开发以及人为破坏等因素，退化草场面积达 109.3 万 hm^2，占全市草场总面积的 43.0%；水土流失面积占全市土地总面积的 62.0%，草原60%以上呈荒漠、半荒漠景观；同时，张掖市人口密度为 31.26 人/km^2，是联合国 1997 年在内罗华召开的沙漠化会议上提出的干旱区土地对人口承载压力的极限值 7 人/hm^2 的 4.5 倍。由于众多的人口和有限的资源，使综合开发利用和永续经营的矛盾日渐突出，原本脆弱的生态环境破坏加剧，干旱、霜冻、干热风、沙尘暴等灾害性天气日趋加重。①

张掖境内共有大小河流26条，水资源总量26.51亿 m³，人均水资源量1250m³，亩均水量511m³，分别为全国平均水平的54%和29%，接近缺水上下限（3000～1000m³）的低值，属中度缺水地区；全市降水量283mm，且集中分布在6—9月，约占全年总降水量的71.9%，其他月份降水较少，尤其冬季更为干旱。主要灌溉季节河流来水量占年径流量的20.4%，而同期灌溉需水量占全年总量的35%。特别是黑河向下游分水，使张掖本来紧张的水资源更加紧缺。同时，张掖作为河西地区商品粮基地，承担着全省约70%的粮食供应，粮食生产以消耗大量的水资源为代价。较大比重的粮食生产，导致用水结构的不合理，全市农业、工业、生活、生态用水的比例为：87.7∶2.8∶2.2∶7.4，实际用水量为1.97亿 m³，而生态需水量为9.74亿 m³，生态用水严重不足。②

市政府提出了"顺应自然，建设生态张掖，塑造张掖新形象"的重大战略决策，启动实施了以黑河湿地保护、流域综合治理等为主的生态建设工程，取得了明显成效。

二、张掖市肃南裕固族自治县

肃南裕固族自治县隶属于甘肃省张掖市，是中国唯一的裕固族自治县，地处河西走廊中部、祁连山北麓，东西长650公里，南北宽120～200公里，总面积2.38万平方公里（2014年）。人口37579人（2014年），2013年，肃南裕固族自治县完成生产总值28.14亿元。有祁丰文殊寺景区、明花乡旅游景区、皇城景区、马蹄寺风景名胜区等著名景点。肃南县拥有祁连山70%的面积，境内有大量的森林、草原、冰川、湿地等生态资源，是河西五市乃至内蒙古西部地区的"生命线""绿色水塔"。境内自然保护区面积达189.5万公顷，占祁连山自然保护区总面积265.3万公顷的71.4%，林地面积48.97万公顷，县内森林覆盖率24.58%。近年来，肃南县立足于构筑西部生态安全屏障，把生态建设与文化旅游产业结合起来，成功走出一条绿色发展的特色路子。③

---

① 王清忠，明海国，于伟华. 张掖生态安全屏障的保护与建设. 中国张掖网 http：//www. zgzyw. com. cn/a/zy/content/2013 –08/05/content_ 867966. htm，2016 年 3 月 25 日访问.

② 王清忠，明海国，于伟华. 张掖生态安全屏障的保护与建设. 中国张掖网 http：//www. zgzyw. com. cn/a/zy/content/2013 –08/05/content_ 867966. htm，2016 年 3 月 25 日访问.

③ 肃南概况. 中国肃南裕固族自治县人民政府网 http：//www. gssn. gov. cn/Category_ 286/ Index. aspx，2016 年 3 月 25 日访问.

第二节　张掖市环境教育现状

一、社会层面的环境教育

1. 以穿越湿地活动为代表的全民生态旅游模式

政府通过建设国家级湿地公园和国家沙漠公园等绿色生态主题的公园，保护和开发本地自然旅游资源，吸引本地和全国游客观光，每年的"全民健身日"，甘肃省体育局、张掖市人民政府联合主办，组织市直机关和各区县上万名干部群众在张掖国家湿地公园、张掖滨河新区会举行张掖黑河湿地万人徒步穿越活动。徒步穿越活动以张掖城市湿地博物馆为起点，途经甘泉府（张掖国家湿地公园科普宣教中心）、张掖国家湿地公园西入口广场、滨河新区滨河大道，进入玉水苑玉龙双桥，穿过玉水苑和新区九孔桥，最终到达新区滨湖广场，全程约 8 公里。

穿越湿地活动有助于推动生态文明建设，不断增强广大人民群众主动参与体育健身的意识，进一步提高全民健康素质，为建设幸福美好金张掖做出积极贡献。

2. 社会宣传教育模式

每逢世界环境日、植树节等活动，环保部门和社会公益组织会深入社区或在广场发放环境保护宣传册，放置环保宣传展板，向广大人们群众宣传环境保护知识，依托国家湿地公园建设 20 平方公里水天一色的滨河生态新区和集收集、展示、宣教、科普、研究于一体的湿地博物馆，能够让广大市民在闲暇时间游览本地风光的同时培养环境保护意识。

3. 全民义务植树活动

张掖市出台了《张掖市实施甘肃省全民义务植树条例办法》，该《实施办法》规定每年 4 月为张掖市集中义务植树活动月，有植树义务的公民，每人每年应义务植树 5 棵。义务植树已完成 4000 多万株，强势推进城乡生态景观绿化，全力打造宜居宜游生态城市，城市绿化覆盖率达40.33%，人均公共绿地面积达 13.68 平方米，村镇驻地绿化率达 26%。

二、政府部门的环境保护宣传

社会层面的环境教育离不开政府部门的主导，政府部门主要以宣传为主，这其实就是社会层面环境教育的同义语。为了了解政府宣传在张掖市环境教育中的作用，本次探究笔者访问了张掖市政府与环境宣传有关的两名领导。

受访人员简介：

杨贵彪：男，曾任张掖市政府副秘书长、市政府办公室党组成员、市政府研究室副主任。现任张掖市政府研究室主任。

赵开智：男，曾任张掖市环保局副局长，党组副书记，现任张掖市委宣传部常务副部长、市社会科学联合会主席。

1. "一带一路"建设对张掖市的环境宣传教育提出的要求

杨主任：新丝绸之路战略提出以来，全市环境宣传教育工作更加注重民生、转变经济发展方式和优化经济结构的重要作用。

赵副部长：我们的环境保护宣传以环境保护优化经济增长的先进典型，宣传推进污染减排、探索环保新道路的新举措和新成效，创新宣传形式和工作机制，积极统筹媒体和公众参与的力量，建立全民参与环境保护的社会行动体系，为建设资源节约型和环境友好型社会、提高生态文明水平营造浓厚舆论氛围和良好的社会环境。

"一带一路"下的张掖市环境保护宣传为国家新常态下的经济转型服务，同时更加强调了民生，促进公众参与，这说明环境宣教是服务于国家大政方针，全国统筹的举措。

2. 张掖市针对社会大众的环保宣传教育形式

杨主任：首先是环保宣传领域不断拓宽。依托网络、电视、报纸、微信、微博等新闻媒体不断拓宽环保宣传领域，创建张掖环保微信平台，不定期发布环保知识。在张掖市政务信息网站和市环保局网站开通了"张掖市空气质量日报"栏目，每天对空气质量状况进行公布。

我们还广泛开展各类宣传活动。以"六·五"世界环境日、"4.22"地球日、科普宣传周、安全生产宣传月等各种节日、纪念为契机，组织市环保委员会成员单位、企业、学校等开展丰富多样的主题活动，

赵副部长：我们开展了绿色创建工作，将环保宣传教育工作与精神文明创建紧密结合，构建创绿工作体系，强化创绿意识。根据我们的统计，至 2014 年年底，全市共创建国家级绿色文明学校 1 所；省级绿色文明单位 3 个，省级绿色文明学校 21 所，省级绿色社区 13 个；市级绿色文明单位 13 个，绿色文明学校 71 所，绿色文明社区 14 个，绿色文明宾馆（饭店）7 家，绿色文明企业 6 个，绿色医院 1 个。

另外我们还加了大农村环保宣传工作力度。紧紧围绕"清洁水源、清洁田园、清洁家园、清洁能源"的目标，大力普及生态文化，开展以生产发展，乡风文明、村容整洁、环境良好为主要内容的生态文化宣传教育，

充分发挥农村基层组织作用，推广农村环保"以奖代补""以奖促治"机制典型经验，加强了典型乡镇饮用水源地、农村环境连片综合整治生态乡镇、村等的宣传报道。通过张贴污染防治图片、宣传画、播放音像等形式，深入乡村居民点、集贸市场、农户庭院、畜禽养殖场等区域，开展有针对性地宣教活动。

我们还加强了生态保护及建设培训教育力度，与市委组织部、市委党校联合举办了以"生态文明与绿色发展""农村环境保护"、《环境保护法》宣讲为主题的环保专题培训班三期，培训各县（区）分管农村环保工作的副县（区）长、环保局长、33个重点乡（镇）党委书记或乡（镇）长、市县区环委会成员单位负责人、重点污染源企业负责人共计300多名。

政府的宣教形式体现了传统工作方式与新媒介的积极利用相结合的特点。结合传统的与环境保护相关的节日宣传，在新的网络媒体不断发展的形势下，政府部门用新型舆论媒介宣传环保知识，发布环境信息。工作方法主要以加强传统工作方式为主，如单位评优，利用社区基层组织培训和宣传等。

3. 环境保护宣传活动

杨主任：我们组织环保志愿者参与生态文明宣传活动。为弘扬"奉献、友爱、互助、进步"的环保志愿者精神，组织学校和重点企业以及广大环保志愿者在安全月、地球日、殡葬改革、防灾减灾日、科技周、法制宣传等节日开展了一系列丰富多彩的社会宣传教育活动，逐步扩大了环保宣传的社会影响力。

赵副部长：全民参与方面我们组织了全市大、中、小学教师的作品，参加了全省环境教育优秀教案和课件大赛；同时还组织全市摄影爱好者参加了由省环境保护厅、中国环境报社和省文艺界联合会联合举办的彩绘美丽甘肃环保绿色摄影、书画作品展。开展了争做环保志愿者，争当环保小卫士和以"保护环境、从我做起"为主题的征文活动，还举办了"共建生态文明示范县"为主体的环保征文、演讲、作文、手抄报等比赛。

4. 环境论坛和干部培训

赵副部长：绿洲论坛是为本地区发展和生态保护进行研究的学术研究团体，目的是为本地发展献计献策，在环境保护教育方面，我们开设了环境保护专题培训班。与市委组织部、市委党校联合举办了各县区政府分管领导、市环委会成员单位及负有环境监管职责部门的分管领导、全市55家国家、省、市重点监控企业及列入环保大检查重点企业法定代表人、全市环保系统科级以上干部和市环保局全体执法人员等200多人参加的新《环

《保法》培训班。同时，督促其他六县区组织举办一期乡镇干部环境保护专题培训班。

绿洲论坛和干部培训班分别涵盖了政府的决策层人员和广大基层工作人员，既有利于本地可持续发展的正确决策，还有利于在机关工作人员中普遍树立环保意识。

5. 针对学校的环境宣传

杨主任：我们在单位、街道、社区、驻张部队、企业、学校、乡镇、公共场所开展环保"八进"宣传教育。组织国庆小学开展了小学生书画比赛、征文比赛和"环保小卫士"评选活动，共征集征文作品50篇，组织开展了环保知识进课堂活动，每周安排1~2课时讲授环保相关知识。

6. 本地环境教育宣传的进一步发展

杨主任：我们还是要注重环境新闻宣传的覆盖面和传播力，注重舆论引导的突出地位，提高舆论引导能力和水平。继续加强与各主流新闻媒体的沟通联系，统筹运用好传统媒体和新兴媒体，充分利用各类媒体平台广泛开展宣传报道生态文明建设和实践成果。要建立环境宣教自主平台，紧密结合工作实际，建设环境宣教网络、制作环境宣教片、政府微博和环境手机报等宣传平台，强化主阵地作用。运用群众喜闻乐见的形式，向全社会传导保护环境、践行低碳生活的价值取向。

赵副部长：我们要继续开展环保宣传教育进机关、进学校、进社区、进企业、进农村、进家庭、进军营、进公共场所的"八进活动"。提高舆情监测和引导水平，加强舆情监测与分析，不断提升舆情报送的质量和时效，动员各县区积极开展绿色创建等工作。

三、学校环境教育

学校教育是区别于其他教育形式的正规教育，有专门的教育人员通过系统的知识传授培养人，承担着为社会输送合格人才的任务。因此，学校的环境教育对学生环保意识的养成和相关素质的培养有非常重要的作用。肃南县是张掖市自然和生态资源最丰富也是最重要的地区，所以笔者特意选择了张掖市肃南县一中作为研究地点。

受访者简介：

郝晓明：男，肃南一中副校长。

郎爱军：男，裕固族，现担任学校科研室副主任和语文学科组组长职务，兼职县级语文学科教研员。

1. "一带一路"战略背景下的学校环境教育

郝副校长：

我们肃南处在祁连山自然保护生态区，我们全县的经济发展还是处在转型阶段，主要下一步就是把生态保护和旅游业这一块结合起来，所以我们在课程开设的过程中主要是对文科生开设，更多的是注重生态文明建设这一方面，生态与当地的民风民俗结合起来。本身让学生将来走上社会有所获的话，只抓生态是不可能的，要把生态作为经济下一步发展的载体。

郎老师：

我们肃南的自然环境在河西走廊是相对比较好的地方，在这么好的自然景观，娃娃们知不知道这些情况，大人和社会要合力让娃娃了解。六十多年了，肃南过去的自然环境比现在还要好，一开始我们肃南隆昌河两边灌木丛（茂密得）人都过不来，（但是）人还是不满足，工业建设对自然的挥霍是无止境的。

新时期的经济转型要求本地大力保护和开发生态旅游资源，一方面可以发展经济，另一方面要求发展符合本地特色的生态文明，这就需要学校重视环境教育，避免旅游业的发展带来新一轮环境破坏。

2. 培养学生哪方面的素质

郝副校长：

主要让学生认识到环境与人的关系，人在环境中，没有环境人类就无法生存，主要让学生认识保护环境的重要性。我们肃南的学生，广大牧区的学生从小就有一种朴素的，无意识的环保教育，比如燃烧的灰烬，有专门的清理的地方而不会乱倒；每年草原转场的时候，要把原来住的草场打扫干净才走，这些是祖祖辈辈留下的习惯，它也是一个环保教育。环保意识，比如说不乱砍，牧区的人是绝不会乱砍滥伐的，烧的柴都是枯枝绝对不会是活的，这都是比较原始的。在学校里面主要是教一些对环境认识和简单的环保小技巧，比如塑料袋把他系住，废物的一些充分利用，这都是学校里面的，一水多用，政治和生物课也有这些内容，地理课可能渗透得更多。

郎老师：

肃南的娃娃比大城市的娃娃更能够深刻领悟到保护大自然的意义，我们是靠山吃山靠水吃水，如果失去自然环境，其他也不能发展。牧民和其他人的差别可能就是在于他们来自大自然草原，张掖农村的地方不知道哪里来的那么多垃圾。我们的清洁工也非常勤劳。我们还是有一些人随便乱扔垃圾，比较让人气愤。

据调查显示，城市公众环境意识普遍好于农村公众。首先，城市公众教育程度优于农村公众；其次，城市公众生活条件优于农村。这样城市公众就相对容易接受环保观念，并有进行环保的能力和条件。① 张掖市肃南县虽然只是一个小县城，公众受教育程度和生活条件未必高于大城市，但是这里的街道整洁，学生环保意识普遍较高。由此可以看出，来自于生活经验的环保意识和民族地区特有的生态伦理是本地学生环境保护意识的重要促进因素，过亲近自然的生活更能够加强学生对保护环境的认同。通过课堂传授一些简单的环保小技巧，还可以加强学生的环境保护能力。

3. 关于环境保护方面的课程

郝副校长：

我们学校做的课程像祁连山的保护啊，黑河水流域的保护，这些选修课学校都有，但是国家课程，环境教育可能比较淡一些，将来学生要考虑升学，所以我们把它渗透到不同的课程里面，比如我们的政治、地理、生物都有。

初中的生物课、高中的生物课都有专门的环境保护方面的专章，还有不同的课题都有渗透，还有地理、政治。（追问：环保话题是否在考试内容里也有涉及？）有的，这些都有渗透。比如语文课也渗透一些，化学课，涉及科目越来越多，人们越来与重视环境，如果环境不存在了，那么我们的家园也就不存在了。通过教育，（学生）认识还是比较高的。

郎老师：

乡土地理和乡土历史，能够具体把肃南的资源和自然人文景观介绍给娃娃，让他们知道肃南资源有多少，越知道的多，越能让他们有自豪感。其他课如语文课可以穿针引线地进行环境教育，做得好了每个课都是环境教育课。环境教育不是某一个老师的责任，而是每一个老师的责任。

学校环境教育的课程主要是通过渗透在国家课程中传授给学生，以培养学生的环境保护意识为目的，专门体现环境保护的选修课教育比较淡薄。

4. 关于单独开设环境教育课

郝副校长：

现在的校本课程和选修课程开设是可以的，但是全面的整个开设课程有限制，毕竟学生在校时间很有限，要学习的课程很多，再单独开设课程面临一些问题。我认为最好的方法是把与环保有关的新提法、新做法随时在课程里面渗透进来，比如今天下午我就有一节课，在给学生讲的过程

---

① 王向东. 中国西部农村地区公众环境意识现状与环境教育［D］. 长春：东北师范大学，2003：3；5.

中，讲五大发展理念，其中就有绿色的理念，其实就是环境保护方面的内容，还牵扯到我们国家的战略，如资源保护、环境发展等。

学校采取的方式。一方面我们根据不同的季节安排，开展不同的活动，如节约用水，不浪费粮食，像清明节我们除了扫墓，还带领学生清理垃圾，好像是些表象的活动，其实在我们看来就是课程，不是传统型的一讲到课程就要坐在教室里。

郎老师：那样也是一个矛盾。把这个内容设计成别的课势必还要影响别的课，有些知识专门设计为乡土地理融合在一起，其他老师可以结合相关的知识。比如说讲到草原的一些文章，就可以马上想到我们肃南县的草原、丹霞地貌等，也可以学习欧洲人对环境的热爱，和我们对比，在语文中也可渗透环境教育。

实现"十三五"时期发展目标，破解发展难题，厚植发展优势，必须牢固树立并切实贯彻创新、协调、绿色、开放、共享的发展理念。所以，要建设资源节约型、环境友好型社会，就要通过学校环境教育促进形成人与自然和谐发展现代化建设新格局，推进美丽中国建设，为全球生态安全做出新贡献。

课程设置方面。在学校单独开设环境教育课有难度，课时有限，学生学习负担过重，课程内容与其他科目冲突等问题影响单独开设环境教育课。学习采取的主要还是将环境教育内容分科渗透到不同必修课中的方式，这有点类似于学校德育培养的分科渗透。另外结合一些活动培养学生环保意识。

5. 学校的环境教育是否面临困难

郝副校长：

环境教育从大的角度来说应该没有困难，因为现在所有的老师和学生对环境保护都有认识，在不同的学科里面渗透。环境保护更多的除了理念以外应该教给学生一些小的环境保护技巧，比如废旧衣服的改装，避免盲目消费。

郎老师：

现在主要是抓安全责任，不让学生出去，不能够亲近大自然，如果能够进行一些野炊活动，能够交给学生环保意识，比如打扫垃圾，草原上，湖边，水边都可以活动，比坐在教室里更好。中国的教育和西方不同的是，西方是支持孩子想做的事，我们是阻止孩子想做的事，就是怕安全问题，娃娃不能走进自然就感觉不到自然带来的，就不珍惜。牧区的孩子现在对环境的珍惜做得越来越好，牧区的草原退化多数是人类造成的，大人们这个挽救自然环境的过程也是对孩子的一种教育。这里有很多好的水土资源，要知道怎么珍惜，这不应该是某一门代课老师或者班主任的责任，家长的教育更重要。家长（如果）对自然环境不珍惜，动不动就砍柴、掠夺性挖金子，那么学生十有八九也没（环境教育的）效果。不仅仅是学校，家庭教育也很重要。我们肃南这几年（人们的环境意识）可以了，（以前学生）家里面摆酒场，淡薄娃娃的教育过去很普遍，随便街上扔烟头（过去）比比皆是，这几年稍微可以了，但是还是不太好，某种程度上还是要发挥社区的号召力。

如今校园安全问题备受社会关注，家长送孩子进学校从某一方面来说相当于把孩子交给学校托管，如果学生在校期间出现意外学校要承担很大的责任，所以学校组织学生离开校园走进户外进行环境教育更加缺乏安全保障的情况下学校会承担更大的风险。

6. 学校的探究活动

郝副校长：

学校旁边有一个"百草园"，主要就是让学生在百草园里面移栽一些肃南本地的花卉、药材让学生自己培养，通过这种情况就是让学生培养植物的栽培技术，还有让人与环境相互认识的一种能力，每个年级都有一小块地。

还有水源保护，过一段时间组织学生捡河道垃圾，还有校园环境卫生打扫。

中学课程更多的涉及生物地理政治，生物更多，讲植物动物，作为教师具备的素质要有师德修养和专业知识。环境教育凸显还要老师自己下功夫有自己的特点，每个学生的学习不可能面面俱到，可能在一个老师的手里可以学到一两个环境保护的技能就可以收益终身。我们学校采取的方式是老师要结合自己的专业带一些社团，效果有待加强，今年我们想把它的力度加大些，教师一周有两个课时的工作量。（追问：这是一种什么样的社团？）是一种老师指导，学生发起的相当于兴趣小组一样的社团。我们学校也有环保志愿者，但总体上搞得不是很满意。

郎老师：

我们有这些自然资源，湖泊，森林，冰川和沙漠。我认为一学期至少一次，春天的时候到沙漠里去，夏天到草原上去，秋天的时候到树林里去，现场渗透一些教育，把大自然作为课堂更有教育意义。

校内的环境保护活动十分多样，能够培养学生的动手操作技能，让学生体验到动手的成就感。兴趣小组虽然是校内的对环境教育十分有益的社团，但是它们毕竟不如让学生在适合的季节到不同的自然景观中体验更能够让学生对环境的可贵有一个感性的认识，这大概是学校环保志愿者等校内活动进行的不尽如人意的原因吧。

7. 环境教育对学生的可持续发展的意义

郝副校长：

环境教育相当于生活教育，人在环境中的协调。首先要适应环境，然后是改造环境，为环境做贡献，让生活更好。现在学生是在学校里接收环境教育，将来走向社会，可以做社会上要求的有环保意识的公民。将来不论是家庭生活、学校生活、社会生活，学生可能会不由自主地渗透一些环境理念，比如有些人看到地上的垃圾会自觉捡起来，这可能就是学校里培养的。有的问题家长意识不到，但学校意识到。我们也会讲到历史上关于环保的事例，比如商周时期，隋唐宋时期的环保事例。肃南的学生可能更能感受到环境保护的意义。天旱了，我们的孩子都对草原发愁，看见别人破坏森林草原都很生气。本地的生活环境受到潜移默化的影响。

虽然环境教育最直接的目的是促进人的环保意识和环保技能的养成，进一步促进了学生对人与自然和谐相处、人与人和谐相处的公民意识的养成。另一方面我们可以发现，与自然环境长期接触的学生更容易培养其保护自然环境的意识。

8. 学校应该采取什么样的环境教育

郝副校长：

首先是环境与人的关系，环境与生活的关系，我们是山区牧区，民族地区，我们是一山一水，生态保护带，国家战略的重要性要跟学生讲清楚。在一个就是环境保护的技巧，也是生活技巧。我在给初二的学生上课时讲过这个塑料袋如何不让它飞上天空，交给学生几个简单的系塑料袋的方法，不会被风吹走，就这样仅仅是在课堂里十几分钟的小技巧教学，学生们就学会了，以后学生把用完的塑料袋扔掉的时候，就算是扔进垃圾桶都会把它系一下。环境教育更多地要走出课堂教育，通过亲近环境感受，下一步我们学校会让学生肃南人游肃南，加强家乡的情感，会渗透环境教育，更多地通过学科渗透来做。如果能够把相关学科整合一下，比如把物理、化学、生物整合成科学，政治、历史地理整合成社会，一个是科目减少了，一个是更有利于学生培养综合能力，当然这对老师的要求高了。现在学科细分最大的害处就是每一个学科都重要，都要占用学生的时间，学生就没有时间。课表上看起来一天早上四节课，下午三节课，但实际上学生一天的课程量很大。我们算了一下，现在加上自习学生一天要十节课，一到毕业年级老师们反映课时不够，从初一开始各科都有时间不够的情况。

由此我们可以认为，如果能够适当整合学生必修课程，不但能够减少学生学习的压力，还可以让学生更系统地接受环境教育课程内容。

9. 政府和社会环境对学校环境教育的影响

郝副校长：

肃南县政府对环境保护一直比较重视，自治县有许多法规，草原保护条例环境卫生条例等法规的出台等。现在总体来说，环境教育在学校抓的比社会方面紧，社会方面比较淡化，环境保护要通过方方面面教育形成一种风俗习惯，这可能将来就不费劲了，成人知道了就会教育自己的子女，成人公民的教育机会少，政府政策性的东西多，下一步可以在社区，村委会来宣传环保意识教育，可以派教师深入社区进行环保教育。

环境保护部门，如园林、城建、社区对环境保护提供支持，让学生的实践有支持，我们可以请相关部门来进行讲座，如我们邀请他们来校进行禁烟教育，下一步我们会请肃南县的土专家，通过图文并茂的形式更贴近学生的生活来给学生讲一讲。每年春天的义务植树来进行环境改造，让学生有植树造林的收获感和成就感，让他们觉得这是值得的，会对他们有所启发。

郎老师：

从政府角度比较弱。我们肃南就是靠环境吃饭的一个县，水能，矿，现在停了采矿突然财政收入就不景气了。目前就是对环境保护比较麻木。今天我在微信上看到环境局的一个比较令人欣慰的事，肃南户籍的人以后游肃南的景区免费了。（追问：您觉得亲近自然的旅游是否能够渗透环境教育）对对，可以的，非常有意义。

保护环境，热爱资源不仅仅是某一个单位的事。社区是一个桥梁，村干部不要总强调经济发展，而是要重视环境。社区里面要把大人先教好，不扔果皮纸屑，不破坏花草树木，不随便打猎，这些人的文化程度多数比较低，他们如果能够理解这些，在家里面就能够给娃娃做榜样，这样娃娃就能想到这些变化。以前是老师说的和你们做的不一样，现在你也这样做了，就吻合了。社区的作用发挥好和学校合力比较好。

通过以上访谈我们可以看出，学校、社会、政府三个方面共同配合才能让针对学生的环境教育协调发展。只有三个方面共同重视环境保护，才能让针对学生的环境教育能够方向一致，相互促进。

小结：

综合张掖市社会、政府、学校环境教育现状，我们可以发现以下优点：

首先，政府部门对环境意识培养非常重视，能够在深化传统宣讲的基础上创新环境教育模式。

政府部门通过干部培训班和专门的论坛结合将干部环境保护的教育和科研相结合，还能够积极利用新的网络媒介扩大环境保护宣传面，强化传统宣教的影响力，另外针对社会大众开发了绿色、健康为一体的穿越湿地活动与传统的义务植树相结合，不但能够让人体验家乡美、强健体魄，也能够通过劳动体验保护环境的成就感。

其次，学校教育能够很好地平衡学生升学与环境教育。

学校通过课程渗透模式，结合社会最新动态将环境教育内容渗透在各必修科目当中，在进行正常教学的同时从各学科的视角让学生理解环境保护的重要性和学到一些做法。为了弥补课堂教学实践性的缺失，学校还能够结合本地特色开展丰富的园艺栽培等绿色植物栽培技术教学，为枯燥的课堂带来一抹亮色。

再次，三个方面的环境教育都十分重视思想意识方面的培养。

最后，多民族居住地区独特的民族生态伦理保证了本地生态环境维护。

包括肃南裕固族自治县在内的张掖市居住着许多少数民族，如藏族、裕固族等，他们有许多生活在山区和牧区这些生态资源宝库当中，世代与大自然的共生生活已经在这些民族内心留下了对大自然深深的心灵仰慕。在现代化的大潮中，他们居住的地区生态环境得以保存得如此完好，很大程度上来源于此。

当然我们也很容易看到以下不足：

首先，社会层面的环境教育民众参与程度还有待提高。

对于普通民众来说，接受系统的环境教育缺乏必需的师资和社区组织，这有可能导致政府的顶层环保设计与民众意识不到位产生矛盾。另外，社会民间的环保组织力量弱小，不能与政府有效配合来深入民间动员民众参与到环境保护活动中去。

其次，学生学业压力和校园安全制约着学校环境教育的深入发展。

迫于这些压力，学校总是"阻止孩子们想做的事"，学校不能够组织学生亲身体验大自然，感受家乡生态美，学习野外保护环境的能力和生活能力，不能做到环境教育与生活的结合。

最后，学校、社会和政府在环境教育方面大多各自为战，缺乏环境教育更进一步的统筹兼顾和协调配合。

第三节　特点总结、问题讨论与对策建议

一、环境教育特点总结

张掖市"一带一路"下的环境保护服务于当地经济社会转型，为实现新丝路互联互通战略和当地生态旅游的发展提供更强大的生态保障，因此需要覆盖面更广，质量更高的环境教育来培养社会大众的环境保护意识和能力。当前张掖市环境教育体现出如下特点。

1. 社会层面

（1）从环境教育对象的广度上看，张掖环境教育有较大的覆盖面。

张掖市环境宣传教育涵盖了社会层面的环境保护活动、政府部门宣传和学校正规教育，调动了社会各界人群参与到环境保护意识的学习和活动中，不但重视对决策层面人员的教育，还依托一系列生态工程建设和开发生态旅游资源加强了社会大众对家乡生态环境的认识。

（2）从环境教育内容的深度来看，张掖市环境教育又体现出重政府公职人员而轻社会大众的特点。

中国的特殊政治环境决定了政府各级官员在环境保护工作中扮演着十分重要的作用，因此，中国的环境教育，也把对政府官员的教育放在一个特别重要的地位上。[1] 另外，结合我国环境教育发展的历程会发现，我国的环境教育起步首先就是通过政府部门的一系列会议传达环境保护思想，让干部们认识到环境保护的重要性。在政府层面上，张掖市的亮点在于能够创设相关培训班和学术论坛等新形势促进干部教育。但是，环境保护离不开对每一个公民环保意识的培养，而且宣传毕竟是一种大范围、浅层次、短时间、快时效的环境教育，[2] 社会大众接受的环境保护宣传形式单一，宣传内容缺乏时效性和新颖性及知识的系统学习，难以吸引社会大众学习环境保护知识，再加上他们少有机会参加本地环境保护论坛等讲座，难以全面了解本地的可持续发展理念，可能会因对决策层提出的发展规划理解偏差而不能很好地配合本地的环境保护。

（3）没有感受到民间环保组织的强大力量，通过民间组织向社会传递环境保护意识作用十分有限，环境保护仍以政府为发起力量，难以做到官

---

① 黄宇. 中国环境教育的发展与方向 [J]. 环境教育，2003（02）：8–16.
② 黄宇. 中国环境教育的发展与方向 [J]. 环境教育，2003（02）：8–16.

方与民间力量的有效配合。

　　传统的环境宣传教育是政府主导的自上而下的动员式环保，讲究整齐划一和服从指挥，而在互联网高度发达的现代社会，群体意识觉醒，民众参与社会事务的自觉性普遍提高，在各种公益事业中各民间人士通过互联网组织了非常多的公益活动，收到了非常好的社会效果，这也符合国家倡导的社会自治发展趋向。可能是受到经济发展水平和人们认识水平的制约，民间环境保护组织在社会环境教育中发挥的效力有待加强。

　　2. 学校层面

　　学校层面的环境教育重在让学生把学校所学和生活所需结合起来，围绕教育与生活结合程度，它表现为如下几点：

　　（1）课程上是知识的学科渗透、学生活动与教师指导探究的模式。

　　学校环境教育的基本原则是在不影响正常科目学习的前提下利用空余时间见缝插针式地进行环境教育活动，如果加大环境教育力度势必与升学和考试冲突，还会受到教师自身专业能力的限制，因此单一学科模式大多不会被采纳，学科渗透模式更适合当前应试环境下的学校环境教育。同时，学校能够在校内开展一些环境保护技能教育和组织学生亲手实践在一定程度上弥补单纯课堂教学的不足。在环境教育上，单纯的课堂教学只能实现认知目标，显然不能达到期望的效果；添加教学实践活动环节，就能够很好地实现技能目标和态度。①

　　（2）学校环境教育缺乏深入自然的体验机会。

　　杜威说："教育即生活"，陶行知认为"过什么样的生活就受什么样的教育"，可见学校教育必须与能够让学生在生活中找到用武之地。来自肃南牧区的学生为什么能够天然地对自然充满感情，因为他们的生活环境亲近自然；来自城市的许多学生为什么不能把环境保护放在心上，因为学校的围墙阻止了他们体验自然环境的机会，他们缺乏深入自然的生活。学校环境教育的形式虽然多样，但总体上观念重于实践。就像笔者采访的老师说的那样，我们的教育更多的是阻止孩子想要做的事，学校环境教育体现出的把学生与大自然隔离的现象正是我们的教育长期与生活相分离的表现。

　　（3）以培养具有环境保护意识的合格社会公民为教育目标

　　自然环境破坏失去了生态平衡人类就无法生存，从人类社会可持续发展的角度学校必须让环境保护意识深入学生心中。不论是在分科教学中渗

---

　　① 毛红霞. 中外环境教育比较［J］. 环境教育，2006（01）：16–20.

透环境保护知识，还是学校的选修校本课程介绍本地风土人情，学校环境教育培养学生的中心任务都是以树立正确的生态环境观念为重。也许仅仅通过观念灌输的方式效果不十分让人满意，但足以看出树立正确的环境观是一个人能够做出环境保护行为的前提。保护环境，不仅仅是为了保护我们的生存环境，更有助于人们理解人与自然的和谐相处之道，有助于新型社会公民素养的形成。

3. 政府层面

政府行为重于民众行为、政策性重于自觉性、宣传性重于教育性、知识传授重于素质培养。这些在历史发展过程中形成的特点，在一定程度上也构成了今天中国环境教育继续向前发展的羁绊。同时我们也发现，张掖市在社会教育层面利用本市生态建设成果组织社会大众深入体验湿地的穿越活动或许能够成为一种好的发展思路。

我们近年来环境破坏现象非常严重，这期间我们也进行着环境教育，为什么收效不尽如人意呢？从经济驱动的角度讲，经济基础决定政治和文化。我们的环境教育之所以没有取得我们希望的效果，是不是需要我们在制度设计方面要重视环境保护能够为当地政府带来哪些实实在在的、亟须的经济回报。我们知道，河西走廊地区许多地方不但环境问题严重，并且经济欠发达，如果单纯强调发展环境教育那么他们的生存问题如何解决。除了提高人民对环境保护的认识水平以外，我们是不是能够进一步采取一些经济和政策上的激励措施推动环境教育的发展呢？

4. 从社会、学校、政府的互动来看，三者的协同性发挥不够

社会是生活的环境，学校是教育的主阵地，政府是社会和学校的服务者。目前的环境教育在社会领域主要是为了完成政策性的环境指标，社会大众接受的环境教育内容和形式陈旧，大多面对缺乏教育性环境宣传，环境保护意识难以真正地深入人心；在学校教育领域受到考试压力和校园安全的影响，学生缺乏实地接触大自然的机会，社会成员普遍缺乏环境保护意识又对学生造成不良影响，因此学生很难接受真正的环境教育；政府是环境保护工作的主要的发起者和组织者，侧重观念上的宣传教育，缺乏来自社会层面环保力量的协同带动，对学校和社会环境教育真正落实还需进一步支持。

二、对河西走廊地区环境教育的思考

以张掖为代表的河西走廊地区属于我国西北部干旱地区，是连接新疆与内地的交通要道，但缺水阻碍了本地经济社会的发展，加上本地生态环

境脆弱，生态环境承载能力低，为了满足"一带一路"战略互联互通的发展要求，除了要在物质上加强生态环境治理，更要在人的意识上加强对社会大众的环境教育。

我国环境教育的地区发展很不平衡。教育的发展需要经济作为物质基础。在我国，经济发展极不平衡，东西部发展差距不断加大，在一些经济不发达地区，特别是西部地区及贫困地区，由于交通闭塞、经济落后、人们文化程度不高、与外界信息交流不畅通，必然导致这些地区环境教育比发达地区要落后，这种不平衡严重阻碍了我国环境教育的整体发展。①

西北地区的文化教育总体水平较低，环境普及教育落后，但与全国同步开展了环境宣传教育活动及幼儿、中小学环境教育，因而具有一定的基础；早在1980年年初，根据中国环境科学学会环境教育委员会的建议，西北师范大学就组织进行了幼儿环境教育的教学试点。1980年6月，甘肃省环境科学学会召开"幼儿环境教育观摩会"；经过多年发展，西北地区环境普及教育形式逐步增多，范围不断扩大；但与国内其他地区相比，发展仍很缓慢、差距较大。② 西北地区受到经济社会发展水平相对落后的限制，环境保护工作主要由政府部门牵头，社会环境保护组织十分欠缺，因此社会大众接受的环境教育比较被动。政府部门大多通过强化行政管理、出台法律法规等硬性约束规范人们的环境保护行为，但通过环境教育使社会大众自觉参与到环境保护活动中的柔性约束方式比较单一，大多停留在思想宣传阶段，除了义务植树等类似活动的广泛开展外，其他社会环保活动较缺乏。

因此，结合西北地区环境教育现状和笔者在张掖市的调查我们可以认为，河西走廊环境教育面临的问题首先是社会整体参与度不高，政府部门在环境宣传方面单打独斗，社会层面自发的环境教育效果很有限；其次是受到西部教育水平不足的影响，学校环境教育虽然已有一定的基础但仍然落后发达地区和时代的需要；最后是本地区自然生态环境资源缺乏，许多地区生态环境破坏严重，难以唤起本地区社会大众对家乡环境的感情。

三、对策与建议

1. 政府和社会层面

（1）充分利用"一带一路"战略契机，把握互联互通、共建共享的政

① 王向东. 中国西部农村地区公众环境意识现状与环境教育 [D]. 长春：东北师范大学，2003：3；5.

② 杜娟. 西北地区环境普及教育和妇女参与的思考 [J]. 社科纵横，1996（03）：68–71.

策机遇，在环境教育方面积极引进和借鉴国内外先进的教育经验和环境保护宣传措施。

作为联系新疆、中亚和内地的交通要道，以张掖为代表的河西走廊地区已新建成横贯走廊的国家高速公路和高速铁路等交通设施，这一地区不仅要作为人员和物资流通的通道，更要充分利用通道优势积极学习外部先进的环境教育理念和措施为本地区生态环境建设及社会经济和社会大众的可持续发展服务，不但有利于更好地发挥"一带一路"通道的作用，还有助于促进沿线地区生态文明建设，赋予"一带一路"以绿色、环保和充满人文关怀的气息，也是彰显生态文明转型中国模式的一面旗帜。

中国的"一带一路"与以美国主导的 TPP（跨太平洋战略贸易伙伴关系）相比，我们的准入门槛更低，能够与各国平等共享发展成果，易受到各国的欢迎。但另一方面我们要看到，目前美国主导的这套新的国际体系其中就包含了高端环境保护产业等美国的领先产业，这不但是我们环境保护方面的短板，也是美国限制中国进入它的国际体系的门槛。因此，为了促进中国环境保护产业的发展，可以大力发展新丝路沿线地区的环境中国教育，为环保产业的发展提供智力支持。希望未来的"一带一路"战略不仅要有高铁建设作为联通欧亚大陆的敲门砖，和开放的经济发展惠及原则，更要加上有中国特色的环境保护理念和产业作为实现互联互通并受国际社会欢迎的绿色使者，让高铁、绿色、惠及原则成为"一带一路"战略推进中无坚不摧的"铁三角"。

（2）大力保护和开发当地生态环境资源，创造条件培植本土生态伦理。

政府部门可以定期组织社会大众进行类似"穿越湿地"的本地生态旅游机会，沿途可以配合一些有教育意义的讲解，激发人们对家乡环境的热爱；深入发掘和弘扬河西走廊地区各地、各民族的生态伦理，让生态文明理念与当地民风、民俗相结合。

现代化让社会发展的步伐加快，但是我们也要时刻思考这样一个问题：什么样的发展是最好的？现代化的发展思路一定是对的吗？如今我们已经发现了现代化的很多不便，如把原生态生活环境粗暴地一分为二的高速公路，如逐渐珍贵的蓝天、新鲜的空气和干净的水。继续坚信人定胜天必定失败，人只能顺应大自然与其和谐相处。顺应自然的理念其实就存在与许多离现代化相对较远的文化和民俗当中，重视对他们的发掘和学习也是反思我们自己的发展道路。在越走越快的时代，回头搞清楚我们走过的路，才能谈跨越和可持续发展。

（3）重视针对社会大众的环境教育，开发多种环境宣传模式。

一方面，除了在特定的环境日进行传统形式的宣传手段，政府部门和相关组织可以拍摄本地区赋有科普教育意义的自然环境专题纪录片，制作一些环保公益广告在电视和网络上播出，这样可以突破传统环境宣传教育的时间和空间限制。另外，充分发挥基层社区的力量，邀请政府部门专家和学校教师深入社区举办环境保护讲堂作为社会层面的"绿洲论坛"，宣讲本地区的生态环境情况和政府最新的生态发展理念，能够让社会大众也有机会接触像政府公职人员一样的环境教育，有助于社会公众理解和配合政府部门的环境保护措施。

另一方面，政府部门应该鼓励、支持和引导本地的环境保护民间组织，可以与政府部门共同协作进行环境宣传教育。

（4）国家应该给予新丝路沿线环境脆弱地区环境保护教育的政策和经济支持。

"绿水青山，就是金山银山"。有了沿线的绿水青山，才能保证新丝路战略的实施，为国家整体战略布局服务。对于河西走廊新丝路沿线许多地区来说，绿水青山甚至重于金山银山，因为他们经济发展不足，大多是靠山吃山，靠水吃水，如果失去环境基础就会失去生存基础，是关乎当地存亡的大事。因此国家对经济不发达地区的环境教育投入要有前瞻性，不能仅仅看到当前为了环境保护的巨大投入负担，而要加强政策和投入的前瞻性，从新丝路全局和当地民生大事的角度衡量这种投入的必要性。为了环境保护而加大环境教育投入和政策支持，既有利于"一带一路"战略的生态保障，更能够增进沿线经济发展落后地区增加政府收入，改善和发展当地民生，何乐而不为呢？

2. 学校层面

学校环境教育要努力创造各种条件为环境教育方面的教育与生活结合起来，根据被访谈老师介绍，只有学生在学校所学与生活相吻合的情况下，知识才能真正走进学生的内心。下面介绍几点措施：

（1）完善和深化环境教育的学科渗透模式，开发校园实践活动。

从我国学校教育现实和河西走廊地区环境教育发展水平来看，学校环境教育的学科渗透模式符合当前学校教育的实际情况。从治标的角度看，国家在课程方面是否可以考虑将现有课程进行整合，能够把环境教育作为一个专题来学习。这样不但有利于减轻学生学业负担，也利用学生更系统地学习环境教育相关内容。从治标的角度看，学科渗透模式加上学校内部的实践活动能够最大限度地将环境教育与生活相结合，克服课堂讲授的弊端。

首先，通过提升教师素养充分利用各门课程中的环境保护知识对学生进行环境教育，努力让学生在每一门相关学科中对自身环境保护意识和能力提升有不同的收获；其次，学校应该继续做好校内学生实践活动，教授学生更多的环境保护和废物利用等实用技能，引导学生将课堂所学与动手操作相结合；最后，学校可以邀请当地专家来校举行乡土环境保护讲座，也可以与他们共同合作完善乡土课程校本教材。

（2）与政府部门和社会组织合作，创造机会让学生体验自然。

从治本的角度出发，让学生走出学校的狭小空间，把大自然的原生环境变成环境教育的课堂是最理想的环境教育方式。体验大自然是环境教育的手段，其目的正是让学生所学的环境教育知识在现实中找到出处，能够帮助学生理解传统民风、民俗中环境保护意识的伟大。

在学校组织学生外出进行环境教育生活体验的过程中，政府相关部门和社会组织可以由专人提供沿线的生活和安全保障，为学生和教师提供基本的饮食，衣物和生活物品，指导学生规范、安全地完成户外体验自然生活的环境教育，把户外活动的风险降到最低，减轻学校在户外环境教育的安全顾虑。

小 结

环境教育伴随人类社会发展，人们对自然环境的影响越深刻，环境教育的意义和对质量的要求越突出。以张掖市为代表的河西走廊地区的环境教育虽然已经起步，探索出了生态旅游和学校实践活动等新方法，但总体上仍处于探索阶段，缺少社会、政府、学校三个方面的统筹安排。河西走廊地区位于丝绸之路交通要道，对"一带一路"经济建设发挥着重要作用，同时它也是生态环境脆弱地区和我国内地生态屏障，环境问题突出，需要发挥环境教育的作用来调动社会大众的环境保护积极性。正如郎老师在接受访谈时说的："将来我们要县县通高速，外地人来了一看你们本地人都不重视环境怎么行。我们不能仅仅打本地裕固族民族牌，还要重视培养他们的环保意识，成为一个热爱环境的民族。"

随着环境教育的不断发展和深入，它既能够促进环境保护，又可以我们的教育改革帮助教育与生活的结合，培养具备和谐处事之道的新时代的合格公民，致力于人与自然的可持续发展。我们的学校教育对教育与生活的结合做得有待加强，可以从环境教育入手加强学生对所学课程的实地体验，真正地将做与学结合起来，让学生对大自然产生感情，对学校所教授的课程产生兴趣。

第十二章　拉萨市环境教育发展研究

央　啦

第一节　环境教育在拉萨市的特殊性及发展现状

一、拉萨市独特的"佛教生态观"

地处青藏高原的藏族居民对于佛教的信仰很高，佛教中，基于整体论与无我论，形成了独特的人与自然的关系理论。主要表现为禁止杀生、"五戒十善"是佛教生态伦理道德的基础。例如，在佛教中的比丘戒令中，明确规定不能砍树，对于地上的小草要爱护，不能踩踏，野生动物不能刺杀，山间的清泉不能污染。这种禁止杀生、放生护生的观念构成了藏族传统生态观的基础。其次，藏族佛教中讲求众生平等的生态平衡发展，这在过去对于西藏地区的生态的保护起到了很重要的作用①。在众生平等的教义下，藏族居民在生活中爱护山川、河流，不破坏植物动物的生活栖息之地。藏族佛教中，还表现出对于当地山峰、湖泊，寺庙的保护，在当地人眼中，山峰是神山，湖泊是圣湖，因此非常崇拜，由此形成很多自然保护区。藏语中称湖为措，如藏族认为，纳木措不但是女神莫多吉贡扎玛的居住地，还是金刚亥母仰卧的化身，同时也是密宗本尊胜乐金刚的道场。基于佛教的信仰，藏区，包括拉萨地区，佛教中对于环境保护和环境教育中发挥了很重要的作用，这在其他地区的环境教育中是没有的。

二、环境教育在拉萨市的发展现状

经过这 10 多年的努力，拉萨市的环境教育已经取得相当不错的成绩，主要表现在三个方面：发展最为良好的是高等院校的环境教育，其次是中

---

① 平措，且增，布多，黄道君. 西藏高校环境教育现状及对策研究［J］. 西藏大学学报（自然科学版），2013（2）：133 – 136.

小学的环境教育和面向社会的环境教育。

1. 拉萨市高等院校中环境教育发展情况

由于政府的投入，拉萨市区的高等学校，包括西藏大学、西藏民族学院、西藏藏医学院、西藏警官高等专科学校、西藏职业技术学院、拉萨师范高等专科学校等 6 所本专科院校在环境教育中取得了非常快速的发展，相比 20 世纪末期，规模得到很大发展。据 2015 年统计资料，6 所高校本环境专业本专科招生人数为 1213 人，研究生招生人数为 76 人[3]。这个规模虽然放在西部地区来说，还有很大差距，但是对于环境教育的格局已经初步形成。并且在规模中，处于西部省份中上水平。目前西藏大学的环境教育专业发展最为良好，设有环境专业和开设面向全校的环境保护方面的课程。其余五校也紧随其后，其中有的已经形成基本雏形，剩下的也在紧锣密鼓地筹备环境教育。以西藏大学为例，该校的环境专业设置在理学院，2001 年正式招生，开启了拉萨地区高等教育中环境教育的先河。在 2012 年，学校又迈向环境专业研究生的培养。

2. 拉萨市中小学环境教育发展情况

中小学生作为我国未来的建设者，同时也是处在价值观、世界观的形成阶段，因此对于中小学生的环境教育也如同高等教育中环境教育重要性一样，相对于高等教育中，环境教育偏向的是专业性知识的学习和更高层次的环境保护和治理，在这一阶段更多的是培养学生对于环境保护的意识，形成对于环境保护的习惯。拉萨市在中小学的环境教育中也取得了一定的成就，尤其是对于中心城区的学校，在九年义务教育中把《环境保护》作为选修课程。对于学生，除了课程的学习之外，利用活动课教学时间，组织好环境保护活动。通过举办与环境保护有关的活动、比赛强化中小学生对于环境保护的认识，比如拉萨市实验小学，拉萨市第一小学等联合举办"让拉萨更漂亮"的演讲比赛，均取得很好的反响。

3. 拉萨市社会公众的环境教育发展情况

拉萨市环保局在网上成立"环境宣教"、"公众互动的"栏目，全天候，全方位地向拉萨市民讲授环保知识，并且通过互动回答市民在环境保护中的问题、接受市民的建议并且同时受到市民的监督。此外，由拉萨市环保局主持，从市政府各机关单位开始，自上而下，举办的自治区政协环境保护法律法规政策培训班。比如在去年，拉萨环保局为落实和推进中央的生态文明建设，建设美丽新拉萨，在市区举办公益的环境政策知识，环境保护的知识的讲座，并且印制环境保护的小册子，发给拉萨市民，加强市民对于环境保护的意识，以及养成对于环境破坏的时刻监督。形成共同为美丽拉萨的建设奉献自己的一份力气。在监督方面环保部门还专门开设信箱和热线，方便拉萨市民对于当地环境现状的监督和环境情况的实时反馈，这些举措在拉萨市民中获得非常好的评价，拉萨市民纷纷点赞。

第二节　拉萨市的环境教育当前的问题

一、环境教育发展滞后

当前我国处于经济高速发展时期，同时面临着经济转型，环境问题的凸显十分严重，虽然国家、各级政府、学校对于环境教育的投入每年成递增的态势，但是仍然落后。问题主要体现在师资的短缺，经费的不够和课程设置不合理以及落实不够上。

首先、无论是师资力量还是环境教育的教学设备、经费都表现匮乏与不足。这其中又以中小学校，尤其是乡村偏远地方，师资的短缺更严重。教师是环境教育的中心骨，教师自身的环境知识水准，环保意识及对于环境理念知识讲述的方式方法直接影响环境教育的发展是否处在良好的状态。在调查中发现，除开拉萨市区重点的中小学校，比如拉萨市第一小学、拉萨市实验中学等之外，从事环境教育的老师几乎都是非环境专业背景出生，他们自己对于环境知识、环保理念和环境教育并没有得到过系统的学习，这极大地制约了拉萨市中小学生环保意识的培养和环境保护习惯的养成。

其次，学习对于环境保护的相关课程安排存在较大的问题。在高校中，对广大非环境专业的大学生，只有5成的学生，学校把环境保护教育课程作为选修课程，并非作为必修课程，这显然是对于环境教育没有足够重视。对于中小学校中，由于升学考试中，环境知识并没有列入，因此只有少数的学校正式地开设了环境知识教授选修课，而其余的学校只有一些普及。

最后，在开设环境课程的学校中，所采用的教材内容滞后，与当前环境问题匹配不足，没有与时俱进。课本内容，缺乏新近的环境保护的新观点和新理论。另外对于教学方法，多数还是采用老师讲述，学生被动听课的模式，对于实际应用的结合度很差，学生在生活中对于环境保护的参与性和实践性不多。

二、多层次的全方位环境教育体系尚未构建

虽然拉萨市在高等教育中，中小学校以及社会民众中对于环境教育都取得了一定成绩，但是总体看来，相对来讲还是高等校院中环境教育发展得好些，而中小学，尤其是拉萨市郊区县对于环境教育的投入并不够，对于社会民众的公益环境知识讲座的次数也太小，从现在统计来看每月达不到 1 次，至于对于公众讲述生活中如何避免环境破坏及一些简单能及的修复知识的传授更表现得不够。拉萨市环保局的网上教学更新速度慢，好几月才会有新的知识更新，网上互动虽然有很多市民参与，但是相对全市的居民总是来讲，还只是沧海一粟。从总体来讲，拉萨市目前的环境教育多层次的体系尚未形成。

三、与"佛教生态观"结合不足

在第 2 章节对于当前拉萨市的环境教育现状分析中已经指出，藏民族在长期的生产和生活中形成了自己一套完整的生态观，基本实现了人与自然的和谐相处。藏族传统的生态观大致包括：善待自然、保护自然的朴素观念，禁止杀生、爱生护生的生命伦理，众生平等、普度众生的平衡法则。同时，原始信仰、藏传佛教及历代法规都对藏族的生态观的形成起到了积极的推动作用，从而构成了一个包括朴素观念、核心思想以及制度保障的藏族传统生态观的体系架构，并通过风俗习惯形式得以传承。

也就是说藏族人民在环境保护中有非常好的优良传统，但是目前对于环境教育中，对于"佛教生态观"的结合还不够，没有形成依托当地独特的宗教信仰来强化环境保护意识。一方面是科技的日益进步、快速发展中，传统佛教生态观显得有些落后，资源的开发与传统的环境伦理冲突；另一方面是从事环境教育的老师及相关人员对于传统环境观认识不够，展现在教学中便是脱离当地特色的佛教生态保护传统。

四、目前环境教育各自为政，协作统筹不够

在拉萨市环境教育中，高等学校、环保部门及中小学相关老师直接的协作虽有体现，但仍然不足。以拥有拉萨市环境保护资源最好的西藏大学和拉萨市环保局来说，两者的沟通交流与合作显得薄弱，西藏大学环境专业的老师和学生参与社会公益的环保活动力度不够，环保局利用高等学校环保科研资源处理修复环境污染的转化不够。除此之外，对于相对来讲，师资力量薄弱的中小学校，以西藏大学为代表的高等学校对于他们的协助很少。

第三节 对于西藏拉萨市环境教育未来发展的对策建议

一、政府加强重视，落实经费投入

从 2015 年拉萨市的政府报告中，明确地表明要更加注重优化发展环境，着力在"环境立市"上下功夫，坚持绿色发展，创优生态环境①。但是具体到环境教育的投入并没有给出具体的财政预算，从拉萨市环保局数据显示，每年环境投入有所提高，但是运用到环境教育的不多。环境教育是环境保护的重要一个方面，可以说环境教育真实做到位并且发挥其应有的作用，那么在环境保护和治理中将起到事半功倍的效果。要想获得环境教育取得骄人的成果就必须加大经费投入，不仅限于高校环境污染治理的投入，对于中小学环境教育，公众的环境知识宣传也要投入。

基于此，笔者以为以拉萨市政府为领导，西藏高等院校和环保局协助，在领导层，企业中、学校强调和重视环境教育在环保事业中的战略地位。建议由中央和地方财政拨款将环境教育经费纳入各级政府预算，在安排经费时，给予优先考虑。在每年的年底考核中，要任务细致化，对于各部门对于各区域的环境教育投入进行总结，对于没有完成任务的要毫不犹豫地给予惩罚，而相应对于做得好的，要奖励。要有一定比例的资金用于对员工进行环境教育。各级单位应成立由主要领导牵头的环境教育工作的领导班子，安排专职人员，明确职责，协同工作，建立健全有效的工作机制和奖惩制度。

二、以高校牵头，全面统筹中小学推进环境教育

高等学校的环境教育固然是环境教育的重中之重，这里有丰厚的师资力量，科研资源，对于环境法规的制定、环境污染的修复起到极大的推进作用，但同时中小学的环境教育、社会民众的环保知识、理念的宣传也很重要。因此，未来拉萨市的环境教育要充分调动西藏大学等高校的资源，带动中小学全面推进环境教育。具体的措施体现为：第一，高校的环境专业的学生积极参与环境知识宣传的公益活动，利用课余时间走出校园、走进企业向公众宣传环境保护的思想；第二，高校老师和环境专业的研究生

---

① 2015 年拉萨市政府工作报告全文 http：//www.gkstk.com/article/1424045564660.html

积极协助中小学的环境教育，尤其是拉萨市比较偏僻的学校，采用假期支教、邀请学生来高校参观环境实验室等方法协助中小学老师对学生进行环境教育；最后，高校老师要积极主动与工业厂家合作，对于已经产生环境破坏的工厂，协助他们对于环境修复，并且结合工厂生产的特点，制定出减少污染的措施和方法。

三、协调学校、社会和家庭的作用，三位一体拓展环境教育宣传渠道

环境的保护是全体民众的责任和义务，也只有全面地参与，才能得以实现，因此对于环境教育也是必须家庭、学校和社会教育相统一，推进全民环境教育。全民环境教育是指对公众进行的普及性的环境教育，其目的是提高全民族的环境意识。由于环境问题涉及面广，影响每个人，且每个人都工作和生活在环境之中，都在影响环境，所以环境教育的对象是全体公众，不分年龄、性别和职业。环境伴随我们一生，我们与环境的接触也是自始至终，因此从出生能够学习知识培养意识开始一直到生命的结束，都要时刻接受到新的环境知识的学习，时刻保持环保的意识已经深入骨髓的爱护环境习惯。全民教育是不分地点，也不限时间，甚至可以接受任何的方式，全民环境教育是贯彻、执行环境保护最有力的措施。

具体到措施，每月定期设置"环境日"，充分利用公益的讲座、公众媒体如环保小手册、报纸广博的宣传，进行环保理念，环保日常小知识，以及环境简单污染处理方法的推广。要让公众环保意识非常强烈，如同饿了想吃饭一样强烈，在日常生活中，所有行为都是符合环境保护的理念与规范。拉萨市企业界在实施环境经营的过程中也自觉地承担着向民众实施环境教育的职责，具体做法是：向社会宣传环保法规和推广环保产品，引导公众尽量选择和使用环保产品；编制环境报告书，向社会特别是向广大消费者报告自己的环境经营状况；扮演环保表率的角色，以良好的社会形象起到示范作用。

四、紧扣"佛教生态观"，打造环境教育特色

前面已经指出，西藏地区，对于佛教的信仰度很高，而佛教中的众生平等、不杀生，以及对于自然环境的保护等思想形成了藏族同胞独特的传统生态观，这对于环境保护的教育和实际的落实取得了巨大的帮助，但是另一方面，我们也指出受到传统佛教环境保护观点与现实高速发展相冲突及环境教育工作者自身的忽略，目前对于"佛教生态观"的重视不足。因此，为了更好地形成拉萨地区全面的环境教育，促成全体拉萨市民人人为

环境的意识与责任体现，紧密结合地区"佛教生态观"就变得很重要。其一，编写融入"佛教生态观"的藏区特色环保教材，使环境教学中，学习人员能够充分利用自己的宗教信仰强化环保意识；其二，环境教育中积极与当地寺庙、僧人合作，对于学生的环境教育可以带领他们参观寺庙，聆听僧人的佛教生态观念的宣讲。人对于信仰的虔诚和由此带来的力量是很强大的，因此，只有通过一些有效的措施把环境教育与"佛教生态观"充分结合，拉萨市的环境教育，以及环境教育所发挥的智能才能更好地体现和发展。

总　结

21 世纪，人类生活在物质文明水平上得到了极大的丰富与改善，高科技带给我们生活极大的便利，与此同时环境也付出了很惨痛的代价。作为我国独特的青藏高原，在大开发、资源开采、经济增长的潮流中，本身就生态比较脆弱，如今也面临具体问题，因此对于环境的保护，对于环境教育刻不容缓。通过环境教育，使得全社会对人类和环境的关系形成与时俱进的理解，并且不断唤醒环境保护的意识和对于环境爱护的情感；另一个实际操作层面，不断研发，寻求环境修复和治理的新方法和从事环境保护的高级专业人才补充。本文在分析了环境教育在拉萨市的特殊性及发展现状后，针对目前存在的问题进行了一一阐述，最后针对问题，对于拉萨市未来环境教育的发展，文章从政府层面的支持，经费投入；以"佛教生态观"着手，创建拉萨市区特有的环境教育体系；高校和中小学环境教育齐头并进；协调政府、学校、社会和家庭的作用，充分利用环境宣传，实现全面环境教育四个方面，提出相关的策略，以期对环境教育的实施现况及理论提升提供可为借鉴的经验。

第十三章 民间环保组织与民族
地区的环境教育

周雅琦　高　静　姚小烈

近年来，我国的民间环保组织已经成为我国非政府组织中最为活跃的一支力量，他们在推动环境文化的普及，推动全民环境意识的提高，推动生态文明建设，监督评价政府部门民主，反映社情民意等方面①已经发挥了重要作用。但是一直以来，说到环境教育，人们更多的是把目光投向了各大、中、小学校，而较少关注这些民间环保组织在环境教育方面的作用。

目前，我国现有民间环保组织 2768 家，其中包括由政府部门发起成立的环保民间组织，民间自发组成的环保组织，学生环保社团及其联合体，港澳台及国际环保民间组织的驻中国大陆的机构②。这些民间组织的活动范围遍及全国各地，在倡导环境保护，提高全社会环境意识开展环境教育上做出了很多努力，而很多民间环保组织在以往的环境教育项目中，都把在西部民族地区开展公众环境教育放在了一个比较重要的位置上。

与政府部门和学校等其他机构相比，民间环保组织开展环境教育有着自己特有的方式，本文介绍了一些目前在民族地区开展环境教育项目比较突出的民间环保组织，以及这些组织在过去几年里的活动项目资料，通过总结近年来几个主要的民间环保组织在民族地区进行环境教育的活动方式，分析民间环保组织在民族地区开展环境教育工作时各方面的优势，以及民间环保组织在民族地区从事环境教育工作在资金、人力资源、自身影响力等方面的不足，针对这些情况，大胆设想今后民间环保组织在民族地区开展环境教育工作的发展方向，并提出自己的一些对策和建议。

---

① 谷瑞. 潘岳与环保 NGO 共商建立健全公众参与环保机制［J］. 绿叶，2004（1）.
② 国民间环保组织发展状况蓝皮书.

第一节 问题提出的背景及研究方案

一、问题产生的背景

（一）背景介绍

我国的环境教育起步较晚，我国民众对于环境的关注程度以及对于环境保护的参与程度也都比较落后，但是随着我国经济的发展和环境状况的日益严峻，人们对于环保的关注程度也日益加深。"绿色奥运"是北京2008 年奥运会的三大理念之一，环保也已经成为国际奥林匹克运动重要的精神内涵，这也从另一个方面使环境保护的观念日益深入人心。因此，环境教育也越来越受到社会各界的关注。

近年来，已经有很多环境教育的工作者开始致力于对我国基础教育阶段的环境教育进行系统的研究，也越来越多地开始探讨我国基础教育、职业教育和高等教育中的环境教育问题，把我国的环境教育的现状同一些发达国家环境教育的情况进行比较，这些有关于环境教育的研究为我国环境教育的发展提供了理论的基础，也提供了许多进行环境教育实践的策略，这些有关于环境教育的研究工作已经为我们科学地定义出了"环境教育"的概念，也明确地把环境教育工作的目标与培养我国公民的综合素质结合起来，对公众进行环境教育。提高我国公民的环境意识成为提升我国公民综合素质的一个重要组成部分。

（二）问题的提出

我国的环境教育还没有真正成为教育的一部分，虽然早在 20 世纪 70 年代初，我国的环境保护宣传教育工作就已经开始起步。当时，我国一批有识之士和环保工作者组织翻译了《只有一个地球》《寂静的春天》等首批环保启蒙科普读物；北京大学、清华大学、中山大学等高校，相继设立了环境专业。经过了三十年的发展，现已有 200 多所院校开设了环境专业，在校生 3 万多人，已毕业的环境专业人才 10 万多人[①]。过去我国正规教育没有专门的环境教育课程，与环境有关的课程或是观念的教育主要在生物、劳动课中来体现，近年来，这方面已经有了很大改善，2004 年，环境教育已经正式被纳入了我国基础教育新课程，但是真正已经实施的环境教

---

① 徐辉，祝怀新. 国际环境教育的理论和实践 [M]. 北京：人民教育出版社，1996.

育的条件还非常的有限。另一方面，在国家环保总局宣教中心和各省市环保局宣教中心的号召下，我国的很多中、小学校都相继成立了绿色学校（截止到 2004 年 6 月 30 号，全国范围内已经有 17240 所绿色学校，其中包括省级绿色学校 3144 所，市级绿色学校 7723 所，区县一级的绿色学校 6373 所）①。但是，环境教育在我国还没有真正成为基础教育的一部分，特别是民族地区的环境教育状况更加值得关注。我国的民族地区大多位于西部偏远的地区，西部地区自然环境恶劣、生态脆弱，加上西部的大开发，这种情况就更加迫切地需要当地居民能有很好的环境意识，而这些民族地区又恰恰是基础教育、环境宣传教育等最为薄弱的地区。民间环保组织（环保 NGO），作为自由活动的小团体，他们以自己的力量通过各种方式在民族地区实施环境教育，他们对于当地环境教育所做出的努力不容忽视。将来，民间环保组织很有可能成为在民族地区开展环境教育的主要力量，对这样一种民间组织的教育行为进行研究能够更加全面地了解我国民族地区环境教育发展的现状，促进民族地区环境教育事业更好地发展。

二、研究方案

（一）研究内容

本文通过对近年来一些民间环保组织在民族地区所开展环境教育项目的资料进行收集、整理、分析、总结，通过收集近年来这些民间环保组织在民族地区开展环境教育项目的具体情况，找出最有利于促进民族地区环境教育事业的教育手段，重点分析民间环保组织在民族地区从事环境教育工作的优势与不足，并对民间环保组织今后在民族地区开展环境教育项目提出意见。

（二）目前有关的研究状况

在研究过程中，笔者查阅了相关文献，发现在此之前已经有了一些针对民族地区环境教育的调查研究如：吴明海的《传统生态文化与中国西部民族地区的环境教育》、王向东的《中国西部农村地区公众环境意识现状与环境教育》、杨佰智的《西部民族地区环境教育一个刻不容缓的课题》，也有一些关于民间环保组织的研究文献如：安喜庆的《论环境保护公众参与与民间环保社会团体》、陈延辉的《民间环保组织在环境保护中的作用》，但是从民间环保组织的角度来研究民族地区的环境教育还是一个空

---

① 焦志延，曾红鹰，宋旭红，牛玲娟. 2000 年中国绿色学校发展现状分析. 国家环保总局宣教中心.

白，因此，本研究把重点放在民间环保组织与民族地区的环境教育，具有一定的独创意义。

（三）研究对象

本文主要是对民间环保组织在民族地区的环境教育进行研究，因为我国的民间环保组织多达近三千家，而且大多数的民间环保组织存在规模小、成立时间短、影响力弱等特点，因此，本文的调查研究对象主要是自然之友和三江源生态环境保护协会等成立时间较早、活动规模比较大的民间环保组织。自然之友是我国第一个正式的民间环保组织，三江源生态环境保护协会是我国民族地区影响比较大的一个民间环保组织，根与芽是专门从事环境教育的国际性 NGO 组织，因此以这几个民间环保组织作为主要的调查对象来探讨民间环保组织与民族地区的环境教育问题比较具有代表性。

（四）基本概念界定

1. 民间环保组织

环境 NGO（非政府组织，Non－government organization），中国人的习惯叫法则是"民间环保组织"。在环境领域，存在着自上而下和自下而上（草根）两种不同来源的环境 NGO，前者是说政府组织的非政府组织，后者由普通的公众发起成立，本文所涉及的是后者。

民间环保组织可以初步定义为"从事环境保护相关活动、提供公益性或互益性社会服务、非营利性的民间组织"，目前中国环保 NGO 的作用定位在三个方面：教育和引导公众，促进公众参与；推动和帮助政府来实施一些环保政策；监督和帮助企业更多地关注环境保护[1]。我国环保民间组织主要有四种类型：由政府部门发起成立、民间自发组成、学生环保社团、港澳台及国际环保民间组织驻大陆机构等[2]。

2. 民族地区

本文所提及的民族地区，主要是指少数民族自治区的少数民族聚居地区，特别是我国西部的少数民族聚居地区。

3. 环境意识

环境意识是指人们在认知环境状况和了解环保规则的基础上，根据自己基本的价值观念而发生的参与环境保护的自觉性，最终体现于有利于环

---

[1]　佚名．中国环保 NGO 系列调查文档．http：//www. gsean. org/forum/read. php? tid = 2687，2006 年 3 月 9 日访问．

[2]　中国民间环保组织发展状况蓝皮书．http：//www. chinaeol. net/lsxd/dt/060425_ ed. htm，2006 年 4 月 23 日访问．

境保护的行为上①。

4. 公众环境教育活动

公众环境教育活动包括了各种形式的环保活动，如：街头宣传、演讲、讲座、各种比赛（环保案例、环境戏剧比赛等）、展览、观影会、结合特殊纪念日的活动等，另外各种环保奖项的设立，公开出版物、网站等公共环境资源的建立也属于公众环境教育活动的范畴。

第二节　民间环保组织在民族地区从事环境教育的现状描述

一、民间环保组织概述

根据中华环保联合会在去年 7 月至 12 月所进行的全国性调查显示②：截至去年年底，我国共有各类民间环保组织 2768 家，其中政府部门发起成立的有 1382 家，占 49.9%；民间自发组成的有 202 家，占 7.3%；学生环保社团及其联合体共 1116 家，占 40.3%；国际环保民间组织驻内地机构 68 家，占 2.5%。我国民间环保组织虽然数量众多，但是存在各种各样的问题，而且这些民间环保组织主要集中在北京、天津、上海以及东部沿海地区和大中城市，而扎根于民族地区的民间环保组织数量有限，而且大多步履为艰。

二、民族地区的民间环保组织

（1）青藏高原环长江源生态经济促进会是一个关注藏区环境与发展民间组织，该组织成立于 1998 年 5 月 26 日，他们的宗旨就是要通过他们的努力对公众进行环境教育、提高青藏高原腹地民众的环境认识，号召他们依靠自己的力量探寻适于青藏高原腹地环境与发展的有效和谐之路。该组织会员为长江源区的牧民主要致力于长江源区的环境与发展问题的探索、公众环境教育和青藏高原游牧区民间生态文化的发掘研究。

（2）三江源生态环境保护协会是 2001 年 11 月在青海玉树藏族自治州成立的一个非营利性民间环保组织，主要是在三江源地区开展公众环境教育、宣传、培训。

---

① 洪大用. 公民环境意识的综合评判及抽样分析 [J]. 科技导报，1998（9）:13 – 16.

② 中国民间环保组织发展状况蓝皮书. http：//www. chinaeol. net/lsxd/dt/060425_ ed. htm，2006 年 4 月 23 日访问.

（3）绿色骆驼志愿者组织（简称：绿色骆驼），位于四川省若尔盖辖曼市。该组织在积极开展环境治理保护的同时，对相关社区持续发展的文化及经济进行关注，以争取社区持续发展为宗旨。

（4）内蒙古赤峰沙漠绿色工程研究所是由来自全国各地沙漠绿色志愿者创办的公益性民营科研单位，全体志愿者致力于通过自己的努力唤醒全社会保护生态、治理荒漠的意识，激发全民参与热情，共建人类绿色家园。

（5）草原之友。内蒙古草原生态经济文化研究中心（简称草原之友）是 2002 年成立的内蒙古第一家区级民间环保组织，作为我国少数民族地区的民间组织，其成员主要由多年致力于经济、生态和民族文化持续协调发展研究的本土学者组成，该组织的活动领域包括为草原地区牧民提供帮助，开展技能培训；对草原地区的基层干部和青少年进行环境教育；举办保护草原文化和环境的相关社会活动。

（6）绿色康巴。四川省甘孜州第一个生态保护的 NGO——生物多样性与生态文化保护协会（简称"绿色康巴"）是于 2004 年 4 月 6 日在甘孜州康定正式成立的一个民间环保组织，"绿色康巴"是旨在促进青藏高原生物多样性保护与可持续发展的非营利性民间环保组织。该协会立足甘孜州，弘扬本土生态文化，促进康巴地区内外公众参与，实现生物多样性保护和可持续发展。

（7）中国志愿者保护藏羚羊协会成立于 2003 年，属地方性社会团体，致力与保护青藏高原的野生动植物和环境。中国志愿者保护藏羚羊协会是一个具有广泛代表性的野生动植物保护组织，它是由野生动物保护管理、科研教育、驯养繁殖、自然保护区工作者和广大野生动物志愿者组成的群众团体，其宗旨是推动中国野生动物保护事业的发展，为保护、拯救濒危、珍稀动植物做出贡献。其主要任务是组织会员贯彻国家保护野生动物的方针、法令，开展拯救和保护珍稀野生动物的宣传教育，开展保护野生动物的科学研究、学术交流，提供经营管理野生动物资源的技术业务咨询，筹募保护野生动物的资金，同各国自然保护组织和机构及志愿者建立联系，参与有关国际合作与交流。

这些民族地区的民间环保组织，从成立到现在大多只有几年的时间，这些组织也在不断地成长、壮大的过程中，它们都有各自不同的宗旨和目标，他们的宗旨和目标中都包括了对当地民众进行环境教育的内容。这些组织的特色就在于他们的主体会员是当地居民，有的甚至是以当地农民牧民为主，集中了当地的环保热心人士，他们更加注重当地的实际情况，注重结合当地的文化特点，从身边的事情做起，积极行动，在对当地广大群众进行环境教育的同时，还对当地群众给予其他方面的帮助，因此普遍都受到当地广大农牧民群众的热烈欢迎。

三、环境教育 NGO

（1）"根与芽"珍·古道尔研究会是一个面向全球青少年的环境教育项目。它倡导"人人参与"的理念。通过在各地建立"根与芽"小组，为环境教育者提供环境教育资料的方式进行环境教育工作。通过"根与芽"组织可以让各地的"根与芽"小组联系全世界的珍·古道尔研究会的友人互通有无。"根与芽"环境教育项目自 2000 年 9 月在中国发展以来，组织了各种培训，提供了各种资料，现在中国已经有 150 多个"根与芽"小组活跃于北京、上海、天津、辽宁、陕西、江苏、浙江、广东、云南和四川的大、中小学当中。有超过 2000 名学生和老师已经接受了"根与芽"的参与式环境教育培训。

"根与芽"组织主要是针对中小学生开展环境教育，从目前来看，它的发展也还只是在一些比较发达地区的大、中、小学校，但是作为一个国际性的环境教育项目，该组织在从事环境教育方面具备了比较丰富的经验，它所崇尚的环境教育理念和环境教育方式，也非常适合我国的民族地区的中小学校，"根与芽"组织有着在全球各地创办"根与芽"小组的经验，也可以最大限度地为民族地区的环境教育提供帮助。因此笔者认为，在民族地区，以"根与芽"这种参与式的环境教育方式来进行环境教育，将会是一种非常好的环境教育方式。

（2）北京天下溪教育咨询中心（原名北京天下溪教育研究所）成立于2003 年 6 月，是一家民间非营利教育机构。通过理论探讨、教育探索和公益行动，丰富乡村教育资源，保护地方及民族文化多样性，推广可持续发展理念，促进公民社会的形成。所从事的项目包括：乡土教材开发、乡村社区图书馆援助计划、天下讲坛（面向公众的开放性讲座）、发展（公民）教育推广协作网络、影像活动等。

（3）绿之行环境文化中心是 2005 年新成立的环境教育 NGO，是一个全部由中日韩三国环境教育教师组成的网络，特别针对青少年的环境教育，主要活动是编写环境教育的案例、培训教材，开展环境调查和学生夏令营等。

这些专门从事环境教育的民间环保组织，不管是已经在中国开展了 5 年环境教育工作的"根与芽"珍·古道尔研究会，还是去年成立的绿之行，都还没有把他们的环境教育工作深入民族地区。

四、其他民间环保组织

（一）中国第一个纯民间环保组织——自然之友

自然之友"创建于1994年3月，是中国第一个纯民间环保组织，它致力于环境教育，在社会上，特别是在青少年中间传播绿色理念，倡导绿色生活方式。有时也参与针对紧迫环境问题的直接行动，比如滇金丝猴和藏羚羊的保护工作等。自然之友从1998年就开始针对中小学生开展环境教育活动。相关的项目包括了专门针对西部地区希望小学的"野马车"（流动环境教育车）和针对农村希望小学的绿色希望行动。

（二）大学生环保社团

在我国目前的2768家民间环保组织中，大学生环保社团及其联合体占到了40.3%，在民间环保组织中占了很大部分，如新疆大学环保协会，新疆师范大学绿色阳光行动组、内蒙古农业大学环保协会等大学生环保社团都是位于民族地区的大学生环保社团，虽然我国目前大学生环保社团的数量已经达到1000多家，但是，在我国的民族地区，教育水平相对比较落后，高等院校的数量和大学生环保社团的数量也都比较少，而且大学生环保社团实力更为薄弱，其成员更换频繁，而且主要集中在大中城市，其活动的范围通常也只是局限在大学校园内，很难深入社区。因此，在我国的民间环保组织中占据很大一部分的大学生环保社团，目前还很难为民族地区的环境教育事业做出贡献。

五、民间环保组织在民族地区开展环境教育的途径和形式

（一）三江源生态环境保护协会的绿色社区网络

"绿色社区网络"是三江源生态环境保护协会支持藏族社区可持续发展的一项长期项目，该项目协助社区建立生态文化和可持续的教育基地以外还培养社区环境保护组织核心人物；协同社区创建绿色社区网络，促进社区之间经验与知识的交流；促进主流社会与社区之间的学习和交流。主要的环境教育方式包括：

1. "社区与环境"成人培训

对社区的牧民采用主题讲解和分组讨论进行提高环境意识的培训，讨论当地社区的特点、社区的资源、社区需求、存在问题及解决问题的可能方案。

2. 播放影片

对牧民播放《可可西里》《拯救南极企鹅》《草原部落项目资料》等环保影片让他们了解环境方面的一些常识，学习环境方面的知识。

3. 启动"野牦牛守望者"组织

帮助当地牧民社区成立新的草根环保组织，推动新的民间环保组织成立。

4. 环境教育流动车

依据草原游牧和牧户分散居住的特点，利用多媒体流动车，走村串户宣传青藏高原草原生态区独特的生态地位、生物多样性、文化多样性和脆弱的生态系统及其保护的基本知识；宣传符合青藏高原草原生态区的生态文化和生态伦理道德；宣传国际国内有关生物多样性保护的法规和政策；演示国内外生态灾难相关的实例和生态保护的示范模式；教育当地民众认识自己的环境与发展问题，提高藏族社区民众参与环境保护的能力。

5. "绿色摇篮"环境教育项目

与玉树州教育局联合对各县中小学的校长、教导主任和一般教员，还有州教育局局长、州民政局社团管理科科长和州林业环保局综合科科长等进行培训，准备在生态脆弱的三江源地区的各类中小学启动环境教育课。

（二）青藏高原环长江源生态经济促进会

杰桑·索南达杰环境教育中心是该协会 2003 年 4 月成立的工作机构，旨在对公众进行环境教育，使环保成为公民的行为规范成为政府的工作内容，将青藏高原青少年环境教育和牧民环境教育作为中心的工作重点，由协会会员担任教员在民族中学开设环保课，对中小学青少年渗透环境教育，举办中小学教师环境教育培训，并启动牧民环境教育流动车。

青藏高原环长江源生态经济促进会和三江源生态环境保护协会都是以藏族为主体的民间环保组织，他们引入了国际上比较先进的环境教育理念，针对藏民的特点来开展环境教育，而青藏高原环长江源生态经济促进会在 2003 年 4 月建立的索南达杰环境教育中心，把青藏高原青少年环境教育和牧民的环境教育作为工作的重点，他们还建立了环境教育的教学流动站，参与了乡土教材的编写工作，已经成为当地从事环境教育工作的主要力量。

（三）自然之友的绿色希望行动

绿色希望行动是通过各地的希望小学把自然之友的环境教育活动扩展到农村，自然之友把经过培训的志愿者派到希望小学，对那里的学生进行最初的环境启蒙教育，该项目从 2000 年开始，绿色希望行动已经到达全国

23 个省份，该项目主要是对中校学生从环境知识、概念、技能、环境意识、环境态度和自然情感等方面对学生进行环境教育，这个项目每年有200~300 名志愿者参与其中，项目深入了全国各地的农村地区，很多地区都是我国西部的民族地区，如：2003 年，绿色希望行动到达四川省阿坝藏族羌族自治州黑水县芦花镇沙板沟小学。绿色希望行动采用户外活动、试验教学、游戏表演等形式多样、丰富多彩的教学方法，增强孩子们对大自然的热爱，志愿者根据希望小学所处的地区的环境状况，设计独具特色的教学活动，以此来提高孩子们的环境意识。

（四）自然之友的环境教育流动教学车

环境教育流动教学车是把汽车装备成一间流动的教室。在车上配好教具、教案和教学设备等，以及专门的老师，对孩子进行环境教育。教学车以自然游戏为主，强调体验式教学，在黄土高原、青藏高原和云贵高原等西部民族地区的农村学校进行巡回教学，环境教育流动教学车的特点表现在：①采用流动的教学形式，把最先进的环境教育带到最偏僻的地方，与学校环境教育做到了很好的结合；②采用自然的教学方法，注重体验和参与，以提高孩子的环境意识。

第三节　民间环保组织在环境教育方面的优势

一、民间环保组织的自身优势

民间环保组织大多由热心于环境保护的人组成，他们的目的旨在提高公众的环境意识，以达到环境保护的目的，因此他们所从事的教育工作可以以灵活多样的形式来进行，没有条条框框的限制，他们可以自由地利用各种有效的手段和方式以达到教育目的。

民间环保组织的工作方式灵活，更容易为广大群众所接受，在对大学生所做的问卷调查中，当问及提高公民的环境意识最有效的方法时，有47%的人认为通过依靠民间环保组织和学生环保社团等非政府组织通过各种方式对公众进行环保方面的大力宣传和教育，创造良好的环境氛围，提高每一个公民的环保意识，有27%的同学认为是在基础教育里加入环境教育的内容，有23%的同学认为应该依靠国家、政府部门制定相关环境保护法规、政策，还有3%的同学表示其他方法或是不知道。由此可见，民间环保组织灵活多样的环境教育方式比较能够得到大家认可。

二、民族地区的民间环保组织的优势

（一）民族地区民间环保组织具备人员上的优势

民族地区环保组织的成员主要是一些热爱当地环境事业、热心于环境保护的志愿者组成，他们生在那里、长在那里，熟悉当地民众和当地的环境情况，很多民族地区的居民使用自己本民族的语言，民族地区的民间环保组织的成员大多数是当地人，这就便于和他们交流，同时他们对当地的环境有自己特殊的感情，这样可以更加有效地根据当地的实际情况来开展环境教育。

（二）民族地区的民间环保组织具备地域优势

民族地区大多数位于西部偏远地区，非当地的民间环保组织要深入民族地区开展环境教育工作困难重重，教育是一项长期的事业，不是一朝一夕可以完成的，而由当地民间环保组织来实施能够开展一些常规性的项目，有利于项目的长期开展，也便于根据当地的实际情况即时调整。

（三）民族地区的民间环保组织能够更有针对性地进行环境教育

环境教育的内容包括方方面面，正如大城市的居民最关注的环境问题是大气污染，而长江沿岸小城市的居民最关心的环境问题是洪水泛滥，遭风沙侵袭地区的居民最关注的环境问题是沙尘暴，因此不同地区的居民所迫切需要的环境教育内容也会有差异，因此民族地区的民间环保组织更能够根据当地的情况开展最适合民族地区公众的环境教育项目。

第四节　民间环保组织在民族地区的环境教育工作的问题

民间环保组织在中国还刚刚具备了合法身份，自身的建设还不够完善，虽然具备了关注环保参与环境教育的热情和实际行动，但是因为自身的实力情况，民间环保组织面临不少问题：

一、资金获取困难

我国环保民间组织大多实行会员制，民间环保组织资金最普遍的来源是会费，其次是组织成员捐赠、政府及主管单位拨款和企业捐赠。目前我国有 76.1% 的民间环保组织没有固定的经费来源，而其中民间自发组织和学生环保社团中拥有固定经费来源仅仅只有 2 成左右，但是在我国 2768 家民间环保组织中，学生环保社团及其联合体共有 1116 家，占到了民间环保总数的 40.3%①，这也就是说，目前我国的民间环保组织大多都不具备雄厚的经济实力，而民间环保组织所从事的工作本身大多是非营利性的，民间环保组织热心于环境教育事业，但是环境教育也是一种教育，是一项事业而不是产业，民间环保组织基本上不能从他们所开展的环境教育活动项目中得到经济收入，而它们的环境教育项目要想长期地开展下去也必须首先要得到资金的支持，这也就意味着当项目的资金提供者不再支持时，民间环保组织的环境教育项目就很有可能会停滞甚至是终止，这种情况就给环境教育项目的长期进行带来困难。而那些民族地区的民间环保组织，他们的工作条件更加艰苦，更难从外界获取资金的支援。

二、人力资源稀缺，专业训练不足

很多民间环保组织是某些环保热心人事因为自己的兴趣而自主建立的，它具有很强的民间性，很多是"草根性"组织，没有固定的人才渠道，工作人员相对来说参差不齐。根据中华环保联合会的统计，我国民间环保组织现共有从业人员 22.4 万人，其中全职工作人员 6.9 万，兼职工作人员 15.5 万。我国的民间环保组织的规模普遍都较小，平均每个民间环保组织的全职工作人员只有 25 人左右；而在民间自发成立的环保组织中，有近 30% 的民间环保组织只有兼职工作人员而没有全职的工作人员②。很多民间环保组织的工作人员都是以热心环保事业和公益活动的志愿者为主，有的环境教育工作者是从社会各界招募的经过短期培训的志愿者，缺乏足够的专门人才。

民间环保组织除了从事环境教育工作项目外还开展很多其他的项目，因为受到自身规模、经济实力的限制，很难有一批专门从事环境教育的工作人员。民间环保组织没有经过足够训练的专业人员来从事环境教育工作，通常他们的环境教育工作也是以短期阶段性的，以关于某一环境问题的宣传性的教育为主。有的民间环保组织深入中小学校，把他们的宣传教育和基础教育结合起来，但是没有经过足够专业训练的环境教育工作者也会使环境教育的效果受到很大程度的影响。不过，在很多知名的民间环保组织中，其工作人员不少都是科班出身，而民族地区的民间环保组织中的

---

① 中国民间环保组织发展状况蓝皮书 . http：//www. chinaeol. net/lsxd/dt/060425_ ed. htm，2006 年 4 月 23 日访问 .

② 中国民间环保组织发展状况蓝皮书 . http：//www. chinaeol. net/lsxd/dt/060425_ ed. htm，2006 年 4 月 23 日访问 .

人力资源问题就更加严重，这些民族地区的民间环保组织中的多数工作人员和志愿者，他们的个人的教育程度一般都不高，并且由于各种原因，他们都只能待在自己工作的社区中，他们所掌握的知识和技能也都非常贫乏①。

三、我国民众对民间环保组织的认可程度

虽然经过了十年的发展，我国的民间环保组织已经在教育和引导公众，促进公众参与和帮助政府落实环保政策等方面发挥了越来越重要的作用，但我国的民间环保组织仍然处于发展的初期，存在诸多问题。特别是在政策体制、组织制度、资金筹措、人力资源、项目实施、监督评估等方面还面临着很多困难。我国的民众对于民间环保组织的认可程度也与政府环保部门等环保机构存在一定的差距。因此，我国的民间环保组织在提高自身威望扩大影响力方面还有很长的路要走，这也就导致了，一些民间环保组织在从事环境教育工作的过程中，过多地看重通过环境教育项目和活动来提高自己的威望和影响力，把不少的精力放在媒体宣传、制造声势上。有的时候浩浩荡荡地开展一个环境教育项目所花费的人力、财力、物力和实际所达到的教育效果并不吻合。

四、民间环保组织的影响力

十年来，我国的民间环保组织已经有了很大的发展，但是民间环保组织大多各自为战，影响力不够，在有关于民间环保组织了解程度的调查问卷中，调查结果见表13—1。

表13—1　是否听过过民间环保组织

	非常了解	比较了解	只听说过，不怎么了解	没听过，完全不了解
人数	2	16	160	22

由此可见，民间环保组织在社会上的影响力还待提高，还需要做更多的努力让公众对民间环保组织加深了解，才能有利于民间环保组织进一步地开展活动。

五、工作范围过于广泛

目前，我国很多民间环保组织的工作范围涉及环境保护的方方面面，

---

① 旭日·文扎. 长江源区游牧民族生命观 [J]. 瀚海沙, 2004：80.

虽然很多民间环保组织都把从事环境教育工作作为它们的目标之一，但是因为民间环保组织本身的实力就非常有限，加之于环保相关的各种项目都试图尝试，因此，民间环保组织环境教育方面所投入的精力和实力都非常有限。而另外一些民间环保组织本身的活动范围就很有针对性，如野生动物保护协会、武汉白鳍豚保护基金会等，这些民间环保组织所开展的环境教育项目通常只是在于号召爱护动物，不会进行较为全面的环境教育。

六、对民族地区的关注程度有限

民族地区的民间环保组织开展环境教育主要是针对当地的中小学生和民众，而一些位于北京、上海等大城市的民间环保组织要开展环境教育项目时，它们并不会特意地把目标定在民族地区，如自然之友的绿色希望行动项目，到目前为止活动范围遍及22省、市、自治区的200多所希望小学，这些地区有的是民族地区，不少是非民族地区，总体来说，这些位于大城市的民间环保组织受到自身的精力、实力的限制，在从事环境教育项目的时候对于民族地区的关注程度也非常有限。而那些民族地区的民间环保组织，相比那些活跃于大城市的民间环保组织发展更加缓慢，有影响的民族地区的民间环保组织为数不多。

七、大学生环保社团能力有限

在我国的民间环保组织中，大学生环保社团占了很大一部分，但是大学生环保社团大多位于大中城市的大学校园内，他们开展环境教育的范围通常只限于大学校园内，主要是针对在校的大学生进行环境教育，而且大学生环保社团的实力更加薄弱，更加没有足够的实力去往民族地区从事环境教育，另外大学生环保社团人员交替频繁，通常都是一年一换，因此要想在学校以外的地区开展环境教育，大学生环保社团通常很难做到。

第五节　对策建议

民间环保组织在民族地区从事环境教育工作上具备一定的优势，但也存在诸多问题，对于民间环保组织在民族地区从事环境教育工作所存在的问题，笔者有如下总结和思考：

一、要注重与学校的基础教育相结合

学校作为从事教育事业的专门机构，有责任也有义务对学生进行一定

程度的环境教育，以提高学生的环保意识，但是就民族地区目前的教育情况来说，要通过学校课程的改革，加入完整、全面的环境教育内容，在短期之内基本上不可能实现，但是学校毕竟是最有利于进行集中教育的场所，民间环保组织在开展环境教育项目的过程中，应该把学校作为开展环境教育项目的主要阵地。

（一）学校的环境有利于进行集中教育

环境教育旨在提高受教育者的环境知识和环保意识，学校是受教育者最为集中的场所，对中、小学校里的学生进行教育，也可以通过他们影响到他们的父母家人，使环境教育扩大化。

（二）有利于实现优势互补

民间环保组织通常都能把最先进、最新的环境知识和理念带到学校，而学校可以为民间环保组织提供开展环境教育项目的场所。

二、加强合作，发挥优势

在过去的一段时间里，很多民间环保组织如自然之友、绿色营等都有深入民族地区，但是对于这些组织来说，他们在民族地区开展环境教育的范围实在有限，如果民族地区的环境教育要依靠这些扎根于大城市的民间环保组织来完成，显然很难得到很好的收益。因此，要充分调动当地民间环保组织，民族地区的环境教育更需要当地的民间环保组织来完成。

很多民间环保组织不远千里地从北京、上海等大城市深入西部民族地区开展环境教育项目，把最先进的环保知识和理念带到相对比较落后的民族地区，这对于民族地区来说确实是一件值得高兴的事情，但是从大城市浩浩荡荡地深入民族地区进行环境教育，其中所耗费的人力、物力未免太过巨大，如果能够与当地的民间环保组织进行合作，有当地的组织为主具体实施，将会很大程度上地减少花费。

三、民间环保组织的专门化

从1994年，我国第一家民间环保组织——自然之友成立到现在还只有短短的12年的时间，在这12年里，我国的民间环保组织如雨后春笋般地涌现，民间环保组织成立之初，它们大多都以从事环境教育为主，随着民间环保组织的不断发展和壮大，他们力求在更多的领域发挥自己的作用，如参与政府决策、加强公众参与等，工作范围和目标也日益广泛，逐渐演变为只要是与环境保护相关的项目，民间环保组织都试图参与其中，这也就使得他们在环境教育方面的精力也日益减少，但是随着民间环保组织的发展，在民间环保组织壮大的同时必然也会往专门化的方向发展，一些专门从事公众环境教育工作的民间环保组织必然会分离出来，甚至将来很可能出现专门在民族地区从事环境教育的民间环保组织。

我国环保民间组织的发展趋势良好，特别是自从 2003 年以来，政府部门加大了对民间环保组织的关注，把充分发挥民间环保组织的作用作为推动环保事业健康发展的重要途径，有关专家指出：在未来 5 ~ 10 年，我国环保民间组织数量和从业人员将会以 10% ~15% 左右的速度递增，高校、社区和农村地区的环保民间组织将迅速发展，环保民间组织的人员素质和参与能力将进一步增强①，这也就预示着民间环保组织会在加强民族地区环境教育工作中发挥更大的作用。

附录

附录 1 调查问卷

亲爱的同学：

您好！

首先非常感谢你能抽时间填写这份问卷，这是毕业论文的调查问卷，目的在于调查有关环境教育、民间环保组织的有关情况，请在理解题意后，根据自己的真实观点，在适当的选项上打"√"本次问卷采取不记名的方式，我们保证对你所填写的内容保密。再次感谢你的协助！

一、背景资料

1. 你的居住地：A. 民族地区（　　省/自治区）　　B. 非民族地区
2. 你的民族：
3. 你的年龄：
4. 你的性别：

二、环保意识及环境教育

你对你家乡的环境状况满意吗？

A. 非常满意　　B. 比较满意　　C. 基本满意　　D. 比较不满意

---

① 中国民间环保组织发展状况蓝皮书.
http：//www. chinaeol. net/lsxd/dt/060425_ ed. htm，2006 年 4 月 23 日访问.

E 非常不满意　　F. 无所谓，不关心

2. 据你观察，近几年你们家附近环境变化是：

A. 由好变坏　　B. 由坏变好　　C. 一直很好　　D. 一直没有变化

E. 一直不好　　F. 不了解

3. 你对环境保护的态度是？

A. 环境保护主要是国家的事情

B. 环境保护关系每一个人

C. 应该先把经济发展到一定程度再谈环境保护

D. 还没有到需要刻意去保护的程度

4. 你接触过环境教育方面的信息吗？

A. 有　　　　　　B. 没有

（如选 A 回答第 5 题，选 B 回答第 6 题）

5. 在你的居住地，你可以从哪些途径获取环保知识和信息？（可多选）

A. 学校课堂　　B. 报纸杂志　　C. 广播电视

D. 有关环境知识、环境保护讲座

E. 社会上的环保宣传活动（如：图片展、环保制作展览等）

F. 父母和家庭

其他：

6. 没有接触过环境教育的原因是什么？

A. 没有机会接触　　B. 觉得没有必要

C. 不知道，不清楚

7. 你觉得环境教育由哪种机构来完成效果最好？

A. 学校　　　　　　B. 专门的政府机构（如国家环保总局宣教中心等）

C. 民间环保组织　　D. 学生环保社团

E. 社区居委会　　F. 其他

8. 你觉得现在是否有必要加强我国公民的环境意识？

A. 非常有必要　　B. 比较有必要

C. 没有必要　　　　D. 无所谓

9. 你觉得提高公民的环境意识最有效的方法是：

A. 国家、政府制定政策法规

B. 在基础教育里加入环境教育的相关内容

C. 依靠民间环保组织和学生环保社团等非政府组织，创造良好的环境氛围，提高每一个公民的环保意识

D. 其他或是不清楚

三、民间环保组织

你了解民间环保组织吗？

A. 参与或是看到过他们举办活动

B. 听说过，但不是很清楚

C. 不了解，完全没听说过

（选 A. B 的回答下面的问题）

你听说过哪些民间环保组织？

A. 自然之友　　　B. 根与芽组织　　　C. 绿色北京

D. 地球村　　　　E. 绿色和平　　　　F. 绿色骆驼志愿者组织

G. 赤峰沙漠绿色工程研究所　　　H. 绿色江河

I. 三江源生态环境保护协会

J. 青藏高原环长江源生态经济促进会

其他：

如果民间环保组织举办环保讲座、图片展、志愿者支教等活动，你是否愿意参与？

A. 非常愿意

B. 其他同学去我也去

C. 时间允许的情况下可以考虑

D. 不想参加

第十四章　国外环境教育模式与中国西部民族地区环境教育

俞婷婕　姚小烈

第一节　问题的提出

环境问题目前是一个全球性的社会问题。而教育因为其实效性、长远性和广泛性，再次被赋予培养人们树立正确的环境价值观、养成无害于环境和生态平衡的行为模式的重大责任。环境教育绝不仅仅是中小学教育能够独立承担的，但它在中小学教育阶段却有着特别的意义。这种意义来自中小学教育本身的性质：它是全民的，面向所有的社会成员；它是基础的，是其他各阶段教育的起点。

泰勒在他的著作《课程与教学的基本原理》中论及课程时曾经提出这样的观点，"就基础教育而言，一门学科的价值在于它对一般公民、而不是未来这个领域的专家的贡献"。在确定中小学阶段环境教育的根本任务时，这个观点十分有意义。毫无疑问，在中小学教育的对象中，必定会有将来的环境教育工作者，但他们在受教育对象的群体中只占据较小的比例，而且这部分从业人员的专业造诣，需要更高级的教育完成。一个国家的环境保护及可持续性发展，固然离不开专门人才，但更需要一般社会成员的支持。这是环境问题能否得到解决以及解决到什么程度的基础，换而言之就是，专业人员的成就离不开公众的认同和关注。中小学教育阶段的环境教育正是承担着这样的任务：使得全体社会成员对于环境问题及其与人类命运的关系有起码的了解，具备基本的环境知识以及相应的态度情感。环境教育的根本任务在于使学生懂得人类生存与发展对环境的依赖，懂得一旦破坏了环境就会受到惩罚，从而形成珍惜、敬畏、善待自然的态度、情感和价值观。

第二节　国外中小学环境教育的主要模式

一、课程设置模式

环境的发展与经济发展有着内在联系，环境教育发展的地区差异就是这种内在联系的一种表现，发达国家由于工业化比较早，环境问题也出现的比较早，因而中小学环境教育起步要早于发展中国家，例如，英国、日本从 20 世纪 60 年代起就在学校教育中出现了环境教育的内容；德国中小学环境教育发端于 1965 年；1970 年美国颁布了《环境教育法》；一些发展中国家环境教育开展得比较晚，如泰国、菲律宾、印度等国大体上是在 70 年代末以后开展普遍的中小学环境教育。国外很多国家在中小学环境教育方面进行了有益的探索，取得了一定的经验。

很多国家把环境教育列入中小学教育计划，但形式并不统一，可归纳为以下几种模式：

（一）多学科模式（Multi—disciplinary model）

多学科模式又叫渗透模式（Infusion model）。环境教育的两个突出特点是广泛性和跨学科性，各国各地区采用最广泛的课程模式是渗透模式，它是"依据课程目的与目标，将适当的环境内容（包括概念，态度，技能等）渗透到相关的学科之中，通过各学科课程实施，化整为零地实现环境教育的目的和目标"[①]，这种课程模式便于将环境领域的各方面内容分门别类，使学习者在各科学习中获得相应的环境知识、技能和情感等。这种模式便于实施，但难以达到环境教育本身的完整性，在实践中则可能出现两种极端：或者由于环境教育本身不够成熟和强势，往往淹没在不同学科之中，或者由于缺乏统一和协调而造成相互重复。

日本把树立科学的自然观作为理科教育的总目标，其环境教育常常渗透到各科教学特别是理科教学中，英国、加拿大、泰国等诸多国家也是如此。

德国中小学采取了环境教育的渗透课程组织模式，即环境教育被贯穿于课程体系，成为一个重要的课程领域，在现行的所有学科中渗透大量的环境教育内容，以期以日常学科教学为载体，来实现环境教育的目的，即

---

① 徐辉，祝怀新．国际环境教育的理论与实践［M］．北京：人民教育出版社，1996：49.

培养具有综合环境素质的现代公民。我们以巴伐利亚州出台的《环境教育指引》所建议的部分主题及其在相关学科的渗透为例加以说明：

主题1：自然美，多样性和个性——自然作为经验和知识的源泉

●1～4年级的学科——基础科学、社会、运动

●5～10年级的学科——生物、地理、运动、宗教教育/个人的道德价值观

●11～13年级的学科——生物、运动、地理

主题4：环境、社会、政府和经济间的关系——国际关系和环境；环境问题作为国际社会的一项职责；第三世界中的工业化国家；

●4年级的学科——基础科学、社会

●5～10年级的学科——地理、社会、生物、化学、经济

●11～13年级的学科——地理、生物、化学、经济

（二）单一学科模式（Single subject model）

环境教育的单一学科课程模式是"从各领域中选取有关环境科学的概念、内容方面的论题，将它们合并一体，发展成为一门独立的课程"①。这种课程模式在一定程序上避免了渗透模式内容零散而不系统的缺点，以较为集中的形式探索环境问题，涉及广泛，比较能够容易、有效地达到环境教育的目标。但是这种模式要求投入较多，而且很容易加重学习者乃至学校的负担，在实践中，则可能由于师资、教材、设备、时间等因素而实际上被架空。

印度小学阶段一至五年级有一门"环境学"（Environmental Studies），包括自然和社会环境内容。小学一、二年级的环境学没有专门的教科书，只提供教师指南，由教师根据大纲规定的教学单元及提供贴近小学生生活的环境专题，从本地实情出发进行教学；小学三至五年级的环境学有专门的教科书，分为环境Ⅰ（社会环境部分）和环境Ⅱ（自然环境部分），由专门的教师任教。环境学在小学一到五年级的各课程领域中占总时间分配的15%。

孟加拉国小学一到五年级的新课程中有一门"环境学习"（Environmental Learning），该学科在一、二年级没有专门的教科书，只有教师指南作为教学的主要辅助。三到五年级该学科分化为两门独立学科，即社会环境学习和自然环境学习，有专门的教科书，前者取材于公民、地理学、历

---

① 徐辉，祝怀新. 国际环境教育的理论与实践［M］. 北京：人民教育出版社，1996：51.

史和经济学，后者取材于自然地理、动物学、农学、物理学、化学和健康与营养。

（三）社会与环境教育模式（SOSE）

该模式在广泛渗透和独立设置之外，将已有的核心课程作为载体，把环境教育的内容和原有的核心课程结合，走出了一条新路，为环境教育寻找出了一个恰当的载体，并与之结合，保证它能够具有一定的独立性。以社会课作为环境教育的载体，使环境教育在课程体系中获得了坚实的立足点，就地位、条件等方面都得到了前所未有的稳定性，同时也凸显出环境问题的实质是自然与人类行为的关系，解决了环境教育的根本问题所在。

澳大利亚文化教育均较发达的维多利亚州在1995年制订了"社会与环境教育新课程"，并在2000年进行了修订。"社会与环境教育（SOSE）研究人类的进步，人们在不同时期如何组成自己的社会以及如何与自己的物质环境相互作用，SOSE由历史，地理，经济和社会（法律和政治）几个分支组成"[1]。"研究人们如何与自己的物质环境相互作用"[2]。上述理念暗含着这样的思想：环境教育不是对原来的社会课程做什么补充，而是要从人与环境关系的角度对社会课的传统分支重新思考与审视。该课程是综合学科，以分支及学科为基础，按照六个知识领域建立，学生从这些领域中学习基本的知识。六个领域中直接与环境教育相关的有两个，一个是澳大利亚和它所有的人民，另一个是环境意识，从名称上看就有明显的环境色彩。其余的四个领域是公民和公民教育，全球理解，经济，经营。SOSE的核心学习领域有四个分支，整个课程分为六个水平，各分支与水平的关系是：社会和环境（水平1~3），历史（水平4~6），地理（水平4~6），经济与社会（水平4~6），在这不同水平的各分支中落实环境教育，要达到以下的教育目的：

社会与环境分支，在水平1，有"具体解释人们如何利用和保护家庭环境"；在水平2，有"考察本社区及环境伴随时间所发生的变化"；"说明在社区内资源是怎样使用和管理的以及为什么这样做"；在水平3，有"比较在澳大利亚人们如何利用环境"，等等。

历史分支，在水平4，有"说明原住民及托雷斯海峡岛民社区的组织

① The Board of Studyes.《Studyes of Society and Envionment Standard and Framework》. First Published 2000.

② The Board of Studyes.《Studyes of Society and Envionment Standard and Framework》. First Published 2000.

及生活方式怎样随着时间而发生着变化的知识"；在水平5，有"比较古代和中世纪社会日常生活与现代社会日常生活的主要特征"。

地理分支，在水平4，有"说明澳大利亚的人口，分布，并且解释土地使用形式的变化""分析关于澳大利亚土地使用和保护的不同观点"；在水平5，有"解释自然过程和人类活动怎样改变着环境"，说明"人类如何利用自然以及人类环境怎样随着时间改变"；在水平6，有"说明人与主要的自然系统之间的相互作用及过程"；"预测资源的发展和利用对选择性的自然和人类环境的影响"；"为了解决一个有关自然和人类环境的利用及管理问题，建立一项可以理解的策略"等等。

经济与社会分支，在水平4，有"解释经济决策如何影响资源的利用"；在水平5，有"说明影响澳大利亚经济的主要因素"等等①。

（四）跨学科课程模式（Cross curriculum model）

跨学科教学模式是渗透结合模式发展的产物，在中小学教育中设立跨学科的环境教育专题，制定专门的教育目的和教学要求，是由多种学科相互合作、共同完成环境教育过程。在学校教育中，它是独立开设的专题，但又以有组织的各科合作、多学科教学形式出现。

英国中小学的环境教育是这种模式的一个典范，英国国家课程委员会制定跨学科的专题—环境教育教学指导文件，构建了环境教育的总体框架，以指导和协调科学，地理，技术，历史等学科进行环境教育。英国根据各个阶段儿童所接受环境教育的内容，从而合理安排不同学级的教学内容。例如，对于低幼阶段的学生，针对其年龄特点，先通过亲身实践，在观察接触环境事物的过程中激发起儿童对环境事物强烈的好奇心，让孩子们在兴趣的驱使下收集到一些关于环境的第一手资料，从而使他们形成一定的对于环境的感性认识，在此基础上，再对这些儿童进行有关的概念、知识的教学，以此达到培养知识、技能、态度的教学目标。而对于中学阶段的学生，根据其年龄特点，则可以通过讨论的形式进行教学，让孩子们在教师的指导下，从与同伴的交流中相互取长补短。

（五）混合模式

有些国家根据不同情况在中小学教育的不同阶段采用不同的模式，以达到更好的效果。日本即为一例，它在小学和初中阶段采用能多学科模式，环境教育主要渗透在社会科、理科、地理学和公民学等课程中，高中

① 《SOSE》. http：//www. eduweb. vic. gov. au/curriculumatwork/csf/so/koso. htm. 2004 年 4 月 1 日访问.

阶段则设立了许多涉及环境问题的选修课。

二、教材资源

教师对学生的教育和影响离不开必要的教材，教材不仅是知识的直接载体，也是教师授课的必要手段，是教师提高教学质量的推动力量。同样，环境教育的开展也离不开必要的环境教育教材资源，没有环境教育教材资源，环境教育就不能达到教育目标更不可能取得理想的环境教育效果。因此国外许多环境教育团体和各中小学都十分重视环境教育教材资源的建设，在环境教育教材资源建设的过程中，主要有以下几种重要的模式：

（一）全国性的环境教育教学大纲大纲的制定

1991 年、1992 年和 1995 年日本文部省陆续编辑出版了《环境教育指导资料》（初、高中编、小学编和事例编），它标志着中小学环境教育的基本理论已经确立，并进入全面推进环境教育的新时期。在《环境教育指导资料》（小学和初高中编）中指出，环境教育的目标是："关心环境及环境问题，立足于综合地理解和认识人与人周围环境之间关系的基础上，掌握能够解决环境问题的技能、思考力和判断力等，形成对环境采取有责任的行为和积极的态度，同时从保护环境的立场出发，重新认识自己的生活方式及作为人的应有的生活方式。"[1]

这套资料具体而全面地阐述了文部省关于今后一个时期日本中小学环境教育的基本思想和观点，同时对学校教育中各教科、道德和特别活动中与环境教育相关的内容、指导方法等，也做了具体说明。特别是在《环境教育指导资料（事例编）》中，对与教科内容相关连的环境教育、关于与环境教育相关的教材、教具的有效利用、重视体验活动环境教育、与家庭及地区相结合的环境教育、学校整体活动的相互配合等问题，分别以具体实例做出了详细的论述。不难看出，这套资料的出版发行，对于促进日本中小学环境教育的发展，将起着积极而重要的指导作用。

（二）立足于本国的教材内容

在德国环境教育的教材中，我们可以看到，在题材的选择上，多以联邦德国为背景，比如在涉及有关水、空气污染、交通堵塞、森林坏死等题材方面。有关国际性环保问题按教育大纲涉及有莱茵河上游的河流疏导、

---

① 刘继和，田中实. 日本中小学环境教育的发展和基本理念［J］. 外国教育研究，1998（4）：13—14.

大普兰（美国）的土地侵蚀，巴基斯坦水利灌溉与盐碱化、西班牙的大规模旅游自然环境破坏，鲁尔区的空气污染等等，但总的来说，德国的环保教育立足于本国，重点以本国所面临的环保问题予以例证。

（三）与本地实际密切联系的教学材料

环境教育的正确实施离不开高质量的、与本地实际紧密联系的教学材料。

德国中小学开展环境教育可追溯到 20 世纪 60—70 年代中期。随着不同时期出现的不同的环境问题，如 60—70 年代的水污染，70—80 年代核废料处理问题，目前的臭氧层破坏等问题，各个时期有各个时期的重点。到 90 年代初期，环境教育的内容已先后间接或直接写入联邦各州有关的中、小学教学大纲之中。虽然，各州在教育上是独立的，制定各自的教学大纲，规定使用各自不同的教科书，但环境教育的内容在各州有关的中、小学教学大纲中都有涉及，内容大同小异，主要集中在地理、生物、自然、社会、化学及经济、法律等课程，覆盖 5～13 年级。此外，在德语、常识、郊游活动、乡土教育等各种课程及活动中也开展环境教育。

（四）多样性的环保教育选材

环境教育与其他教育一样，必须适应儿童学生的发展阶段进行教材的选择和指导。

德国各种不同类学校，不同年级环保教育选材具有多样性。例如在职业预备中学中有关环保的内容大都详尽，予以描述、说明。而在非完全高中与完全高中的教材中则主要是以启发性为主的教材。重要的是启发学生自己去动手参加环境保护，在完全中学的高年级中（11、12、13 年级中）则主要是进行环境保护的专题教学，如："水""森林死亡""交通与环境污染"，其知识程度已涉及专业知识、大大超过一般中学教学程度。在对其新、旧教材进行对比中还可发现环保教育在地理教学中明显地日益重要，在新教材中，即使是在低年级中也涉及了环保问题，但无专题内容，其题目如为"撒哈拉的沙化""巴西热带森林的毁坏""水质破坏与莱茵河的疏导"。

日本的做法是：根据不同年级学生的不同要求来制定教材，比如对小学低年级（1~4 年级）来说，环境教育的中心是给儿童更多的接触自然以及亲身感受自然的事物和现象的机会，使之在体验自然的过程中来了解保护自然的道理；对于小学高年级（5、6 年级）和初中生来讲，环境教育的重点是让他们直接面对与环境相关的事物和现象，使之形成对环境的具体的认识，同时指导他们养成把握事物和现象相互间的联系及其因果关系的能力和解决问题的能力；对于高中生来讲，应使之掌握综合地思考和判断环境问题，以及进行合理的选择和意志决定的能力，并培养他们主动地保护和改善环境的能力和态度。

（五）开发和利用校外课程资源

在美国，自古就推崇自然教育环境，重视对自然的了解和研究。环境学者和教育家普遍认为最有效的环境教育课程应该重视学生和自然、社会环境的互动。中小学的环境教育要让学生有机会接触自然、观察自然、感受自然、热爱自然，要强调利用户外作为学习的实验室，充分利用社区人文环境和鼓励利用地方课程资源。

为了帮助学生了解森林和社区的相互依赖关系，合理利用土地资源，1973 年美国森林局委托西部区域环境教育委员会会同西部十三州教育厅及资源管理人员，开发了供中小学使用的森林学习计划（Project Learning Tree）①。该计划以森林或树林为中心，采取跨学科方式，在直接的自然环境和经济生活中探讨环境保护问题。目前美国几乎所有州都采用了这一学习计划。野生计划（Project Wild）② 是美国西部地区环境教育委员会、西部各州鱼类及野生生物局与教育局等在 1983 年成功开发的一种以野生动物与环境为中心的跨学科环境学习计划。该计划的目标是通过观察和调查野生动物与整个生物所依赖的环境来唤起学生的环境意识，培养他们的责任感和态度。这两个环境教育计划对唤起和推动美国中小学环境教育利用丰富的校外课程资源起了极大的作用。

三、教学形式

中小学环境教育要让学生在学习环境科学知识的同时接受环境道德教育，不能采取生硬、简单的教学方法，必须让学生乐学、爱学，所以教学方法的使用要力求灵活，使环境教育活动的形式多样化，采用学生乐于接受的教育方式。在国外许多国家的实践中也证明这些多样化的环境教学方式促进了国外环境教育实效性的提高。

（一）问题教学法

这种方式是教师通过提供给学生一个有争议的环境问题（最好与当地社区有关），让学生亲自参与调查，收集资料并就获得的相关材料和初步确定的解决措施进行讨论，以使学生得到环境技能方面的训练、环境知识

---

① 王冬桦. 人类与环境——环境教育概论［M］. 上海：上海教育出版社，1999：96.
② 王冬桦. 人类与环境——环境教育概论［M］. 上海：上海教育出版社，1999：96.

的丰富和环境意识的提高。由于该方法的主要目的是培养独立的环境问题调查者，所以在此期间，环境争议问题不仅可以由教师提供，而且教师还鼓励学生独立从事他们自己选择的争议问题的调查。

问题教学法受到美国中小学教师的欢迎，在实际的教学过程中，学生应该必备有关环境争议问题的背景知识，了解环境争议问题的各种已存在的解决途径和解决相似环境问题所采取的行动计划。虽然参与实际的行动计划是最好的理解解决争议问题过程的途径，但与此同时美国教师仍会组织学生阅读和讨论大量的环境争议问题的个案研究，这有助于提高学生对环境问题的理解和提高学生解决争议性问题的速度。

环境教育的目标之一是提高人的素质，使其成为国际社会中的合格公民，并能为环境问题的解决做出贡献。问题教学法之所以受到美国中小学教师的欢迎，其主要原因就是这一教学方法能培养学生若干的必要技能，而这些技能又是实现环境教育目标的必经过程。如识别环境争议问题的技能；分析争议问题和正确识别角色及其信念与价值观的技能；以一定方式调查争议问题的能力；评议争议问题及确定最有效的解决问题的方法的能力；制定在尝试解决和帮助解决一个特定争议问题中能被贯彻的"行动计划的能力：执行一项特定行动计划的能力"。

（二）户外课程教学模式

户外教学是在环境中教学，让学生接触自然环境，观察自然、感受自然、热爱自然，提高环境意识。户外教学包括观察、研究和思考。户外教学场所多样，时间可长可短。学校的楼梯、小道、校园操场、附近的公园或社区内任何地方，都可以作为户外教学的场所①。在环境教育的发展初期，涉及户外教育的主要是参观、考察、调查、科研等，大多数教育活动是以户外教育的形式进行的②。

譬如在英国，大多数学校的主要做法是带领学生走出教室，到实地亲身感受和了解环境，如栽种植物、照料动物、记录天气、考察农场和自然保护区或博物馆等。还有一些学校在偏僻的乡村建立实习基地。早在1977年英格兰和苏格兰的教育部门就设立了360个叫作"居住中心"的基地，设有青年旅馆和专门的设施供学校作校外实习用。至今英国的中等学校仍

① 许嘉琳，等.面向可持续发展的中学环境教育［M］.北京：北京师范大学出版社，1992：106-109.
② 徐辉，祝怀新.国际环境教育的理论与实践［M］.北京：人民教育出版社，1996：36-37，133-135，144，206-207.

然比较注重通过学生的亲身经历来发展他们对环境的理解力和其他相关技能。

户外教学法已成为实施环境教育的基本方法之一，被普遍认为是实现环境教育根本目的的一种重要而有效的途径。这种户外教学通过提供直观感受，使学生的环境意识不再停留在认知层面上，它产生的基础是人们对环境问题的深切感受。户外教学有利于学生在实践活动过程中掌握解决环境问题的知识与技能。它为学生提供了一个接触并了解真实自然的机会，能使学生自觉联系课堂教授的知识，有助于学生将课堂中有关价值观与态度、道德感与责任感的说理教育内化为自然素质。户外教学也有利于发展学生正确的环境价值观和态度。尊重自然、爱护自然、保护自然是环境价值观的核心和基础。德国环境教育学者多拉瑟（Rainer Dollase）指出，环境教育应"情感基础第一，不是认知第一"，因为"对大自然的美是具有环境意识行为的先导"。而要实现这一情感目的，则应由教师精心策划，带领学生到森林田野去接触大自然，认识大自然和探究大自然。同样地，这种形式的教学也是学生从认知上探讨学科所提供的内容及其复杂关系的准备。

（三）野外观察法

野外观察法，即根据教学的需要，组织并指导学生外出，亲自参加有关环境污染、自然资源和生态环境破坏等现象的实地考察，或在保护环境措施采取后，对环境质量改善状况进行调查，目的是使学生获得环境知识技能。从本质上来说，野外观察法实际上也是户外教学法的一种，由于它更关注与学校、社区较远地方的考察，而且在很多中小学也应用较广，所以有必要单独对其进行阐述。

到野外进行实地的环境考察，它可以丰富环境教学内容，便于把课堂传授的知识与实际的环境状况结合起来，因此它是发展环境知识的基础，也是培养和提高解决环境问题技能的手段。它不仅有助于学生更好地理解知识，而且还能激发他们探索环境问题的兴趣，启发他们的求知欲望。

英国教育者认为："环境教育的重点之一，应放在由学生自己去调查研究环境问题，在实际活动中增长对环境问题的认识。"[1] 田野工作对于中小学生获得环境问题的直接经验是十分重要的。这种形式使环境成为一种学习的刺激，能够激发学生对环境问题的好奇心，从而发展了他们对环境

---

① 白月桥. 课程变革概论［M］. 石家庄：河北教育出版社，1996：369－375.

的认识。田野工作应与其他课程如地理、工艺、科学、艺术、现代语言、历史等联系在一起。另外，如果有条件，把田野工作与室外教育中的体育和游戏结合起来，会取得很好的效果。学生对环境的直接认识是从他所在的社区或学校等身边的环境开始的。那些从事直接与环境有关的工作人员，如建筑师、工业家、地区规划部门应对学校环境教育工作给予支持。

美国有丰富的自然资源和人文资源，有大量的自然保护区、野生物环境教育中心和国家公园等，为中小学学生进行野外考察提供了各种便利。美国中小学的野外考察形式较为灵活，有的在课堂知识传授之前进行，以便学习者能获得一定的环境感性材料，有利于对理论知识的理解和接受；也有的在知识传授之后进行，目的是通过实地考察使学习者学会如何在实际情况中运用知识，引导学习者在实践中用感性材料来验证知识，并加深对知识的理解。美国各地开展了以野外活动为重点的环境教育，许多州组织了小学各年级学生展开学习环境知识的野营活动。通过这种活动，使学生了解："我的生命是自然的赐物，自然的和谐和自然的恩惠哺育着我，自然的破坏是我的致命伤痕"，"我是自然的一员，我绝不破坏自然"。

（四）环境主题活动模式

环境主题活动以环境主题为中心，让学生实际参与认识环境、爱护环境及保护环境的活动。

从美国中小学的情况来看这种环境主题活动主题鲜明，目的明确；既可在课堂上实施，也可在课外单独进行，形式灵活；它和课堂内容联系紧密，又有很强的实践性；所需的时间可长可短，可课上结合具体进行，也可课外单独开展；形式活泼，使用灵活；有利于教学的安排，教学效果良好。因此，受到了美国中小学广大师生的欢迎。当然，一个好的环境主题活动的设计不仅要选好主题，考虑活动的依托形式和部分组成，还要遵循环境教育的原则，只有这样才能使环境主题活动更有成效。

环境主题可以细分为多个方面的内容，如认识环境（侧重于认识自然环境及其中各要素的相互关系）、环境保护（侧重于分析和解决环境问题）、环境教育（侧重于对环境概念、观点及相互关系的认识和理解）等。环境主题活动是以某一环境主题为中心开展的活动，其活动形式多种多样，充分体现了美国多元化的教学特色和尊重学生主体性的教学理念。如小组活动、问题讨论、主题辩论、专门采访、环境竞赛、问卷调查、头脑风暴、图形分析、社区活动、模拟体验游戏、调查、戏剧、音乐、诗歌、卡通制作、漫画评比、新闻媒体、两难选择、联想预测、角色扮演、流行文化（歌曲、服饰）等。

丰富多彩的活动形式激发了学生的学习兴趣和参与意识，使环境主题活动在美国中小学环境教育中赢得了广泛的关注，不仅提高了学生的动手能力和环境意识，而且还为各中小学带来一些实际效益。

（五）电子网络法

随着越来越多的人意识到电脑在学校教育中的重要性，电脑已经成为实施和提高课堂教学的有力工具。在早期的环境教育中，电脑主要被用于收集和分析资料，以跨越有形的教室界限。近年来，在环境教育方面人们也开发出许多有效利用电脑的途径，如电子模拟、电子会议、电子交流、和信息系统的管理等，电子网络成为中小学环境教育中的一支生力军。

许多发达国家，例如美国，澳大利亚，德国等国家的网络已发展相当成熟，网站众多，内容丰富翔实。将网络运用于中小学环境教育，主要因为这不仅可以提高学校现有资源的利用率，而且也为环境教学的开展提供了极大的便利。电子网络法正在或将会在中小学环境教育中发挥了越来越重要的作用。通过网络，学生可以获得需要的环境学习资料，教师也可以获得最新的环境教育信息，还能接受专家对其教学方式、方法的指导，同时有助于实现不同学校教师之间的教学交流，促进共同进步。通过网络师生可以开展更生动的教学活动，如模拟情境、游戏、展开联想等，能更真实地体会到环境污染、环境破坏给人类带来的灾难，这对培养学生的环境意识和生态道德有着更积极的意义。通过网络师生可以随意选择交流的时间和地点，时间和距离已经不再是交流的障碍，而费用低廉也是吸引广大师生利用网络的原因之一。此外，网络还促进了各学校之间的合作，促进了学校和社会团体、决策机构的联系，加大了学校对整个社会环境的影响力。

（六）角色扮演法

角色扮演法就是在环境教育中，让学生尝试设身处地地扮演另一个在实际生活情境中并非自己的角色（角色可以从整个生态系统中选取），并通过情境的设置，使学生亲自体验所扮演角色的心理目标、生活方式和行为模式。这种教学法可以使学生"进入"争议性问题的内部，作为问题的一个因素，尝试和体验其中的相互作用和矛盾关系，使学生有机会演练不同人士的感想、态度、价值观与解决问题的策略。这不仅有利于学生理解课本中的环境知识，而且也有助于学生把环境知识和实际生活经验联系起来。因为它实际上为学生提供了应用技能进行人类交往和做出公民行动决策的演练机会。

美国中小学环境教育中的角色扮演有的利用大组进行，也有的利用小组进行。在小组扮演中，大多数班级成员就担当观察员，他们一般在角色扮演者完成扮演任务之后加入讨论。而对角色的扮演通常教师会轮流安排学生担任，尽可能地使每个学生都有不同的角色体验。大组扮演往往被用于城镇会议、委员会、公众倾听会的模拟，由于所有的班级成员都加入其中，每个学生都会有亲自参与体验的机会，因此它有比小组扮演更广泛地影响，但因为人数的增多，往往会增加组织人员的工作难度，而且角色扮演者和配角扮演者的分配也应该做到公平和平衡。而且在分配模拟任务时，美国教师会注意避免提供给角色扮演者一份角色态度的详尽提要。因为学生普遍很重视教师的见解，而忽视自己的调查和观点，这样就易使学生局限于教师的固定框架之中，而遏制了他们的思维发展。

四、师资模式

组织和指导学生开展青少年环保实践活动，教师的作用非同小可，举足轻重，优秀的教师是环境教育活动中的灵魂，辅导员的能力、修养、脾气秉性甚至个人魅力都对学生起着重要可的作用，特别是教师所具备的环境意识、科研意识、信息意识、开拓意识，领导意识都是非常重要的。1993 年亚太地区环境教育师资培训专家会议上，与会各国普遍认为"在环境教育内容、方法和过程方面受过良好教育的师资不仅能在国内环境教育事业中发挥关键作用，而且还将促进成员国发展环境教育的成本效应和努力"①。目前，环境教育的师资培训已受到各国各地区的普遍关注，主要的形式有以下几种：

（一）在职培训

在职培训是环境教育师资培训的基本策略。许多国家或地区在不影响正常教学的前提下，本着"干什么、学什么、缺什么、补什么"的原则，通过各种途径和方法，在现有的条件下努力进行教师的在职环境教育，旨在提高在职教师的环境教育教学能力和对当前环境的认知水平，以便在教学中有意识地适当渗透环境教育的内容。普遍的在职培训形式包括专题讨论会、研究生和继续教育课程、教师会议、学生会议、人员交流、学会活动、教师进修、函授课程等。

印度的环境教育中心在世界自然保护联盟的资助下从 1994 年起每年组织一次 2 ~ 3 个月的环境教育培训班，其培训内容相当广泛，从全球环境问

---

① 祝怀新. 亚太地区环境教育发展概览 [J]. 比较教育研究, 1998 (1): 19 – 20.

题到野生动物保护，从人口问题到妇女在环境事务中的作用，也包括环境教育的教学方法、宣传资料的撰写、游戏和剧本的设计等，学员还要考察著名的亚洲狮的故乡和海洋保护区，并在环境教育野外中心实地工作。澳大利亚、印度采取实地短期培训的办法进行环境教育在职师资培训，即让中小学教师到某地直接接触环境及其问题，从中接受培训。

在美国的教师中心，环境教育常常是一项特殊的活动内容。如美国科罗拉多大学的山脉考察环境教育中心，就是一个围绕环境教育开展工作的教育中心，其主要目的是培养一种具体的环境教育能力。实际上，大多数在职培训课程并不是综合性的，许多课程都有自己的工作重点。一些课程力求培养与环境教育方法有关的能力，如模拟运用、价值判断、社会资源利用等。一些课程着重传授环境知识和培养技能，如生态学基础、环境问题、环境保护等，还有一些培训工作旨在帮助教师运用现在的教材进行环境教育。如美国森林局环境教育研讨班就着重于进行环境教育的步骤和方法的培训；纽约市立学院教育学院开设的为期 15 周的环境课程，重点是进行环境调查和环境保护所需的知识和技能的教学，另外，在美国还有大量的在职培训课程主要用来传授生态学知识或理解环境问题。

（二）职前培训

传统的职前师资培训是以某一领域为单位进行的教学活动，而复杂的环境问题却涉及许多学科领域，这势必对职前师资培训提出新的要求，即要充分考虑跨学科协作环境教育的开展必须依靠教师的培训。

1. 高等院校开设环境教育的课程和学位

随着环境教育的发展，发达国家的许多学院和大学都设置了环境教育的课程和学位。如美国的威斯康星大学、密执安大学等都开设了为期 4 年的环境教育专业课程，培养环境教育的专职教师，并颁发环境教育教师资格证书。美国威斯康星州法令要求对中小学教师进行充分的自然资源保护方面的教育。哥伦比亚、保加利亚、泰国等国家都为师范生开设生态学和自然保护的课程。印度尼西亚的师范院校则在人口教育课程中介绍环境教育的有关内容。澳大利亚认为，复杂的环境问题不是一门学科能解决的，需要跨学科来探讨，为此维多利亚州的罗斯顿高等教育学院将物理系、化学系、生物系、地球科学系、数学系合并为一个系——环境学系，目的是培养具有较高环境学识的中学师资力量。

2. 在教师培训课程中渗入环境教育实践

将环境教育的内容和实践渗入职前培训课程中可以使学校在不改变原有科目的名称、不牺牲原有课程目标的前提下，通过现有的班级教学达到培养教师环境教育能力的目的。因此这一方法比开设环境教育学位课程更为普遍。如美国北伊利诺斯大学迪卡文布分校要求所有的职前小学教师参加在落勒多塔夫特校办农场的户外教育实践，结果职前教师掌握了一种环境教育的方法——户外教学方法。而美国比德克萨斯登顿大学在教学方法与不同科目的课程中，把各种教育技术和模仿、角色扮演及教学目标的确定结合起来，实现了在各科教学中用环境内容来培养学生使用这种技术的能力。由于除了环境教育专业学位课程以外，很少有专门的课程来培养职前教师所必需的所有知识、行为、技能，所以把环境教育内容有效地结合到他们自己的教学中去，把环境教育渗透到所有的职前培训方法课中去，成为美国中小学职前教师环境教育培训的主要方式。

（三）特殊形式

1. 环境教育培训网络

由几个国家和国际机构联合建立的"超越"（OUTREACH）是一个世界性的环境教育培训网络。OUTREACH 最初在肯尼亚创办了一份叫"辩护乌鸦"的儿童连环画杂志，在此举获得成功后，由"关心"（CARE）国际组织提供资金，印度尼西亚的环境组织于 1984 年创办了一份类似的刊物；1985 年，泰国在教育部、CARE 等多家组织的资助下，也创办了一份类似的儿童环境教育杂志。

2. 环境教育银行

印度艾默德巴（Ahmedabad）的"环境教育银行"则是一项完全创新的模式，这个银行其实是一个环境教育的资料库和培训中心，它储存了与环境教育有关的各种资料包括教具、海报、小册子、电影拷贝、录像带、出版物和一个储存有 800 多个环境概念、2500 项活动和 600 多个研究实例的电脑数据库，可以为环境教育工作者提供各种教学材料以满足不同需要。

第三节 国外中小学环境教育的主要模式对我们的启示

从以上的回顾看，国外的环境教育已相当普及，而且在结合本国实际课程设置，教育内容、教学形式，师资培训方式上各有特色。这些都给我国的环境教育事业带来了不少有益的启示。

一、我国环境教育存在的问题

我国的环境教育从无到有、从小到大，已逐渐发展为一个多层次、多形式、专业齐全、内容完整的具有中国特色的环境教育体系，从具体实施情况来看20世纪70年代末我国把环境教育的内容正式列入中小学教育计划和教学大纲。1991年，国家教委将环境教育安排在高中选修课和课外活动中进行。1993年，在新编的义务教育教材的相关科目中增加了环境教育的内容，从而形成了课堂内外有机结合地进行环境教育的局面。根据我国中小学环境教育课题组的抽样调查结果来看到1994年为止我国已有71.2%的中小学将环境教育正式列入学校教育教学计划之中。

纵观我国中小学环境教育的发展历史，目前环境教育就其现状来说，还存在一些需要解决的问题。这些问题主要包括：

（一）对环境教育重视不够，师生环境意识淡薄

一直以来，我国中小学在应试教育的左右下，未把环境教育摆在应有的位置，通过学科教学渗透环境教育的随意性极大，有关环境教育专题活动的开展也是寥寥无几。即使有些学校开设了此类课程，也出现人员不足和课时量减少的现象。

（二）教学大纲和教材问题

我国中小学环境教育还没有制度化，没有全国统一的环境教育教学大纲和教材，大多数学校没有独立的环境教育教材，虽然小学的自然课和中学地理课有部分内容是关于环境教育的，但毕竟没有形成全面系统的知识体系。少数设立环境教育课程的学校，使用的教材也大多是学校或本地区自编的，不具有普遍的适用性。目前，我国的环境教育随意性较大，未得到重视，主要原因就在于缺乏纲领性文件，中小学环境教育的教材存有较多问题。目前我国已有的环境教育教材、教学参考书共有43种[①]。但这些书籍却或多或少地存在一些缺陷，如内容不全面，偏重于污染与治理，忽略了大量有关环境知识的涵盖；教材内容也偏重于知识介绍，对培养中小学生环境保护行为习惯与解决环境问题的初步技能重视不够，在知识教育与行为培养上有些脱节等。

（三）环境教育的途径狭窄

我国中小学的环境教育仍以传统的课堂讲授为主，其余方式偏少，丰富多彩的环境教育途径未被很好地尝试和利用。

（四）环境教育的师资和资源紧缺

目前，我国中小学环境教育工作缺乏专职教师，主要依靠地理、生

---

① 王民．中国中小学环境教育教材现状分析［J］．中学地理教学参考，1996（1）：2．

物、化学等学科的教师来担任，有些学校甚至让不符合学历层次的代课老师去从事环境教育，其后果可想而知。虽然大多数老师都受过相关专业的培训，但他们在环保知识、环保技能和环保法规方面未接受系统的培训，中小学环境教育的师资培训还没有形成完整的体系和机制。由于我国高等院校环境科学专业不足和大量的师范院校还未开设环境教育公共课，再加之受时间的限制，我国各中小学的教师缺乏基本的环境教育培训，难以胜任基础教育阶段环境教育的重任。同时，整个教育体系还普遍缺乏必要的环境教育资源，不仅有关的信息资料、教材、必要的教学设备及校外教育基地不足，而且现存的社区环境教育资源也尚未被充分挖掘和利用。

二、主要启示

根据以上对我国中小学环境教育现状和不足的分析，结合国外中小学环境教育主要模式的经验，针对我国的中小学环境教育与国外存在的差距，我们可以从中得出推动我国中小学环境教育开展的若干思路。

（一）制定一套具有统一指导作用的环境教育教学大纲

像日本《环境教育指导资料》这样具有指导作用的环境教育教学大纲，在我国还没有。在我国，结合各科教学和学校其他各种教育、教学活动的实际，制定这样的教学大纲是相当必要的，否则环境教育的目的、内容和指导方法等就没有一个统一的标准。这不仅在理论上不利于对环境教育达成共识，而且在实践上也会产生盲目性。1988 年英国宣布在中小学实施国家课程后，全国课程委员会在 1990 年出版了一份环境教育计划说明书《环境教育》（《国家课程指南》第七册）；1993—1994 年国家课程进行减负的时候，环境教育那部分也进行了及时修订，并于 1996 年出台了"环境问题的教学"这一环境教育纲要。

而我国至今还没有全国统一的环境教育教学大纲和教材。因此，应尽快建立并完善我国环境教育的制度，国家教育部有关部门结合各科教学和学校其他各种教育、教学活动的实际，适时制定一套跨学科的具有统一指导作用的并且具有一定灵活性的环境教育教学大纲是很有必要的。同时各地应根据本地的具体情况，编写出一整套适合本地使用的可持续发展教育教材，学校还可以结合自身情况开发校本课程。

总之，认真总结我国环境教育的历史，积极研究和借鉴外国环境教育中好的经验和方法，结合我国学校教育和社会及环境问题现状，我们要制定出有中国特色的环境教育教学大纲，提出总的教育目标并分别制定小学、初中、高中各段及各个年级的教学目标，确立基本的教学原则，提出各层次的教学要点，在教学基本方法、课外、校外活动及社会实践活动等环节提供一般的建议和指令说明。据此制定对环境教育过程和效果进行考核、评估、奖惩的具体细则。这是当今我国环境教育的重要而紧迫的课题。

（二）课程设置模式

国外对中小学环境教育课程开发和设计的两种主要模式——独立课程模式和渗透课程模式，颇有争议，目前尚未形成统一的看法。在国外还出现了跨学科课程模式及社会与环境教育模式，混合模式等，这五种模式在实际的教学中，都有各自的优缺点，结合我国的实际情况，现阶段我国中小学课程体系中平行课多，课时较紧，升学压力使学生的课业负担很重，同时环境科学专业的师资力量又不强。因此，我们建议我国中小学环境教育的课程开发主要采用渗透课程模式，小学阶段，以自然和社会两门课程为主，其他课程配合，开展渗透结合方式教学；以课堂教学为主，课外和社会实践活动因地制宜。中学阶段，以各门课程计划和各科教学大纲为指导，以地理、生物、化学和物理为主，其他课程配合，采用渗透和结合的教学方式，开展环境教育。

（三）采用多种教学形式，增强环境教育的实效性

目前，我国中小学环境教育还未能摆脱传统教学方式的束缚，教学方法的单一、落后已成为制约我国中小学环境教育质量提高的一个重要障碍。多样化的环境教学方法，必将使环境教育的课堂更加活跃，使环境教育活动更加丰富，最终促进环境教育质量的提高。因此，如何根据环境教育实践性和参与性强等特点，探索出适合我国国情的环境教育教学方法，已成为一个重要的课题。多样化的环境教学方式促进了国外环境教育实效性的提高。显然，环境教育不能只局限于教师的课堂讲授，而应将理论知识的学习与丰富多彩的实践活动结合起来，才能丰富学生的感性认识，培养学生的积极参与意识和解决环境问题的能力。而我国中小学环境教学方式，经过20多年的发展，已逐渐走向多元化，但最常见的仍然是传统的课堂讲授法。

中小学环境教育要让学生在学习环境科学知识的同时接受环境道德教育，不能采取生硬、简单的教学方法，必须让学生乐学、爱学，所以教学方法的使用要力求灵活，使环境教育活动的形式多样化，采用学生乐于接受的教育方式。例如，系列化的教育活动、公益活动、宣传活动、社会实践活动等。只有借助于丰富多彩的环境教育活动，充分利用校内外各种资源，鼓励学生参与各种实践活动，才能促进环境教育的有效实施。

（四）加强环境科学知识培训，提高教师的素质

中小学环境教育主要靠广大教师来实施，教师环境科学素质和环境意识的提高，是搞好中小学环境教育的关键。美国重视对中小学教师进行环境科学素质培训所取得的成效，就是最好的实证。它不仅促进我们反思当前我国教师的环境素养水平，而且还进一步推动我们加大开展中小学教师环境科学培训的力度。反之，如果没有充足的环境教育师资力量，就盲目开设环境教育课程，终究会使中小学环境教育流于形式，充分认识环境教育师资培训的必要性和紧迫性，是推动我国环境教育发展的前提，我国是一个环境教育起步较晚的国家，中小学师资问题一直是困扰我国环境教育的突出问题。总体来说，我国中小学师资数量大、质量低，培训任务十分艰巨。在实际的师资培训过程中，我们不妨借鉴美国在这方面采取的一些措施。

由于具备环境科学知识是每位中小学合格教师所应该拥有的基本条件和素质，所以我们建议把环境科学基础知识的培训作为职前教师毕业，以及取得教师资格证书的必要条件之一。环境教育师资培训工作是一项专业性（教学内容）和艺术性（教学方法）很强的工作。因此宜由高等院校，特别是师范院校来进行。继续教育中，可以结合各专业具体内容开设有关环境教育的课程，以适应环境教育面向可持续发展的需要。培训方式可根据各校的具体情况进行选择，除了通过办培训班脱产学习的方法外，在中小学教师学历教育和岗位培训计划中，纳入环境教育的计划和内容仍不失为一种可取途径；另外，还可以开展观摩示范课活动、成立联合备课组、集体分析教材、探索教法、编写教案、以及充分利用电视、网络、函授或教师自修等方式开展师资环境科学知识。

第十五章 人教社小学语文教材
环境教育分析

钟雨航 姚小烈

第一节 中小学环境教育实施指南、义务教育语文
课程标准对环境教育内容的要求与现状

《中小学环境教育实施指南》是在教育部基础教育司的指导下编写，并将环境教育渗透到各个学科之中，其中作为主要学习科目的语文学科环境教育渗透作用当仍不让。《义务教育阶段语文课程标准（2011版）》从课程性质、课程理念、课程目标与内容、实施建议等方面对语文课程的内容、学习等制定标准，其中还包括有10条教材编写建议。在《中小学环境教育实施指南》的总体指导下，辅以《义务教育阶段语文课程标准(2011版)》对现行2011版人教社小学语文教材进行分析研究。

一、课程性质与环境教育相关

《中小学环境教育实施指南》指出："环境教育是学校教育的重要组成部分，在引导学生全面看待环境问题，培养他们的社会责任感和解决实际问题的能力，提高环境素养等方面有着不可替代的作用""环境教育的主要特点是综合性与实践性……环境教育兼有自然科学与人文社会科学的内涵，可以以跨学科的方式融入各科教学中。"①

《义务教育语文课程标准（2011年版）》规定："语文课程的基本特点是工具性与人文性的统一""语文课程的多重功能和奠基作用，决定了它在九年义务教育中的重要地位""学生对语文材料的感受和理解往往是多元的……向往美好的情景，关心自然和生命……观察大自然，用口头或图

---

① 中华人民共和国教育部. 中小学环境教育实施指南（试行）［S］. 北京：北京师范大学出版社，2003：3.

文的等方式表达自己的观察所得……力求表达自己对自然的感受、体验和思考……关注自然，理解和尊重多样文化。"① 从中能够直接看出，环境教育内容在小学语文课程中是不可或缺的重要组成部分。学习语文课程既是对语言文字运用的实践性课程，是促进自身精神成长的综合性课程，也是为了营造人类与自然界的和谐相处。从上述话语中我们可以看出，环境教育以跨学科渗透的方式进行教学有着可行性与可操作性。在小学阶段，每一个孩子都是一张白纸，对外面的自然世界充满了好奇，而在语文课程中环境教育内容的学习可以为他们的疑惑打开一扇大门。

同时，"语文课程丰富的人文内涵对学生精神世界的影响是广泛而深刻的"语文课程的情感态度价值观方面与环境教育的"培养'有社会责任感'的公民"不谋而合。

二、课程目标与环境教育相关

《义务教育阶段语文课程标准（2011版）》将课程目标分为总体目标和具体目标。

（一）总体目标

在课标中，总体目标的设计在于对语文素养的整体提高。语文素养包括语文知识的学习，语文学习态度，思考与探究能力的培养，人文素养的培育，世界观、价值观的形成等。它有着综合性的内容，环境素质也应该包括在其人文素养内容之中。在语文学习过程中，培养学生形成健康向上的审美情趣，逐步形成积极的人生态度和正确的世界观、价值观。这种能力也包括环境可持续发展的能力。

（二）具体目标

在具体目标上，首先指明："从整体目标上，语文课程目标从知识与能力、过程与方法、情感态度与价值观三个方面进行设计。"② 在不同的学段上，九年义务教育一至九年级进行了四个学段的划分，在每个学段中又以识字与写字、阅读、写话、口语交际、综合性学习五个方面对语文学习加以要求。

由于小学阶段以学习语言文字运用能力为主，同时语文课标对于三个

---

① 中华人民共和国教育部. 义务教育阶段语文课程标准（2011版）[S]. 北京：北京师范大学出版社，2011：1 – 5.

② 中华人民共和国教育部. 义务教育阶段语文课程标准（2011版）[S]. 北京：北京师范大学出版社，2011：6.

层面没有进行明确的表述，只是指出三个方面相互渗透，融为一体。但是通过语文课标中可以看到，在阅读上要求"关心自然和生命，获得自己的感受和想法，并乐于与人交流"；在写作上要求"表达自己对自然的感受、体验和思考"；在综合性学习上要求"结合语文学习，观察大自然，用口头或图文方式表达自己的观察所得"，通过以上环境教育内容的表述，我们可以看出在小学阶段，语文课程比较重视的是环境教育情感态度与价值观的培养。这符合环境教育内容在语文课程中的渗透作用。但是对于环境教育内容的选择、界定及操作并没有涉及，为课程的实施也带来了一定困难。

三、课程内容中的环境教育

本文以 2011 年版语文课程标准和中小学环境教育指南为对象，以知识与能力、过程与方法、情感态度与价值观为框架，研究语文课标中蕴含的环境教育内容。这其中的环境教育内容如下：

（一）知识与能力中的环境教育内容

表 15—1　知识与能力中的环境教育内容

内容与要求	学习建议
说出身边自然环境的差异和变化。	运用各种感官体验自然环境的特点。观察自然现象及其季节变化。
列举各种生命形态的物质和能量需求及其对生存环境的适应方式。	描述沙漠、湖泊或森林等不同生态环境中的一种植物或一种动物的特点。
举例说明自然环境为人类提供居住空间和资源。	列举直接或间接来源于自然的生活或学习用品。想象作文：假如地球上只剩一棵树。
理解生态破坏和环境污染现象，说明环境保护的重要性。	采访社区不同年龄的居民，记录本地区近几十年的环境变及其对人们生活的影响。
初步知道日常生活方式对环境的影响。	如何才能最大限度地保护水资源、电力资源等。讨论如何才能最大限度地不损害环境。
了解日常生活中的常见环境污染情况及其影响。	与同学讨论如何杜绝环境污染。
举例说明个人参与环境保护和环境建设的途径和方法。	在对社区环境考察的基础上给社区政府或居民写一封建设美好环境的倡议书。

（二）过程与方法中的环境教育内容

表 15—2　过程与方法中的环境教育内容

内容与要求	学习建议
运用各种感官感知环境，学会思考、倾听、讨论。	通过触摸大树、倾听大自然的声音等游戏运用各种感官感知自然并讲述各自的感受。

续表

内容与要求	学习建议
就身边的环境提出问题。	在校园或社区中一边观察周围环境一边互相提问。依据自身经历对当地环境的调查报告等材料进行分析，提出问题。
搜集有关环境的信息，尝试解决简单的环境问题。	通过观察周边环境等方式搜集有关环境的消息。

（三）情感态度价值观中的环境教育内容

表 15—3　情感态度价值观中的环境教育内容

内容与要求	学习建议
欣赏自然的美，尊重生物生存的权利。	观察日出、日落、蓝天、白云、碧水、绿草，倾听小鸟、溪水的声音。诵读描写自然环境的古诗词，认识人与自然的和谐之美。角色扮演，体验动植物在健康生境中的快乐生活。
尊重、关爱和善待他人，乐于和他人分享。	以"假如我是……"为题，体会讨论尊重和善待不同地域、社会、经济和文化背景的人们的重要性。开展各种集体活动，如合作创作一幅"家乡"的图画。
尊重不同文化传统中人们认识和保护自然的方式与习俗。	以不同方式交流中华大家庭各民族的文化传统，学会欣赏优秀的文化传统，讨论不同文化传统和自然的关系。
认同公民的环境权利和义务，积极参与学校和社区保护环境的行为，对破坏环境的行为敢于批评。	搜集学校有关环境卫生和环境建设的规章制度及国家环境法规，了解公民环境权利和义务的内容的实现途经。组织并实施学校或社区的垃圾减量行动。

　　通过对语文课标和环境教育指南内容的分析，我们可以看出，小学语文课程中蕴含了大量可渗透环境教育内容的载体，同时也有一些标准和指南中的学习建议在语文课程上的操作与实践存在一定的难度，如何使语言文字工具性的学习与环境教育的学习相辅相成，需要小学语文教材编写工作人员关注内容目标之间的紧密关系，并寻求正确、恰当、有效的方式将之呈现于小学语文教材之中。

四、课程实施中的环境教育

（一）渗透环境教育的教学

在语文课标课程实施建议中的教学建议中，罗列出四点建议。经过总结，以下三条建议都是可以融入环境教育内容的。

1. 充分发挥教学中的主动性和创造性

教材内容伴随着不同的解读与加工对于学生的学习会产生不同的效果。因此建议中提出的"认真钻研教材，正确理解、把握教材内容，创造性地使用教材，精心设计和组织教学活动"① 能够针对环境教育内容启迪学生在读取信息时更易于接受与踊跃思考。环境教育内容是适应社会发展和学生需求的必备知识，是当代人成为世界公民都应当具备的道德追求。从实际学习与生活出发，设计一些学生喜欢、好奇的形式与活动，例如"观察校园中的花草树木""观察教室与校园中有哪些环保行为值得同学学习"。在动手动脑的过程中，培养我们的环境保护意识，从小事做起，从身边做起。

2. 努力体现课程的实践性和综合性，培养学生的实践能力

语文课程实践性的要求对于环境教育内容的加入来说非常适合。在建议中提到"充分利用学校、家庭和社区等教育资源，开展综合性学习活动，拓展学生的学习空间""调查班上同学及父母的节假日活动，讨论这些活动如何才能最大程度地不损害环境"②，根据不同年级的学生特点，设计不同的实践性活动，在活动当中渗透环境教育的知识与方法，也达到了语文课程综合性的要求。

（二）情感、态度、价值观的塑造与培养

引导学生细心观察身边的环境问题，参与解决身边的环境问题，这是培养学生环境责任感的有效途径。"正确的思想观念、科学的思维方式、高尚的道德情操、健康的审美情趣和积极的人生态度……注重熏陶感染，潜移默化，把这些内容渗透于日常的教学过程之中。"③ 在小学阶段，环境教育内容的重点注入方向就是情感态度与价值观的培养。在课堂设计时

---

① 中华人民共和国教育部. 义务教育阶段语文课程标准（2011版）[S]. 北京：北京师范大学出版社，2011：19.

② 中华人民共和国教育部. 义务教育阶段语文课程标准（2011版）[S]. 北京：北京师范大学出版社，2011：19.

③ 中华人民共和国教育部. 义务教育阶段语文课程标准（2011版）[S]. 北京：北京师范大学出版社，2011：20.

"诵读描写自然环境的古诗词，认识人与自然的和谐之美""角色扮演：体验动植物在健康生活环境中的快乐生活"都能帮助学生体验和谐环境的动人宣言。

（三）结合环境教育内容的教材编写建议

语文课程标准从各个方面对语文教材的编写提出了十点建议。其中包括环境教育内容的建议主要体现在第二点"教材应体现时代特点和现代意识，关注现实，关注人类，关注自然，理解和尊重多元文化，有助于学生树立正确的世界观、人生观、价值观"① 环境教育内容的重要性对于语文课程来说毋庸置疑。在第九点建议上，"教材要有开放性和弹性"。所以能够看出教师对于教材应该如何使用，如何最大限度上设置与安排语文与环境教育两者之间的融合对于教师来说是一个巨大的挑战。

（四）关于环境教育的课程资源开发与利用建议

语文课程资源是指语文课程编制及语文教学活动过程中可资利用的一切直接性资源。② 在语文课标中，语文课程资源分为课堂教学资源和课外学习资源两部分。其中包含的环境教育内容也可以用这两个部分来区分。

课堂学习资源，包括教材，阅读材料，电影，广播，网络，图书馆等。其中自然风景、人文遗产、风俗民情等都可以作为语文课程的资源。"创造性地开展各类活动，通过多种途径提高学生的语文素养"③ 以上要求中明确指出环境教育的内容是语文学习中不可或缺的重要组成部分。

课外学习资源主要指地方与本校、社区、社会等资源。环境教育资源是学校环境教育实施的最直接资源。认真分析本地和本校的环境特点，充分利用已有的环境资源，积极开发潜在的资源，创造性地开展各类活动。

第二节　小学语文教材中环境教育内容选择的分析

根据对 2011 版人民教育出版社出版的小学语文教材一至六年级十二册教材内容的研究分析，可以发现每一册当中都包含了丰富的环境教育内容。根据小学语文教材中环境教育内容三个维度——知识与能力、过程与

---

① 中华人民共和国教育部．义务教育阶段语文课程标准（2011 版）［S］．北京：北京师范大学出版社，2011：32.

② 倪文锦，欧阳芬，余立新．语文教育学概论［M］．北京：高等教育出版社，2009：252.

③ 中华人民共和国教育部．义务教育阶段语文课程标准（2011 版）［S］．北京：北京师范大学出版社，2011：34.

方法、情感态度与价值观进行划分，来了解此版教材中的环境教育内容。

一、知识与能力

人、自然和社会相互作用，创造并推动着人类历史向前发展。在这个过程中，环境教育内容可以分为自然生态、社会生活、经济与技术、决策与参与四个方面，具体如表15—4所示：

表15—4 教材中知识与能力中的环境教育内容

年级	主题内容		具体内容
一年级	自然生态	动物	了解植物、动物知识，不乱砍伐树木，与动物做朋友，保护动植物。
		植物	
	社会生活	资源浪费行为	了解电资源、水资源及个人良好卫生行为的重要性，杜绝环境污染。
		环境污染行为	
二年级	自然生态	动植物	了解植物、动物知识，不乱砍伐树木，与动物做朋友，保护动植物。走进大自然，心想祖国与家乡的山清水秀风景如画。
		自然景观	
	经济与技术	自然科学知识	了解自然科学知识，增强环境保护意识。
		废物利用	学习废物利用知识，学习环境保护技能，保护环境。
三年级	自然生态	动植物	了解动植物知识，感受自然风景、祖国大好河山。
		自然景观	
	社会生活	水资源	珍惜水资源。
四年级	自然生态	动植物	了解植物知识，感受自然风景、祖国大好河山。
		自然景观	
	社会生活	水资源	了解水资源
		人文景观	感知祖国美好河山，人类的家国。
五年级	自然生态	动植物	了解动植物，保护动植物。
		自然景观	感受祖国大好河山
		异国风情	感受异国、异域不同文化风情。

续表

年级	主题内容		具体内容
六年级	自然生态	动物	人与动物、动物与动物之间的动人故事。感受大自然的美，珍惜自然资源。
		自然景观	

（一）符合标准、指南的内容选择

在中小学环境教育实施指南中，小学阶段在知识与能力方面主要包括自然生态、社会生活和经济与技术。自然生态有动植物、自然景观、异国风情；社会生活包括了解水资源、资源浪费行为、环境污染行为、人文景观；经济与技术包括自然科学知识、废物利用。从一年级到六年级十二册课本中，从动物、植物、自然环境、人文景观，到了解资源浪费行为、环境污染行为，进而学会废物利用、学习自然科学知识，包含了环境教育内容的要求，但是我们也发现，教材中环境教育内容的选择全面，但在自然生态内容多，在每一册教材中都大有辐射，而社会生活和经济与技术方面内容较少、可扩展活动也较少。

（二）注重环境教育内容知识的了解与感知

教材中所涉及的知识与能力方面的环境教育内容大多都重在了解和感知。例如："了解动植物"，"感受大自然"，"感受祖国大好河山"……而这些内容都包含在自然生态方面，类似知识点比较多，但缺乏一定的深入性。如果在教师层面上加以适当地考虑推进不同的活动方式，既丰富了形式，也充实了课文本身的内容，还能发挥出不可忽视的效果。同时，在社会生活和经济技术方面环境教育内容较少，而它们所包含的内容大都能开展相关的活动，例如"在对社区环境考察的基础上给社区政府或居民写一封建设美好环境的倡议书"由于内容上有一定的不足会导致一些有意义的环境教育活动难以开展。

二、情感态度与价值观

情感、态度与价值观是伴随着对课程的知识技能的反思、批评与运用所实现的学生个性倾向的提升。[①] 实现环境教育目的的根本途径是能认识到环境对人类和人类社会的重要价值。情感、态度与价值观是最好融入环境教育内容的维度，也是小学语文渗透环境教育内容的最佳选择部分。具

---

① 倪文锦，欧阳芬，余立新.语文教育学概论［M］.北京：高等教育出版社，2009：44.

体内容如表15—5所示：

表15—5　教材中情感态度与价值观中的环境教育内容

年级	主题内容	具体内容
一年级	欣赏自然的美，尊重生物生存的权利。认同环境保护行为。	爱护动物，与动物交朋友；栽花种草，植树造林；寻找四季，热爱大自然的美好景色，热爱家园、热爱祖国的美好河山。节约用电、节约用水，培养个人良好的卫生行为。
二年级	欣赏自然的美，尊重生物生存的权利。认同环境保护行为。	欣赏四季，激发学生热爱大自然；走进大自然，留心观察，保护环境。激发学生学习探索科学的意识，增强环境保护意识。
三年级	欣赏自然的美，尊重生物生存的权利。	保护动物，热爱动物；保护植物，绿化环境；珍惜水资源，保护人类的家园—地球。
四年级	欣赏自然的美，尊重生物生存的权利。	爱护环境，爱护古迹，珍惜水资源；爱护动物和植物，和动物交朋友。
五年级	欣赏自然的美，尊重生物生存的权利。尊重不同文化传统	保护自然资源，防止水土流失，保护环境，杜绝环境污染，保证人类健康。了解异国风情。
六年级	欣赏自然的美，尊重生物生存的权利。认同公民的环境权利和义务，积极参与学校和社区保护环境的行动，对破坏环境的行为敢于批评。	保护动物，维持地球的生态平衡。调查生态环境受到的破坏，为保护生态环境做出贡献，活动"我们与周围环境"。讨论科技的出现是利大还是弊大。结合生活实际和掌握的资料，与同学交流；珍惜资源的重要性、怎样珍惜资源。

（一）符合课标、指南中环境教育内容的选择

在小学阶段，语文教材中环境教育内容以情感、态度、价值观方面知识为主，培养孩子养成从小爱护环境、保护环境的好习惯。在情感态度价值观方面的环境教育内容可以归纳为三个方面：感受自然、尊重自然和保护自然。在十二册语文教材中，几乎每一册都涵盖了大量的有关感受自然的环境教育内容。无论是课文内容，还是插图，让学生无时不刻都感受到大自然的力量。例如，在一至三年级的教材中，爱护动物、保护植物的内容相当丰富，尤其是插图，在这些插图中几乎都有着以下元素：动物、植物及一个美好的生活居住环境。而在四至六年级中，内容从感受自然到加以尊重

和保护自然，虽然内容不多，但对于小学阶段的环境教育学习也十分重要。

（二）偏重于理解感受自然界中的生物

在表 15—5 中可以看到，语文教材中大量的环境教育内容都以情感态度价值观为契合点对学生进行有效的个性倾向教育。我们也发现了一些环境教育知识点存在重复，例如了解动物植物进而保护动植物等；但在尊重自然和保护自然方面的知识点稍显欠缺。同时，在保护自然方面仅能从教师口头上进行教述，而学生处于小学阶段对其的理解难以从教材上的知识升华为行动上的保护。

三、过程与方法

过程与方法是指对所选择的知识技能的反思、批判与运用。[①] 在小学阶段，环境教育主要帮助学生识别环境问题。具体内容如表 15—6 所示：

表 15—6　教材中过程与方法中的环境教育内容

年级	主题内容	具体内容
一年级	运用各种感官感知环境，学会思考、倾听、讨论。就身边的环境提出问题。	讨论如何劝阻人们践踏草坪、资源浪费的行为。讨论垃圾是如何产生的、怎样处理垃圾。
二年级	运用各种感官感知环境，学会思考、倾听、讨论。就身边的环境提出问题。	讨论如何保护对人类有益的小动物。与同学交流你看到或了解到的有趣的动物、植物。
三年级	运用各种感官感知环境，学会思考、倾听、讨论。就身边的环境提出问题。	画一幅秋天的图画，写上与秋天有关的句子，并与同学分享。以小组的形式制订计划调查家乡的环境。
四年级	运用各种感官感知环境，学会思考、倾听、讨论。就身边的环境提出问题。	介绍、交流自然景观和自然奇观。讨论我们能为保护文物做什么。搜集有关大自然启示的资料。说说对田园风光的感受、体验。
五年级	运用各种感官感知环境，学会思考、倾听、讨论。	通过课文和搜集到的资料，交流对西部的感受。
六年级	就身边的环境提出问题。搜集有关环境的信息，尝试解决简单的环境问题。	结合生活实际和掌握的资料，以"珍惜资源，保护环境"为主题与同学交流。思考如果你发现他人伤害动物时，你会怎么做。

---

① 倪文锦，欧阳芬，余立新. 语文教育学概论［M］. 北京：高等教育出版社，2009：44.

（一）符合课标、指南中内容的选择

在表15—6中可以发现语文教材中关于过程与方法方面的环境教育内容符合课标及指南的要求，主要以识别环境问题、尝试思考解决环境问题的方法为主。在语文教材语文天地中，以口语交际的形式对环境教育相关内容进行讨论。其中包括季节、动植物、家乡风景、环境调查等。在一、二学段主要以讨论为主，在第三学段培养学生从观察、搜集资料到思考、想出解决办法的活动方式，培养学生解决环境问题的能力。

（二）教材中环境教育活动多偏向于口语交际

在教材中，与环境教育相关的活动大都以口语交际为主。大多提倡自己观察，然后与同学讨论，或写一篇习作。环境教育强调学生学习时的体验、思考、交流与能力的发展，而能力的发展更多需要学生从实际行动出发。但语文课程中的环境教育只能以渗透为主，如果将活动以跨学科的方式共同组织活动，在做中学、学中做，会更有利于学生环境教育内容的学习，而对于学生的多元文化思维及学科知识之间的联结也有莫大的帮助。

第三节　小学语文教材中环境教育内容编排与设计的分析

一、环境教育内容总体编排顺序分析

（一）课标中环境教育内容的编排现状

表15—7　课标指南中环境教育内容的编排现状

知识	内容	具体标准
自然生态	一切生命赖以生存的物质基础。	知道人对环境的依赖，反思个人生活对环境的影响。
社会生活	不同环境条件下发展起来的生活方式及其对自然环境的影响。	理解环境问题及其对个人、家庭、学校和社区的影响；知道自然环境和生态系统的结构、功能和演化过程。
经济技术	人们利用自然资源、提供商品和服务的方式。	分析和理解经济技术、社会生活、政策法律与环境之间的相互作用
决策与参与	人们合作解决环境与发展问题的意识与途经。	指导公民参与保护环境的主要途经和方式，并对比其效果。

通过表 15—7 中可以看出，环境教育内容主要体现在自然生态、社会生活、经济技术和决策与参与四个方面，与我们的学习、生活紧密相连，同时语文课程亦如此，在小学阶段前两个知识更契合语文课程中环境教育的渗透作用。

1. 教材中环境教育内容的具体编排顺序

语文课程标准将小学六年级十二册教材分为三个学段：第一学段（1～2 年级）、第二学段（3～4 年级）、第三学段（5～6 年级）。为使完整的体现出环境教育内容的编排，以下表格的内容只包含了教材中课文所涉及的环境教育内容，不包括语文天地、口语训练、选学课文、习作等。（具体课文统计，见附录。）

（1）第一学段（1～2 年级）

表 15—8　教材中第一学段环境教育内容的编排

年级	主题	内容
一年级上	动物	了解动物，与动物交朋友，爱护动物
	植物	不乱砍伐树木，植树造林，绿化环境，保护植物
	生活环境	观察校园环境和大自然环境，热爱校园和大自然的美好景色
	自然现象	感受阳光及雨点，发现晴天和雨天的不同之处
一年级下	四季（春夏）	寻找四季，感受四季，感受天气的变化，感受大自然的变化
	植物	了解植物知识，栽种花草树木
	动物	了解动物知识，与动物做朋友，保护动物
	环境保护行为	识环境污染、资源浪费行为，杜绝环境污染，培养良好的环保行为
二年级上	四季（秋春）	欣赏四季这一幅美丽的图画
	自然科学知识	了解自然科学知识，增强环境保护意识
	动物	培养学生观察小动物的兴趣，喜爱小动物的感情
二年级下	自然风光	走进大自然，细心观察大自然
	自然科学知识	了解自然科学知识，激发学生学习自然科学知识的兴趣
	动物	了解动物知识，培养学生探索动物世界的兴趣

由表 15—8 可见，在第一学段中教材课文主要以自然生态内容为主，动物、植物、自然景观、人文古迹，以自然生物及自然景象作为一、二年级的小学生学习的主要环境教育内容。在一年级下、二年级上、二年级下

三册中，均以季节作为学期学习的开端，既与当时的季节温度吻合，又能使学生在生活中学习、发现与思考，感受不同季节的美与魅力。同时在四册中，有大量篇幅都与动物、植物有关，小学生从身边的小生命观察做起，和动物交朋友，爱护植物，关心自然和生命。这与课标要求的三维目标中的知识与能力、情感态度与价值观相契合，对语文课程进行环境教育的充分渗透。在第一学段还为小学生们打开了科学的世界，激发孩子们的好奇心。在二年级上自然科学知识部分主要围绕"了解科学、爱科学"这一主题向孩子们介绍自然科学知识，激发学生学习探索科学的兴趣，增强环境保护意识。以上内容符合第一学段学龄儿童的学习特点，但缺乏衔接性。

（2）第二学段（3~4年级）

表15—9 教材中第二学段环境教育内容的编排

年级	主题	内容
三年级上	丰富课余生活	丰富小学阶段课外生活，感受祖国大好河山
	四季（秋）	感受秋季，感受秋季大自然的美丽景色
	自然风光	感知祖国的壮丽山河，如天门山、西沙群岛、小兴安岭
	自然资源	珍惜水资源、自然资源，并学习保护这些珍贵资源
三年级下	自然风光	感受大自然的迷人景色，杨柳、荷花、珍珠泉等
	动物	了解动物知识、生活习性
	植物	植被的破坏会给人们的环境与生活带来灾难性的破坏
	科技世界	地球—人类的家园，需要人类的共同保护
四年级上	自然景观	感知祖国大好河山，如钱塘江、大峡谷及火烧云
	动物	动物是人类的好朋友，感受不同作者笔下的动物
	人文景观	感受我国的"世界遗产"
	科技世界	科学正在影响着我们的生活环境及生活方式
四年级下	自然风光	赞赏祖国大好河山，体会作者对山水的热爱之情
	大自然的启示	理解人类行为与大自然之间的相互影响、相互作用
	田园风光	走近乡下人家，感受田园风情，感受乡村田园生活

在第二学段，教材课文仍然以自然生态内容作为环境教育的主要渗透点，其中环境教育内容的重点从动植物转移到自然景观上来，并加以少量

的科学知识（见表15—9）。在三四年级上、四年级下两册中首个单元都是
有关自然景观的课文，使学生感受大自然的美，热爱祖国的大好河山。还
有人文景观以及田园风光，既能让学生感受到祖国的幅员辽阔，明白无论
是地域不同，还是城市或乡村，都是人们赖以生存的居住环境，也是为了
从小培养学生珍惜这样的生存环境，爱护并保护我们的生存环境。同时教
材在语文天地中设计了一些活动，以口语训练和习作为主，主要是对学生
在社会生活和经济技术两个方面内容的方法培养，在亲身体验中发现知
识，在解决现实环境问题的过程中发展创新能力及批判与反思能力。

（3）第三学段（5~6年级）

表15—10　教材中第三学段环境教育内容的编排

年级	主题	内容
五年级上	动物	动物的生活习性对于环境保护的启示
	自然科学知识	生活中各种事物（如灰尘）对于人类生活环境的意义
	植物	了解植物知识
五年级下	自然风光	走进西部，感受高原、雪地草原、戈壁
	异国风光	体会人与自然的和谐相处，如花朵、河流等
六年级上	感受大自然	投入大自然的怀抱，聆听大自然的声音
	珍惜资源	从身边的小事做起，结合主题扩展思考，如资源的重要性、应该怎样珍惜资源、在实际生活中是怎样珍惜资源的
	人与动物	了解人与动物及动物之间的感人故事，体会动物丰富的情感世界
六年级下	科学技术	科技的产生给人类带来了利与弊，思考如何面对这样的问题

在第三学段，有环境教育内容的课文数量比第一、第二学段的课文数
量要少，同时在内容上分布较为均衡，各个方面都有所涉及。但是有许多
与环境教育内容有关的课文都是课后的选读课文、综合复习中，是主要以
选学、自学为主的课文。这样的安排有利于小学生学习能力的提高，从一
至四年级环境教育学习能力的提升，到帮助学生开始自我学习。

二、环境教育单元设计分析

（一）教材中环境教育选文单元设计现状

表 15—11 教材中环境教育选文单元设计现状

年级	单元
一年级	多彩春天、环境保护、快乐的夏天、科学知识
二年级	秋天、爱祖国、环境保护、爱科学 春天、爱祖国，爱家乡、自然现象，自然景观、走进科学的世界
三年级	丰富多彩的儿童生活、秋天、壮丽的祖国山河 感受大自然的美好、爱护周围环境、神奇的科技世界
四年级	自然奇观、作者笔下的动物、我国的世界遗产、科技成就 祖国的自然风光、大自然的启示、走进田园，热爱乡村
五年级	培养学生的科学素养，人文素养 走进西部、异国风情
六年级	感受大自然、珍惜资源，保护环境、人与动物、动物与动物之间的感人故事 科学精神

（二）教材中环境教育选文单元设计分析

如表 15—11 中可以看到，除了在一年级上册中没有环境教育单元外，十一册教材中都有与环境教育内容有关的单元。其中有小部分单元并不是所有课文都与环境教育相关，同时在教材中除了这些单元中的课文外，还有其他一些单元中的课文与环境教育相关。从单元名称来看，单元设计上基本符合小学阶段学生的学习，知识缺乏一定的系统性。例如课文单元在学习四季时，春天单元出现两次，夏天单元出现一次，秋天单元出现两次，而冬天一次也没有。其次，在三个季节中，没有将其结合起来进行比较性和总结性的学习。

三、环境教育单元导语设计分析

（一）环境教育选文单元导语设计现状

对小学语文教材的环境教育课文的单元导语进行一个简单统计，其中除了一年级上册没有单元导语外，剩下十一册均有单元导语，具体如表 15—12 所示：

表15—12　教材中环境教育选文单元导语设计现状

年级	语句数量	评语形式
一年级	1～3句左右	单元导入以儿童评议为主，简短、多带有感叹语气
二年级	2～4句左右	单元导入以儿童评议为主，简短、多带有感叹语气
三年级	一小段	导语中介绍与单元课文有关的内容，以优美的评议形象地引入单元学习
四年级	一段	使用优美的语言，并教授学生以细心观察、搜集资料等方式帮助单元学习
五年级	两段	使用优美的语言，教会孩子学习体会语言文字，主义体会课文表达的感情，思考并提出问题与老师、同学讨论
六年级	两段	

（二）环境教育选文单元导语设计分析

从表15—12中，我们可以看到，在单元导语设计上教材以小学生的不同年龄阶段及情况进行设计。在第一学段，学生年龄小，导语设计以童趣的语气向学生介绍单元的学习，并多以"让我们一起去……！"的句型激发学生的学习兴趣。在第二学段，从几句话变成了一段话，并且用简洁优美的语言勾勒出单元主题，用文字的魅力吸引学生学习单元课文，特别是环境教育内容又多以动植物、自然风景、人文景观为主，这样的方式深深地吸引着小学生们的好奇心。在第三学段，导语一般都由两段话组成，第一段话介绍单元即将学习的内容，第二段向学生们展示应该要用哪些方式来学习本单元的内容。由此可见，在课文学习上，导语对于学生的学习来说十分重要。

四、环境教育内容课文插图分析

在对小学语文教材进行插图统计时，发现插图主要出现在以下三个部分：导言、课文、练习与活动。

表15—13　教材中环境教育相关插图在六个年级的分布

	一年级	二年级	三年级	四年级	五年级	六年级
导言部分	9	3	10	11	4	3
课文部分	87	85	67	63	49	46
练习与活动部分	11	10	11	31	10	11

通过表 15—13 发现，插图主要分布于课文部分，帮助学生更好地理解课文内容。在导言部分，插图在三、四年级较多，到五、六年级就相对减少至 1/3。在课文部分的导言分布呈现出下降趋势，在小学初段插图发挥了重要的作用，而伴随着学生学习能力的提高，想象能力及思考能力的提升，插图辅助课文的学习。在练习与活动中，除了四年级呈现出最多的插图，其他均在 10~11 的阶段。

由于小学学生的身心发展特点，决定了小学语文教材中存在大量的图片，尤其在低学段的教材中，几乎是每一页都有插图。而如此大的数量主要是由于有一些图片没有环境教育内容知识，但在图片上我们可以看到活泼的小动物、迥异的天气、各种颜色的植物，还有国内外优美的自然风光、人文景观，这些都无时不刻地作用于我们的环境教育学习。

五、环境教育内容活动设计分析

练习作为教材不可缺少的一部分，向学生们传递着各种教育信息，主要是通过对学生进行独立思考的指导及实践活动的方式的指导。由于环境教育学习的实践性，这里的练习主要指讨论、习作、实践活动。

表 15—14　教材中环境教育活动设计现状

年级	活动
一年级	这样做不好、植树节、春天在哪里、我们身边的垃圾
二年级	保护有益的小动物、有趣的动植物、春天里的发现、夸家乡、奇妙的动物世界
三年级	秋天的快乐、风景优美的地方、介绍家乡景物、家乡环境调查、我们能做点什么
四年级	介绍自然景物、说说自己喜欢的动物、保护文物、我们去春游、大自然的启示、田园风光
五年级	搜集西部大开发的资料
六年级	把自己想象成大自然的一员、珍惜资源、如何保护可能被伤害的动物、科技发展：利大还是弊大

在表 15—14 中可见，总十二册书中共有 25 个与环境教育有关的活动，一年级 4 个，二年级有 5 个，三年级有 5 个，四年级有 6 个，五年级有 1 个，六年级有 4 个。除了五年级以外，其他几个年级大都在 4~6 次左右。在活动内容上主要是仔细观察、搜集资料、口头讨论、提出解决办法。在第一学段主要以观察为主，并结合一定的讨论。例如一年级下"我们身边

的垃圾"活动中，讨论"垃圾是从哪里来的？怎么处理生活垃圾？"，最后小组合作把大家的想法画出来。而在六年级下"科技发展：利大还是弊大"活动中，先表明自己的观点，然后搜集资料以辩论的方式进行讨论。从以上内容可以看到，活动大都以室内口语交际为主，缺少实际生活中的活动设计。

第四节　对小学语文教材中环境教育内容编制的建议

一、内容选择的建议

在实施指南和语文课标中环境教育内容标准的基础上，对人教版小学语文教材中环境教育内容选择的研究，我们可以发现现行小学语文教材注重知识的了解、情感的感受和对于环境问题的基本口语表达能力的培养。语文课程标准中对于环境教育的介绍比较少，仅是寥寥几句带过，本文研究主要依靠于中小学环境教育指南的标准与建议，并辅以语文课程标准，因而导致了内容的选择范围比较广而分散。

（一）内容选择贴近生活，有效促成课外实践活动

在课文分析中发现，人教社小学语文教材中包含了极为丰富的环境教育内容，从山到水、由物及人、自然到科学，都是环境教育选择的重要素材。我国地大物博，环境问题也各自有所不同，所以在环境教育内容选择上也有一定的难度。可以考虑选择具有代表性的环境现象、环境问题，在教材中供以同学们学习。而对于当地环境资源可以采取带有"当地""家乡"等字眼的课后练习设计，方便教师在课堂上渗透环境教育，在课后学生还在老师的帮助下充分利用地方性环境资源进行课外实践活动。例如，学习既了解和掌握环境教育相关的概念、能力，认识身边存在的环境问题，通过更多的环境教育实践活动，如亲近大自然、参观博物馆、社区、工厂，调查环境问题产生的原因，并思考、尝试设计解决方案。环境教育内容知识与时间的有机结合，两者相辅相成更能促成有效的学习。

（二）加强环境教育内容的关联与衔接

据研究发现，教材中的环境教育内容选择较为全面，但有部分重复而分散。在动物、植物、自然风光、人文景观方面学习内容多，时而有重复。可以在重复的内容利用练习的方式加以知识的回忆与巩固。这样的方式可以使环境教育知识联系得更紧密，在一定程度上达到高效利用学习时间有效渗透，学生对环境教育的学习也更有效。在纵向上，将单元连接起

来，将年级连接起来，花更短的时间完成相同的学习任务。因此，在环境教育内容选择时，要注意不同单元、年级之间的衔接。例如，在不同的年级、不同的单元都讲到了季节，以现在新学的季节回忆比较和以前学过的季节，还可以进行发散思维的训练，思考还没有学的季节，有效的将环境教育内容进行知识的连接，构成系统化的环境教育知识。同时，在小学与初中的学科衔接上，如何将环境教育知识进行有效的衔接，也是我们需要思考与探讨的问题之一。

二、编排和设计的建议

教材的编制设计不能仅仅关注单一年级、单个单元的知识点和相关内容。每个年级的教材编制都与学生的年龄特点有关，而作为重要学科的语文如何进行编排与设计也尤为困难。知识与知识之间既有纵向结构，又有横向联系，需要从整个框架中来分析和考虑知识点与内容的分布、编排及设置。

（一）在环境教育内容的编排和设计时，考虑学生的学段情况

教育内容的组织和编排既要符合知识逻辑顺序，又要符合学生的思维发展规律。不同年级的学生学习能力不同，认知和接受能力也不一样。在刚入学时，学生应多接触与了解环境教育有关的概念，如认识我们身边的植物与动物，可以提高他们学习的兴趣。高学段的小学生则可以配有实践活动，动脑动手用行动解决问题。在不同的年级阶段为学生安排适宜的学习内容，学习就能更轻松有趣。同时，低年级在学习完环境教育内容后，设计一个简单有趣的小活动来帮助学生巩固环境教育知识对语文学科的环境教育渗透学习十分有利。高年级阶段则多倾向于更有难度的学习与实践，当面临一个环境现象、环境问题时，初了解、搜集资料、设计解决方案、实践、反思并讨论。无论是低年级还是高年级，在这样的活动编排设计下，能够培养学生从小树立环境意识，践行环保行为，使每一个学生都能成为对于环境保护有所贡献的新时代公民。

（二）跨学科进行环境教育活动的课外实践活动设计，强化课后实践的作用

课后练习是对学生进行独立思考的指导以及实践活动方式的指导。在教材中练习的编排内容较少、较为混乱。在高学段时练习目的不明晰，难以发挥出其应有的作用。在低学段时课后练习多以观察、思考和表达为主，例如，面对这样的资源浪费行为，你有什么想法，你想说些什么，你会怎么做；而在高学段时应多以实践为主，例如在实践活动中学习解决现

实环境问题的创新能力及反思能力，在参与中形成正确的环境价值观。但由于语文学科学习任务重，而小学阶段对于语文学科的学习重在工具性，也就是语言文字能力的培养。因此，课后练习多以口语交际和习作的方式帮助学生对语言文字的使用学习，也导致了语文有关环境教育内容的课外实践活动设计少，细想之情有可原。在这样的情势之下，可以在环境教育相关内容上与其他课程进行实践活动的整合，设计能够与语文中环境教育知识联系的实践性活动，既能达成实践的目的，还能有效地使用学生的学习时间，在学科与学科之间的学习内容建立有效的联系，为学生的多元文化学习埋下了伏笔。

第十六章　环境教育视野下北师大版小学语文教材选文分析

赵　潇　姚小烈

第一节　北师大版小学语文教材概述

一、教材的编写思路与理念

北师大版义务教育标准实验小学语文教科书从 2003 年出版至今已经在全国各地小学"实验"了十二年，教材本着"更高、更快、更强"的理念，努力培养德才兼备的新一代社会精英。这套教材以《义务教育语文课程标准》（实验稿）为依据编写，充分利用了北京师范大学的学术研究力量，将师范院校与中小学教育、高校学术研究与基础教学实践紧密地联系起来，为我国提供了一套科学化、现代化的小学语文教材。参照《基础教育课程改革指导纲要（试行）》和《义务教育语文课程标准（实验稿）》的内容要求，这套教科书选编的课文内容充分考虑了三个方面的需要。首先，教材编写要顺应学生的身心发展和认知规律。既要满足学生不同年龄段的认知特点及听、说、读、写要求，又要加强文本内容与儿童自身经验和想象的联系，注重培养学生的创新意识和能力。其次，文章要符合社会发展的需要，富于时代精神，关注人与人、人与社会、人与自然的关系。最后，选文内容要重视优秀传统文化的继承与发展，培养学生的人文主义情怀。

编者在满足这三个方面要求的基础上，力图解决三个问题：兴趣问题、方法问题、人文性与工具性相统一问题。培养学生学习语文的兴趣，注重学习方法的科学性与多元性，以学习语言文字知识为基础，兼顾文学与文化内容，使学生接受现代文明的感染。由此，编者将教科书的整体指导思想定义为"兴趣先导、学会学习、整体推进、文化积累"。

"兴趣先导"要求教材应改变以往繁、难、多、旧的一贯模式，使教材贴近学生生活，关注社会现实，增强选文内容的多样性与趣味性。为了拉近教学与孩子之间的距离，提高学生主动学习的兴趣，编者在书中安排了"丁丁和冬冬"两个与学生同龄的人物，作为朋友伴随着他们在学习中一起成长与进步。"学会学习"指要求学生从被动地接受学习向主动地发现学习转变，反对死记硬背、机械训练，提倡有意义地理解记忆学习材料。以教师为主导，学生为主体，学生在教师的指导下开展自主、合作、探究的学习方式，养成科学的学习习惯、态度、策略与方法。教材应注重锻炼学生的独立学习能力，突出培养他们的创新精神和实践能力，增强他们对社会和自然的责任意识。

"整体推进"要求教材应注重全面提高学生的语文素养，综合培养学生的识字写字能力、阅读能力、写作能力、口语交际能力。"文化积累"要求学生在掌握语言文字基础知识，获得语文能力的同时，继承发扬中华民族优秀文化传统，吸纳人类进步文化的营养。从编写理念来看，北师大版语文教材符合《义务教育语文课程实验标准》（实验稿）的精神要求，做到了将工具性与人文性统一起来，更加注重对学生人生观、价值观及文化素养的培养。教材从内容和形式上都符合小学生的年龄特征，注重以兴趣为先导，拉近学生与教材之间的距离。与此同时，教材还关注学生的学习方法，"授人以鱼不如授人以渔"，行之有效的学习方法对小学生未来学习习惯与效果有着深远的影响。在兴趣与方法的基础上，教材内容注重培养学生的综合素质，提高学生的语文素养。

二、教材的整体特点分析

（一）选文关注学生的自主学习能力，注重培养儿童学习兴趣

小学生的自主学习能力取决于学习兴趣、学习方法、学习习惯三个方面，教材力求通过个性突出的学习实践使学生养成良好的学习态度、方法与习惯。教材设计符合儿童的身心发展规律，注重学生学习过程的合理性和科学性。整套教材从选文内容到呈现形式都注重儿童学习兴趣的激发。每一单元都由主体课文和"语文天地"两部分构成。主题课文极富儿童情趣，题材丰富多样，着重于开阔学生视野；"语文天地"设计了形式多样的语文实践活动，既有字词、古诗文、名言警句等基础知识的基础练习，也有讲故事、参观、访问、举办展览、讨论交流等激发学生学习兴趣的拓展内容，这些内容贴近生活，使学生将文本内容与生活实际联系起来，更具现实性与趣味性。教材设计了两个与儿童共同学习与成长的人物——丁丁和冬冬，同龄人的陪伴激发了学生学习的愿望和热情。教材中的人物对

话和学习提示都是建议、提醒的语气，拉近了与学生之间的距离。如一年级上册第七单元"外面的世界"，课文分别展示了一幅城市图和一幅城镇图，让学生结合生活经验认识图上标注的汉字，学生通过图文结合的方式认识学校、医院、超市、银行、餐厅、邮局、书店等日常生活中常见的汉字，既贴近生活，又激发了学生的学习兴趣。

教材设计了"金钥匙"栏目，由教材设计的丁丁和冬冬两个人物的身份和语气来贯穿栏目内容，目的在于培养学生自主学习的能力，学生通过这个栏目在语文学习的方法、策略、习惯等方面得到指导。低学段将该栏目放于每个单元最后，中学段放在每篇课文思考题旁，包括阅读方法的指导、习作、小组合作交流等方面的内容，高学段的"金钥匙"栏目会对前几年所学方法进行总结归纳，指导学生巩固、运用所学内容。

（二）教材选文文质兼美，重视积累，兼具文化内涵和时代气息

语文的学习过程即是优秀民族文化与世界文化的继承过程，也是认识人与自然、人与社会关系的过程。北师大版语文教材设计了多种途径帮助学生积累语文知识，在如何引导学生识字、写字，指导学生阅读传统文化经典，背诵古诗及名言警句方面做了精心的构思。选文既包含优秀的传统篇目，又增加了最新的当代儿童篇目、外国文学篇目及自编篇目，文质兼美且具有时代气息。课文可以分为以下五类类：A. 优秀传统篇目，例如《美丽的小兴安岭》《为中华之崛起而读书》《王冕学画》；B. 现当代儿童文学篇目，根据学龄做适当修改，《松鼠》《火红的枫叶》《手捧花盆的孩子》；C. 外国文学中的优秀篇目，如《"诺曼底"号遇难记》《我们的错误》；D. 自编课文，如《冬冬读课文》《松鼠日记》；E. 简单易懂的古代诗歌，如《鹅》。

（三）教材以主题单元作为呈现方式，适合学生认知水平，具有开放性、灵活性

教材采用"主题单元"的编排方式，每一个单元的主题选择角度不同，结构灵活多样，根据课程目标和学生不同阶段认知水平的特点，安排主题顺序，形成一个循序渐进、结构合理的整体。主题单元中主体课文的选择会加强与社会生活、其他学科的联系，拓展学生语文学习的领域，使内容更具开放性。此外，每册还会加入开放单元，例如第一册"外面的世界"，第二册"书的世界"。开放单元以生活为基础，启发学生在生活中发现语文、学习语文。这一单元的设计给教师和学生提供了广阔的创造与想象空间，教师能够更加灵活地使用教材。综合教材的编写理念与特点，我们发现教材时代性强，关注生活与社会现实，在主题单元中包含大量环境

相关的主题，例如"春天、夏天、秋天、植物、动物、奇观、家园的呼唤"等主题单元。其中包括描写祖国优美风光的文章，也涵盖揭示环境问题、呼吁保护环境的文章，教师渗透环境教育，既需要对教材有宏观的掌握，又需要从微观层面对环境教育相关的文本内容深入分析。这为笔者进行教材的环境教育内容分析提供了可能性和必要性。

三、选文编排情况分类统计

教材中环境教育作品的统计分析

"文以载道"，语文教学不只要教授语言文字基础知识，更要拓展到生活的各个领域，它是多种人生观、价值观、世界观的教育。从古今中外的文学经典到包罗万象的大千世界，语文教学的内容丰富多元，主题不拘一格。环境教育作品在语文教材中占了很大的比例，学生接受自然环境教育，顺应了《全日制义务教育语文新课程标准》（实验稿）对语文教学提出的新要求，《新课标》中先后有七次涉及"自然"一词，分别要求学生关心自然和生命，观察大自然，表达自己对自然的独特感受和真切体验，从文学作品中获得对自然的有益启示，努力开发并积极利用自然资源，并提出教材应该关注自然并将自然风光作为语文课程的资源。

国内小学语文教材一共有16种版本，使用较为广泛的有人教版、苏教版、北师大版、语文版等，本文选取了北京师范大学出版社出版的小学语文教科书来分析。因为在语文教材呈现百花齐放、百家争鸣形式的今天，每种版本教材的编排系统和文本内容都独具一格，对单本教材的研究有助于教师深入了解教材内容，充分利用教材进行语文教学。北师大版语文教材在北京市海淀区及安徽、山东等各地的部分地区都被较为广泛地使用。该版本语文教材拥有独特的编写理念与编写特点，课文内容按主题单元编排，题材丰富多元，其中"植物、动物、家园、春天、夏天、秋天、冬天、青青的山、大海、雨水、塞北江南、鸟儿、可爱的小生灵、花、马、龙、岁寒三友、家园的呼唤"等主题中都蕴含大量文质兼美的自然风光篇目，笔者将这些文章按照不同主题加以分类，做出如下统计，如表16—1所示：

表16—1 北师大版环境教育课文的数据统计分析

	1册	2册	3册	4册	5册	6册	7册	8册	9册	10册	11册	12册
课文总篇数	25	27	26	29	28	26	27	28	28	24	41	39

续表

		1 册	2 册	3 册	4 册	5 册	6 册	7 册	8 册	9 册	10 册	11 册	12 册
生态境课文数量	植物	1	2	1	1	1	0	0	2	1	1	3	1
	动物	4	2	1	1	3	2	1	1	1	0	0	2
	自然风光	5	3	3	4	1	2	4	6	2	0	3	1
	人与自然	0	1	2	2	0	3	0	0	1	1	0	2
	保护环境	0	0	2	1	1	1	2	3	3	0	2	1
	合计	10	8	9	9	6	8	7	12	8	2	8	7
	比例	40%	30%	35%	31%	21%	31%	26%	43%	29%	8%	20%	18%

　　笔者将教材中的生态环境作品按照不同主题加以归类，一共分为"植物、动物、自然风光、人与自然、保护环境"五大主题，分别统计了这五类主题的文章在十二册教科书中的数量及所占比例。以上统计只涵盖目录中出现的现代文篇目，包括儿歌、儿童诗、散文、童话、寓言、故事、叙事性作品等，古诗词不在该统计范围内。随着小学生阅读量的增加，六年级课本中增添了拓展阅读模块，目录中以绿色字体标出，也在统计范围内。从表16—1中可以看出，教科书中环境教育作品占有很大的比例，平均约占课文总量的1/3。整体来说，不同主题类型的文章在各册教材中均衡分布，符合儿童的身心发展规律，有利于学生循序渐进地感悟自然环境，增强环保意识。

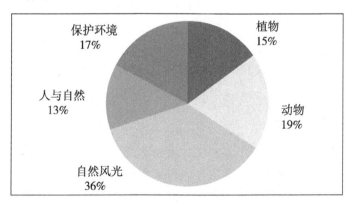

图16—1　环境教育作品价值取向分类比例图

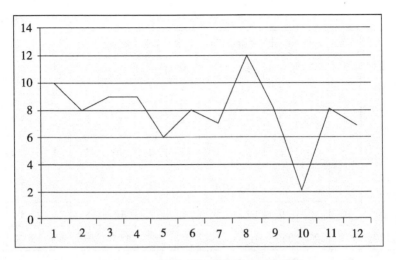

图16—2　环境教育作品数量变化曲线图

由图16—1可以看出，在横向分布上，描写自然风光的课文数量约占环境教育文章总数的1/3，其余四类主题的文章总体分布均衡。表面上看自然风光类文章篇目较多，但此类文章涵盖范围广，又可以细分为不同的主题类型。编者有意将大量文质兼美的自然风光类文章收入教材中，目的是为了让学生品悟自然之美，在美感中培养儿童热爱自然、亲近自然的人文情怀。图16—2形象地展示了生态环境作品的纵向分布与变化，整体来看，十二册教材中的生态环境作品在数量上基本稳定，但是随着儿童年龄的增长，高年级教材中增加了很多拓展阅读的篇目，因此生态环境作品的整体比例有所下降。但是，第十册教材中仅有两篇生态环境类作品，严重低于平均值。

第二节　环境教育作品分类列举

一、植物（14篇）

植物是人们日常生活中最常见的生命形式之一，人类的衣食住行无不直接或间接来源于植物。小学生在认识世界的过程中首先要接触到的必然是无处不在的植物，仰观参天古树，俯视小草野花，一片片花红柳绿激发着孩子探索植物世界的兴趣。对植物的兴趣来源于孩提时代，种类繁多的红花绿草能够活跃孩子的思维，培养他们纯真的性格及对环境的热爱。小学生认识植物可以通过直观接触以及间接感受两种方法，由于时间、空间以及自身身体方面的局限性，很多奇花异草是小学生在现实生活中无法接触到的。

"读万卷书，行万里路。"书籍是打开世界的窗户，小学生无法自身接触、感知的事物可以通过阅读来弥补，阅读不仅能开阔学生的视野，还能激发他们丰富的想象力。教材中描写植物的文章一共有十三篇：《豆儿圆》《老树的故事》《一粒种子》《火红的枫叶》《杨树之歌》《金色的草地》《种一片太阳花》《花之咏》《种子的梦》《竹颂》《梅香正浓》《黄山松》《野草》《红树林》。第一学段（1~2年级）的课文多联系生活实际来描绘植物的外在特点，揭示其生长规律。由于此阶段学生的识字量较少，阅读范围受限，文章多以儿歌、儿童诗的形式呈现，例如《豆儿圆》《老树的故事》，有些文章通过简短的故事来呈现，例如《一粒种子》《火红的枫叶》，这些文章可以培养学生对大自然的兴趣以及观察自然、发现自然的能力；第二学段（3~4年级）的学生识字量有所增加，接触的文章体裁形式逐渐多样化，出现了叙事性散文以及抒情散文，文章不再是单单从表面描述一种植物的特点，而是结合作者的亲身经历以及内在感受来阐发，借此表达作者对它们的热爱。例如《种下一片太阳花》《花之咏》；学生在第三学段（5~6年级）阅读量相对丰富，文章篇幅及数量都有所增加，在内容方面强调精神层面的提高，文章内容体现出对植物顽强生命力及坚忍不拔精神的赞美与歌颂，引导学生热爱自然、敬畏自然。例如《竹颂》《梅香正浓》《黄山松》。

二、动物（17篇）

动物是人类最友好的生存伙伴，有了它们，地球才如此生趣盎然、丰富多彩。动物与人类本该是平等的存在，而人类却把自己当作万物之灵，凌驾于众生之上。爱护动物是环境保护永恒的主题之一，北师大版小学语文教材中，编者有意把目光投向这些生灵中，选取了很多以动物为主题的文章，一共有15篇。《数字歌》《雪地里的小画家》《小鱼的梦》《大熊猫》《松鼠日记》《青蛙与蜻蜓》《翠鸟》《丑小鸭》《小虾》《松鼠》《林中乐队》《沙漠之舟》《巩乃斯的马》《山中杂记》《美猴王》这些文章内容不同，视角各异。驰骋于草原的骏马牛羊，徒步于沙漠的沙漠之舟，翱翔于天空的蜻蜓翠鸟，畅游于海底的小鱼小虾。丰富多彩的内容呈现出一幅"鱼翔浅底，鹰击长空，万类霜天竞自由"的画面。它们筑巢于万丈悬崖之上，游走于海洋湖泊之底，群居于茫茫沙漠之内，高歌于翁郁森林之中。这些种类不同的生灵们形态结构、生活习惯各不相同，却与人类共同拥有一种神圣的存在——生命。生命对于万物来说都是平等的一种存在，弱肉强食、优胜劣汰是生物进化的规律，但是人类无权肆意干涉其他生物的存在。人类作为高级动物，在普通动物面前摆出一副沾沾自喜的模样，声称自己拥有其他动物望尘莫及的思想、意识、情感、智慧。事实上，自然界中的动物法则不亚于人类一遍遍制定与修改的法律，他们的生存智慧为人类的伟大发明带来启迪，动物的情感有时比人类更可歌可泣：弱小的麻雀为了保护幼子不惜冒生命危险与猎狗对峙，老羚羊不惜以身体为踏板帮助小羚羊成功地跳过悬崖，而自己却跌落于深谷之中，忠犬八公在主人病逝后坚持在火车站守护，直至老去。北师大版小学语文教材收录的这 15 篇与动物相关的文章可以帮助小学生初步了解与认识动物世界，建立爱护动物、与动物和谐共处的正确观念。

三、自然风光（34 篇）

千态万状的地貌、斑驳陆离的洞穴、晶莹潋滟的湖泉、银光闪闪的河川、波涛汹涌的海洋、枝繁叶茂的森林，大自然以千变万化的形式展示着自己的瑰丽奇景。自然之美不加任何修饰，无丝毫娇柔造作之态。壮丽神圣的自然风光使人们净化心灵、陶冶情操，对自然的欣赏与感悟终将升华为一种"物我合一"的境界，尊重自然即是尊重自己，保护环境等于保护人类。教材中一共有 34 篇描写自然风光的课文，分为以下四类，如表16—2 所示：

表 16—2　自然风光类作品表

	四季美景类	大地山河类	地理气候类	宇宙天文类
1 册	《冬天是个魔术师》	《我家住在大海边》		《小小的船》《太阳》
2 册	《春天的手》		《雨铃铛》《美丽的彩虹》	
3 册	《秋天到》		《风》《我是什么》	
4 册	《春风》《迷人的夏天》	《美丽的武夷山》《瀑布》		
5 册		《海底世界》	《葡萄沟》	
6 册		《美丽的小兴安岭》	《大自然的语言》	《天外来客——陨石》
7 册		《草原》	《瑞雪图》《下雪的早晨》	《走月亮》

续表

	四季美景类	大地山河类	地理气候类	宇宙天文类
8 册	《春潮》 《三月桃花水》	《大地的话》 《海上日出》		《太阳的话》 《太阳》
9 册		《雅鲁藏布大峡谷》		
10 册				
11 册	《三峡之秋》	《长江之歌》 《黄河之水天上来》		

四、人与自然（12 篇）

人与自然之间存在依赖和养育的辩证关系，自然规律统领万物的生长与发展；人类若反其道而行之，必然要遭受自然的报复。早在春秋战国时代，儒道两家就倡导人与自然和谐相处的生态环境观。孔子推崇"仁、礼"，主张天人合一，倡导环境保护。这些思想都清晰地映射在其与弟子富含哲理性的对话中，当他听到弟子曾皙说"暮春者，春服既成，冠者五六人，童子六七人，浴乎沂，风乎舞雩（yú），咏而归"时，欣然慨叹"吾与点也！"透露出其回归自然、享受自然与自然同在的人生乐趣；自古文人钟情于山水，"智者乐水，仁者乐山"字字珠玑中流露出文人雅士对自然环境的热爱与敬仰。孟子更加注重自然资源的可持续发展，"不违农时，谷不可胜食也；数罟（cù）不入洿（wū）池，鱼鳖不可胜食也；斧斤以时入山林，材木不可胜用也。"（《孟子梁惠王上》）由此可见，孟子遵循自然规律，强调自然资源是人类生存的发展的基本条件。道家主张道法自然，无为而治。《道德经》指出"人法地，地法天，天法道，道法自然"，"道"为万物本源及其存在运行的法则，它存在于自然之中，既效法自然，又视自然为法则。儒道两家的自然观渗透在环境教育中，语文教材选文内容以人与自然关系为主题的文章有 12 篇：《插秧》《我有一盒彩笔》《我们的玩具和游戏》《植树的季节》《女娲补天》《用冰取火》《大禹治水》《成吉思汗和鹰》《普罗米修斯的故事》《南沙卫士》《大自然的秘密》。在水土流失、土地沙漠化日益严重的今天，人们内心向往与渴望着那一抹充满活力的绿色，《插秧》《植树的季节》，文章体现了人们通过自己的劳动来收获幸福与满足，通过劳动来改善自然环境，一起创建美好的地球家园的劳动精神。如果每个人栽下一棵小树苗，沙漠中也将会涌现出一片绿洲。

五、保护环境（15 篇）

"环境问题是指全球环境或区域环境中出现的不利于人类生存和发展的各种现象。"① 它可分为由自然力引起的环境问题和由人类活动引起的环境问题两大类。前者经常表现为火山爆发、洪涝、干旱、地震等自然灾害的异常变化，后者涵盖人口问题、资源问题、大气环境问题、水环境问题、生态环境问题及物理环境问题等。我国面临的环境问题不仅有长期积累的突出矛盾，还有近年来经济快速发展带来的新问题。在这种严峻形势下，教材中收录部分以环境保护为主题的文章，有助于教师利用教材渗透环境教育，培养小学生保护环境的意识。《流动的画》《特殊的考试》《一片树叶》《一只小鸟》《失踪的森林王国》《师恩难忘》《钓鱼的启示》《朱鹮飞回来了》《谁说没有规则》《只有一个地球》《鸟儿的侦察报告》《绿色千岛湖》《白桦林的低语》《最后的淇淇》《城市的标志》。北师大版语文教材具有鲜明的时代特色，通过文质兼美、发人深省的语言，让学生意识到生态环境在历史潮流中的巨大变迁，从而激发内心强烈的情感共鸣，体会到保护环境的重要性以及自身肩负的巨大责任。

六、古诗中的环境教育内容分析

环境是人类生命与活动的源泉，诗歌是凝聚智慧与感情的最完美的文学体裁。多彩的环境孕育了诗歌，诗歌又使充满灵性的自然环境得以升华。日本汉诗专家小尾郊一经过研究指出："中国人认为只有在自然中，才有安居之地；只有在自然中，才存在着真正的美。"② 人为天之心，诗为人之心。诗歌与自然环境的关系离不开人与自然环境的关系，诗歌成为诗人与自然之间连接的纽带。诗人从自然环境中汲取日月之精华、天地之灵气，进而得以涵养诗心、激发诗情，融万物于一体，尽情含英咀嚼，吐露芳华。北师大版小学语文教材一共收录古诗 92 首，其中全部或部分涉及自然环境内容的有 76 首，仅有 16 首为直抒胸臆。由于诗人在不同时期对自然环境的感受截然不同，他们在不同时代与地域呈现自然的方式也随之千差万别。从宏观角度来说，根据自然呈现方式的不同可以讲古诗分为"作

---

① 马桂新. 环境教育学 [M]. 2 版. 北京：科学出版社，2007：130.
② 小尾郊一. 中国文学中所表现的自然与自然观 [M]. 邵毅平，译. 上海：上海古籍出版社，1989：1.

为纯粹描写对象的自然"与"诗人主观外化的自然"两大类，主观外化的自然可以依据诗人心境的不同进一步划分为五种类型："自我象征、自然比德、自然释道、情感遣怀、想象再现。"① 笔者据此将教材中涉及自然环境内容的 77 首题材不同、风格迥异的古诗做了分类统计，见表 16—3：

表 16—3　古诗中的生态环境内容分类与统计分析

分类	纯粹描写对象的自然	主观外化的自然				
		自我象征	自然比德	自然释道	情感遣怀	想象再现
篇数	30	4	5	13	19	5
		5.3%	7.9%	14.5%	25%	6.5%
比例	40.8%	59.2%				

（一）作为纯粹描写对象的自然

自然环境的灵性赋予了诗人创作诗歌的灵感，古代文人墨客浅吟低啸、徐行泽畔，置身于秀丽山川之间，驰骋于苍茫大漠之上，遨游于深邃海洋之中，慨自然之鬼斧神工，叹自身如渺小蜉蝣，集日月天地之精华，诗情画意，涌上心头。诗歌本身就是自然精华与诗人充沛情感之间的一种艺术形式，诗人"见山是山，见水是水"，把自己定位为自然的崇拜者、鉴赏者、临摹者，刻画出一幅幅赋予原生态自然美的精美画卷，正如叶维廉所说："景物自然发生与演出，作者不以主观的情绪或智性的逻辑介入去扰乱景物内在生命的生长与变化的姿态。"② 由表 16—3 可见，北师大版语文教材收录了 30 首以纯粹描写自然环境为主题的古诗，占总数的40.8%，比例接近 1/2。

这些诗形式上多为山水田园诗，内容上有对壮丽田园景色的赞美与热爱，比如北朝民歌《敕勒歌》："天苍苍，野茫茫，风吹草低见牛羊。"诗歌中流露着一种明朗豪爽的风格，一望无际的辽阔草原展现在读者的眼前，表现出对家园壮丽景色的热爱与赞美；又如"飞流直下三千尺，疑是银河落九天（李白《望庐山瀑布》）"的庐山瀑布，"天门中断楚江开，碧水东流至此回（李白《望天门山》）"的天门山，"举头红日近，回首白云低"（寇准《华山》）的华山，祖国的冰寒山川各美其美、美美与共，无不让我们惊叹于大自然的鬼斧神工。而诗人杜牧"远上寒山石径斜"（杜

① 刘玮. 浅谈诗歌与自然的关系［D］. 北京：首都师范大学文艺学系，2007：32.

② 邵毅平. 中国诗歌：智慧的水珠［M］. 浙江：浙江人民出版社，1991：206.

牧《山行》），看到深山中向晚的枫林，红于二月花的霜叶，不禁爱上了这秋天的墨色；刘禹锡站在"潭面无风镜未磨"的洞庭湖前，遥望着这一潭清水与岸上的青山绿树，就如同"白银盘里一青螺"（刘禹锡《望洞庭》）般，欲罢不能；苏轼欣赏着西湖"水光潋滟晴方好，山色空蒙雨亦奇"（《饮湖上初晴后雨》）的美景，情愿将其比作倾国倾城的绝世佳人，美景如美人，无论是涂脂抹粉还是素面朝天，都让人赏心悦目。白居易看到空中自由飞翔的小鸟更是心生爱怜之心，发出"劝君莫打枝头鸟，子在巢中望母归"的感慨。心由境生，诗人在自然的熏染下做出字字珠玑的美诗，也在自然中感悟到生命的平等与可贵，由对自然的热爱与赞美升华到对生命的保护，是人对自然的体验、欣赏与感悟促使着人类自然观的改变，也慢慢推动着"自然的人化"向"人的自然化"的进程，从对自然的控制征服到体验感受再到保护改善，诗人用独特的智慧向我们展示了一种平等和谐的自然观。

（二）作为主观外化的自然

1. 自我象征

诗人所描写的自然环境象征着自己，自然被赋予了诗人自身的感悟与体验，从哲学的角度来讲，这类事遵照了"天人合一"的理念；从手法上来看，诗歌中思想感情的传达变得更加含蓄，诗人将物赋予人的精神思想，借助自然环境表达了内心世界。此类古诗一般晦涩难懂，不利于小学生理解，因此小学语文教材中收录偏少，只有4篇，占总数的5.3%。

2. 自然比德

自然成为某种道德化身，借用自然现象来体现诗人的某种主观判断，在古诗中这样的例子并不鲜见。孔子的"仁者乐山，智者乐水"已经作为古训深入人心，这句话也是自然比德的典型，用水的灵动与山的沉稳来引导道德发展，山水被人格化、气质化。孔子的山水思想为后期"自然比德"类诗歌的形成奠定了基础。诗人将自然环境作为自己人格的价值来源，从而证明自身所为顺应天意、合于自然发展规律。"咬定青山不放松，立根原在破岩中"（郑燮《竹石》）一颗傲竹扎根于岩石之中，屹立于青山之上，任凭风吹雨打都保持郁郁葱葱之貌而笔直不倒，诗人笔下的竹石刚毅顽强。事实上，醉翁之意不在酒，使人真正赞美的是像竹石般一种刚正不阿、正直不屈、铁骨铮铮的骨气，这才是诗人真正憧憬、敬仰的人格。"茅檐长扫净无苔，花木成畦手自栽。"经常打扫的茅草房庭院，洁净得没有一丝青苔，庭院外一条小河保护着农田，两座青山也打开门来为院主送上一抹绿色。诗人自比山水，以此来表达这位志趣高洁的主人的赞美，笔墨之中流露着诗人恬淡的心境。

3. 自然释道

诗人作为自然环境的观察者，不仅仅局限于对大自然的赞美与歌颂，还会凭借自己睿智的思维从自然世界中采撷人生哲理，并且试图从中参禅悟道。光阴似箭、物极必反、优胜劣汰、阴晴圆缺，这些道理实实在在地蕴藏于自然之间，在人类的实践中得以发掘、提炼、升华，形成一座智慧的宝库。"问渠那得清如许，为有源头活水来"（朱熹《观书有感》），半亩大的池塘里，一汪清水引发了诗人的思考与探寻，源源不断的水源为池塘输送着清澈的池水，从中悟出人只有不断接受新事物，才能保持开明的思想这一深刻道理。苏轼的"不知庐山真面目，只缘身在此山中"一语中的，道出了不同的角度对看待事物态度的影响，告诫人们看待客观事物时一定要摒弃主观思想的干扰，善于多方位地看待同一事物。在唐代诗人刘禹锡的《乌衣巷》中我们看到："朱雀桥边野草花，乌衣巷口夕阳斜。旧时王谢堂前燕，飞入寻常百姓家"，人世有代谢、往来成古今的历史感跃上心头，那荒芜杂乱的野草、乌衣巷口欲落的斜阳，还有翻飞、停留在寻常人家的燕子都成为这一历史规律的有力见证。自然悟道，每一幅精美的自然画卷都会激发诗人那颗善于探索与挖掘的心，日月轮回，昼夜交替，这些看似平常的自然现象在诗人心中却蕴含着丰富的人生哲理。

4. 情感遣怀

"一切景语皆情语"。每一首诗都不是诗人随手涂鸦般的凭空而作，诗歌寄托着诗人的情丝，感情至深处，一首千古绝唱的好诗便应运而生。罗丹说"绘画、雕刻、文学、音乐，它们中间的关系，有为一般人所想不到的密切。他们都是对着自然唱出自己情绪的诗歌"[①] 古诗题材各异、内容不尽相同，却都蕴含着诗人的情感，快乐、忧郁、痛苦、思索都从诗人胸中喷发而出。中国人讲求委婉含蓄，很少直截了当地表达自己的感情，自然环境便成为诗人抒发情感的外在凭借物。"日出江花红胜火，春来江水绿如蓝，能不忆江南？"（白居易《忆江南》）春天的江南，晨曦映照的江畔红花比熊熊燃烧的火焰还要鲜艳，微风拂过的一江春水如同青蓝的水草般青翠。这风景独好的江南春景让诗人如何不怀念？诗人以反问收尾，既强有力地诉说出对江南的挚爱，也表达了对美好风光的向往与渴望。辛弃

---

① 葛塞尔. 罗丹艺术论［M］. 傅雷，译. 北京：中国社会科学出版社，1999：182.

疾《西江月》里运用"鸟、月、星、蝉、蛙、雨、桥、店"这些看起来极其平淡的景物，语言天然去雕饰，写出了夏天的夜晚，蝉鸣、蛙噪为山村乡野增添了一种特有的情趣，字里行间氤氲着恬淡的生活气息，表达了诗人对乡村田园生活的爱恋。"千里黄云白日曛，北风吹雁雪纷纷"，高适的《别董大》描绘了一幅乌云密布、白雪纷纷、大雁在寒风中瑟瑟发抖的画面，灰暗阴冷的环境衬托出诗人在困顿不达的境遇中与友人作别的依依不舍之情。情景交融，自然环境让诗人的情感有所寄托，也成为他们发泄情绪的突破口。当人与自然融为一体，花草树木、虫鱼鸟兽都被赋予人的情感时，作为倾听者、诉说者、陪伴者、同情者，它们都是人类最忠实的朋友。

5. 想象创造

如果说现实中的自然世界精彩纷呈，那么想象中的自然更是流光溢彩。自然环境能够涵养诗心，激发诗情，诗人感受着万物精华，陷入无限遐想，想象的世界是最能引人入胜。"小时不识月，呼作白玉盘。又疑瑶台镜，飞在青云端。"（李白《古朗月行》）天空中遥遥挂着一轮圆月，时而像是洁白无瑕的玉盘，时而像是瑶台仙境，飞在夜空之上，李白的想象瑰丽神奇且含义深蕴。"微微风簇浪，散作满河星"（查慎行《舟夜书所见》）微风轻柔地吹起了层层细浪，倒映在水面上的灯光也化作一颗颗闪耀的星星，星光做伴，夜色美好。"九曲黄河万里沙，浪淘风簸自天涯。如今直上银河去，同到牵牛织女家。"（刘禹锡《浪淘沙》）万里风沙与黄河作伴，从天涯的尽头蜿蜒曲折地咆哮而来，气势如同要直奔牛郎织女相会之处。充满生命力的自然赋予了诗人灵动的思维，大地万物在他们笔下都显得光彩夺目。

中国古代的环境伦理观念虽然强调天人合一，尊重自然，但是认识的深度和广度有所欠缺。古代帝王狩猎，边塞征战连年不断，大量的森林在战争中倒下，血流成河，虫鱼鸟兽失去了成长的家园。无论是写山水田园、边塞征战还是思乡怀人、怀才不遇，诗人都将睿智的目光投向自然环境，在赞美或是感慨大自然美好风光的同时联系个人情感，将自然界与人紧密地联系到了一起。诗人是热爱自然、关注自然，从自然中蒙受启发的创造者与践行者。

第三节　选文教育主题分析

一、珍爱生命

（一）插着翅膀的天使

1. 高傲的大白

任大霖的《牛与鹅》记叙作者在回家的路上被鹅追赶，后来在金奎叔的帮助下赶走了鹅，再不怕鹅的故事。文章开始先通过对比牛和鹅的眼睛，揭示鹅体型娇小却不怕人的原因。作者在描写鹅的动作神态时细节突出。运用"竖、侧、摇、摆、伸、扑、打"这些动词及拟声词"吭吭"形象地写出了大白鹅无所畏惧的样子以及高傲的姿态。作者对鹅的态度从怕到不怕，也体现了对动物深入认识的过程。

2. 自卑的丑小鸭

丹麦作家安徒生的《丑小鸭》是一篇在世界各地广为流传的童话故事。丑小鸭长得丑陋不堪，"它的毛灰灰的，嘴巴大大的，身子瘦瘦的，大家都叫它'丑小鸭'"。[①] 它不断被身边的鸡、鸭甚至自己的哥姐姐耻笑，在巨大的压力面前，迫不得已离家流浪。在野鸭群中，纵使自己恭恭敬敬，依然摆脱不了被欺负的命运。它不堪凌辱，独自来到向往的大自然中。冬天到了，丑小鸭禁不住寒风阵阵侵袭，几乎冻僵之时被善良的农夫挽救。终于在第二年春天，湖面上的它变成了一只漂亮优雅的白天鹅。有生命就有希望，每一个生命个体的存在都具有自身的价值，都值得被尊重，自卑的丑小鸭饱经折磨之后终于变成了向往的白天鹅，这是对它生命之顽强、精神之可贵的肯定与赞美。

3. 机灵的翠鸟

《翠鸟》这篇文章生动地描写了翠鸟的外形、动作特点与生活环境，作者对它的喜爱之情溢于言表。它的颜色紧扣一个"翠"字，"头上的羽毛像橄榄色的头巾，绣满了翠绿色的花纹，背上的羽毛像浅绿色的外衣，腹部的羽毛像赤褐色的衬衫"。[②] 连续三次运用比喻手法，从翠鸟的头部、

---

① 《义务教育课程标准实验教科书语文》（三年级上册）[M].北京：北京师范大学出版社，2009：80.

② 《义务教育课程标准实验教科书语文》（三年级上册）[M].北京：北京师范大学出版社，2009：56.

背部、腹部进行细致入微的观察，写出了翠鸟身体不同部位的鲜艳色彩；又通过刻画眼睛、嘴的特点，向读者呈现出一只活灵活现的翠鸟。它反应敏捷，体态轻盈，动作迅速，即使如云般游走在水里的小鱼在它锐利的目光下也只能沦为它的囊中之物。这样可爱的翠鸟让人忍不住想捉一只饲养，只是它们有强烈的自我保护意识，把家安置在陡峭的石壁上，孩子们只能远远地望着，希望它能多停一会儿，渴望的眼神更加突出了他们对翠鸟的喜爱。可望而不可即的翠鸟，也告诉了孩子们一个道理，尊重自然规律，珍爱每一个生灵，他们永远都是自然界中的一道亮丽的风景。

4. 忠实的雄鹰

鹰凶猛强悍，拥有锋利的爪子和强劲有力的翅膀。在草原上，它是正义的象征。牧民驯养野生的幼鹰使其成为猎鹰，帮助他们捕捉野兔等猎物。成吉思汗的宠鹰是它最忠实的朋友，它在狩猎之时口渴难忍，跋山涉水之后终于找到一汪清泉，宠鹰却频频打翻它的杯子，即使主人暴跳如雷、火冒三丈，它却丝毫没有要停下来的意思。成吉思汗气急败坏地将宠鹰一箭射死，当他知晓宠鹰三番五次地打翻杯子阻止主人喝水是因为水里有毒后内心悲痛万分，顿悟永远不要在生气的时候处理任何事情。"只见老鹰在空中一抖，惨叫一声落了下来，血流满地，死在主人的脚下。"[①] 这段话极具画面感，我们仿佛看到那只庞大的雄鹰砰的一声坠落，只留下地上一抹鲜红的血。即使是矫健的雄鹰，在人类面前也是不堪一击。

（二）可爱的小生灵

1. 漂亮的松鼠

生活在森林中的松鼠小巧灵活，是一种可爱的小动物。"玲珑的小面孔上，嵌着一对闪闪发光的小眼睛。身上灰褐色的毛，光滑得好像搽过油。"[②] 这段文字将松鼠可爱又精致的外形定格在读者的脑海里。松鼠十分机灵，只要觉察到晃动就躲在大树底下。它们用树枝搭窝，以松子为食，在夏夜的晚上追逐打闹、相互嬉戏。这乖巧可爱的生灵一下子就触动了孩子敏感的神经，激发起他们热爱自然、保护动物的思想意识。

2. 有趣的小虾

生活在水里的小虾就像是上帝赐予的精灵，去小溪边捉小虾几乎是每

---

① 《义务教育课程标准实验教科书语文》（五年级上册）［M］．北京：北京师范大学出版社，2009：67.

② 《义务教育课程标准实验教科书语文》（三年级下册）［M］．北京：北京师范大学出版社，2009：25.

个人童年都经历过的趣事。这些小虾或是像玻璃般通体透明，或是沉淀了灰黑的颜色。他们小心翼翼地吃东西，在水缸里自由自在地来回游动，累了便紧贴在缸壁休息。孩子们若是拿着竹枝去打扰它，它们又像生了气似的来回摆动。文章拟人化的描写让它显得更具人性化。

（三）野性的力量

1. 珍贵的大熊猫

大熊猫被誉为"活化石"和"中国国宝"，是世界珍奇动物中的旗舰保护动物。儿童对动物的喜爱仿佛是与生俱来的，一年级下册语文教材中收录了文章《大熊猫》，目的是让学生认识珍稀动物，提高保护野生动物的意识。文章写到"大熊猫的身子胖乎乎的，尾巴很短，皮毛很光滑，头和身子是白的，四肢是黑的。它头上长着一堆毛茸茸的黑耳朵，还有两个圆圆的黑眼圈"。① 对一年级的学生来说，这段文字描写浅显易懂，富于知识性和趣味性，结合课文中的插画，大熊猫憨态可掬的模样展现得淋漓尽致。

2. 奔驰的骏马

马是一种极其驯顺又充满野性魅力的动物，它在人类文明的洗礼下保持着自由奔放的生命力，它是人类的朋友而绝非奴隶。在古代，它既是王者风流与英雄传奇的承载者，又是人才的象征和士人的悲歌。生活中与马相关的成语比比皆是，马前卒、马不停蹄、马到成功、马革裹尸、天马行空、犬马之劳、风马牛不相及，足见马在人们日常语言和行为中不可替代的作用。五年级上册第一单元选材内容以马为主题，包含了与马相关的两篇现代文和两首古诗。《巩乃斯的马》作者周涛对西部有着深厚而特殊的感情，夏日狂风暴雨下马群在草原上酣畅淋漓地奔跑，这一种在人类面前服帖温顺的动物在草原上却充满了野性的魅力，即使在恶劣的天气环境中也毫无惧色，这痛快尽兴的生命境界，恢宏壮阔的崇高场面，在短短的几分钟内一览无余地呈现在作者眼前，使得作者"发愣、发痴、发呆"，在人生的瞬间体会到了生命界真正的崇高壮烈。

二、敬畏自然

（一）地球之肺——草木森林

1. 顽强的野草

夏衍的《野草》通过描写种子的力量，赞美了野草顽强的生命力。

---

① ①《义务教育课程标准实验教科书语文》（一年级下册）［M］．北京：北京师范大学出版社，2009：26.

"野火烧不尽，春风吹又生。"小草没有花盆里肥沃的土壤来滋养，没有人细心的照料，只要拥有了水、土和阳光，就能顽强地生长下去。即使风吹雨打，遭人践踏甚至大火掠过，也能在第二年春雨滋润大地的时候重新点燃生命。这从生命的开始就注定要斗争的草，是真正坚韧的草。

2. 捍卫家园的红树林

苍翠挺拔的红树林生长在贫瘠的海岸，纵横交错、盘根错节，形成一片郁郁葱葱的林海。天色将晚涨潮时候，红树林沉浸在海水里露出一顶顶翠绿的树冠，静静地飘在海水的浪潮中；潮水退去，它便露出婀娜的枝条和盘根错节的树干。这种"胎生"繁殖的树木种子在树上长成幼芽然后飘落至地扎根于土，即使被具有强大冲击力的浪花冲走也能在水中保持两三个月的生命，待到再次找到海滩之时重新生长。红树林是海岸上的卫士，当海啸来临时它会以身躯来捍卫家园，减少自然灾害给人类带来的危害。他们坚强的生命和奉献精神怎能让人不为之敬佩与赞叹？

（二）生命之源——河流湖泊

1. 奔流不息的长江

胡宏伟的现代诗歌《长江之歌》气势澎湃，表达了对长江的赞美与依恋之情。"你从雪山走来，春潮是你的风采；你向东海奔去，惊涛是你的气概"① 一句话写出了长江的源远流长，从青藏的唐古拉山，最后注入东海，浩浩荡荡的江水一路上奔流不息，江水涤荡着两岸的尘埃，也涤荡着人们的心灵。"不积跬步，无以至千里；不积小流，无以成江海。"气势磅礴的长江也需要经过高山上的积雪融化为条条小溪，再由众多小溪汇聚而成。它像母亲一样哺育着地球上的中华儿女，因此我们也要像尊重母亲一样去尊重它。

2. 振奋人心的钱塘江大潮

南宋文人周密的《浙江之潮》仅用短短的四句话就惟妙惟肖地写出了钱塘江上潮来之前、潮来之时、潮退之后的动态风景图。教材将其与现代文《观潮》一起收录文中，文白对比，使读者更加深刻地感受到钱塘江大潮恢宏的气势。潮来之前江上薄雾笼罩，岸上人群熙熙攘攘、翘首以盼；潮来之时先是远远地看到一条白线，而后又以迅雷不及掩耳之势向前移动，"那浪潮越来越近，犹如千万匹白色战马齐头并进，浩浩荡荡地飞奔而来"，大潮滚滚而来，奔腾咆哮，来势之猛不禁让人为之振奋。

---

① 《义务教育课程标准实验教科书语文》（六年级上册）［M］. 北京：北京师范大学出版社，2009：28.

（三）自然奇观——山脉峡谷

1. 美丽的武夷山

武夷山地处福建省武夷山市南郊，是中国著名的风景胜地。二年级下册教材收录的《武夷山》是一篇说明性散文，描写了武夷山奇险之美，山水相映之美，诗画之美，字里行间渗透着对武夷山的热爱、赞美之情。"武夷山造型奇特，山势险峻"①有的像玉柱直上直下，有的像火把、鲜花上大下小，有的像竹笋上小下大，这些奇形怪状的山陡峭险峻、难于攀登。山下的九曲溪弯弯曲曲、曲曲弯弯，岸上的青山在水里，水里的青山在岸上，就像一幅水上风景画。好山好水好天气，置身于此，对大自然的热爱与敬畏之情便油然而生，多么壮丽的自然景观！

2. 神奇壮丽的雅鲁藏布大峡谷

西藏是一个既神圣又神秘的地方，这里有世界上最高的山峰——珠穆朗玛峰，也有世界上最深的山谷——雅鲁藏布大峡谷。这里聚集了青藏高原60% ~ 70%的生物物种，拥有枝繁叶茂的大森林、灌木丛和草甸间，也栖息着多种多样的动物。河谷的平原上，油菜花、豌豆花镶嵌在绿油油的青稞地里，与湛蓝的天空交相辉映，让人心旷神怡。这鬼斧神工的自然奇观是大自然留给我们的珍贵遗产，是世界上仅存的一块处女地，是最令人向往与追寻的地方。

三、保护生态环境

（一）鸟儿不再歌唱

三年级上册冰心作品《一只小鸟》写了树枝上一只破壳而出的小鸟，看到外面林木茂盛，不禁抖擞了一下自己小巧的羽毛，用柔和清脆的声音歌唱大自然的赞歌。欢快的声音吸引孩子们驻足倾听观望，然而终有一天，当这清脆的歌声再次出现时，伴随着"啪"的一声，歌声戛然而止，小鸟刚刚诞生不久的生命就此陨落，尽管老鸟以箭一样的速度将小鸟早已僵硬的弱小身躯托上鸟巢，树隙间滴落的点点鲜血和那不再出现的旋律还是宣告了它生命的终结。冰心的这篇作品极具感染力，能够唤起儿童保护动物的那颗善良的心，伟大的母爱、可爱的小鸟及其悲惨的命运引起学生的共鸣，以同龄人所犯下的无法弥补的错误来告诫学生在生活中应保护动物，尊重生命。

---

① 《义务教育课程标准实验教科书语文》（二年级下册）［M］．北京：北京师范大学出版社，2009：34.

五年级上册郭以实作品《鸟儿的侦查报告》以一只飞遍大江南北的鸟儿为叙述主体,以报告的形式描绘了他的同伴们在恶劣环境条件下朝不保夕的生活状态。农民在野草上喷洒各种农药导致野鸡妈妈再也孵不出小野鸡而忧郁失落,燕子因为吃了喷了农药的虫子而丧失了年轻的生命,海鸥被海面上几百平方千米的石油束缚了身体,再也无法展翅飞翔,就连这只正在侦查的鸟儿也因为雾霾无法呼吸,迷失了回家的方向。人类为了满足自身利益毁了它们生存的家园,无助的鸟儿和它的同伴是否能勾起你心底的那份善念?让我们共同努力,还它们一个干净的家园,还自己一片湛蓝的天空。

(二)消失的森林家园

二年级下册课文《一片树叶》以童话故事的形式组织文章内容,文中的小动物们都被赋予了人的思维和行为。小黄牛精心栽下了一棵小椿树,并在旁边立了一块"请爱护小树"的牌子。小动物们陆续经过,都爱不释手地摘下一片树叶,到最后,所有的树叶都被摘完了。这个故事揭示了喜欢并不是占有,"勿以恶小而为之"的道理。生态环境的日益恶化与人类在环保方面所忽视的细节密不可分。通过这篇童话故事的学习学生会意识到环保应该从自我做起,从小事做起,以小见大,严于律己,才能共建绿色美好家园。三年级下册课文《失踪的森林王国》也是一篇童话故事,老国王爱护花草树木,制定法令禁止所有人滥伐树木,百姓们在鸟语花香的世界里安居乐业;新任国王却为高楼大厦、花草树木所迷惑,下令大肆砍伐树木,建造房屋。雨妖、沙鬼、风怪陆续而至,没有了森林的抵挡,它们肆意摧毁房屋、啃食庄稼,森林王国从此消失得无影无踪。

(三)遵循大自然的规律

美国作家伯罗蒙塞尔作品《大自然的秘密》是一个发人深省的故事,"人是万物之灵。然而,当人自作聪明时,一切都有可能走向反面。"① 幼龟在龟巢前徘徊不定,引来了嘲鹰的注意,考察队的人们自以为是地救下了幼龟,却使得成群结队的幼龟接到了错误信号,它们倾巢而出,不幸成为食肉鸟的囊中之物。保护生态环境要遵循自然规律,不能按照人类主观判断一意孤行,否则,即使一个出于善意的举动也可能导致惨烈的后果。

(四)大禹治水与女娲补天的勇气

古代治水是指兴利除弊,消除水患,灌溉农田,疏通航线。大禹治水

---

① 义务教育课程标准实验教科书语文(六年级下册)[M].北京:北京师范大学出版社,2009:34.

的故事已经成为中国优秀传统文化的重要组成部分。古人往往将自然灾害归结于怪力乱神，大禹接受父亲委托，运用科学的方法成功地将洪水引入大海，大地恢复平静，百姓又过上了安居乐业的生活。"女娲补天"是中国古代流传至今的神话故事，水神共工与火神祝融交战失败后恼羞成怒，将不周山撞倒在地，一瞬间天崩地裂，民不聊生。女娲不忍心看着自己的儿女忍受苦痛，冒着生命危险克服重重苦难用五彩石填补好了天空的缺口。真实的女娲不并不存在，但每一个人都是自己生命中的女娲。面对自然力的不可抗拒因素，人类要有征服自然的勇气。所谓征服，并不是指随心所欲地改造自然，而是采用科学的方法，尽最大努力减少自然灾害的发生。大禹和女娲的精神为后来人们齐心协力勇敢地抵御自然灾害提供了有力的精神指引。

（五）只有一个地球

五年级上册课文《只有一个地球》是一篇说明文，宇航员在太空中看到的地球是一个晶莹剔透的椭圆形球体，穿着一层蓝色纱衣。在宇宙中，它是渺小的一分子；而在人类世界里，它是我们伟大的母亲。它无私地养育着我们，精心地呵护着我们，它美丽壮观又和蔼可亲，为人类提供种类丰富的生存资源。但这些资源并不是取之不尽、用之不竭的，比如矿物资源与石油资源，需要经过亿年的地质变化才能积聚而成的。地球只有一个，以现有的科技水平还没有发现第二个适合人类居住的星球，"我们的地球太可爱了，同时又太容易破碎了！"[①] 只有用心呵护，地球母亲才能继续用生命来哺育我们的子孙后代。

第四节　环境教育作品编排与教学建议

综上所述，笔者发现，环境教育视野下北师大版小学语文教材选文从数量、形式和内容方面都具有很多值得肯定的方面。

第一，教材环境教育类篇目数量多，题材丰富，体裁广泛。表2—1和表2—3可以统计出环境教育类现代文作品一共有94篇，古诗有76篇。这些文章有的为儿童诗，例如《雨铃铛》《种下一篇太阳花》《种子的梦》；有的为故事，例如《丑小鸭》《美猴王》《成吉思汗和鹰》；有的为描写性散文，例如《美丽的武夷山》《红树林》《美丽的小兴安岭》；还有儿歌、

① 义务教育课程标准实验教科书语文（五年级上册）［M］．北京：北京师范大学出版社，2009：34.

说明文等多种体裁形式。形式风格迥异，内容也各不相同，既有生活中常见的动植物，也有罕见的瑰丽风光，既有保护环境的小事，也有征服自然的奇迹。这些文章有助于从多种角度激发学生的环保意识，培养他们热爱自然、敬畏自然的情怀。

第二，教材环境教育类文章文质兼美，语言深刻，发人深省。高尔基说过"作为一种感人的力量，语言的美产生于言辞的准确、明晰和动听"。一篇优秀的文章语言精确有力，可以带着读者进入作者所描绘的意境，从而达到感化、育人的目的。教材中描写自然风光的文章都十分优美，例如《大熊猫》一文中作者用"胖胖的、短短的、圆圆的、毛茸茸的"这些形容词形象地描写出了大熊猫憨态可掬的可爱模样，学生在阅读的过程中通过语言慢慢感受它的可爱。再如《大自然的秘密》一文中，作者最后以一句"人是万物之灵。然而，当人自作聪明时，一切都可能走向反面"结尾，直接抨击了人类自以为是的态度，启发学生思考人与自然的关系。

第三，文章主题明确，与家庭、社会联系密切，时代性强。主题单元是北师大版语文教材的特点之一，在主题单元中有很多与"环境"相关的主题，例如"春天、夏天、秋天、青青的山、大海、家园的呼唤"，主旨明确，突出了自然环境的不同方面。教材中模块的设计与家庭、社会联系密切，将课本知识落实到社会实践中去，引导学生在实践中感悟自然美。除了以上优点，教材选文仍有一些美中不足的地方。笔者就此从教材编写者和教师两个方面提出了以下建议。

（一）改善教材中环境教育作品编排比例——对教材编写者的建议

众所周知，语文课堂教学实践活动必须要以文本内容为依据。作为小学语文教学内容的重要部分，环境教育作品教学需要兼顾教学法研究和基础文本研究两个方面。具体来讲，文本研究就是对小学语文教材环境教育作品进行量化统计分析与质性解读研究，并以此为基础对教材编写者与教师提出建设性的建议。在新版教材中，环境教育作品已占据了相当大的比例，但内容主题覆盖面不够全面，并不能对目前学界公认的"十大生态危机"进行完全的揭示。

在北师大版教材中，生态文学作品在不同年级各个单元呈现不均衡分布，不同类型的文章所占的比例也不协调。从数量来看，十二册小学语文教材中生态文学作品共有94篇，描写自然景观的有34篇，描写动植物的有30篇，揭示人与自然关系的有12篇，渗透保护环境的有16篇，揭示人与自然关系及渗透环境保护的作品数量相对较少。为了保证生态文学作品在各个板块的均衡性，笔者建议从三个方面进行调整。

1. 适当更换或者删除一些意象重复的作品

例如，一年级上册，李绅的诗作《咏鹅》和五年级下册任大霖的文章《牛和鹅》，两篇作品都是写鹅，虽然作者目的不同，第一首诗是为了表达对鹅的喜爱之情；第二篇文章是为了以牛和鹅对比来强调看待事物角度的不同，但是使用了相同的意象，而且在对鹅形态特点的描述上有重复之处，笔者建议选取其他能够突出"角度"主题的文章来替代《牛和鹅》一文。

二年级上册《松鼠日记》与三年级下册《松鼠》都以松鼠为意象，前者所在单元的主题为"岁月"，文章以松鼠为叙述主题，记录的从十月份到来年二月份松鼠的生活状态；后者主题为"可爱的精灵"，文章描述了松鼠的外形与性格特点。笔者认为可以将第一篇文章更换，可以将松鼠这一意象更换为其他具有代表性的素材来突出"岁月"这一主题。这样不仅可以避免意象重复使用给学生带来的知识重复，还可以扩大知识的广度，开阔学生视野。

在敲响生态警钟、揭示生态危机的作品中，三年级上册《一只小鸟》与五年级上册《鸟儿的侦查报告》都以小鸟为主要描写对象。前者描写了小鸟在温暖的鸟巢唱着动听的歌，突然有一天惨死在猎人的枪声之下，孩子们再也听不到美妙的声音。后者以小鸟叙述对象，揭示了由于各类环境污染问题而导致生物无法正常生存的现状。两者都以小鸟为描写对象，加之文章中已有《乌鸦喝水》《翠鸟》《朱鹮飞回来了》等描写鸟类的作品，建议将前者的描写主体更换为小鹿、大象等文中没有出现且面临生存危机的意象。

2. 调整环境教育作品在各年级的分配比例

教材中各年级环境教育作品的编排比例总体平衡，但也有个别年级存在严重失调现象。例如，五年级下册的环境教育作品仅有2篇，而四年级下册有12篇。小学生的心理发展具有顺序性、渐进性的特点，因此必须保证各年级教材文章数量的均衡性，低年级主要以描写简单的动植物及自然风光为主，高年级需要多加一些人与自然、保护环境及揭示生态危机的作品。五年级学生的身心发展已经日渐完善，是渗透环境教育的最佳时机，而课文只收录两篇环境教育作品，笔者认为有失偏颇。

3. 增加描写自然之道的文学作品

人类是自然之子而不是"万物之灵长"，大自然中隐藏着许多深不可测的道理，有的被科学家经过不懈的研究而侦破，大部分依旧未被解开而成为世界之谜。自然是人类之师，人们在自然万物的启发下获得灵感创造出各项伟大发明。教材中描写自然之道的作品仅有《大自然的秘密》一篇，建议编者适当增加优秀文章。例如人教版教材里的《蝙蝠与雷达》《蟋蟀的住宅》《自然之道》等文章。

（二）充分利用教材渗透环境教育——对教师的建议

1. 审美入境，激发学生的环保情趣

席勒说过"从美的事物中找到美，这就是审美教育的任务"，阿奎那也说"美与善是不可分割的，因为二者都以形式为基础；因此，人们通常把善的东西也称赞为美"。自然之美可以怡情，教育能够让自然之美渗透到人的生活中，改善人格品质。北师大版小学语文教材中描写自然风光的文章有34篇，它们都配有精美的插图。教师可以利用这些插图的投影片以及配乐、设置情境、有感情的朗读等方法，将栩栩如生的画面呈现在学生面前，让学生充分感受到自然的美丽。比如学习《美丽的武夷山》一文时，整体上按照"识字学文入诗画，朗读想象入诗境"的方法，教师播放古筝曲寒鸦戏水，创设情境，体验情境：到武夷山游览，可以爬山，也可以坐在古朴的竹筏上，我们抬头仰望，武夷山是一幅画，更是一首诗，就把第二自然段变成诗行的排列，"武夷山造型奇特/山势险峻/有的像玉柱/有的像火把/有的像鲜花/有的像竹笋"通过教师引读，学生朗读来感受山的奇险之美、相映之美、诗画之美。学习一年级下册《雨铃铛》一文时，教师通过 flash 动画展示一幅清新幽静的动态春雨图，联系生活，启发学生想象雨点打在不同物体上发出的声音，在培养他们的观察能力、想象能力的同时引发了他们对自然的关注，最后，教师带领学生配乐朗诵这一首儿童诗，在朗诵中想象情景，仿佛置身其中。朗诵完毕，向学生展示春雨除了可以打在屋檐上，招来了小燕子，还可以打在草地上、池塘里，蜜蜂和蝴蝶因此在草丛中回旋舞蹈，青蛙也睁开蒙胧的双眼放声歌唱。老师引导学生想象自然之美，在美中激发他们保护自然的信念。

2. 学中导思，唤起学生的环境保护意识

小学阶段的学生对自然环境的认识处于朦胧的初始状态，是情感培育与行为养成的关键时期。这时候需要教师积极有效地引导，在课堂上充分利用教材中的课后练习进行启发式教学，引导学生思考人类与自然唇齿相依、唇亡齿寒的联系。教师在课堂教学中巧妙地设置问题，有助于潜移默化地渗透环境教育，培养学生爱护动植物、保护环境的意识。比二年级上册针对课文《特殊的考试》，语文天地设置了"表演《特殊的考试》"环节，学生在表演的过程中能够有效地联系生活实际，教师根据学生的表演情况加以点评，引导学生深化爱护环境、不随意丢弃垃圾是一种高尚的社会美德这一认识。再如三年级下册"可爱的小生灵"主题单元中有给学生们介绍了松鼠、小虾两种可爱的小动物，主题单元课后练习的"畅所欲言"模块设置了问题"怎样爱护小动物？"教师先抛出问题，爱护小动物需要从哪些方面入手？再采用苏格拉底的产婆术不断根据学生的回答引导他们进入更深一层的思考。学生在思考中逐渐建立起科学的环境保护观念。

3. 导读激趣，丰富学生的环保知识

兴趣是学习的动力，利用语文教材渗透环境教育最行之有效的办法就是激发儿童探索自然世界的兴趣。北师大版语文教材具有鲜明的时代特性，主题类型丰富多元，编排形式科学新颖，内容关注人的发展、关注人与自然、人与社会的关系，能够有效地激发学生的阅读兴趣。在与环境教育相关的内容中，有一些科普类的文章可以激发学生的阅读兴趣。例如《朱鹮飞回来了》《绿色千岛湖》《最后的淇淇》，这些文章向学生介绍了国家的稀有动物，并详细地叙述了它们现在的生活状态以及所面临的危险。与低年级经常出现的童话故事相比，科普类文章更适合高年级学生阅读，因为随着学生阅读量的增加，它们的好奇心会拓展到知识的各个领域，科普类文章渗透各个学科领域的专业知识，可以激发学生的学习兴趣。教师在进行与环境教育相关的科普类文章教学时，应积极拓展课外阅读，丰富学生的环保知识，减少由于知识匮乏、技术落后而导致的环境问题的产生。